中国制冷剂使用现状及替代方向

中国制冷学会　编著

中国科学技术出版社

·北 京·

图书在版编目（CIP）数据

中国制冷剂使用现状及替代方向 / 中国制冷学会编

著 . -- 北京 : 中国科学技术出版社 , 2025. 4. -- ISBN
978-7-5236-1305-4

Ⅰ . TB64

中国国家版本馆 CIP 数据核字第 20255R7F92 号

策划编辑	高立波	
责任编辑	余　君	
封面设计	红杉林文化	
正文设计	中文天地	
责任校对	吕传新	
责任印制	徐　飞	

出　　版	中国科学技术出版社
发　　行	中国科学技术出版社有限公司
地　　址	北京市海淀区中关村南大街 16 号
邮　　编	100081
发行电话	010-62173865
传　　真	010-62173081
网　　址	http://www.cspbooks.com.cn

开　　本	787mm×1092mm　1/16
字　　数	410 千字
印　　张	23
版　　次	2025 年 4 月第 1 版
印　　次	2025 年 4 月第 1 次印刷
印　　刷	河北鑫玉鸿程印刷有限公司
书　　号	ISBN 978-7-5236-1305-4 / TB·126
定　　价	98.00 元

（凡购买本社图书，如有缺页、倒页、脱页者，本社销售中心负责调换）

指导委员会

主　任　江　亿
副主任　孟庆国　张　华　陈光明
成　员（按姓名音序排列）

蔡力勇　杜　垲　冯向军　高　强　宫天泽　国德防　黄宁杰
劳春峰　李金波　李廷勋　梁路军　林云珍　马　进　马一太
任　滔　申　江　施　俊　唐俊杰　田　健　王新文　吴献忠
奚　晔　夏光辉　杨　洁　叶晓明　鱼剑琳　俞国新　岳　宝
张建君　张文强　赵宝国　赵李曼　周　威　周　易

编写委员会

主　编　王宝龙
副主编（按姓名音序排列）

曹　锋　胡　斌　胡建信　马国远　石文星　史　琳　田长青
邢子文　杨　昭
成　员（按姓名音序排列）

安青松　白富丽　蔡　宏　蔡　毅　蔡国健　陈　进　陈　伟
陈芳旭　陈赋斌　陈贻辉　陈浙寅　崔梦迪　代宝民　代传民
戴晓业　邓　娜　邓建云　丁国良　丁剑波　丁云霄　窦艳伟
高　冲　高向军　顾丽敏　郭小惠　郭智恺　何建奇　何永宁
何远新　胡　欢　胡　凯　胡　用　胡金泉　胡祥华　胡远涛
黄龙杰　姜鹏南　蒋　挺　金　辉　靳大辉　剧成成　柯　瑶
赖　昆　李　刚　李　俊　李　爽　李　伟　李　想　李　旭

李爱丽　李大伟　李江移　李庆如　李晓琼　李越峰　李周洋
梁伟鹏　林魁　　刘煜　　刘广海　刘国强　刘合心　刘晶晶
刘圣春　刘心怡　刘业凤　柳玉林　楼晓华　卢云　　陆东铭
陆如升　罗彬　　骆德育　骆名文　马松　　马悦　　毛守博
孟建军　闵娜　　牛宝联　潘李奎　裴勇华　戚文端　仇胤
曲鸣　　邵双全　邵艳坡　司春强　孙健　　孙西峰　孙裕坤
谭海龙　谭永安　田雅芬　屠永华　王成　　王闯　　王春
王达　　王飞　　王派　　王永　　王德元　王福波　王乐民
王立群　王汝金　王小碧　王馨楠　王译平　王知明　温辰阳
吴迪　　吴会军　向帝　　肖寒松　谢如鹤　辛电波　邢姗
徐彬　　徐鸿　　徐树伍　许树学　闫亮　　颜承初　颜利波
晏刚　　杨萍　　杨富华　杨晓燕　殷翔　　尹从绪　应雨铮
余德新　余艳芳　袁泽　　张川　　张凡　　张虹　　张捷
张利　　张桃　　张雯　　张旭　　张勇　　张海南　张华冠
张建华　张建强　张乐平　张荣荣　赵娜　　赵兆瑞　钟鸣
钟权　　周丹　　周全　　周宇　　赵娜　　周明杰　周向阳
朱万朋　邹毅峰

鸣谢单位

（按音序排列）

比泽尔制冷技术（中国）有限公司

冰轮环境技术股份有限公司

冰山冷热科技股份有限公司

产业在线

大金（中国）投资有限公司

丹佛斯（中国）投资有限公司

东风汽车集团股份有限公司

福建雪人集团股份有限公司

谷轮环境科技（苏州）有限公司

广东美的暖通设备有限公司

广东美的制冷设备有限公司

开利未来（上海）制冷设备科技有限公司

南京天加环境科技有限公司

能源基金会

青岛海尔空调电子有限公司

青岛海尔空调器有限总公司

青岛海尔智能技术研发有限公司

青岛海信日立空调系统有限公司

三花控股集团有限公司

上海海立电器有限公司

深圳麦克维尔空调有限公司

约克（无锡）空调冷冻设备有限公司

珠海格力电器股份有限公司

序

  制冷剂是用于蒸气压缩式制冷和热泵机组的循环工质，是蒸气压缩式机组的血液。蒸气压缩制冷热泵机组不仅服务于建筑空调、建筑采暖、热水制备、冷冻冷藏等行业，在芯片、信息、生物、电池等各个高科技新兴产业中也广泛应用。然而，早在上世纪后期，学术界就发现，大量使用的含氟制冷工质泄漏到大气中将会破坏臭氧层，导致地球表面受到更多的紫外线照射，危害人类健康。为此，1987 年多国形成《蒙特利尔议定书》，逐步停止生产和使用会严重破坏地球臭氧层的 CFC–11、CFC–12 等制冷工质。在各国科技界、企业界的共同努力下，制冷与热泵界努力研发出系列的新的替代工质，在全球范围内有效地停止了含氟制冷工质的使用，到 2000 年，已观察到大气臭氧层空洞正在逐步缩小。这是人类依靠各国的合作在保护地球环境中取得的有成效的成果。然而，目前作为替代物的新制冷剂，包括继续使用的绝大多数非自然界存在的制冷剂都属于温室气体，与二氧化碳气体一样，它们会吸收地球表面的长波辐射，从而导致地球变暖。用与二氧化碳的温室效应的相对值 GWP 作为指标，常用的 R410A 等制冷剂的 GWP 高达几千，也就是说 R410A 可产生的温室效应是同质量二氧化碳的几千倍！全球每年由于各类制冷工质的泄漏导致的温室气体效应相当于每年排放 6.38 亿吨二氧化碳，相当于燃烧化石能源所排放二氧化碳总量的 1.76%！要维护我们赖以生存的地球家园，解决气候变化问题，就必须改变现状，用低 GWP 的工质替代现在的制冷工质，或者用新的物理方法替代蒸气压缩的制冷与热泵方式。这对制冷热泵界来说是一场严峻的挑战！2016 年蒙约缔约方达成《基加利修正案》，规定了高 GWP 制冷剂在各国逐渐削减的时间表。我国也是正式签约国，并从 2024 年开始具体落实《基加利修正案》。

  我国生产了世界上约 80% 的制冷与热泵机组，不仅满足了国内生产、科研和民生的需要，也构成制造业出口的重要组成部分。在当前开展的以能源转型为目标的能源革命中，热泵将替代各类燃煤燃气锅炉，成为用零碳电力高效制备热量的主要途径。这样一来，全社会对制冷与热泵产品的需求量还将大幅增长。而制冷剂的全面替换将横扫制冷与热泵产业，要求找到新的工质、新的制冷方式，开拓新的赛道。这场变革可以毁掉我们用了三十年发展起来的制冷产业，使其重新回到欧美日早期的制冷大国手中；也可以通过我们的奋发创新，全面找到新的解决方案，使我国从目前的制冷大国跃居为制冷强国，全面引领全球的制冷与热泵产业的发展。这就是我国的制冷与热泵行业面对的一场生死存亡的大变革。

正因如此，中国制冷学会在 2021 年相继组织了几次专家讨论会。专家一致认为要调动起研究、制造、应用等全行业的力量，协同攻关，解决制冷工质替换问题，协助政府有关部门，完成中国的制冷剂替换工程，并通过这一工程实现我国制冷与热泵产业的飞跃。为此，中国制冷学会在 2022 年组织成立了"制冷节能降碳与制冷剂替代工作组"，由我国在制冷剂替换领域积极研究、卓有成效的专家组成。工作组中既有在科研院、高校从事相关研究的制冷专家，也有设备制造产业、制冷与热泵应用产业第一线的工程技术专家；既有制冷剂生产、废弃制冷剂消纳等相关产业的化工专家，还有专门研究制冷剂对大气的影响，深度参与相关国际谈判的地球与大气科学专家。工作组的组长请清华大学的王宝龙长聘副教授担任，他是在制冷领域有丰富研究成果的青年专家。制冷剂替换是一项任重道远的任务，在中国大约需要 15 到 20 年来完成这一任务。有这样一位年轻学者牵头，将其作为毕生的事业，建设持续努力的团队，更有利于这件事的最终实现。

工作组得到学术界、产业界和有关政府部门的大力支持，工作组的各位专家全力投入、不计报酬、相互配合、共享成果，在三年中做了大量工作，系统地完成了计划中第一阶段的任务，取得了丰富的成果。在这里深深感谢工作组各位专家、本书各位作者所做的无私奉献。这本书是成果的汇集，包括国内外政策和技术现状，制冷与热泵领域中各类应用的制冷剂现状、替代思路、存在的问题和可能的解决路径。通过这些研究，梳理了制冷剂替换的基本问题，列出难点、问题，也给出了解决问题可能的路径和方向。这些成果是工作组下一步深入工作的重要基础，也是各科研机构、高校和企业开展相关研究和产品开发的重要参考。

本书的编写，得到了相关主管部门的指导和帮助。同时，相关机构和企业对本书的研究、编写工作在资金、数据等方面也给予了大力的支持。作为关系到全行业发展的共同事业，这些赞助者无私地支持这一制冷领域的公益事业，赞助关乎全行业发展的重大课题，为全行业的未来发展做出了重要贡献。感谢各位赞助者。

　　本书所汇集的仅是工质替换第一期的工作汇总，也仅是解决工质替换这一重大课题迈出的第一步。路漫漫其修远兮，吾将上下而求索。在全行业的支持下，依靠全行业的共同努力，有党的领导和举国办大事的体制，我们一定能够完成制冷剂工质替换这一伟大任务，并且在工质全面替换的同时，实现制冷热泵行业的全面发展，实现几代制冷人的"制冷强国"之梦。

中国工程院院士、中国制冷学会名誉理事长

2025 年 3 月

前　言

　　温室气体排放是导致全球气候变化的重要原因。降低人类活动相关的温室气体排放成为缓解气候变化的重要内容。温室气体包括二氧化碳和非二氧化碳温室气体。虽然全球非二氧化碳温室气体的年排放当量仅占到全球温室气体年总排放当量的约四分之一，但考虑到非二氧化碳温室气体的大气寿命显著长于二氧化碳，因此 IPCC 第六次评估报告认为：历史非二氧化碳温室气体造成了全球 0.7℃温升，与同期历史二氧化碳造成的温升 0.8℃基本相当。因此，国内外近期越来越关注非二氧化碳温室气体减排。非二氧化碳温室主要包括甲烷、氧化亚氮和含氟气体。2016 年，《〈蒙特利尔议定书〉基加利修正案》启动了全球对于主要高 GWP 含氟气体的管控。2021 年，第二十六届联合国气候变化大会启动全球甲烷承诺（Global Methane Pledge）推动全球甲烷减排工作。近期，氧化亚氮减排也得以加速。我国也明确将非二氧化碳温室气体减排写入 2035 年国家自主贡献，并明确了 2060 年碳中和包括所有温室气体。

　　制冷领域使用含氟制冷剂导致的排放占到中国全社会含氟气体排放的近 80%，管控含氟制冷剂排放成为含氟气体减排的重要抓手。除 HFC-23 为副产物外，其他高 GWP 制冷剂均为功能气体，即制冷剂不会在制冷设备运行中被损耗，所有制冷剂的排放全部来自向大气的泄漏，因此理论上讲可以通过降低泄漏实现减排。然而，大量的分散制冷和空调设备的使用导致管控使用过程的制冷剂泄漏困难重重，因此将现有高 GWP 制冷剂替代为低 GWP 制冷剂成为降低含氟气体排放的最重要工作。

　　制冷空调行业是国民经济重要组成部分，我国是世界上最大的制冷空调产品制造、消费和出口国。因此，研究制冷空调行业的制冷剂替代和减排不但关系我国的碳中和目标和《基加利修正案》履约，关系到全球缓解气候变化的整体实现，更是关系到我国制冷空调行业的持续高质量发展。在此背景下，清华大学江亿院士发起成立了中国制冷学会"制冷节能降碳与制冷剂替代工作组"，致力于凝聚国内政产学研用合力，开展中国制冷行业制冷剂替代及减排路线研究，支撑政府科学决策，服务中国制冷空调热泵行业高质量发展，深度参与国际交流，提升国际话语权。

工作组第一阶段的工作重点是开展国内制冷空调行业现状、制冷剂使用现状和替代趋势调研、分析和研究工作。经过反复讨论，听取多方反馈，形成了本书。全书共分十章。第一章介绍了制冷剂减排相关的国内外政策。第二章到第九章分别介绍了家用空调器、多联机及单元机、冷（热）水机组、汽车空调、商业制冷、工业制冷、中温热泵和高温热泵各个子行业的产业现状、制冷剂使用现状、排放现状和制冷剂替代趋势及建议。第十章总结了我国全制冷空调行业的含氟制冷剂的使用和排放现状，并对整体替代趋势做出判断。

本书由清华大学长聘副教授、中国制冷学会制冷剂替代工作组主任委员王宝龙担任主编。第一章由清华大学王宝龙组织编写，第二章由北京工业大学马国远组织编写，第三章由清华大学石文星组织编写，第四章由清华大学史琳组织编写，第五章由西安交通大学曹锋组织编写，第六章由中国科学院理化技术研究所田长青、上海理工大学张华组织编写，第七章由西安交通大学邢子文组织编写，第八章由天津大学杨昭组织编写，第九章由上海交通大学胡斌组织编写，第十章由北京大学胡建信、清华大学王宝龙组织编写。

限于笔者水平，书中难免有局限和不足，欢迎广大读者不吝指正。

中国制冷学会制冷节能降碳与制冷剂替代工作组主任委员

2025 年 3 月

目录

第一章

制冷剂减排相关的
国内外政策

制冷剂是非二氧化碳温室气体的重要来源。本章报告了欧洲、美国、日本和我国在此领域的相关政策。

制冷剂是非二氧化碳温室气体的重要来源。世界各国和有关国际组织制定了一系列政策或规范，以降低制冷剂导致的非二氧化碳温室气体排放对环境的影响。

一、欧洲政策

欧盟最早对含氟温室气体管理控制立法。2024 年 2 月，欧盟发布了修订的《含氟温室气体法规》，该法规进一步加强对包括氢氟碳化物（HFCs）、全氟碳化物（PFCs）、氢氟烯烃（HFOs）及其混合物在内的含氟温室气体的管控。该法规将给向欧盟出口含氟温室气体以及预充有含氟温室气体的制冷、空调、热泵等设备相关企业产生重大影响。

欧盟各成员国在 HFCs 管控的具体措施上也存在一定的差异。例如，瑞士与丹麦已禁止高全球变暖潜能值（GWP）的 HFCs 使用，西班牙、挪威、瑞典和法国则对高 GWP 的 HFCs 征以高额税收。英国虽然已经脱离欧盟，但目前仍在按照欧盟新版含氟气体方案的要求进行 HFCs 管控与削减。不过，从整体上看，欧盟对天然工质制冷剂表现出了支持倾向。截至目前，多数欧盟成员国已批准《基加利修正案》。从 HFCs 的削减进度看，欧盟要快于《基加利修正案》的时间表。

2023 年 2 月 7 日，欧洲化学品管理局（ECHA）公布了欧盟五国建议禁用近一万种全氟和多氟烷基物质（PFAS）的提案，禁止"永久化学品"PFAS 的广泛使用；2023 年 3 月 22 日，ECHA 开始了为期六个月的提案的意见征询，并于 6 月 28 日召开了第二次研讨会；欧盟此次提案旨在全面禁止包括 HFC-125、HFC-134a、HFO-1234yf、HFO-1234ze、HCFO-1233zd 在内的多达一万种 PFASs 物质。该提案对热泵领域替代制冷剂研究和选择有重大影响。

此外，欧洲各国供暖脱碳政策加速热泵部署，增强了政策规划下热泵长期增长的确定性。为降低能源依赖及维护能源安全，各国出台供暖脱碳政策持续利好的热泵销售局面。2022 年 5 月欧盟委员会提出"REPowerEU"计划并于 6 月正式通过，加速推进可再生能源替代化石能源，实现能源独立并向绿色转型。"REPowerEU"计划提出的几项行动包括：2030 年可再生能源在能源结构中占比从 40% 提高到 45%；将热泵的部署速度提高一倍，未来五年累计部署一千万台，英国、德国、法国等国家亦出台政策明确未来热泵部署目标，热泵长期高增长确定性强[1]。

1. 家用空调、多联机、单元机及热泵

欧洲含氟气体法案中对空调及热泵领域部分全球变暖潜能值的限制计划（GWP

限制计划）见表 1-1。

表 1-1　欧洲含氟温室气体法案中对空调及热泵领域部分 GWP 限制计划

产品名称		采用制冷剂及 GWP 的限制	实施日期
整体式空调和热泵	可移动的房间空调器	HFCs＜150	2020 年 1 月 1 日
	制冷量或制热量≤12kW	含氟温室气体＜150；安装现场有特殊安全要求的，含氟温室气体＜750	2027 年 1 月 1 日
		含氟温室气体禁止使用；安装现场有特殊安全要求的，含氟温室气体＜750	2032 年 1 月 1 日
	12kW＜制冷量或制热量≤50kW	含氟温室气体＜150；安装现场有特殊安全要求的，含氟温室气体＜750	2027 年 1 月 1 日
	其他产品	含氟温室气体＜150；安装现场有特殊安全要求的，含氟温室气体＜750	2030 年 1 月 1 日
分体式空调和热泵	制冷剂充注量＜3kg	含氟温室气体（附录Ⅰ）＜750	2025 年 1 月 1 日
	制冷量或制热量≤12kW 的水冷系统	含氟温室气体＜150（安装现场有特殊安全要求的除外）	2027 年 1 月 1 日
	制冷量或制热量≤12kW 的风冷系统	含氟温室气体＜150（安装现场有特殊安全要求的除外）	2029 年 1 月 1 日
	制冷量或制热量＜12kW 的所有产品	含氟温室气体禁止使用（安装现场有特殊安全要求的除外）	2035 年 1 月 1 日
	制冷量或制热量＞12kW	含氟温室气体＜750（安装现场有特殊安全要求的除外）	2029 年 1 月 1 日
		含氟温室气体＜150（安装现场有特殊安全要求的除外）	2033 年 1 月 1 日

2. 冷水机组

欧盟新 F-gas 法规修订案针对冷水机组制冷剂的规定见表 1-2。

表 1-2　欧盟新 F-gas 法规修订案针对冷水机组制冷剂的规定

产品名称		采用制冷剂及 GWP 的限制	实施日期
冷水机组	-50℃以下产品除外	HFCs＜2500	2020 年 1 月 1 日
	制冷量或制热量≤12kW（安装现场有特殊安全要求的除外）	含氟温室气体＜150	2027 年 1 月 1 日
	制冷量或制热量≤12kW（安装现场有特殊安全要求的除外）	含氟温室气体禁止使用	2032 年 1 月 1 日
	制冷量或制热量＞12kW（安装现场有特殊安全要求的除外）	含氟温室气体＜750	2027 年 1 月 1 日

3. 汽车空调

欧洲议会和理事会发布了多项关于汽车空调系统排放的规定：① 2006 年 5 月 17 日，发布汽车空调系统排放禁令和 MAC Directive 2006/40/EC；② 2007 年 6 月 21 日，发布检漏测试方法（EC）No706/2007；③ 2008 年 6 月 21 日，新车型认证，系统 HFC-134a 泄漏单蒸发器小于 40g/ 年，双蒸发器小于 60g/ 年；④ 2009 年 6 月 21 日，所有车型满足泄漏要求；⑤ 2011 年 1 月 1 日，新车型认证冷媒 GWP 小于 150；⑥ 2017 年 1 月 1 日，所有车型生产冷媒 GWP 小于 150。

4. 冷链

欧洲新含氟气体法案中对冷冻冷藏产品 GWP 限制计划见表 1-3。

表 1-3　欧盟新 F-gas 法规修订案中对冷冻冷藏产品 GWP 限制计划

产品名称		采用制冷剂及 GWP 的限制	实施日期
家用冰箱和冷柜		HFCs ＜ 150	2015 年 1 月 1 日
		含氟温室气体禁止使用（安装现场有特殊安全要求的除外）	2026 年 1 月 1 日
自携式商用冰箱和冷柜		HFCs ＜ 2500	2020 年 1 月 1 日
		HFCs ＜ 150	2022 年 1 月 1 日
		其他含氟温室气体＜ 150	2025 年 1 月 1 日
所有自携式制冷产品（不含冷水机组，安装现场有特殊安全要求的除外）		含氟温室气体＜ 150	2025 年 1 月 1 日
制冷量或制热量≥ 40kW 的多压缩机商用集中控制制冷系统		含氟温室气体（附录一）＜ 150；复叠系统的高温级采用的含氟温室气体＜ 1500	2022 年 1 月 1 日
其他制冷产品	-50℃以下产品除外	HFCs ＜ 2500	2020 年 1 月 1 日
		含氟温室气体＜ 2500	2025 年 1 月 1 日
	安装现场有特殊安全要求的除外	含氟温室气体＜ 150	2030 年 1 月 1 日

5. 工业制冷

欧委会发布了《消耗臭氧层物质法规》新修正提案，新提案新增管控了如表 1-4 所示的 19 种 HFCs 制冷剂（《基加利修正案》中的 18 种 HFCs 及 HFC-161）。

2023 年 3 月，上述提案正式通过并更新了《含氟气体条例》修正案，针对各个领域各种用途含氟气体（包括制冷剂）的使用、排放、泄漏检测、回收、销毁等新增了多项要求和指标。

综合2014年修订案和上述最新法案，其中以下七点涉及工业制冷领域相关设备：① 2020年1月1日起禁止销售使用GWP大于2500制冷剂的固定式制冷机组（-50℃以下除外）；② 2022年1月1日起禁止销售使用表1-4中GWP大于150的制冷剂的40kW以上冷冻冷藏系统，复叠式制冷系统的初级系统限值为1500；③ 2024年1月1日起禁止使用表1-4中GWP大于2500的制冷剂进行维修和维护；④ 2025年1月1日起禁止销售使用含氟制冷剂的独立固定式制冷设备；⑤ 2025年1月1日起禁止销售使用或功能依赖于含氟制冷剂的固定式制冷设备（-50℃以上），2027年1月1日起禁止所有温区的该类设备；⑥ 2025年1月1日起禁止销售使用含氟制冷剂船用制冷设备；⑦ 2028年1月1日起禁止销售使用含氟制冷剂的小冷量（12kW以下）、大冷量（200kW以上）分体式系统，中冷量（12~200kW）分体系统的GWP限值为750，其中小中冷量系统若满足安全标准可以不受限制。

表1-4　2022年《消耗臭氧层物质法规》新增HFCs管控物质

制冷剂	GWP	制冷剂	GWP
HFC-23	14800	HFC-161	12
HFC-32	675	HFC-227ea	3220
HFC-41	92	HFC-236cb	1340
HFC-125	3500	HFC-236ea	1370
HFC-134	1100	HFC-236fa	9810
HFC-134a	1430	HFC-245ca	693
HFC-143	353	HFC-245fa	1030
HFC-143a	4470	HFC-365mfc	794
HFC-152	53	HFC-43-10mee	1640
HFC-152a	124		

二、美国政策

美国于 1988 年签署加入了《蒙特利尔议定书》，在其国内主要通过《清洁空气法案》作为立法保证来确保《蒙特利尔议定书》履约目标的达成。2020 年 12 月美国国会颁布了《美国创新与制造法案》(*The American Innovation and Manufacturing Act*, AIM)，该法案将服务于推进美国实现 HFCs 生产和消费的削减目标，并确定了美国环保署（EPA）对 HFCs 削减的管控职责。AIM 主要有三个途径：①削减生产和消费；②加大设备中 HFCs 的回收；③通过行业促进向新一代技术的过渡。基于 AIM，EPA 制订了 HFCs 配额制度，并于 2023 年 10 月正式发布美国制冷剂使用限制法规《HFCs 削减：根据 AIM 法规第一条要求限制特定 HFCs 的使用》。

1. 空调及热泵

相关的 GWP 限值如表 1–5 所示。

表 1–5　空调与热泵领域部分 GWP 限值

部门和子部门	拟议的 GWP 限值或禁用物质	限值日期
固定式空调和热泵——家用和轻商空调和热泵	700	2025 年 1 月 1 日
固定式空调和热泵——多联机	700	2026 年 1 月 1 日
家用除湿机	700	2025 年 1 月 1 日

2020 年，美国颁布《新冠纾困法案》下的 HFCs 削减法案：2036 年以后 HFCs 生产和消费水平不超过 2011 年至 2013 年平均水平的 15%。同时，美国环保署针对消耗臭氧层物质替代技术的评估计划（Significant New Alternatives Policy，SNAP）在 2021 年 5 月公布了高 GWP 制冷剂的去除方案，列出了九种制冷、空调和热泵的替代品，见表 1–6。

表 1–6　美国环保署 SNAP 计划列出的九种制冷、空调和热泵的替代品

替代品	GWP	类别	批准日期
HFC–32	675	A2L	2021 年 6 月
HC–290	3	A3	2015 年 4 月
R–441A	< 5	A3	2015 年 4 月

续表

替代品	GWP	类别	批准日期
R-452B	700	A2L	2021 年 6 月
R-454A	240	A2L	2021 年 6 月
R-454B	470	A2L	2021 年 6 月
R-454C	150	A2L	2021 年 6 月
R-457A	140	A2L	2021 年 6 月

2. 冷热水机组

关于舒适性空调用冷水机组的 GWP 限值如表 1-7 所示。

表 1-7　冷热水机组领域部分 GWP 限值（部分）

部门和子部门	拟议的 GWP 限值或禁用物质	限值日期
舒适性空调用冷水机组	700	2025 年 1 月 1 日

SNAP 发布的美国关于冷水机组市场禁用主要制冷剂为 HFC-134a、R407C、R410A、R417A 等，该项限制将于 2024 年 1 月 1 日起生效。并发布了美国冷水机组市场可用的主要替代制冷剂，如表 1-8 所示。

表 1-8　SNAP 发布的美国冷水机组市场可用的主要替代制冷剂

对应的产品	允许使用的制冷剂	发布时间
新生产的活塞式、螺杆式和涡旋式冷水机组	HFO-1234ze	2012 年 8 月
新生产的离心式冷水机组	HCFO-1233zd（E） HFO-1234ze（E）	2012 年 8 月
新的和改造的冷水机组	HCFO-1224yd（Z）	2019 年 10 月
新的冷水机组	R-515B	2020 年 12 月

3. 汽车空调

美国制定了 HFCs 的减排目标并采取相应措施，2015 年修订了《重要新替代品政策》，要求 2021 年起国内新生产轻型车全面淘汰使用 HFC-134a，2026 年起 HFC-134a 将不再用于任何在美国新生产或进口的车辆等。根据美国环保署的最新提案，从 2025 年起，所有常见的较高 GWP 值 HFCs 制冷剂（包括 HFC-134a、R-404A 和 R-410A）都将被禁止用于大多数制冷和空调应用。美国针对汽车领域温室气体排放制定了相应的法规，见表 1-9、表 1-10 和表 1-11。

表 1-9　对采用先进汽车空调车型排放值奖励

奖励类别	乘用车（g/mi）	轻卡（g/mi）
降低泄漏率	6.3	7.8
低 GWP 冷媒	7.5	9.4
高效空调	5	7.2

表 1-10　安全标准

编号	名称
SAE J639	空调附件安全标准
SAE J1739	失效和效果分析
SAE J2844	加注头标准
SAE J2683	二氧化碳空调纯度及容器标准
SAE J2844	HFO-1234yf 纯度及容器标准

表 1-11　泄漏标准

类别	排放贡献（%）	排放量（g/a）
系统接头	13	1.2
非连接排放	9	0.8
挠性软管	3	0.3
热交换器	5	0.4
压缩机	70	5.6
合计	100	8.3

　　EPA 与交通高速公路安全管理局（NHTSA）制定了协同性排放标准，要求企业在满足燃料经济性法规的同时必须满足温室气体排放法规的要求，并建立了全面的车用空调温室气体管控政策，将轻型车空调系统作为整体进行管控，在燃料经济性和温

室气体标准中设定了空调减排激励积分，鼓励高效空调技术、整车热管理技术、低GWP替代制冷剂等减排措施的推广应用。EPA联合多部门制定了涵盖污染物排放、温室气体排放、燃料经济性、使用成本等信息的标识，对车辆高速行驶、空调使用等实际排放情况进行综合评价，在一定程度上引导消费者选择经济环保车型。

综上，美国HFCs减排行动主要手段是推进新技术应用、倡导自愿性行业HFCs减排计划，限制HFCs在轿车和轻型卡车上的使用。

4. 冷链

对制冷剂GWP的限值规定如表1-12所示。

表1-12　商用及轻商制冷领域部分GWP限值（部分）

部门和子部门	拟议的GWP限值或禁用物质	限值日期
家用冰箱	150	2025年1月1日
自动售货机	150	2025年1月1日
食品零售冷藏柜	150	2025年1月1日
冷库——充注量大于200 lb	150	2026年1月1日
冷库——充注量小于200 lb	300	2026年1月1日

5. 工业制冷

图1-1和图1-2整理了其中工业制冷领域制冷剂的新增、禁用信息。[2]从图中可以看到，在化工工艺、食品加工和船用制冷领域，美国正在淘汰一些高GWP和高可燃性的HFCs制冷剂，且近年来研发出多种低GWP、高效的HFC/HFO共混物，用于上述制冷剂的替代。目前加工领域用到的制冷剂主要为R-407A、R-407F和R-744，HFC/HFO共混物（如R-448A、R-449A、R-450A），它们正在进入市场。2023年9月，SNAP计划中新增了R-471A和R-515B，两者的GWP分别为144和287，远低于该领域其他HFC/HFO共混物替代制冷剂；在化工工艺领域，R-170、R-290、R-1150、R-1270正在进入使用阶段，这些均为碳氢类工质，ODP为0，GWP极低（3~5.5），为A3类制冷剂，但由于国际社会关于制冷剂命名和安全性分类标准的相关准则ASHRAE34和ISO817在2013年、2014年修订时在制冷剂安全等级分类上增加了微可燃类制冷剂[3]，且由于化工产品本身具有高可燃性，具有一定的防火措施，因此对制冷剂的可燃性要求降低，该领域中一些A3类制冷剂在SNAP计划中仍被列为可接受的替代制冷剂。

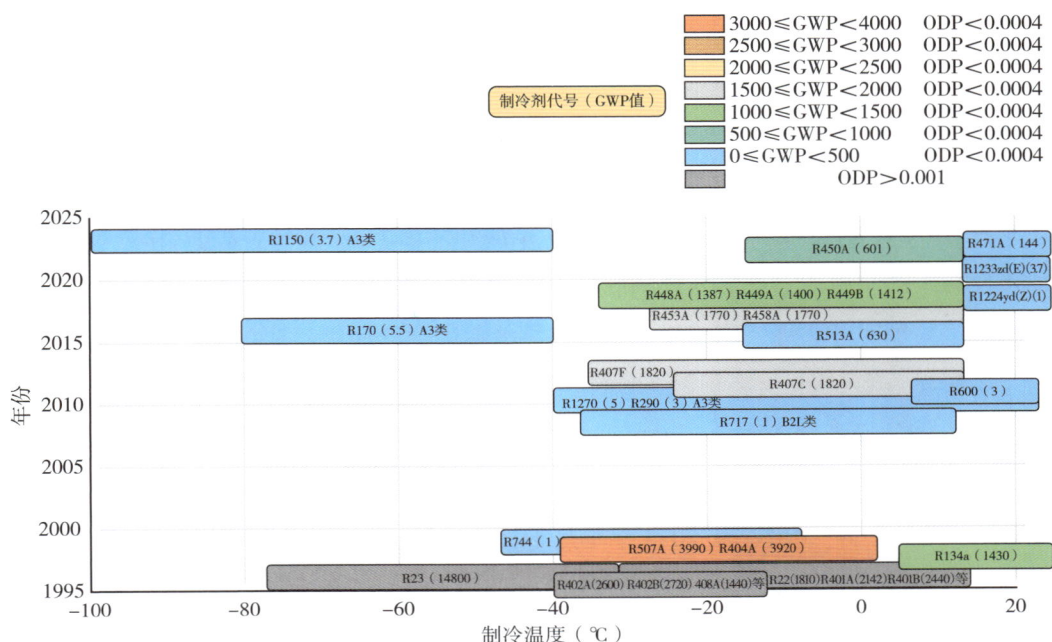

图 1-1 美国 SNAP 计划工业制冷中化工工艺领域各温区制冷替代计划

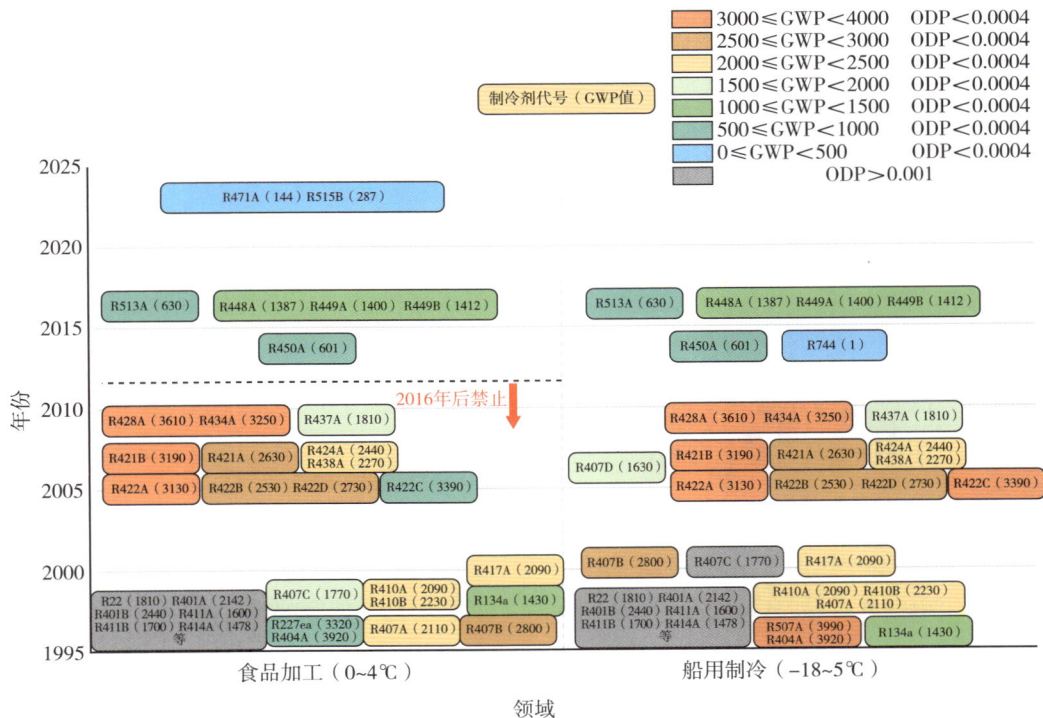

图 1-2 美国 SNAP 计划工业制冷中食品加工和船用制冷领域制冷替代计划

SNAP 计划中并未明确各领域制冷剂的 GWP 限制，各州政府可以在该计划的指导下指定不同的州级法规和减排计划。下面以美国加利福尼亚州为例，对其工业制冷领域相关法规和计划进行调研分析。

根据加州《参议院第 1383 号法案》，其计划以 2013 年 HFC 排量为基准线，到 2030 年削减 40%，该削减值落后于上述《基加利修正案》。此外，2009 年至 2020 年，加州发布了《制冷剂管理计划规则制定》《CARB HFC 规则制定》《固定式制冷和空调规则制定》等四条法规，用于规定和限制相关制冷剂的使用。针对工业制冷领域，加州上述法规中将 GWP 值高于 150 的制冷剂定义为高 GWP 制冷剂，并对充注量大、高 GWP 制冷剂的设备进行罚款，200 至 2000 磅罚款 170 美元，2000 磅以上罚款 370 美元，要求其必须配备完善的泄漏监测体系，其年泄漏不得高于 10%。

针对化工工艺领域，从 2024 年 1 月 1 日起，制冷温度 2℃以上的新建化工工艺盐水机组制冷剂的 GWP 限值为 750，制冷温度 −10 ~ 2℃的新建化工工艺盐水机组的 GWP 限值为 1500，制冷温度 −50 ~ −10℃的新建化工工艺机盐水机组的 GWP 限值为 2200，2022 年 1 月 1 日起，新建非盐水化工工艺机组的 GWP 限值为 150，现存非盐水化工工艺机组的 GWP 限值为 2200。

针对食品加工领域，从 2021 年 1 月 1 日起，禁止使用 GWP 值 1600 以上制冷剂新建相关制冷系统。

三、日本政策

日本的制冷剂替代进程也较快。自 1998 年以来，日本环境省先后颁布了四部与 HFCs 的管理控制相关的法律法规，包括《全球变暖对策促进法》《家用电器回收法》《氟碳化合物回收及销毁法》《机动车报废法》等。日本也对 PFAS 物质出台了相关管控政策，日本中央环境委员会建议将 PFOA 相关物质纳入日本化审法（CSCL）中定义的 I 类物质，禁止其进口、生产和销售。[4]

日本目前已颁布的法律法规多将重点集中于含 HFCs 产品生命周期过程中的排放控制，明确了生产及进口商、零售商、消费者多方的责任和义务，在各个环节上减少了 HFCs 的排放。同时，部分法律法规明确要求使用零或低 GWP 值的制冷剂替代 HFCs，一定程度上从源头上控制了 HFCs 的排放。2014 年 7 月 16 日，日本向 WTO 发布公告，内容涉及合理使用和适当管理氟碳化合物的技术法案，通报号为 G/TBT/N/

JPN/460。法案的制定旨在通过促进目前指定的使用氟碳化合物的产品转换成非氟碳化合物或低 GWP 产品，并且促进其宣传，使氟碳化合物的使用合理化。根据 2016 年 10 月通过的《蒙特利尔议定书》修正案，日本拟将修订"通过管制指定物质和其他措施保护臭氧层法"（以下简称"臭氧保护法"），对 18 种氢氟碳化合物的生产和进口进行管控，其中明确列出了 18 种涵盖的化学物质名称，如：四氟乙烷 HFC-134、四氟乙烷 HFC-134a、三氟乙烷 HFC-143 等。该"臭氧保护法"已于 2018 年夏季获批，2019 年 1 月 1 日生效。

日本的《氟碳化合物回收和销毁法》于 2015 年被《氟碳化合物排放控制法》替代，以推动消耗臭氧层物质的淘汰和替代。日本从 2010 年起就禁止在新设备中使用 HCFCs，2020 年起禁止在维修中使用 HCFCs，实现了 HCFCs 生产和消费的完全淘汰。

日本修订了《碳氟化合物合理使用和妥善管理法》，该法旨在限制氟碳的排放，为氟碳化合物的整个生命周期提供了全面的方法，包括定期检查使用氟碳化合物的商业制冷和空调设备（防止泄漏），以及在设备处置时加强氟碳化合物制冷剂的回收。2021 年颁布了《氟碳化合物生命周期管理倡议》，从碳氟化合物的整个生命周期内解决其排放问题，其中包括使用中的泄漏和处置期间的排放。

《碳氟化合物合理使用和妥善管理法》为每个指定产品确定 GWP 目标值和目标年份（见表 1-13），其中室内空调，以促进过渡到使用非氟碳化合物的设备或低 GWP 制冷剂。指定产品的制造商和进口商必须基于每个产品类别的运输量达到其目标的加权平均值。目前供暖用热泵多使用 R-410A 及 HFC-32。对于家用供暖所属的家用空调（不包括穿墙式等）分类，日本早在 2018 年即要求该领域 GWP 加权平均值低于 750，而对于商用供暖热泵所属的商店和办公室空调分类，根据其形式有不同的要求。对于衣物的热泵干燥，其主要功能集成在洗衣机中，目前日本使用的制冷剂多为 R-410A 及 HFC-134a，以上法律 GWP 限值暂未涉及该产品。在大型冷库应用领域中，日本未来替代制冷剂及技术为 R-744 和 R-717 复叠。

表 1-13　日本《碳氟化合物合理使用和妥善管理法》部分 GWP 限值

指定产品分类	目前使用的主要制冷剂（GWP）	GWP 限值	目标年份
房间空调器	R-410A（2090） HFC-32（675）	750	2018
商店及办公室商用空调（额定制冷量小于 3 冷吨，落地式除外）	R-410A（2090）	750	2020

指定产品分类	目前使用的主要制冷剂（GWP）	GWP 限值	目标年份
商店及办公室商用空调（额定制冷量大于 3 冷吨，落地式和使用离心式冷水机组的中央空调除外）	R-410A（2090）	750	2023
商店及办公室商用空调（使用离心式冷水机组的中央空调）	HFC-134a（1430） HFC-245fa（1030）	100	2025
汽车空调（11 座及以上除外）	HFC-134a（1430）	150	2023
冷凝机组和固定式制冷机组（额定容量 1.5kW 及以下的设备除外）	R-404A（3920） R-410A（2090） R-407C（1774） CO_2（1）	1500	2025
冷库（超过 5 万立方米，新建设施）	R-404A（3920） 氨（小于 10）	100	2019

四、我国政策

《〈关于消耗臭氧层物质的蒙特利尔议定书〉基加利修正案》于 2021 年 9 月 15 日对我国生效，根据《基加利修正案》的履约要求，自 2024 年起，我国将 HFCs 生产和使用冻结在基线水平，2029 年起 HFCs 生产和使用不超过基线的 90%，2035 年起 HFCs 生产和使用不超过基线的 70%，2040 年起不超过基线的 50%，2045 年起不超过基线的 20%。我国政府发布的有关 HFCs 管控方面政策如表 1-14 所示。这一系列法规措施的出台，将为我国控制、削减 HFCs 物质提供有效的政策保障。

表 1-14　我国有关 HCFCs、HFCs 等物质管控方面的政策

政策	主要内容	颁布文件名称	颁布机构
中国受控消耗臭氧层物质清单	将 HFCs 增加纳入清单	生态环境部 2021 年 第 44 号公告	生态环境部、发展改革委、工业和信息化部
中国进出口受控消耗臭氧层物质名录	自 2021 年 11 月 1 日起，对 HFCs 严格实行进出口许可证管理制度	生态环境部 2021 年 第 50 号公告	生态环境部、商务部、海关总署
关于严格控制第一批氢氟碳化物化工生产建设项目的通知	自 2022 年 1 月 1 日起，禁止新建、扩建 5 种 HFCs 物质的化工生产建设项目（包括 R321、R134a、R125、R143a、R245fa）	环办大气〔2021〕29 号	生态环境部、发展改革委、工业和信息化部

续表

政策	主要内容	颁布文件名称	颁布机构
关于控制副产三氟甲烷排放的通知	R22/HFCs 生产过程中的副产 R23 不得直接排放；除原料和受控用途外，R23 应采用 MOP 核准的销毁技术尽可能销毁处置	环办大气函〔2021〕432 号	生态环境部
关于控制副产三氟甲烷排放的通知	HCFCs 物质的低 GWP 值替代品推荐名录	环办大气函〔2023〕198 号	生态环境部、工业和信息化部
关于公开征求《中国履行〈关于消耗臭氧层物质的蒙特利尔议定书〉国家方案（2024—2030）（征求意见稿）》意见的函	《中国履行〈关于消耗臭氧层物质的蒙特利尔议定书〉国家方案（2024—2030）（征求意见稿）》	环办便函〔2024〕217 号	生态环境部

1. 家用空调

国内开展的研究主要包括：①针对 HC-290、HFC-32 等可燃、弱可燃性制冷剂应用的风险评估和机组安全性提升研究；② HFC-32、HC-290 及 HFOs 等替代制冷剂的适用性研究，在高环境温度、低环境温度等领域替代技术研究；③压缩机、阀门、换热器、润滑油等关键部件和材料的研究；④制冷剂充注减量化研究；⑤能效提升技术研究。

为配合行业 HCFCs 淘汰管理计划的实施完成，我国还开展了对多项国家和行业标准的制订和修订，包括基础及安全标准、关键部件和整机产品标准。可燃性制冷剂相关标准 QB/T 4975—2016《使用可燃性制冷剂生产家用和类似用途房间空调器安全技术规范》、GB/T 7778—2017《制冷剂编号方法和安全性分类》、GB/T 9237—2017《制冷系统及热泵安全与环境要求》等的颁布，为弱可燃制冷剂 R32 的生产和使用扫清了障碍，目前 R32 已在我国中小型空调设备中取得了广泛的应用。2024 年 6 月，《中国履行〈关于消耗臭氧层物质的蒙特利尔议定书〉国家方案（2024—2030）（征求意见稿）》[简称《国家方案》（征求意见稿）]中提出，自 2029 年 1 月 1 日起，禁止生产用于国内销售的以 HFC-410A（二氟甲烷 HFC-32 和五氟乙烷 HFC-125 的混合物）为制冷剂的家用空调产品；鼓励采用 HC-290 作为制冷剂。

2. 多联机、单元机

2023 年 6 月由生态环境部印发《中国消耗臭氧层替代品推荐名录》，主要是针对

HCFC-22 替代推荐的制冷剂，推荐在单元式空调机、冷水（热泵）机组、工业或商业用热泵热水机使用 R32 制冷剂。从当前政策来看，考虑到制冷剂的成本因素，多联机在 2030 年以前制冷剂替代方向可能是小容量机型逐步切换 HFC-32，单元机趋势是全部切换 HFC-32。2030 年以后，中国多联机可切换制冷剂目前还看不明了，单元机小机型有机会切换 HC-290。推荐的 HC-290、HC-600a、R-744、R-717 等制冷剂在短期内难以成为单元机、多联机主要替代方向。此外，《国家方案》（征求意见稿）中提出自 2027 年 1 月 1 日起，禁止生产以 HCFCs 为制冷剂的多联式空调（热泵）机组；自 2029 年 1 月 1 日起，禁止单元式空气调节机、风管送风式空调（热泵）机组使用 GWP 值大于 750 的制冷剂，禁止其他制冷设备（蒸发温度 -50℃以下设备除外）使用 GWP 值大于 2500 的制冷剂。

3. 冷（热）水机组

中国工商制冷空调行业 1995 年制定了《工商制冷行业 CFCs 逐步淘汰战略》，开展 CFCs 制冷剂的淘汰工作，在 2007 年实现了各行业 CFCs 的全面淘汰工作。自 2011 年开始中国工商制冷空调行业加速 HCFCs 的淘汰工作，对 HCFCs 的淘汰管理计划可分为三个时间段（见表 1-15），各时间段中有关冷水机组替代路线的具体情况如表 1-16 所示，其中 HFC-32 在三个时间段中都出现了，并且在 2023 年印发的《中国消耗臭氧层物质替代品推荐名录》中，HFC-32 也被列为冷水机组的推荐替代品，可以看出 HFC-32 在我国制冷剂淘汰过程中发挥着很大的作用。《国家方案》（征求意见稿）中提出工商制冷空调行业自 2029 年 1 月 1 日起，禁止单元式空气调节机、风管送风式空调（热泵）机组使用 GWP 值大于 750 的制冷剂，禁止其他制冷设备（蒸发温度 -50℃以下设备除外）使用 GWP 值大于 2500 的制冷剂。

表 1-15　HCFCs 淘汰管理计划中冷水机组替代技术的选择

时间	替代制冷剂	产品名称
2011—2015	HFC-32	中小型冷水机组
	HFC-134a	冷水机组
2016—2020	HFC-32	中小型冷水机组
	HFOs	冷水机组
2021—2026	HFC-32、NH₃/CO₂、HFOs 及混合物	冷水机组

表 1-16　《中国消耗臭氧层物质替代品推荐名录》工业制冷相关领域替代制冷剂

替代制冷剂	ODP	GWP	应用领域	被替代制冷剂
HC-290	0	< 1	房间空调器、家用热泵热水器、商业用独立式制冷系统、工业用制冷系统	HCFC-22
R-744	0	1	家用热泵热水器、工业或商业用热泵热水机、工业或商业用制冷系统、冷库	HCFC-22
R-717	0	0	工业用制冷系统、冷库、压缩冷凝机组	HCFC-22
HFC-32	0	675	单元式空调机、冷水（热泵）机组、工业或商业用热泵热水机	HCFC-22

根据当前行业发展现状，我国给出了未来可选择的潜在可替代制冷剂。在"十四五"时期，制冷空调行业面临着 HCFCs 加速淘汰和 HFCs 削减的双重任务和压力。在 F-gas 法规和 PFAS 法案的双重限制下我国也应及时调整冷水机组行业制冷剂替代路线。

4. 汽车空调

汽车行业是我国氢氟碳化物的重点应用行业之一，汽车行业在国家履行《基加利修正案》和实现"双碳"目标中应当发挥重要作用，应当积极开展氢氟碳化物制冷剂的替代工作，推动氢氟碳化物制冷剂削减和替代技术进步升级，这是我国汽车工业走向国际市场的需要，也是我国为全球氢氟碳化物制冷剂削减工作贡献中国智慧和中国方案的需要。我国作为全球最大的汽车生产国，国内大部分车企制冷剂替代工作仍处于起步阶段，需尽快明确替代技术路径，夯实自主研发能力，推动产业链转型，提升我国汽车产品的国际竞争力。《国家方案》（征求意见稿）中提出，汽车行业自 2030 年 1 月 1 日起，禁止新申请公告的 M1 类车辆空调系统使用 GWP 值大于 150 的制冷剂；鼓励在电动汽车热系统领域开展二氧化碳（R744）、丙烷（HC-290）等自然工质制冷剂替代技术研发和应用。

国内汽车空调氢氟碳化物替代将引起产业链的巨大变革，其面临的制冷剂替代挑战有：①设计端：产品需要重新设计优化，供应商需要重新匹配，开展产品公告及认证实验；②生产端：生产线改造，满足消防要求，需要重新评估关键零部件配套能力；③维修端：推动 HFCs 制冷剂维修回收，推动维修环节消防安全改造；④报废端：推动 HFCs 制冷剂维修回收，推动维修环节消防安全改造。

5. 工业制冷

国家发展改革委发布《产业结构调整指导目录（2019 年本）》，其中关于工业制冷领域，文件提出要限制 HCFCs 制冷剂的工业商业用冷藏制冷设备生产线，淘汰 CFCs 制冷剂的工业商业用冷藏制冷设备生产线。生态环境部、国家发展和改革委员会、工业和信息化部修订发布了《中国受控消耗臭氧层物质清单》，将《基加利修正案》中的 18 种 HFCs 物质列入其中并设为第九类氢氟碳化物。清单中列出了各类被替代工质及其削减方案，其中包括了目前国内工业制冷领域常用的制冷剂 HCFC-22 和 HFC-134a，这两种工质将按照《蒙特利尔议定书》中 HCFCs 和 HFCs 工质削减时间表进行削减。2021 年生态环境部、商务部、海关总署发布了《中国进出口受控消耗臭氧层物质名录》，对 HCFC 和高 GWP 的 HFC 制冷剂进行进出口许可证管理，其中包括了工业制冷领域常用的 HCFC-22、R-507A、R-404A 等。

生态环境部办公厅分别于 2016 年与 2023 年发布了《中国含氢氯氟烃替代品推荐名录（第一批）》与《中国消耗臭氧层物质替代品推荐名录》，其中包括了工业制冷相关领域替代制冷剂的推荐名录，具体内容如表 1-16 所示。

此外，中国制冷空调工业协会自 2008 年起发布了多个阶段的制冷空调行业 HCFCs 淘汰管理计划（HPMP），计划包括各阶段制冷剂减排、淘汰目标和各制冷空调领域的替代制冷剂选择。[5]

2016—2020 年行业计划中提出明确提出不再将那些高 GWP 值的 HFCs（如工业制冷领域中的 HFC-134a、R-507A、R-404A 等）作为未来替代制冷剂。

2021—2026 年行业计划已于 2020 年 12 月获批，其中工业制冷领域的替代制冷剂方案如表 1-17 所示，该计划提出将更大力度推动 R-744、R-717、HFC-32、HFOs 等更加环境友好的低碳替代技术的应用和推广。其中在冷冻冷藏领域，行业计划重点推进的是 R-744 和 R-717 的复叠和载冷技术。

表 1-17　行业组织关于工业制冷领域制冷剂的替代方案

工业制冷领域子行业	HFC-32	R-717	R-717/R-744，HFOs 及其混合物
冷水机组		√	√
冷冻冷藏和压缩冷凝机组	√		√
"√"代表可选的替代制冷剂			

6. 热泵

根据中国制冷空调工业协会数据，当前我国中温热泵领域使用的制冷剂仍包含 HCFC-22、R-410A、HFC-134a、R-407C 等臭氧层破坏及高 GWP 制冷剂，这些制冷剂将面临淘汰或控制使用。2021 年 11 月 23 日，生态环境部发布了《中国含氢氯氟烃替代品推荐名录（征求意见稿）》，鉴于未来高 GWP 制冷剂将面临逐步淘汰，故该名录充分考虑 HCFCs 替代品的气候效益，并没有推荐高 GWP 值（超过 750）替代品。替代品名录中热泵的推荐制冷剂包括丙烷（HC-290）、CO_2（R-744）、HFC-32、HFO-1234ze（E）等，其中 HC-290、CO_2、HFC-32 在未来有希望成为中温热泵领域主流制冷剂。

我国 2023 年 6 月发布《中国消耗臭氧层物质替代品推荐名录》，热泵领域的替代制冷剂如表 1-18 所示。

表 1-18　《中国消耗臭氧层物质替代品推荐名录》热泵领域相关替代制冷剂

替代品名称	ODP	GWP	主要应用领域	被替代的 HCFCs 名称
HC-290	0	<1	房间空调器、家用热泵热水器、商业用独立式制冷系统、工业用制冷系统	HCFC-22
R-744	0	1	家用热泵热水器、工业或商业用热泵热水机、工业或商业用制冷系统、冷库	HCFC-22
HFC-32	0	675	单元式空调机、冷水（热泵）机组、工业或商业用热泵热水机	HCFC-22

参考文献

[1] 安青松，侯佳鑫，史琳，等. 欧盟 PFAS 限制提案解读及其对制冷空调行业影响与应对 [J]. 制冷学报，2024，45（02）：22-29.

[2] United States Environmental Protection Agency（EPA）. Substitutes in Refrigeration and Air Conditioning [EB/OL].（2022-12-28）. https://www.epa.gov/snap/snap-regulations.

[3] 史婉君，禹春利，刘宏健，等. 国内外制冷剂标准制修订进展 [J]. 有机氟工业，2015，169（04）：27-32.

［4］郭衍锦，卢鸿武，张苗苗，等. 全氟或多氟烷基物质（PFAS）管控及替代［J］. 有机氟工业，2023（03）：43-51.

［5］张朝晖，陈敬良，高钰，等. 制冷空调行业制冷剂替代进程解析［J］. 制冷与空调，2015，15（01）：1-8，12.

第二章

家用空调器

参照国家标准 GB/T 7725—2022《房间空气调节器》，家用空调器指采用风冷及水冷冷凝器、全封闭型电动机–压缩机，额定制冷量 14kW 以下以创造室内舒适环境为目的的家用和类似用途的自由送风型房间空气调节器，以及额定制冷量 8kW 以下且外部静压小于 25Pa 的风管式空调器。从产品类型看，我国生产的家用空调器包括分体式和整体式。分体式主要是分体挂壁式和分体落地式，整体式包括除湿机、移动空调和窗式空调。国内市场销售的产品以分体式为主，其中分体挂壁式空调器占据绝大部分比例。除湿机、移动空调和窗机产品主要供应国外市场。

一、产业现状

中国制冷空调产品产量占据全球总产量的 80% 以上，是全球制冷空调产品制造第一大国，同时也是全球消费第一大国和国际贸易第一大国。其中，家用空调在制冷空调产品中具有较高的占比。以 2020 年为例，我国制冷空调产品产量共计 2.1 亿台，其中家用空调产量 1.5 亿台，占据国内制冷空调产品产量的 70% 以上。

作为全球家用空调器生产和消费大国，我国居民家用空调器能耗在居民生活电力消费中也占有较高的比重。根据《2020 年能源数据》估算，2019 年我国家用空调的用电量为 2624 亿千瓦时，占居民家庭主要家用电器用电量的 41%，是我国家用电器用电量最大的部分。另外，相比于 2019 年社会总用电量为 72255 亿千瓦时，我国家用空调器用电量约占社会总用电量的 3.6%。

（一）产业规模

我国的家用空调器行业始于 1978 年。在九十年代前，全国的空调器年产量不足 100 万台。九十年代后，随着经济的发展和百姓消费能力的提高，房间空调器行业的规模迅速得到了发展，产品的规格、品种和数量不断增加，产品的质量得到不断的提升。

改革开放以来，我国经济快速发展，房间空调器制造能力和产业配套也实现了迅猛发展，产业规模不断壮大，生产能力和产品产量持续提升。2011 年，中国房间空调器年生产总量突破一亿台大关，十多年来全行业生产量一直维持在一亿台以上水平运行。经过近 40 年发展，我国已经成为全球最大的房间空调器生产国、消费国和出口国。根据中国家用电器协会统计数据，2021 年我国房间空调器产量在 1.55 亿台，占全球产量近 80%。名义内销量 8966.7 万台，出口量 6533.3 万台。2022 年产量相较 2021 年稍有下滑，在 1.48 亿台左右，出口量为 6121.1 万台。2011 年至 2022 年国内各年度房间空调器生产量及出口量数据如图 2-1 所示。

通过对 G 公司、M 公司、H 公司（国内三家制冷空调设备头部企业）和 A 公司（全国最大制冷剂回收及处理公司）的深入调研，汇总中国制冷空调工业协会与产业在线（暖通空调行业专业信息统计公司）所提供的数据，可得出近年来中国家用空调器年销售量走势。图 2-2 和图 2-3 分别为中国家用空调器的国内年销量和存量，

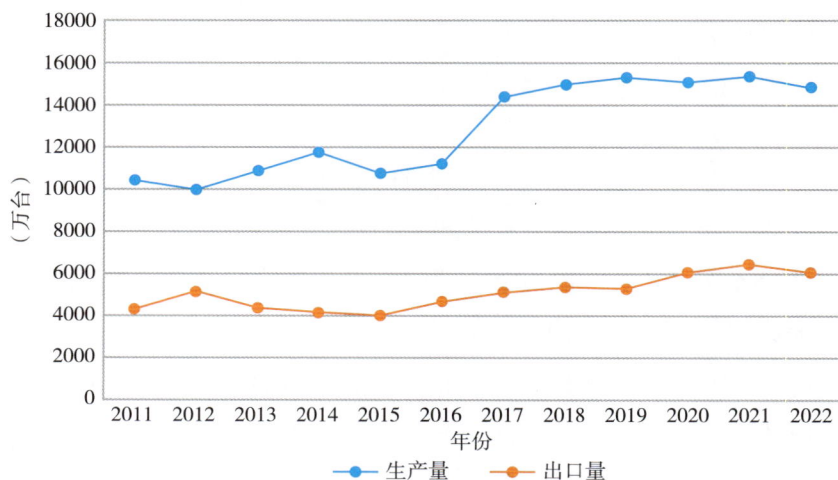

图 2-1　2011—2022 年中国房间空调器生产量及出口量

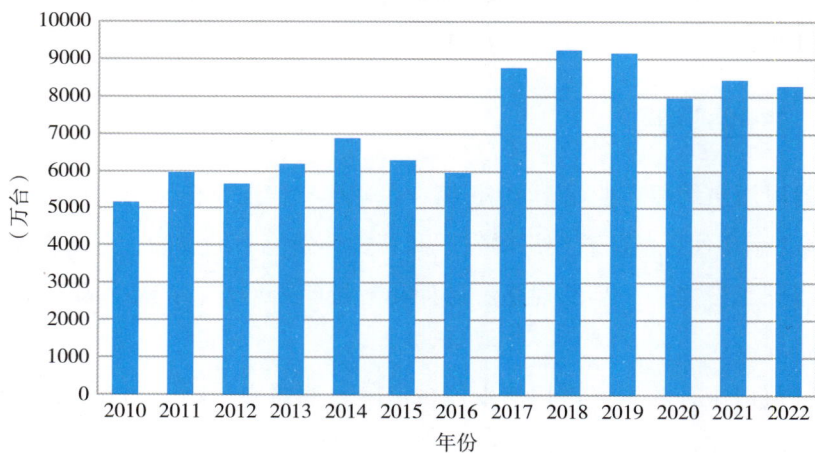

图 2-2　2010—2022 年中国家用空调器年销量

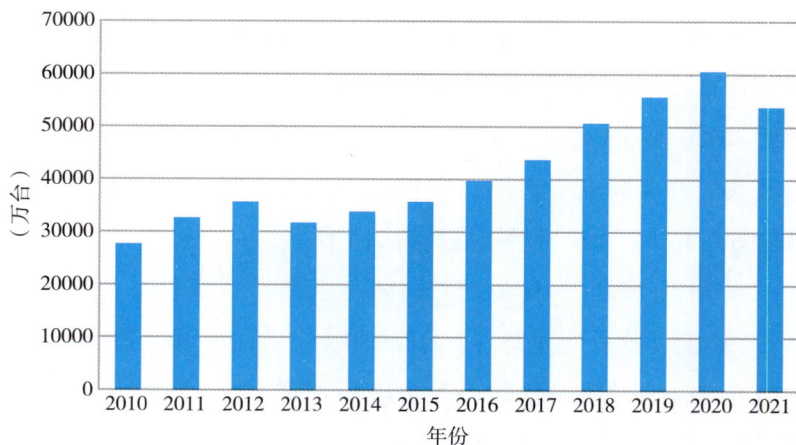

图 2-3　2010—2020 年中国家用空调器存量

从图 2-2 与图 2-3 中可以看出，2017 年至 2022 年家用空调器国内销售量一直保持在 8000 万台以上，2013 年以来，存量持续增长，2020 年已突破 6 亿台。

从产地来看，珠江三角洲地区是房间空调器行业重要的传统产区，主流企业大多集中于此，产业供应链齐全，出口方便。珠江三角洲地区的产能约占全国总产能的 31% 左右。随着房间空调器企业在安徽、河南等地区新建工厂的落成投产，以安徽、湖北、河南、重庆为主的中西部新兴产区目前已经超越了广东珠江三角洲地区，成为中国房间空调器的第一大产区，产能约占到全国总产能的 42% 左右。环渤海地区主要以青岛、天津和石家庄为主，占全国总产能的 12% 左右。长江三角洲地区的生产基地主要位于上海、湖州、宁波等地，占全国总产量的 10% 左右。

（二）产业发展趋势

国家"十四五"规划以来，针对空调行业的政策法规相继出台，空调企业的技术研发水平不断提高，促使空调行业市场规模从 2014 年的 212.5 亿元增长至 2020 年的 548.5 亿元，年复合增长率高达 14.5%。中国家电协会在战略计划中表示，中国家用空调器机组消费量将遵循 2018 年至 2020 年、2021 年至 2030 年和 2031 年至 2050 年分别对应的 2.0%、0.5% 和 0.25% 的增长率。

从内销市场来看，中国房间空调器生产量 2019 年已经突破了 1.54 亿台。名义上的内销产品数量已经突破了一个亿，行业的库存已经接近 4000 万台的水平，也就是说每年的实际内销量已经在 6000 万台以上。

虽然家用空调有一户多机的特点，但是家用空调在国内普及率越来越高、增长潜力越来越小已经是事实。据国家统计局数据，2021 年，城镇、农村居民的空调每百户拥有量分别达到 162 台、89 台。对比国内发达省市的空调每百户拥有量可以看到，北京市、江苏省、广东省的城镇空调每百户拥有量分别达到 193 台、228 台、214 台，以上三地的农村居民空调每百户拥有量分别达到 186 台、151 台、133 台。如果国内其他城镇居民空调的每百户拥有量提升至北京的城镇水平（三地城镇居民空调每百户拥有量最低水平），则普及率尚需提升 19.1%；如果国内农村居民空调的每百户拥有量提升至广东省的农村水平（三地农村居民空调每百户拥有量最低水平），则普及率需要提升 49.4%。相比城市，农村空调市场的潜力更大。

整体上来说，结合现有行业情况和日本房间空调器产品的发展情况可以看出，中国房间空调器内销市场已经进入存量更新阶段，总体销量小幅增长，但比较平稳。

从出口市场来看，经历了疫情与贸易战的考验，近两年各大品牌纷纷在出海中革新产品，向产业链、价值链的中高端攀升。产业在线数据显示，2024 年一季度中国家用空调出口量为 2481.6 万台，同比增长 14.3%，对比近五年的同期数据来看，规模创历史新高据。据中国机电商会统计，2024 年前五个月空调器出口量走势延续回暖趋势，五个月出口总量达 4383 万台，超过 2023 年全年出口规模的 66%。

从技术发展的角度看，在能源与环境问题日益突出的大背景下，节能减排、低碳生活已经成为全球共识。在国家节能环保政策的引导以及节能惠民补贴政策的推动下，变频技术、清洁取暖方式等不断得到发展，微通道热交换器也在兴起。2019 年，新版《房间空气调节器能效限定值及能效等级》（GB 21455—2019）和《房间空气调节器路线图》的出台，加速了中国空调行业低能效产品的出清、能效水平的提升和变频产品的普及，这也将直接带动空调朝着高效、节能、环保方向发展。

二、制冷剂使用现状

（一）制冷剂使用的变迁

在家用空调领域，当前使用的主流制冷剂是 HCFC-22、R-410A 和 HFC-32。HCFC-22 是中国房间空调器最早使用的制冷剂，广泛用于家用空调、工业和商业制冷、冰柜当中。其 ODP 值为 0.055，GWP 值为 1810。HCFC-22 会对臭氧层物质产生消耗，并且是一种强效的温室气体，属于需要在《蒙特利尔议定书》框架下逐步淘汰的物质。在中国，HCFC-22 的生产能力占所有 HCFCs 产量的 80%，其中，家用空调行业是重要的 HCFC-22 消费部门。2007 年《蒙特利尔议定书》第 19 次缔约方会议的第 XIX/6 号决定通过了加速淘汰 HCFCs 的调整案，许多发达国家加快了替代 HCFC-22 的步伐，如美国、日本、加拿大规定 2010 年禁用 HCFC-22，欧盟规定 2015 年前禁用 HCFC-22。近年来中国一直在逐年削减 HCFC-22 制冷剂的生产量。2013 年，中国将 HCFC-22 消费量冻结在基线水平（2009 年至 2010 年消费量的平均值，即 74700 吨）。从 2015 年开始，逐步减少 HCFC-22 使用量。到 2021 年，中国已经超额完成了 35% 的削减任务，HCFC-22 的总产量仅为 22.6 万吨。其中制冷与空调行业占 HCFC-22 全国总生产配额的 17.5%，为 3.94 万吨，而家用空调器占制冷与空调行业 HCFC-22 使用配额比例的 80.5%，为 3.17 万吨。

2005 年前后，变频技术开始在房间空调器领域得到应用，由 HFC-32 和 HFC-125 各按 50% 的比例混配而成的 R-410A 被用于变频空调器中作为制冷剂。随着变频空调技术的不断发展、变频空调市场规模的不断扩大，R-410A 在房间空调器行业的使用量也持续增长。R-410A 为近共沸混合物，其 ODP=0，无毒不可燃、化学性能稳定，温度滑移小于 0.2℃，对臭氧层无破坏，因此被作为 HCFC-22 的过渡性替代品被行业使用。R-410A 的饱和蒸气压比 HCFC-22 高 50% 以上，容积制冷量也明显高于 HCFC-22，冷凝和蒸发换热系数与 HCFC-22 相近或者稍高，压降小于 HCFC-22，并且在制热能力、排气温度及运行范围诸多方面相似，基于这些优点，R-410A 曾经被认为是 HCFC-22 最好的替代制冷剂。发达国家在过去 20 年已经基本完成了 HCFCs 淘汰转换，在这一转换过程中，R-410A 制冷剂作为 HCFC-22 的主要替代品，在美国和日本，R-410A 制冷剂已成为房间空调中 HCFC-22 制冷剂的主要替代物。随着 HCFCs 产品的加速淘汰，近几年 R-410A 的产量明显上升，到 2020 年，R-410A 的使用量为 6.2 万吨，占总产量的 30%。

R-410A 虽然对臭氧层无消耗，但其 GWP 值很高，为 2087.5，会造成较强烈的温室效应。2016 年 10 月，《蒙特利尔议定书》缔约方第 28 次会议达成《基加利修正案》，将 18 种 HFCs 物质纳入该议定书的管控范围。由于 HFC-32 不破坏臭氧层且其 GWP 大幅低于 R-410A，房间空调器生产企业大量采用 HFC-32 作为 HCFC-22 和 R-410A 的替代品，HFC-32 空调器产销量和 HFC-32 制冷剂的使用量均快速增长。随着中国房间空调器新版能效标准 GB 21455—2019《房间空气调节器能效限定值及能效等级》在 2020 年 7 月 1 日实施且 HFC-32 市场价格自 2020 年以来持续走低，房间空调器行业进一步加快采用 HFC-32。HFC-32 为弱可燃性制冷剂（A2L），虽然其运行压力及排气温度较高，但 HFC-32 在单位制冷量及能效比上优于 R-410A。在家用空调领域，HFC-32 作为新一代环保无毒制冷剂成为 R-410A 的主要替代品，HFC-32 目前在日本的应用较为广泛，但被认为是一种过渡性产品，当下日本几乎所有的家用空调器都被替换成了 HFC-32。中国政府在 GB/T 7778—2017、GB/T 9237—2017 中增加了弱可燃 A2L 的安全分类及相关要求，为弱可燃制冷剂的生产和使用扫清了障碍。目前 HFC-32 已在中国中小型空调设备中取得了广泛的应用，HFC-32 的产量从 2014 年的 8.2 万吨上升到 2019 年的 13.5 万吨。2020 年，HFC-32 制冷剂在制冷空调产品中的应用比例已达到 54.2%。未来，在制冷剂替代政策的推动下，HFC-32 的占比将更大。

在淘汰 HCFC-22 的过程中，出于行业长远利益和可持续发展的考虑，中国房间空调器行业也考虑选择天然工质丙烷（HC-290）作为推荐使用的 HCFC-22 替代产品。HC-290 对臭氧层无消耗作用，GWP 为 3.3，对气候变化影响非常小，满足《基加利修正案》的要求，可以作为 HCFC-22、R-410A 和 HFC-32 的替代产品在房间空调器领域使用。目前，中国房间空调器行业已经拥有了 HC-290 空调器批量生产能力，在HC-290 技术应用研究和 HC-290 空调器市场化方面也开展了大量工作，取得了积极进展。截至 2022 年底，中国房间空调器行业累计生产销售 HC-290 分体式空调器 40多万台，HC-290 整体式空调器 500 多万台。但整体而言，由于受它的强可燃性影响，HC-290 系统在中国房间空调器生产总量中占比仍然较小。

（二）在用制冷剂调研

通过对中国几家主要的家用空调器生产企业的调研，统计出了近几年中国主要家用空调器生产企业制冷剂使用现状。

图 2-4 所示为 M 公司 2020 年至 2022 年三年间家用空调器常用的三类制冷剂使用详情，可以看出 HFC-32 制冷剂的使用量最多，其次为 R-410A 制冷剂，HCFC-22 制冷剂的使用量最少，2021 年 HFC-32 与 R-410A 制冷剂的使用量相较 2020 年稍微有所增加，随后的 2022 年又有所减少，但整体而言波动不大，而 HCFC-22制冷剂的使用量逐年减少，2022 年时使用量已经降低至 537 吨 / 年。图 2-5 所示为 2020 年至 2022 年三年间 M 公司家用空调器三类制冷剂使用比例，由占比可以看出，2020 年 HCFC-22 制冷剂的使用量占到三类制冷剂总用量的 9%，而 2021 年HCFC-22 制冷剂的年用量占比已经降至 2%，2022 年继续降低至 1%，说明 HCFC-22 制冷剂已经接近于被淘汰。三年间 HFC-32 制冷剂的使用占比最高，分别为 62%、67%、67%，R-410A 制冷剂的使用占比分别为 29%、31%、32%。由该项数据可以看出，虽然中国 HCFC-22 制冷剂已经接近于被淘汰，但 R-410A 制冷剂当下的使用占比仍较高。而 R-410A 属于强温室效应气体，未来也将被淘汰，因此中国家用空调行业仍需探索新一步制冷剂替代方案。根据 M 公司数据，2022 年度 M 公司HC-290 家用空调器约有 500 万台，HC-290 制冷剂年度用量约为二三百吨，可以看出，虽然 HC-290 制冷剂可以作为中长期替代品，但当下使用量仍较少，处于起步阶段。

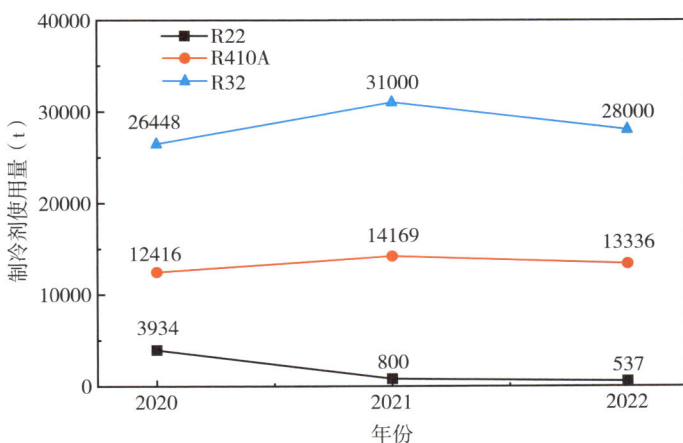

图 2-4　2020—2022 年三年间 M 公司家用空调器常用三类制冷剂使用量

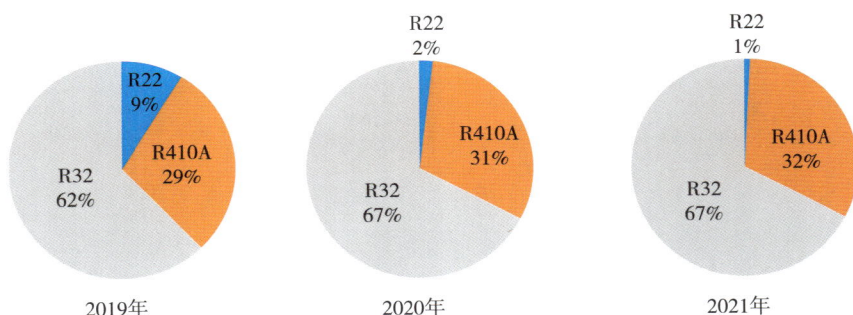

2019年　　　　　2020年　　　　　2021年

图 2-5　2020—2022 年三年间 M 公司家用空调器三类制冷剂使用比例

　　图 2-6 所示为 2019 年至 2021 年三年间 G 公司家用空调器常用三类制冷剂的使用量，可以看到 2019 年至 2021 年三年间 G 公司家用空调器三类制冷剂的使用量同样是 HFC-32 最多，R-410A 居中，HCFC-22 最少，三年间三类制冷剂的使用量都有所降低，其中 HCFC-22 制冷剂使用量降幅最大，至 2021 年，HCFC-22 使用量已降低至 295 吨 / 年。图 2-7 所示为 2019 年至 2021 年 G 公司家用空调器三类制冷剂使用比例，从占比来看，G 公司对 HFC-32 制冷剂使用量占比更高，三年间每年都超过了 70%，对 R-410A 制冷剂的使用量每年约为 20%，HCFC-22 制冷剂的使用量占比每年均在 10% 以下，至 2021 年，HCFC-22 制冷剂的使用量占比已经降低至 1%。

　　图 2-8 所示为 2020 年至 2022 年三年间 H 公司家用空调器常用三类制冷剂的使用量，由图 2-8 可以看出，三年间 HFC-32 制冷剂和 R-410A 制冷剂的使用量都略有上升，三种制冷剂使用量最多的为 HFC-32，每年使用量在一万吨左右。三种制冷剂

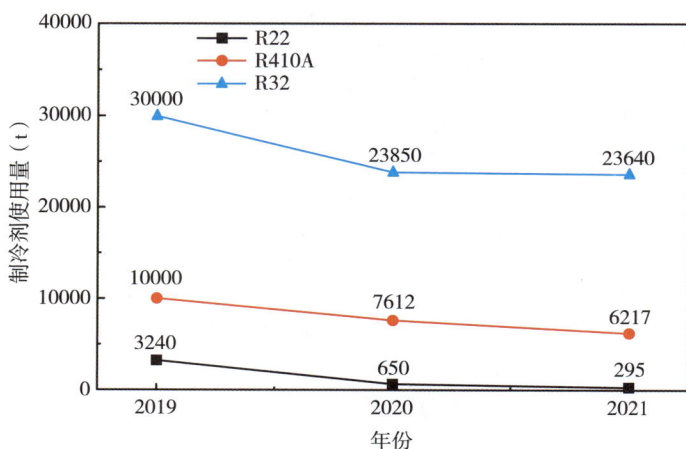

图 2-6　2019—2021 年三年间 G 公司家用空调器常用三类制冷剂使用量

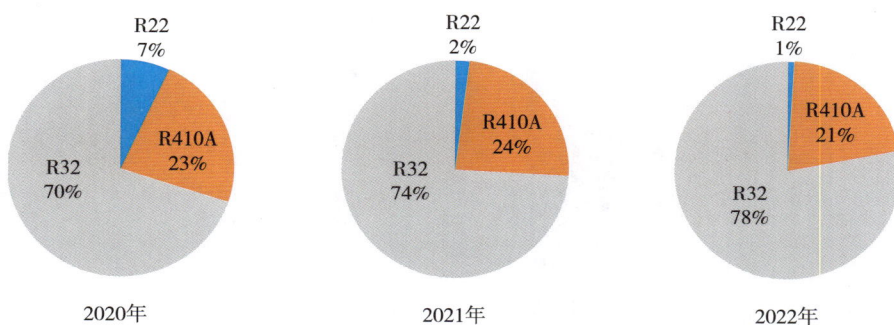

图 2-7　2019—2021 年三年间 G 公司家用空调器三类制冷剂使用比例

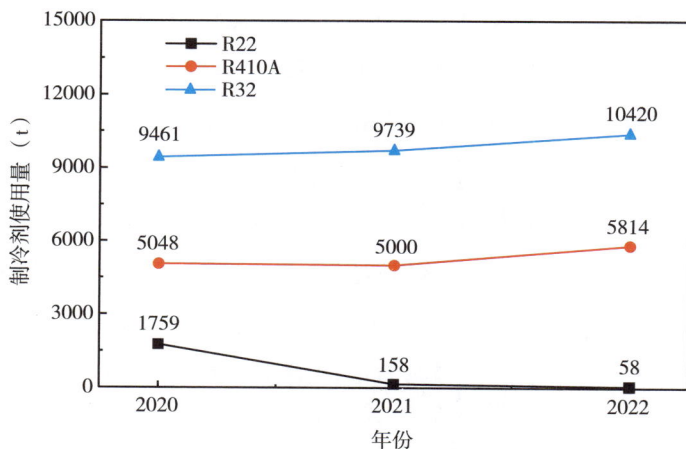

图 2-8　2020—2022 年三年间 H 公司家用空调器三类制冷剂使用量

使用量最少的为 HCFC-22，并且其使用量在三年间有着大幅下降，由 2020 年的 1759 吨快速下降至 2022 年的 58 吨。H 公司家用空调器对 R-410A 制冷剂的使用量每年在 5000 吨左右。图 2-9 所示为 2020 年至 2022 年 H 公司家用空调器三类制冷剂使用比例，从占比来看，2020 年至 2022 年 H 公司家用空调器对 HFC-32 制冷剂每年的使用量占比约为 60% 左右，对 R-410A 制冷剂的使用量占比为 33% 左右，这两种制冷剂的使用量占比三年间略有波动，但变化不大。而 HCFC-22 制冷剂的使用量占比从 2020 年的 10.8% 迅速降低至 2022 年的 0.4%，使用量占比降幅较大。

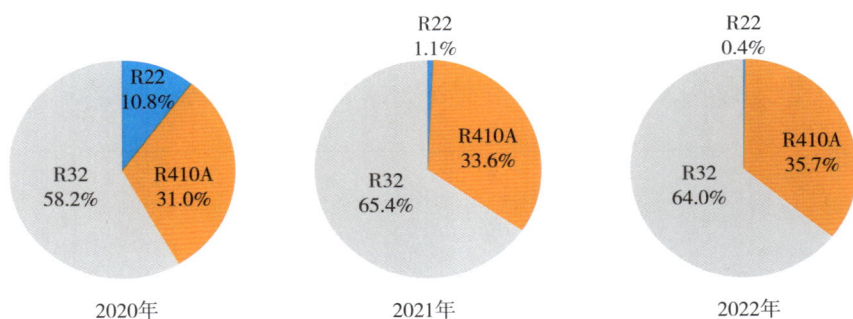

图 2-9　2020—2022 年三年间 H 公司家用空调器三类制冷剂使用比例

图 2-10、图 2-11 与图 2-12 所示分别为 D 公司、C 公司与 K 公司三家企业 2020 年至 2022 年三年间家用空调器三类制冷剂使用量，由图 2-10 可以看出，D 公司家用空调器 2020 年至 2022 年三年间 HFC-32 制冷剂使用量每年五六百吨，R-410A 制冷剂的年度使用量由 2020 年的 168 吨上升至 2021 年的 251 吨，后在 2022 年迅速降低至 2.42 吨，而 HCFC-22 制冷剂的使用量三年间为 0。由图 2-11 可以看出，2020 年至 2023 年三年间 C 公司家用空调器对 HFC-32 制冷剂的使用量持续上升，由 2020 年的 676 吨上升为 2022 年的 3174 吨。HCFC-22 制冷剂的使用量先下降后上升，由 2020 年的 193 吨下降至 2021 年的 0 吨，随后又上升至 2022 年的 230 吨。R-410A 制冷剂的使用量先上升后下降，由 2020 年的 193 吨上升至 2021 年的 392 吨，后降低为 2022 年的 230 吨。由图 2-12 可以看出，K 公司家用空调器对 HFC-32 制冷剂与 R-410A 制冷剂的使用量大致持平，但三年间 HFC-32 制冷剂的使用量有明显上升，对 R-410A 制冷剂的使用量略有上升但幅度较小，三年间对 HCFC-22 制冷剂的使用量持续下降，由 2020 年的 402 吨下降至 2022 年的 41 吨。

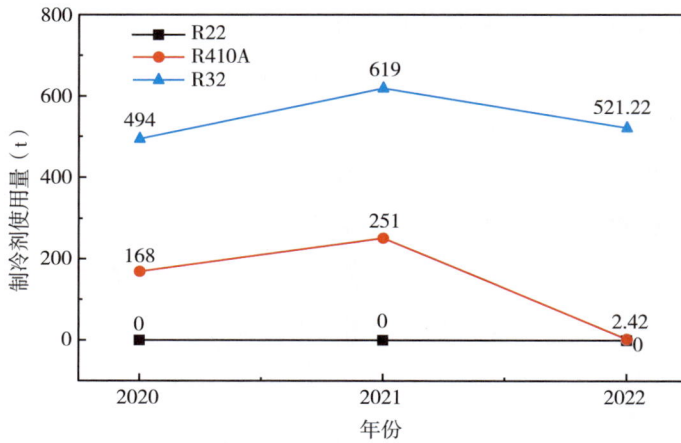

图 2-10　2020—2022 年三年间 D 公司家用空调器三类制冷剂使用量

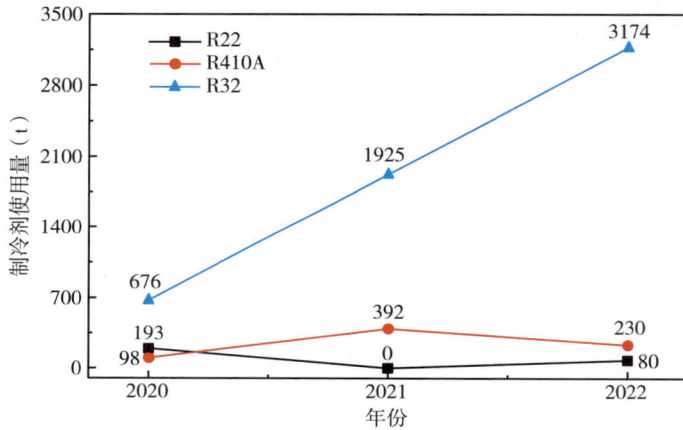

图 2-11　2020—2022 年三年间 C 公司家用空调器三类制冷剂使用量

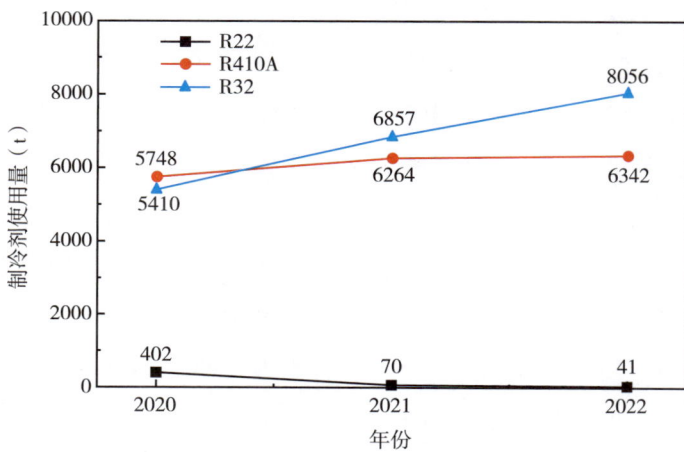

图 2-12　2020—2022 年三年间 K 公司家用空调器三类制冷剂使用量

图 2-13 所示为 2020 年至 2022 年三年间 T 公司家用空调器三类制冷剂生产需求占比，由图 2-13 可以看出，相较于 M 公司与 G 公司来说，T 公司对 HFC-32 制冷剂的使用量较少，对 HCFC-22 制冷剂的使用量较多，但随着时间的推进，T 公司增加了 HFC-32 制冷剂的使用量，并降低了 HCFC-22 制冷剂的使用量，至 2022 年，T 公司对 HFC-32 制冷剂的使用量占比已经增加至 48%，而对 HCFC-22 制冷剂的使用量占比已经降低至 3%。三年间 R-410A 制冷剂使用量占比略有增加，但增幅不大，三年间 R-410A 制冷剂的使用量均在 40% ~ 50% 区间内。

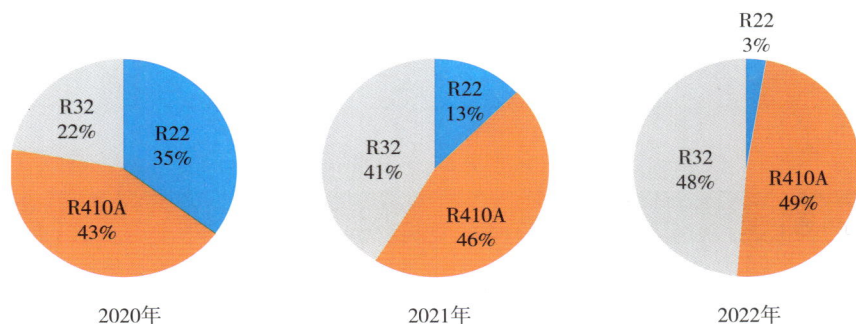

图 2-13 2020—2022 年三年间 T 公司家用空调器三类制冷剂生产需求占比

表 2-1 所示为 K 公司 HC-290 产品销售量，可以看出，K 公司 HC-290 产品主要为除湿机和移动空调，两类产品的销售量在四年间增长率都超过了 200%，这也说明 HC-290 产品正在以较快的速度增长，2023 年 HC-290 产品的总销售量突破 40 万台。

表 2-1 K 公司 HC-290 产品销售量

年份	除湿机（台）	移动空调（台）	合计（台）
2019	3246	142660	145906
2020	6175	199189	205364
2021	6333	216355	222688
2022	9145	366543	375688
2023	15000	410000	425000
合计	39899	1334747	1374646

表 2-2 所示为 Y 公司压缩机销量情况，可以看出 Y 公司生产的压缩机中，HFC-32 压缩机占比最高，为 77%，R-410A 压缩机占比其次，为 19%，HFC-134a 压缩机、HC-290 压缩机和 HCFC-22 压缩机的占比均在 5% 以下，这与上述空调生产企业的数据相吻合。表 2-3 所示为 Y 公司 HC-290 压缩机应用分类，由表 2-3 可以看出，Y 公司 HC-290 压缩机的主要应用也是在移动空调上。

表 2-2　Y 公司一亿台压缩机不同类型占比及销量

	HFC-134a	HFC-32	R-410A	HC-290	HCFC-22
销量（万台）	104	8617	2142	265	390
占比（%）	0.9	74.8	18.6	2.3	3.4

表 2-3　Y 公司 242 万台 HC-290 压缩机应用分类

	移动空调	除湿机	热泵干衣机	热泵热水器	总计
销量（万台）	165	38	62	销量少，未来是重点	265

由家用空调器行业制冷剂使用概况与几家主要的房间空调器生产厂家的调研数据对比分析可知，国内主要的家用空调器生产企业都已经基本完成了 HCFC-22 制冷剂的淘汰，但目前用于替代 HCFC-22 的主要是 HFC-32 和 R-410A，这两种制冷剂都在《〈蒙特利尔议定书〉基加利修正案》管控的制冷剂当中。随着 2021 年 9 月 15 日《基加利修正案》对中国正式生效，中国从 2024 年开始冻结削减 HFC-32、R-410A 为代表的 HFC 制冷剂，其生产和销售全部按照配额进行，家用空调行业需要在《基加利修正案》的时限内，逐步完成 HFC-32、R-410A 的削减工作。

三、潜在替代物特性及评价

表 2-4 给出了当下满足《基加利修正案》要求的几类潜在替代物的可使用期限及当下的应用情况。由表 2-4 可知，当下家用空调行业可供选择的主要替代工质有 HFC-32、R-454B、HC-290 和 R-729（空气）等，其中 HFC-32、R-454B 为中短期替代物，HC-290 为中长期替代物，R-729 为长期替代物。当下 HFC-32 已经取得了大批量应用，而 R-454B、HC-290 只是中小规模应用，R-729 尚未取得应用。

表 2-4 潜在替代物使用期限分析表

替代物名称	使用期限	成熟度	应用阶段
HFC-32	中短期	基本成熟	大批量应用
R-454B		趋于成熟	中小规模应用
HC-290	中长期	趋于成熟	中小规模应用
R-729	长期	未成熟	未应用

（一）HFC-32

1.物性及性能特点

HFC-32 化学名称二氟甲烷，是一种卤代烃，化学式为 CH_2F_2，不爆炸、无毒、可燃但可燃性较弱。在常温下为无色气体，在自身压力下为无色透明液体，易溶于油，难溶于水。表 2-5 为 HFC-32 物性参数。

表 2-5 HFC-32 物性参数表

制冷剂	HFC-32
摩尔质量	52.02
标准沸点（℃）	−51.7
临界温度（℃）	78.1
临界压力（MPa）	5.78
ODP	0
GWP	675
容积制冷量（kJ/m^3） 注：Te= 7.2℃，T_C=54.4℃，T_{SUP}=11.1K，T_{SUB}=9K	6213
安全等级	A2L（弱可燃）

作为制冷剂应用时，HFC-32 系统充注量低于 R-410A 系统，工作压力略高于 R-410A 系统，排气温度也较高。如果采用相同排量压缩机，HFC-32 系统制冷量要较 R-410A 系统提高 12% 左右，COP 提高 5% 左右，但排气温度的增加使得 HFC-32 系统需进行特殊设计以解决该问题，如采用补气循环等。

2.应用研究状况

HFC-32 具有微可燃性，国际标准 ISO817、ISO5149 将 HFC-32 安全等级定义为

A2L，即在一定情况下仍会引发安全问题，限制 HFC-32 的广泛应用。日本经济产业省（METI）联合日本新能源产业开发机构（NEDO）自 2011 年起开始对弱可燃制冷剂的基本性质进行研究；日本冷冻空调学会（JSRAE）也组建了低可燃制冷剂风险评估工作组，并对 HFC-32 等弱可燃制冷剂在小型分体式空调及 VRF 机组中使用的风险进行了评估。根据评估，HFC-32 小型分体式空调发生着火的最高风险为 4.0×10^{-10}，出现在维修过程中，使用过程中的风险都在 10^{-10} 量级或以下，在风险评估中属于"接近 0"的最低等级，安全性能较好。此外，当 HFC-32 开始泄漏时，泄漏口附近会出现危险性较小，滞留时间较短的可燃区，并且当门窗开启后，危险时间将缩短至 60% 以上，采用气体浓度探测器检测室内 HFC-32 的浓度值，在室内发生 HFC-32 泄漏时做到及时响应，保护室内人员财产安全。

根据美国国家消防协会 704 分类，HFC-32 被归类为 A 类制冷剂（低慢性毒性），其潜在的健康影响（冷冻烧伤、美学影响和窒息）在许多传统制冷剂也常见，包括 HCFC-22、R-410A 和 HFC-134a。虽然 HFC-32 在点燃时会形成氟化氢，但其分解发生在与其他传统制冷剂相同的温度范围内，并且 HFC-32 产生的氟化氢的数量远低于 HCFC-22（5 ppm 与 70 ppm 相比），与 R-410A 的数量相似。因此，就分解产物的存在和数量而言，与其他传统制冷剂相比，使用 HFC-32 不会带来额外的风险。

从生产工艺路线看，HFC-32 和 HCFC-22 生产工艺相同，只需对 HCFC-22 的生产设备略做改动即可。在一定工况范围内，相同温度条件下 HFC-32 的饱和蒸气压力均高于 R-410A，但只高约 3%，与现有 R-410A 系统管路及换热器的承压要求基本相当，HFC-32 与 R-410A 现有 POE 润滑剂和通常使用的材料具有兼容性，HFC-32 可直接应用于现有的 R-410A 机组。

3. 成熟度分析

通过前述分析可知，HFC-32 在环保特性、热力学特性、可燃性、毒性和生产设备的匹配性方面均表现良好，现阶段采用 HFC-32 工质作为家用空调器 R-410A 的替代工质在中短期内是可行的，不存在环保和技术经济性问题。目前，在家用空调器领域，HFC-32 制冷剂应用的已较为成熟，在中国、日本和韩国等主要亚洲国家中都已经得到了大规模应用。

4. 未来展望

虽然采用 HFC-32 作为家用空调器 R-410A 的替代工质可满足短期内替代法规的要求，但是 HFC-32 自身的 GWP 值为 675，并且其也在《基加利修正案》限制的制冷剂行列之内，因此，HFC-32 注定只能作为过渡工质，随着《基加利修正案》实施的进度推移，在可预见的未来将面临使用限制与淘汰。

（二）R-454B

1. 物性及性能特点

R-454B 是一种低可燃性（A2L）混合制冷剂，由质量分数 68.9% 的 HFC-32 和 31.1% 的 R1234yf 混合而成。表 2-6 为 R-454B 物性参数。

表 2-6　R-454B 物性参数表

制冷剂	R-454B
摩尔质量（g/mol）	62.61
标准沸点（℃）	−50.9
临界温度（℃）	80.94
临界压力（MPa）	5.04
ODP	0
GWP	465
容积制冷量（kJ/m³） 注：Te=7.2℃，T_C=54.4℃，T_{SUP}=11.1K，T_{SUB}=9K	5356
安全等级	A2L（弱可燃）

R-454B 作为制冷剂时，相同制冷量下的充注量小于 R-410A，大于 HFC-32，通过 R-454B 替换 R-410A 的实验研究得出[1]，R-454B 制冷综合能效 SEER 较 R-410A 高约 0.8%；R-454B 制热综合能效 HSPF 较 R-410A 高约 6.5%；制冷剂灌注量较 R-410A 减少 13.4%；高频制冷情况下 R-454B 系统排气温度较 R-410A 更高；中低频制冷情况下，R-454B 系统排气温度较 R-410A 略低；R-454B 系统制热排气温度较 R-410A 系统均更高。

2. 应用研究状况

R-454B 当前已取得了一些应用，M 公司于美国当地时间 2022 年 11 月 1 日，成功获得 AHRI 颁发的全球首个 R-454B 新冷媒高效产品认证；开利也从 2023 年起在北美市场采用 R-454B 作为 R-410A 的主要替代产品。当下对 R-454B 性能的研究也表明，从性能上看，R-454B 可作为 R-410A 和 HFC-32 的替代品。

3. 成熟度分析

综上分析可得，虽然当下 R-454B 尚未有大量的应用，但 R-454B 替换 R-410A 是可行的。不过，R-454B 可燃性、GWP、性能都与 HFC-32 相似，而且 R-454B 的价格较高，在我国采用 R-454B 进一步替代为 HFC-32 意义不大。

4. 未来展望

R-454B 属于混合制冷剂，包括 31.1% 的 HFOs 类制冷剂 R1234yf，当下 R1234yf 的专利被美国公司所掌握，因此 R-454B 成为美国主推的制冷剂，其 GWP 值虽然可以满足 2029 年以前的制冷剂替代法规要求，但难以作为长远替代物。当下 R1234yf 的价格较高，因此 R-454B 在价格方面也不具备优势，并且 HFOs 类制冷剂当下同样受到 P-FAS 等的潜在限制，因此 R-454B 在除美国之外市场的应用可能性较小，465 的 GWP 值也使其难以成为家用空调器制冷剂的最终选择。综合来讲，R-454B 属于过渡性制冷剂，在应用上还需经过大量生产和实际用户运行的检验，其应用成熟度低于 HFC-32，基本与 HC-290 相当。

（三）HC-290

1. 物性及性能特点

HC-290 化学名称丙烷，分子式为 $CH_3CH_2CH_3$，是一种可燃气体，燃烧下限为 2.1%vol，燃烧上限为 9.5%vol，表 2-7 为 HC-290 参数。

表 2-7 HC-290 物性参数表

制冷剂	HC-290
摩尔质量（g/mol）	44
标准沸点（℃）	-42.2
临界温度（℃）	96.7
临界压力（MPa）	4.25
ODP	0
GWP	3.3
容积制冷量（kJ/m³） 注：T_e= 7.2℃，T_C= 54.4℃，T_{SUP}= 11.1K，T_{SUB}= 9K	3424
安全等级	A3（可燃）

作为制冷剂使用时，HC-290 充注量约为 R-410A 的 40%～55%，凝固点低，蒸发潜热更大，使得单位时间内降温速度更快；等熵压缩比做功小，使压缩机工作更轻松，延长压缩机的使用寿命；分子量小，流动性好，输送压力更低，减小了压缩机的负载。使用 HC-290 制冷剂，节能率可达 15%～35%。

2. 应用研究状况

HC-290 是国际社会公认最具有替代 HFCs 潜力的制冷剂，目前已经成了制冷剂的研究热点之一。当下国内家用空调器生产企业已经开始了 HC-290 的应用，据 M 公司调研数据显示，当下 M 公司家用空调器每年 HC-290 的消费量在二三百吨，产品数量在 500 万台左右。HC-290 虽然具有优良的热物性，但它属于 A3 类制冷剂，具有燃爆风险，因此大大限制了家用空调系统中 HC-290 的应用，但在 2019 年，IEC 将 HC-290 的最大充注质量限制从 150 克提高到 500 克，这使得在中小容量系统中使用 HC-290 成为可能。据 T 公司估算，若 1～1.5P 空调切换为 HC-290 制冷剂，可解决全球 76% 空调新冷媒需求。当下对 HC-290 的研究主要集中在泄漏特性和安全性上，例如对 HC-290 空调系统新风一体机的研究，采用新风一体机的形式不仅可以降低系统充注量，还可以在制冷剂泄漏后降低室内制冷剂浓度，提高安全性。

3. 成熟度分析

HC-290 制冷剂虽然在性能上具备一定优势，并且满足环保要求，可以作为长期替代物，但可燃性一直是限制 HC-290 推广应用的最大阻碍。除此之外，HC-290 系统单位容积制冷量较小，其所需的压缩机容积较大，并且系统润滑油，换热器都将面临重新选择或设计，由此导致成本显著上升。虽然当下 HC-290 系统取得了一定的应用，但大多是直接将上一代制冷剂系统直接改造为 HC-290 系统，系统与 HC-290 自身特性的匹配度较低，因此，HC-290 距离大规模推广应用仍存在一定距离。整体而言，当下 HC-290 系统的市场占有份额较少，技术成熟度较低。

4. 未来展望

HC-290 凭借优良的热力学特性、绝佳的环境友好性及可获得性，在众多替代制冷剂中脱颖而出，成为空调和热泵领域最具有潜力的新一代制冷剂。HC-290 作为中长期的替代品，其优缺点都较为明显，目前国内外也都在试图提升 HC-290 制冷系统的安全性，当下除美国以外的国家都在调整方针以加快 HC-290 的发展与应用。2023 年 6 月 12 日，生态环境部办公厅、工业和信息化部办公厅共同制定的《中国消耗臭氧层物质替代品推荐名录》也将 HC-290 制冷剂作为房间空调器制冷剂的推荐替代品，

HC-290 已经成为未来家用空调行业制冷剂发展的趋势。

（四）R-729

1.物性及性能特点

R-729 即空气，具有安全、环保、无污染的优点，其 ODP 值为 0，GWP 值小于 1，对臭氧层没有危害，对全球变暖影响较小，是长期替代 HCFCs 和 HFCs 的良好选择。表 2-8 为 R-729 物性参数。

表 2-8　R-729 物性参数表

制冷剂	R-729	
摩尔质量（g/mol）	29	
临界温度（℃）	-140.36	
临界压力（MPa）	3.85	
ODP	0	
GWP	小于 1	
安全等级	A1（不可燃）	

2.应用研究状况

空气制冷利用的是逆布雷顿循环，其制冷机可以运行三种配置，分别为闭式、半开式和开式，空气循环可以是半开放式配置，即不再需要低温热交换器，该循环消除了蒸气压缩系统中蒸发器结霜的可能性，确保了系统在低温下的性能。由于空气制冷机本身结构简单，运行可靠，且飞机在工作过程中产生的增压气体可以满足空气制冷设备需求，使得飞机上的空气调节基本都由空气制冷机完成。近年来，在制冷剂替代政策的驱动下，空气制冷机逐渐向家用空调领域靠拢，西安交通大学与 M 公司合作开发了一台空气制冷机，并将其应用在全新风空调系统中，为空气制冷机的应用打开了一扇新的大门[2]。除此以外，空气循环制冷机还有其特有的优势：如空气制冷循环在非设计工况下性能衰减远不如蒸气压缩式循环，这意味着机组在恶劣工况下运行更具有优势；在低温环境下供热量与热负荷变化方向一致，可以解决 HFCs 蒸气压缩系统在低温下供热量衰减的问题；在超低能耗建筑中，空气制冷机组可以实现新风环控一体化设计。未来，空气制冷机在家用空调领域具有一定的应用潜力。

3. 成熟度分析

空气制冷在航空上已经取得了应用，但在家用空调领域仍处于探索阶段，当下有许多技术难题尚未克服，例如空气制冷无相变过程，仅靠显热满足冷量需求就必须加大系统尺寸。总体而言，R-729 在家用空调器领域具备应用的潜力，随着制冷剂 GWP 值的限制越来越严苛，可能会加速 R-729 家用空调技术的发展，但当下而言其技术成熟度仍处于低水平。

4. 未来展望

R-729 具有优越的环境友好性，可作为家用空调领域的长期替代物，但当下 R-729 家用空调技术尚处于探索阶段，成熟度较低，R-729 在家用空调领域的应用具有一定的潜力，但关键技术的突破存在较大的不确定性，因此未来的发展尚未明晰。

（五）其余潜在替代物

2023 年 6 月 12 日，生态环境部办公厅、工业和信息化部办公厅共同制定的《中国消耗臭氧层物质替代品推荐名录》中，房间空调器制冷剂的推荐替代品除 HC-290 外，还给出了其余两种，分别是 HFC-161 和 R-436C。

HFC-161 是浙江省化工研究院自主开发的制冷剂，HFC-161 的 GWP 值为 12，是一种绿色环保制冷剂。HFC-161 虽然也是 A3 类制冷剂，但其燃烧下限为 3.8%，高于 HC-290 近一倍，此外，HFC-161 的液体导热系数优于 HCFC-22 和 HC-290，是较理想的 HCFC-22 替代品，它可以满足 IEC-60335-2-40 标准规定的正常运行条件下的制冷剂充注限制要求。表 2-9 为 HFC-161 物性参数。

表 2-9　HFC-161 物性参数表

制冷剂	HFC-161
摩尔质量（g/mol）	48.06
标准沸点（℃）	-37.55
临界温度（℃）	102.15
临界压力（MPa）	5.091
ODP	0
GWP	12
安全等级	—

HFC-161 当下缺乏慢性毒性数据，尚未获得 ASHRAE 编码的现状，成为其大规模商业化应用最大的障碍。目前，HFC-161 仍处于开发阶段，没有大规模生产，并且当下研究报道较少，因此技术成熟度较低，但作为中国自主研发的制冷剂，具备一定的潜力，可以加大研究力度。

R-436C 由 HC-290/HC-600a，按照 95/5%wt 的比例混合而成，其 ODP 为 0，GWP 小于 3，密度为 HCFC-22 的 40% 左右，单位质量制冷量大。当下有公司称其在替代 HCFC-22 制冷剂时，无须改动系统，直接充注。但目前尚未有对 R-436C 制冷剂的研究报道，其较低的 GWP 值使得其环保方面不存在限制，但作为两种碳氢化合物的组合，其可燃性、安全性方面可能存在较大的局限。目前对 R-436C 制冷剂的研究较少，其成熟度仍待考究，无法全面评价。

四、制冷剂替代路线分析

（一）面向履约的替代方案分析

为更加清晰地对法规线下制冷剂替代进行分析，我们提出 GWP 值等效因子的概念，以 R-410A 的 GWP 值作为基数，分析《基加利修正案》法规限定。《基加利修正案》HFCs 削减时间及等效因子的定义如下：

$$等效因子（R410A）= \frac{进行替代制冷剂的 GWP 值 \times 所占百分比}{GWP 值（R410A）}$$

图 2-14 是《基加利修正案》HFCs 制冷剂削减时间图。如图所示，削减过程分地区进行。我国属于 A5 国家第一组。

以 R-410A 的 GWP 值 2087.5 作为基准线，选取 0.5、0.7、1.0 三个具有代表性的等效因子，反向推算出《基加利修正案》不同等效因子、不同年份对于 HFCs 制冷剂 GWP 值的要求限值。图 2-15 所示为 A5 国家第一组 GWP 限值图。以等效因子 0.7 为例，中国地区基线年 2024 年的单位 GWP 限值为 1470，在第二次削减也就是 2035 年时，法规限值缓慢下降至 1029，这很好地反映了两地区削减幅度的不同，在 2045 年最终降至 420。

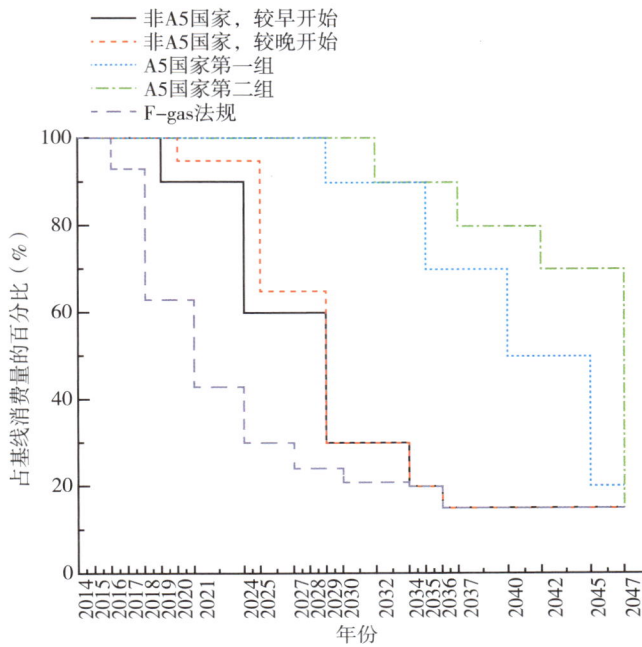

图 2-14　基加利修正案 HFCs 削减时间图

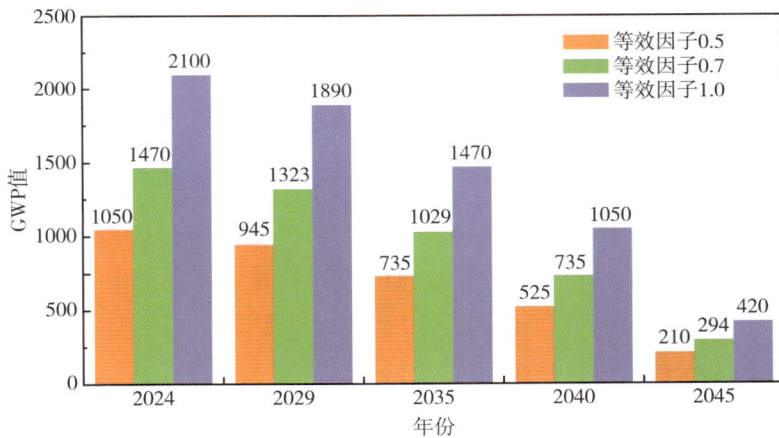

图 2-15　基加利修正案 A5 第一组地区 GWP 限值图

　　针对前文给出的 GWP 法规限值，对于 HFCs 制冷剂进行替代计算，计算过程中通过三种制冷剂排列组合来表征不同的使用场景，并以 1% 的精度来调整最小 GWP 值制冷剂的占比，使其在占比最小情况下满足制冷剂替代要求。计算流程如图 2-16 所示。

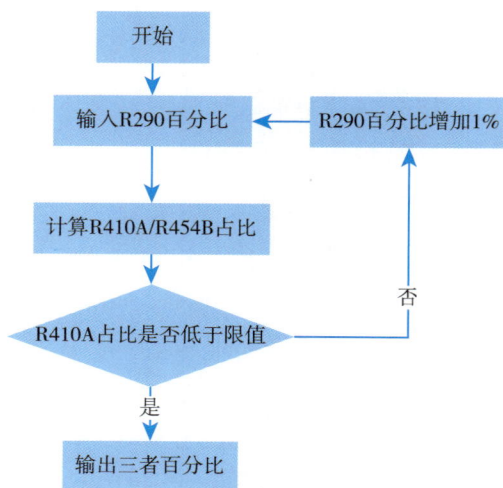

图 2-16　制冷剂替代计算流程图

　　国内家用空调制冷剂替代主要以 R-410A、HFC-32、HC-290 为主，对生态环境部印发的《中国消耗臭氧层物质替代品推荐名录》进行解读，HFC-161 和 R-436C 可作为房间空调器领域未来的替代制冷剂，但 R-436C 是由 95% 的 HC-290 和 5% 的 HC-600a 组成，可燃性上不仅对 HC-290 没有任何改善，还降低了单位容积制冷量，因此在本次计算中对 R-436C 不予考虑。本节计算中，以 R-410A、HFC-32、HC-290、HFC-161 作为可选项，分别计算 R-410A\HFC-32\HC-290、R-410A\HFC-32\HFC-161、R-410A\HFC-161\HC-290，三种场景下制冷剂占比的变化。

1. R-410A\HFC-32\HC-290

　　图 2-17 所示为中国 R-410A\HFC-32\HC-290 场景下制冷剂占比的变化趋势。可以看出，随等效因子增大，R-410A 制冷剂的占比整体呈上升趋势，HC-290 的占比呈下降趋势，HFC-32 作为中间替代制冷剂，在 2035 年前也保持了下降趋势；随时间推移，R-410A 的占比整体呈下降趋势，HC-290 占比呈现整体上升趋势，而 HFC-32 表现出先增后减的趋势。

　　图 2-18 为等效因子 0.5 时替代方案 1 的制冷剂变化曲线。冻结年 2024 年 R-410A、HFC-32、HC-290 的占比分别为 26%、74%、0%，而在 2045 年削减完成后，三者占比变化为 0%、30%、70%。可以看出，当等效因子较小时，R-410A 的占比较低且持续下降，由冻结年的 26% 降至 2040 年的 0%，并在此后基本退出中国市场；HFC-32 作为中国地区目前应用的主要制冷剂，在冻结年能够保持 74% 的占比，并呈现先增

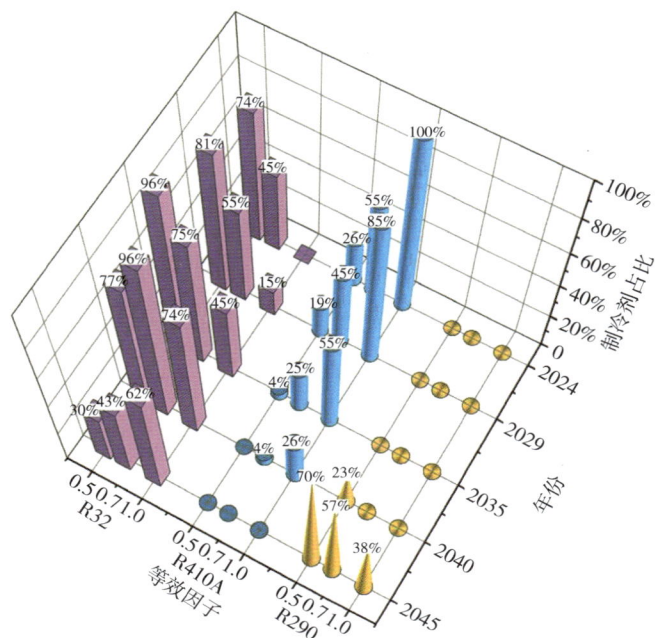

图 2-17　中国制冷剂替代方案 1（总）

后减的总体趋势，这是因为随着法规限值的降低，R-410A 占比逐渐减少，此时 HFC-32 呈上升趋势，但随着 HC-290 进入市场，其 GWP 值只有 3.3，技术成熟后可以大幅度推广，将会导致 HFC-32 产量快速减少。在《基加利修正案》的制冷剂替代进度要求下，2045 年后，HC-290 占比将会达到 76%，成为主流制冷剂，HFC-32 占比 24%，为辅助制冷剂。

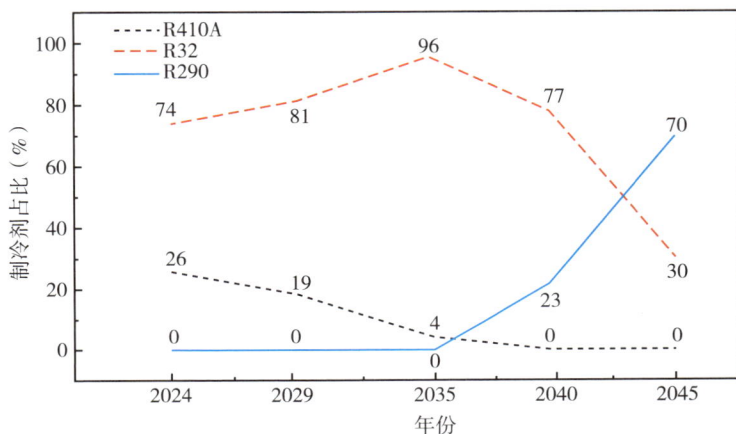

图 2-18　中国制冷剂替代方案 1（等效因子 0.5）

图 2-19 为等效因子 0.7 时，替代方案 1 的制冷剂占比变化曲线。2024 年 R-410A、HFC-32、HC-290 占比分别为 55%、45%、0%，而在 2045 年三者占比发生较大改变，分别为 0%、43%、57%。《基加利修正案》的限值随等效因子增大而增大，因此等效因子 0.7 时，R-410A 在替代中前期的占比有所增加，且其退出市场的时间也向后推移，在 2040 年仍有少量存留；HFC-32 仍然保持先增后减的变化趋势，其占比最大值推迟到了 2040 年，并在此后随 HC-290 的增产逐年减少，最终占比保持在 43% 左右；HC-290 在 2024 年至 2040 年期间可不参与替代过程，2040 年后其占比逐渐增加，最终在 2045 年达到 57%，成为市场主流制冷剂。

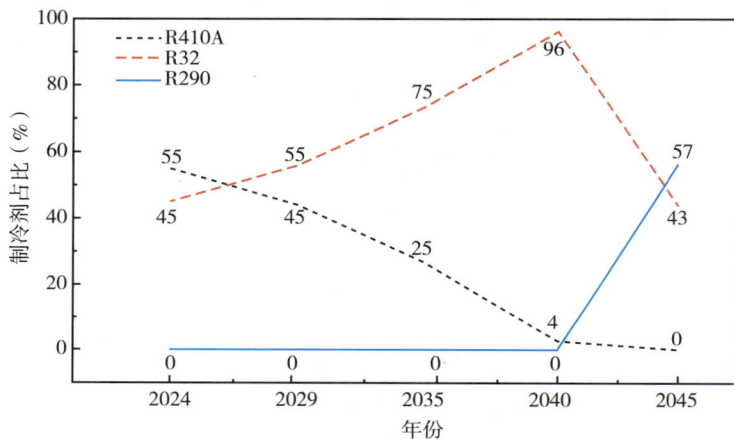

图 2-19　中国制冷剂替代方案 1（等效因子 0.7）

图 2-20 为等效因子 1.0 时，替代方案 1 的制冷剂占比变化曲线。由于等效因子为 1.0，因此在冻结年 2024 年时，R-410A 占比可达 100%，而在削减完成后的 2045 年，R-410A 占比为 0%，HFC-32 和 HC-290 占比分别为 43% 和 57%。在 2024 年至 2040 年期间，HFC-32 占比呈上升趋势，由 2024 年的 0% 增长至 2040 年的 74%，达到最大值，此后由于 HC-290 的增产其产量开始逐年降低直至 62%；R-410A 则整体呈现下降趋势，直至 2045 年退出市场；2040 年后，GWP 法规限值大幅降低，HC-290 进入市场且占比迅速升高至 38%，但实际中等效因子达到 1.0 的可能性很小，因此需加快对低 GWP 制冷剂的研究以适应 GWP 削减法案。

2. R-410A\HFC-32\HFC-161

图 2-21 是在 R-410A\HFC-32\HFC-161 场景下中国制冷剂市场的占比变化。将图 2-17 与图 2-21 进行对比可知，两者制冷剂变化趋势几乎一致；这是由于 HFC-161

的 GWP 值与 HC-290 的 GWP 值远小于其他两种制冷剂，导致 HC-290 和 HFC-161 在替代进程中作用相同。因此，在此不再对 R-410A\HFC-32\HFC-161 场景进行具体分析，可参考图 2-18 至图 2-20。

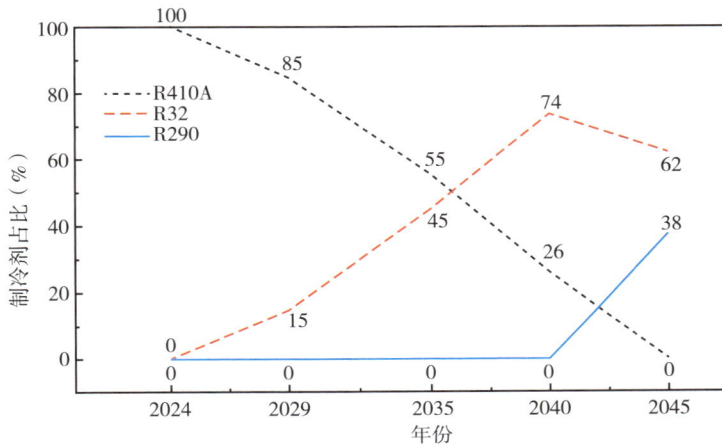

图 2-20 中国制冷剂替代方案 1（等效因子 1.0）

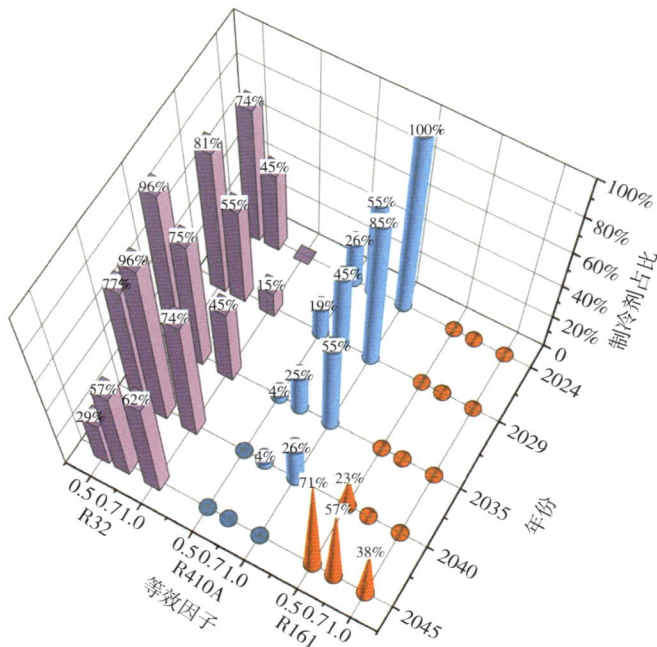

图 2-21 中国制冷剂替代方案 2（总）

3. R-410A\HFC-161\HC-290

图 2-22 是中国 R-410A\HFC-161\HC-290 场景下各制冷剂占比变化图。从图中可以看出，无论随年份还是等效因子变化，HC-290 制冷剂占比都为 0，这是因为 HFC-161 的 GWP 值很小，无须 HC-290 即可完成替代，反之使用 R-410A\HC-290 同理；此场景实际成了使用两种制冷剂进行替代，失去了参考意义，而与之同理的还有 HFC-32\HFC-161\HC-290，R-454B\HFC-161\HC-290 两种场景，不再分析。

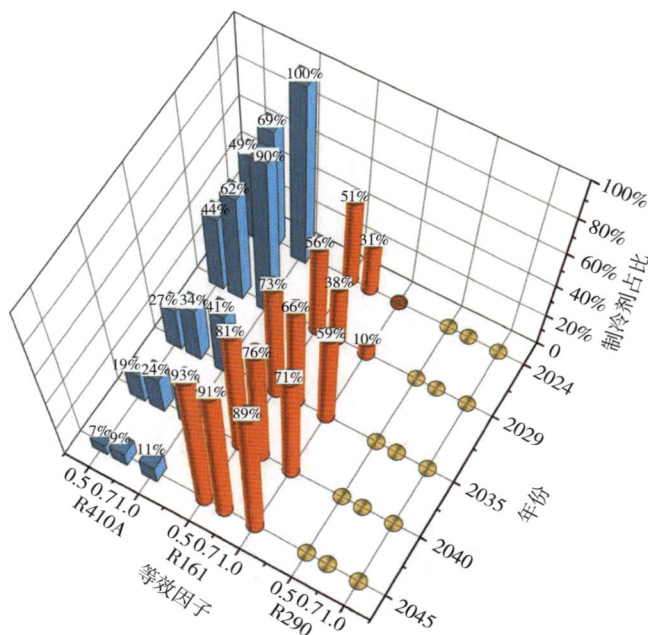

图 2-22　中国制冷剂替代方案 3（总）

对于属于 A5 第一组的地区，《基加利修正案》进行了一定的宽限，前期削减程度较低且冻结年及削减年份相较于欧美国家都有一定的推迟，这对低 GWP 制冷剂的研发有利。以有效场景 R-410A\HFC-32\HC-290 中等效因子 0.7 为例，HC-290 制冷剂的占比自 2040 年开始从零增长，并在 2045 年达到 57% 的占比，因此需要在 2040 年前完成使用 HC-290 等环保工质空调器的基本设计研发，做好其进入市场的准备，并在 2045 年前解决多数安全性问题，达到技术完全成熟，对 HFCs 制冷剂进行完全替代。我国作为全球最大的家用空调市场，正在加快新型制冷剂技术的研发，展现出了负责任大国的担当。

（二）面向减排的替代方案分析

在以 GWP 值为评价指标，解析《基加利修正案》下制冷剂替代路线之后，还要更加全面地评估制冷剂对气候的影响，分析空调器的生命期排放。

1. 生命周期气候性能（LCCP）分析

材料的制造和回收排放来自工业界，见表 2-10。家用空调器所涉及的四种最常见的材料被包括在间接排放中，计算中的所有元素都假定是原生和可回收的，其中 R-410A、HFC-32 和 HC-290 的制造排放分别为 10.7、7.2 和 0.05（kg-CO_2-eq/kg）。

表 2-10　材料的制造和回收排放

材料	质量占比（%）	原始制造排放（kg-CO_2-eq/kg）	回收排放（kg-CO_2-eq/kg）
钢	46	1.8	0.07
铝	12	12.6	
铜	19	3.0	
塑料	23	2.8	0.15

以 R-410A 的 LCCP 作为基线，对 HFC-32 和 HC-290 的 LCCP 进行了评估。图 2-23 显示了使用选定制冷剂热泵的直接排放，直接排放主要受制冷剂的 GWP 值影响，R-410A 的直接排放是最多的，HFC-32 的直接排放被认为是第二大，HC-290 的直接排放几乎可以忽略不计。

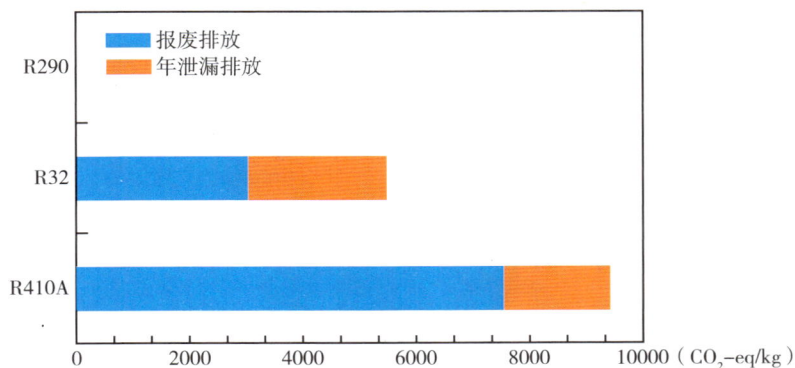

图 2-23　不同制冷剂的直接排放

能源消耗的排放主要取决于机组的性能，R-410A、HFC-32 和 HC-290 机组性能随环境的变化关系如图 2-24 所示。由于其出色的性能，HFC-32 和 HC-290 表现出较低的间接排放，间接排放如图 2-25 所示。由图 2-25 还可看出，能源消耗的排放在间接排放中占最重要的部分。

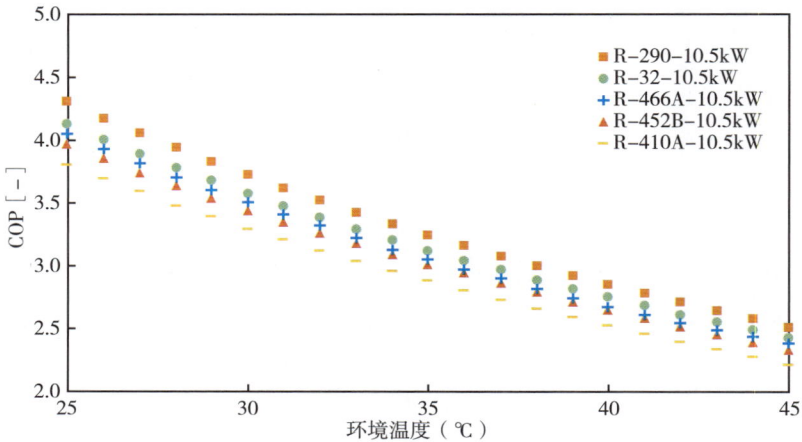

图 2-24　COP 随环境变化

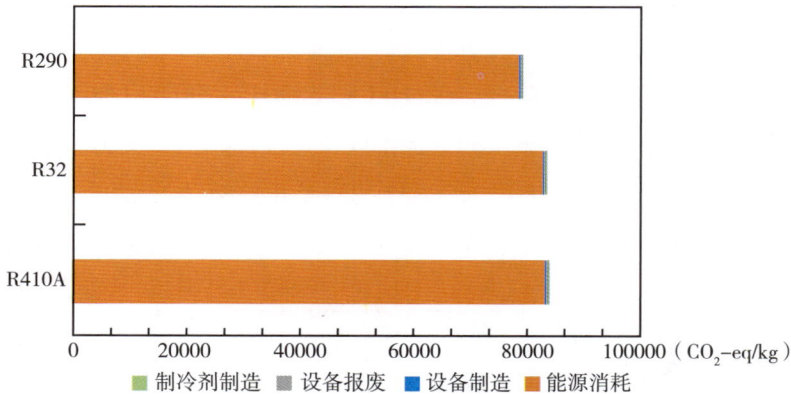

图 2-25　不同制冷剂的间接排放

图 2-26 展示了所选制冷剂的 LCCP 组成部分。可以看出，R-410A 表现出最高的 LCCP 值，并且由于其高 GWP 值，使得其泄漏排放对 LCCP 值的影响相当显著。尽管 HFC-32 具有较低的能耗排放，但 HC-290 的 LCCP 值最低，因为其直接排放低于 HFC-32 和 R-410A。需要注意的是，LCCP 分析与低 GWP 值制冷剂的叙述略有不同，突出了间接排放的影响，从而突出了机组性能的影响。

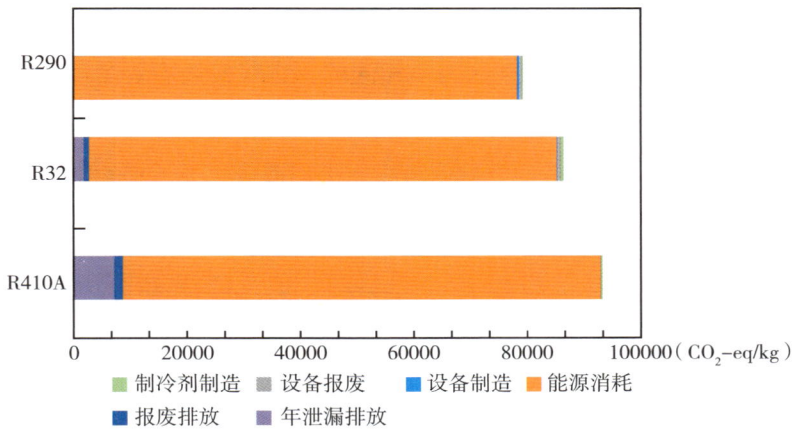

图 2-26 不同制冷剂的 LCCP

能源消耗的二氧化碳排放减少将使低 GWP 值的制冷剂更具竞争力，并支持广泛的适应性。一旦使用低 GWP 值制冷剂的系统的能耗与 R-410A 相当，它的 GWP 值越低，它排出的全球变暖气体就越少。即使 LCCP 的下降幅度很小，考虑到市场上大量的家用空调器，全球变暖气体排放的减少也会产生很大的影响。

除了对 HFC-32、HC-290 等纯工质替代制冷剂的 LCCP 分析以外，对当前研究最为广泛和关注度较高的混合工质 LCCP 的分析是有必要的，混合工质的关键参数如表 2-11 所示。

表 2-11 混合工质的关键参数

制冷剂	R-410A	HFC-32	HFC-32/R1234yf			HFC-32/R1234ze（E）	
			混合工质 1.1 42/58 质量比 %	混合工质 1.2 28/72 质量比 %	混合工质 1.3 22/78 质量比 %	混合工质 2.1 42/58 质量比 %	混合工质 2.2 28/72 质量比 %
可燃性	不燃	微可燃	微可燃	微可燃	微可燃	微可燃	微可燃
GWP100	2087.5	675	285	190	149	285	190
制冷剂制造 CO_2 排放	10.7	7.2	10.97	11.32	11.92	10.97	11.32
Adp. GWP*	0	0	1.914	2.376	2.574	1.914	2.376

*Adp. GWP 为大气降解产生的制冷剂的全球升温潜能值 $kg-CO_2-eq/kg$。

　　图 2-27 显示了使用选定制冷剂的空调机组的直接排放。由于所有工质的使用寿命、年泄漏率和报废时的泄漏率被认为是相同的，直接排放主要受制冷剂的 GWP 值影响。毫无疑问，R-410A 的直接排放是最多的，其次是 HFC-32，对于混合物来说，直接排放随着制冷剂的 GWP 值的降低而减少。可以看到，低 GWP 值混合物的直接排放要比 R-410A 低一个数量级[3]。

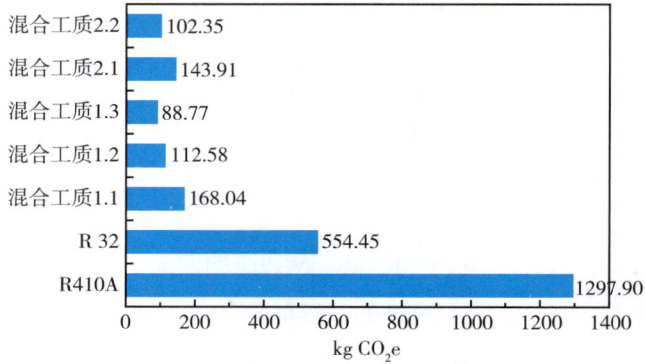

图 2-27　不同制冷剂的直接排放

　　间接排放如图 2-28 所示，由于出色的性能，HFC-32 表现出最低的间接排放。在目前的运行情况下，可以看到，除了混合工质 1.1 和混合工质 2.1 之外，所研究的混合物的能源消耗排放大多高于 R-410A 的排放。这些结果反映了在使用低 GWP 值的混合物时，系统的能源消耗较高。除混合工质 1.1 和混合工质 2.1 外，混合物的 COP 大多低于 R-410A。一般来说，在额定负荷下，当 COP 值下降时，机组的能耗会增加，间接排放量将会增长。

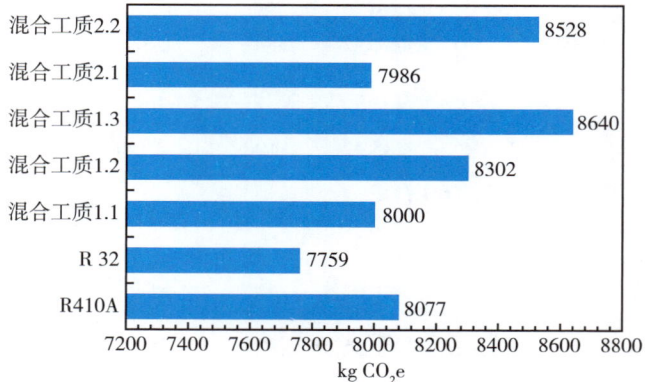

图 2-28　不同制冷剂的间接排放

　　图 2-29 中显示了所选制冷剂的 LCCP 组成成分。可以看出，R-410A 表现出最高的 LCCP 值，由于其具有高 GWP 值，泄漏排放相当显著。尽管 HFC-32 具有较低的能耗排放，但混合工质 2.1 的 LCCP 最低，因为其直接排放远低于 HFC-32 和 R-410A。混合工质 1.1 的总 LCCP 略高于混合工质 2.1，而混合工质 1.2、混合工质 1.3 和混合工质 2.2 间接排放较高，导致其 LCCP 值高于 HFC-32。然而，所有的制冷剂，包括 HFC-32，都比 R-410A 的 LCCP 低，混合工质替代高 GWP 值制冷剂可以降低二氧化碳释放量。

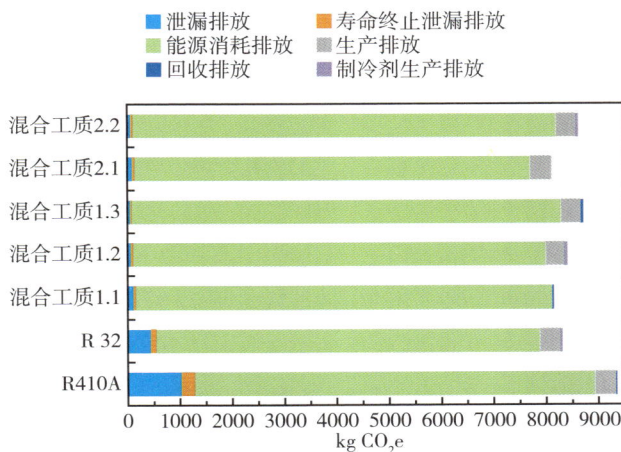

图 2-29　不同制冷剂的 LCCP

　　当新制冷剂被应用时，除考虑到环境影响以外，经济可行性也很重要。可以为每个地区决定合适的制冷剂，此外，还需要考虑系统设计，如部件尺寸和制冷剂充注量，这可能与制冷剂选择不同。因此，经济分析和系统设计需要在未来的 LCCP 评估中进行研究。

2. 制冷剂的碳足迹（CFP）分析

　　F-Gas 造成的直接排放的比例通常非常小，LCCP 的计算公式侧重于能源消耗造成的间接影响，而没有考虑综合的直接影响。考虑到这些核算方法的不足，采用了碳足迹（CFP）方法来计算制冷剂生命周期内的全球变暖效应。CFP 的概念相对较新，而且尚未标准化，因此对于非标准化的计算方法来说，它仍然是一个开放的问题。通过使用生命周期概念和简化生命周期评估（LCA），这种 CFP 方法只关注全球变暖影响，在大多数情况下，CFP 作为一个有用的工具被用来估计一个产品在其各个生命周期过程中的温室气体总排放量，并确定潜在的减排量。

通过分析家用空调器中使用的制冷剂 HCFC-22 和 R-410A 的生命周期 CFP（以二氧化碳当量计），并分析其减少温室气体排放的潜力。温室气体排放过程可分为四个过程：包括生产、家用空调器的充注、服务和处置以及这四个单独过程所需的所有能源（图 2-30）。

为对比的准确性，假定研究的五种制冷剂（HCFC-22、R-410A、HFC-32、HFC-161 和 HC-290）的范围和生命周期的界限是相同的，机组具有 1kW 的冷却能

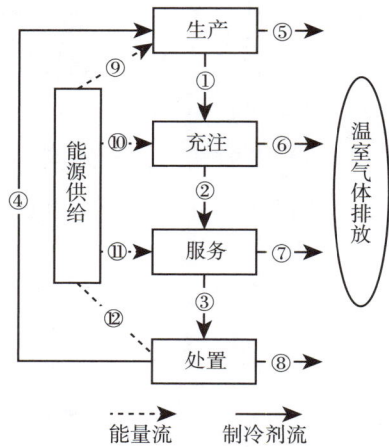

图 2-30　家用空调器制冷剂的生命周期界限

力，空调器的运作时间为 10 年，每年 100 天，每天持续 2 小时。

图 2-31 为不同回收率情况下的制冷剂碳足迹，当制冷剂回收率从 5% 提高到 15%、30% 和 50% 时，生产 1kW 制冷量的高 GWP 值制冷剂的生命周期 CFPs 分别下降了约 5%、12% 和 20%。在所有过程中，回收率的提高可以减少处置和制冷剂生产过程中的直接温室气体排放。然而，提高回收率对减少中等和低 GWP 制冷剂的排放潜力影响不大，因为其生命周期中由直接排放引起的 CFP 已经很小。

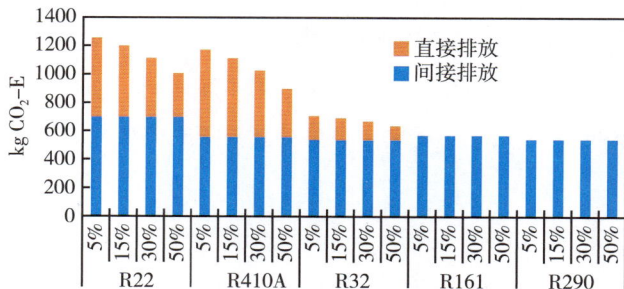

图 2-31　不同回收率情况下的制冷剂的碳足迹

从生命周期的范围来看，当需要 1kW 的冷却能力时，目前使用的制冷剂 HCFC-22 和 R-410A 的 CFP 非常大，它们的主要温室气体排放源都是机组的维修和处置过程。因此，用一些低 CPF 的制冷剂来替代目前的制冷剂是很重要的。制冷剂 HFC-32、HFC-161 和 HC-290 的生命周期 CFP 比目前的制冷剂小得多。通过提高回收率，可以

实现高达 21.6% 的温室气体减排，而通过用低 GWP 制冷剂替代高 GWP 制冷剂，温室气体减排可以达到 55.9%，温室气体排放的直接来源主要是处置过程中的制冷剂泄漏。[4]

在处置过程中，如果制冷剂的直接排空能够被有效地回收并通过更好的管理加以控制，将降低大量的温室气体排放。此外，随着 HCFC 制冷剂使用的日益严格，制冷剂的回收和再利用在经济上是有利的。例如，在日本，对制冷剂 HCFC–22 的生产和消费的控制，提高了它们的市场价格，通过回收、净化和再利用报废空调中的 HCFC–22，空调制造商的经济成本得到有效降低。

3. 中国家用空调器年度碳排放总量估计

我国家用空调器每年带来的碳排放总量包括三部分，第一部分是家用空调器运行能耗造成的年度碳排放量，第二部分是家用空调器运行中制冷剂泄漏造成的年度碳排放量（包含运行排放与维修排放），第三部分为报废排放。

首先为能耗造成的排放量计算。根据生态环境部发布的 2019 年度区域电网二氧化碳基准线排放因子 BM 计算说明，各类型机组的典型发电碳排放因子如表 2–12 所示。

表 2–12　各类型机组的典型发电碳排放因子

机组类型	取值（tCO_2/MWh）
超超临界 1000MW 级燃煤机组	0.7938
超超临界 600MW 级燃煤机组	0.8067
超临界 600MW 级燃煤机组	0.8385
亚临界 300MW 级燃煤机组	0.8875
亚临界循环流化床 300MW 级燃煤机组	0.9171
超高压及以下机组	0.9363
燃气机组	0.3789
垃圾发电	1.108
沼气发电	0.23

取表中各个排放因子的平均值作为家用空调耗电量碳排放因子计算依据。根据《2019 能源数据》《2020 能源数据》《2021 能源数据》中估算的家用电器的耗电数据，估算得到 2018 年至 2020 年三年间家用空调器运行能耗带来的年度碳排放量如表 2–13 所示。

表 2-13　2018—2020 年三年间家用空调器能耗带来的年度碳排放量

年份	用电量（亿千万时）	碳排放量（万吨）
2018	2743	21011
2019	2624	20100
2020	3683	28212

　　其次为运行排放与维修排放。运行与维修排放的基数为当前家用空调制冷剂使用存量，通过对家用空调器生产企业的调研以及行业协会的数据统计，得到家用空调器年度制冷剂使用量数据（仅新产品充注），如表 2-14 所示。

表 2-14　家用空调器生产企业制冷剂使用量

年份	HCFC-22（万吨）	R-410A（万吨）	HFC-32（万吨）
2012	10.30	3.17	0
2013	10.03	4.52	0
2014	10.51	5.08	0
2015	6.99	5.92	0.86
2016	7.49	5.50	1.30
2017	7.15	7.32	3.21
2018	5.89	7.46	4.58
2019	4.77	7.23	5.89
2020	2.68	5.76	8.40
2021	0.83	6.23	8.90
2022	0.42	5.34	9.64

　　考虑每年空调报废率的前提下，将各年内销空调器的制冷剂使用量（新品充注量）数据累计，得到 2018 年至 2020 年三年间中国家用空调器各类制冷剂存量。通过对家用空调器设备生产企业与维修企业调研可知，家用空调器随着使用年限的变化，在运行期间（包含维修时）产生的年泄漏率在 0.8%～1.6% 之间浮动，年泄漏率取值 1.2%，可得 2018 年至 2020 年三年间家用空调器运行排放与维修排放年度总量，如表 2-15 所示。

表 2-15 家用空调器 2018—2020 年三年间运行排放与维修排放总计

年份	制冷剂种类	GWP	制冷剂存量（万吨）	运行维修泄漏量（万吨）	运行维修碳排放（万吨）
2018	HCFC-22	1810	17.60	0.21	382.21
	R-410A	2087.5	13.49	0.16	337.88
	HFC-32	675	4.46	0.05	36.15
	年度总量	—	35.55	0.43	756.24
2019	HCFC-22	1810	17.31	0.21	376.01
	R-410A	2087.5	15.08	0.18	377.70
	HFC-32	675	6.76	0.08	54.75
	年度总量	—	39.15	0.47	808.46
2020	HCFC-22	1810	15.27	0.18	331.62
	R-410A	2087.5	14.77	0.18	370.02
	HFC-32	675	9.12	0.11	73.90
	年度总量	—	39.16	0.47	775.54

最后，计算 2018 年至 2020 年三年间中国家用空调器因设备报废产生的碳排放量，如表 2-16 所示。

表 2-16 家用空调器 2018—2020 年三年间报废碳排放

年份	HCFC-22（万吨）	R-410A（万吨）	HFC-32（万吨）	年度总量（万吨）
2018	4109.72	3633.04	388.71	8131.47
2019	3910.42	3927.95	569.35	8407.72
2020	4320.83	4821.06	962.86	10104.75

由表 2-13 可以看出，2018 年至 2020 年三年间中国家用空调器耗电量在不断地增加，相对应地家用空调器能耗带来的碳排放量也在不断地增加。造成这一现象的原因考虑是因为中国居民生活水平的提升，对居住环境舒适性的要求增加，引起空调的耗电量的上升。由表 2-15 可以看出，2018 年至 2020 年三年间中国家用空调器运行维修碳排放量先增加后降低，这是因为随着制冷剂替代进程的进行，高 GWP 制冷

剂 HCFC-22 和 R-410A 的使用量持续下降，HFC-32 制冷剂的使用量持续增加，因此家用空调领域制冷剂运行泄漏及维修泄漏带来的年度碳排放量已经出现下降趋势。由表 2-16 可以看出，三年间报废碳排放一直在升高，这是由于空调器的寿命一般在 12 年左右，低 GWP 的新型制冷剂空调器因上市较晚，报废较少，而采用高 GWP 制冷剂的空调器上市较早，报废也较早，因此报废碳排放一直在上升，但随着后续的报废空调器制冷剂回收法规进一步完善，报废碳排放有望大幅降低。

五、替代需攻克的关键技术难点

1. HFC-32

HFC-32 制冷剂具有无专利限制，市场可获得性好，单位质量制冷量大，沸腾换热系数高，充注量低，热工性能总体较好等优势。为探索 HFC-32 作为家用空调制冷剂的性能，学者们进行了诸多研究：

柴玉鹏[5] 对同一套系统依次充注 HFC-32、HCFC-22、R-410A，将每种制冷剂在同一系统内的性能进行了实验研究，得到的结论为：同一套系统充注 HFC-32 时，制冷量、制热量最大，但压缩机的排气温度最高，功耗最大，制冷 COP 与制热 COP 均最小。

庄嵘等[6] 通过研究发现，与 R-410A 系统相比，HFC-32 的理论循环制冷量提高 15%，能效比提高 6%，容积制冷量和容积制热量均可增加 7%~8.9%，随后又进行实验验证，实验结果表明，虽然 HFC-32 的充注量比 R-410A 少 24%，但额定制冷能力提高 8%，制冷 COP 提高 3.3%，额定制热能力和制热 COP 比 R-410A 系统略高、相当或较低，但排气温度比 R-410A 系统高 11.5~25.7℃。

孟照峰等[7] 以一台变转速热泵空调器为研究对象，测试冬季工况下 HFC-32 热泵机组的能效及换热器的传热性能，结果表明，冬季名义制热工况下，HFC-32 系统相比 R-410A，两器换热量提高 7.4%，系统 COP 提高 3%，蒸发器传热系数提高 6.0%，冷凝器传热系数提高 6.7%，而压缩机功耗平均增加 4.8%，同时两个系统的压降变化不大。

林创辉[8] 从理论分析和实验研究两方面，探索了 HFC-32 替代 HCFC-22 和 R-410A 的可行性，研究结果表明，相比 HCFC-22 机组，HFC-32 机组制冷量提高 10.3%，COP 提高 6.8%，但机组运行压力增大约为 52%，并且在名义制冷工况下

HFC-32 机组排气温度比 R-410A 机组约高 29.2%，比 HCFC-22 约高 21.2%。

图 2-32 为 HFC-32 与 R-410A 性能参数对比图。该图是蒸发温度 5℃、冷凝温度 41℃时，用同一机组测试 HFC-32 与 R-410A 性能的结果。图中 *TEWI*（total equivalent warming impact）为等效全球变暖总系数，COP 为制冷性能系数，$\dot{Q}_{EV}$ 为制冷量。因本报告制冷剂替代工作中评价指标以 GWP 为主，故对 *TWEI* 不做分析。由图中性能参数可以直观看出，HFC-32 制冷量及排气温度高于 R-410A，COP 低于 R-410A。

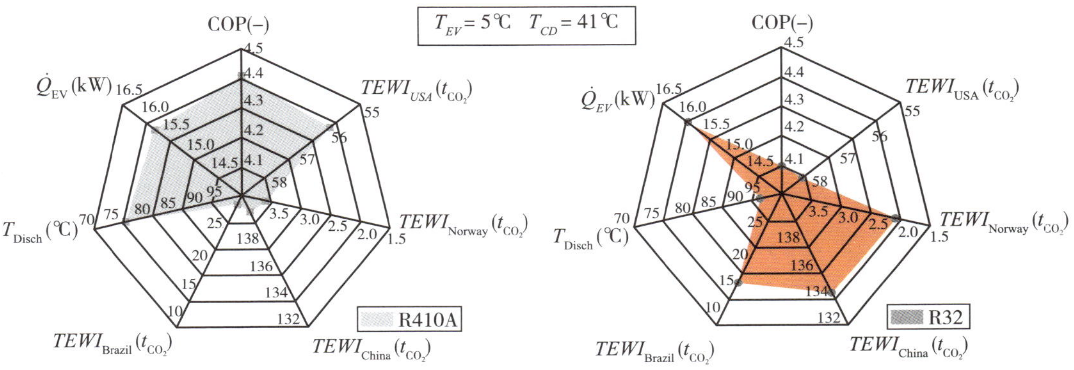

图 2-32　R-410A 与 HFC-32 性能参数及等效全球变暖总系数雷达图[9]

综合以上内容可知，与 R-410A、HCFC-22 系统相比，HFC-32 系统的制冷量较高，具有较好的替代 R-410A、HCFC-22 的能力。然而，相关研究也指出了其排气温度过高的问题，并且在超低温制热和高温制冷工况下，HFC-32 系统的排气压力也较大。排气温度是评估制冷剂更换过程的一个非常重要的参数，因为它直接关系到油的润滑能力，从而关系到压缩机的使用寿命。而排气压力大使得采用 HFC-32 制冷剂时，系统需要有更好的耐压性能。

为了提高 HFC-32 家用空调系统低温制热及高温制冷工况下压缩机的可靠性与安全性，目前国内外普遍采用的解决方案主要有两种，一种是采用复叠式，此种方法多用于深冷及中低温领域，并且由于此方法存在两套系统间热量多次传递，系统和控制都比较复杂，效率相对较低；另一种是采用两级压缩中间补气方式，在低温制热、高温制冷时，可以降低压缩机排气温度和单级压缩比，同时增加压缩机排气量，进而减少机组的冷热衰减量。由于第二种方案系统较为简单，操作较为方便，可实现性较高，故国内外学者对 HFC-32 系统两级压缩中间补气循环的理论特性及实际性能进行了研究和探索，以期提高降低 HFC-32 系统的排气压力，提升 HFC-32 系统的性能，促进 HFC-32 在家用空调器上的应用。

张倩等[10]采用双缸滚动转子式压缩机，针对一种新型 HFC-32 两级压缩热泵空调器，建立理论模型进行研究，计算结果表明，与 HFC-32 单级系统相比，制冷工况下，压缩机排气温度降低 30.1℃，COP 提高 3.02%；热泵工况下，压缩机排气温度降低 28.5℃，COP 提高 8.15%。

黄柏良等[11]采用两级节流中间闪发补气的双级压缩系统对 HFC-32、R-410A 进行实验研究，结果表明，在中高温工况下，HFC-32 系统功耗相对较低，低温、超低温工况下，HFC-32 系统功耗相对较高，但 HFC-32 系统在不同模式下的系统性能均有提高，提高范围为 1.3% ~ 11.5%，同时 HFC-32 系统的 SEER，HSPF 和 APF 也分别提高 8.6%、10.7% 和 9.6%。

杨明洪等[12]为解决 HFC-32 涡旋压缩机排气温度过高的问题，基于经济器系统，提出了两相喷射制冷系统，并利用模拟仿真对其设计和控制方法进行研究，结果表明，应用经过优化后的两相喷射系统，不仅解决了 HFC-32 排气温度过高的问题，而且系统制冷量提升 7.1% ~ 11.4%，制冷 COP 提升 2.6% ~ 6.2%。

于文远等[13]采用相同的方法在风冷冷热水机组中分别充注 HFC-32、R-410A 进行试验研究，结果表明，在 GB/T 18430.2—2008 名义工况下，HFC-32 系统压缩机排气温度高于 R-410A 系统，但采用经济器补气后较接近于 R-410A 系统，同时 HFC-32 系统相对于 R-410A 系统制冷量提高 11.17%，COP 提高 7.26%，但压缩机耗功增加 3.37%。

张新玉等[14]同样采用了带经济器的中间补气系统对充注 HFC-32 的空气源热泵系统进行实验研究，结果表明，在蒸发温度为 -15℃时，HFC-32 系统最大相对补气量约为 33%，制热 COP 为 2.46，同时制热量提高 19%，排气温度降低 11℃。

郑泽顺等[15]针对带喷气冷却的 HFC-32 风冷单元式空调机进行实验研究，结果表明，测试工况下采用喷气冷却系统可提高制冷量约为 1.2%，降低压缩机的排气温度 1.6 ~ 17.1℃，同时系统冷凝压力较高，系统性能系数 COP 平均降低 3.5% 左右。

秦妍等[16]采用补气法实测了某厂家 5HP 空调器，结果表明，在标准制冷工况下，与 R-410A 系统相比，HFC-32 系统换热量提高 13%，COP 提高 4.01%，同时压缩机功耗增加 8.89%，排气温度升高 25℃，添加补气系统后，系统换热量增加 2% ~ 14%，COP 提高 2%，而排气温度降低 15℃。

矢岛龙三郎等[17]提出利用膨胀阀控制压缩机吸气干度的方法来降低 HFC-32 系

统的排气温度，并认为在蒸发温度为 –20℃，冷凝温度 45℃时，只要将吸气干度控制在 0.93，就可以使排气温度保持在 135℃以下，但该结论只进行了计算分析，而没有进行相关实验验证。

许树学等[18]采用涡旋压缩机，研究了以 HFC–32 为制冷工质的准二级压缩热泵系统，结果表明，与采用相同工质的单级系统相比，制热量提高了 12%，排气温度降低了 10~20℃，相对补气压力的最佳范围为 0.9~1.1。随后他又搭建了以 HFC–32 为工质的 EVI 系统实验台[19]，实验结果表明，与传统的单级压缩泵系统相比，HFC–32 系统排气温度过高的问题得到解决，同时制热量可提高 4%~6%，制热 COP 可以提高 3%，制冷量可提高 4%，但制冷 COP 最大降低约为 15%，综合考虑各种因素，相对补气压力的最佳范围为 1.1~1.3。

综上所述，HFC–32 制冷剂在家用空调领域的应用，主要存在的技术问题为压缩机排气温度高，特别是在低温制热和高温制冷时，可能会出现排气温度超过压缩机可承受范围的问题，使得其在高温工况下的工作不稳定。并且压力大的同时压缩机耗功相对较高，对泄漏比较敏感，因此需要对 HFC–32 系统压缩机进行专门的设计及优化，以提高 HFC–32 家用空调系统的性能系数。针对这些问题，学者们也进行了大量研究，例如采用中间补气或补湿蒸汽以降低 HFC–32 系统的排气温度，增加系统制冷、制热量，提升系统性能。HFC–32 为弱可燃工质，其应用的安全性仍无取得共识，但是家用空调领域充注量比较小，这一问题就不太凸显；整体而言，HFC–32 制冷剂在家用空调领域应用的技术成熟度较高，由前文调研结果也可以得知，HFC–32 当下已经成为国内家用空调器主流的制冷剂之一，占据了几乎一半的市场份额。如今，HFC–32 制冷剂面临的最主要的问题是其 675 的全球变暖指数（GWP），虽然该 GWP 值可满足近期的替代法规要求，但在未来也将逐渐被淘汰，根据前文《基加利修正案》下制冷剂替代分析结果，在中国等发展中国家也将面临较大的限制，市场将会受到大量的削减。因此，HFC–32 只能作为中短期的替代物，仍然存在限制其应用法规随时出台、其他适合中长期使用工质的技术进步或成熟等风险，例如，2023 年 6 月印发的《中国消耗臭氧层物质替代品推荐名录》，家用空调领域就没有推荐 HFC–32。

总之，HFC–32 只能作为家用空调领域过渡性的替代工质，主要技术难点体现在：①研制专用压缩机，实现吸气带液、补气带液或压缩腔喷液冷却等降低排气温度的措施，以及（准）二级压缩或者变容二级压缩等功能；②基于专用压缩机改进并优化二级压缩系统流程，改善超低温制热及高温制冷性能。

2. R-454B

由上节可知，HFC-32 全球变暖指数（GWP）仍然较大，即使满足当下的环保要求，但 2029 年之后，随着《基加利修正案》的进一步实施，也将面临严格的削减直至淘汰。为解决这一问题，美国提出将 HFC-32 与 R1234yf 按照 68.9/31.1%wt 的比例混合，形成了新的混合工质 R-454B，以降低 HFC-32 的全球变暖指数，并改善其运行性能。

王晓东等[20]对比研究了 R-454B 与 R-410A 的性能，发现在替代实验中，同等条件下，R-454B 制冷量比 R-410A 低 3%~8%，功耗低 6.5%~8.5%，制冷能效比与 R-410A 基本相似，低蒸发温度和高冷凝温度时，R-454B 能效比略高于 R-410A，反之略低。

Panato 等[21]研究发现，R-454B 压缩机排气温度比 R-410A 平均升高 8℃，制冷量平均降低 9.5%，压缩机能耗平均降低 3.5%，制冷剂 COP 平均降低 6.2%。

陈志强等[1]基于同一套系统，验证了 R-454B 替换 R-410A 的可行性，结果表明：在相同配置下，调整制冷剂充注量即可满足要求。R-454B 制冷综合能效 SEER 较 R-410A 高约 0.8%；R-454B 制热综合能效 HSPF 较 R-410A 高约 6.5%；制冷剂注量较 R-410A 减少 13.4%；高频制冷，R-454B 系统排气较 R-410A 更高；中低频制冷，R-454B 系统排气较 R-410A 略低；R-454B 系统制热排气较 R-410A 系统更高。

欧阳军等[22]针对一台涡旋式压缩机分别采用 R-410A、R-454B 和 HFC-32 进行了性能、油循环率和运行范围的测试。根据实测数据得出的结论有：对于 R-454B，在 7.2℃ 的蒸发温度下，制冷量比 R-410A 低不到 3%。在实际系统中这个差别可能会更小，因此采用 R-454B 替代 R-410A 时，有可能不需要改变压缩机的排气量。但对于 HFC-32，实测数据显示制冷量比 R-410A 高 7%~8%，因此采用 HFC-32 替 R-410A 时需要降低压缩机的排气量；R-454B 和 HFC-32 具有较低密度，导致较小的质量流量，使得相对泄漏量可能会增加。另外，由于气体带油量减少，导致密封减弱，使得在低蒸发温度时压缩机能效降低较多。因此，采用 R-454B 和 HFC-32 时，需要关注低蒸发温度工况的性能，并依据能效标准进行设计改进；采用 R-454B 时，基本无须对压缩机运行范围进行更改。但 HFC-32 排气温度较高，其运行范围要小于 R-410A，因此采用 HFC-32 作为替代制冷剂时，需要改进压缩机的设计以控制排气温度，或者利用系统设计变更控制压缩机的运行范围。从制冷量和运行范围来讲，R-454B 与 R-410A 相对较为接近。另外，R-454B 和 R-410A 一般采用相同的润滑油，因此采用

R-454B 替代 R-410A 相对简单，甚至不需要系统变更即可以直接替换[23]。而 HFC-32 在制冷量和运行范围方面与 R-410A 相差较大，须要对压缩机和系统零部件重新选型和设计。

何亚峰等[23]对 R-454B 制冷剂应用于风冷式冷水（热泵）机组循环特性进行试验研究，结果表明：R-454B 系统实测名义制冷量与 R-410A 系统相当，实测名义制冷 COP 分别提高 5.2% 和 3.7%；R-454B 系统的工作压力较 R-410A 系统低，R-454B 系统的吸气压力过低保护值、压缩机排气温度过高保护值可以与 R-410A 系统设计为一致；直接在 R-410A 系统上使用 R-454B 时，可以降低 21% 的充注量。

图 2-33 为 R-454B 与 R-410A 性能参数对比图。该图是蒸发温度 5℃、冷凝温度 41℃时，利用同一机组对 HFC-32 与 R-410A 进行性能测试的测试结果，图中 *TEWI*（total equivalent warming impact）为等效全球变暖总系数，COP 为制冷性能系数，$\dot{Q}_{EV}$ 为制冷量。因本报告制冷剂替代工作中评价指标以 GWP 为主，故对 *TWEI* 不做分析。但由图中性能参数可以直观看出，R-454B 制冷量及 COP 低于 R-410A，排气温度略高于 R-410A，但幅度不大。

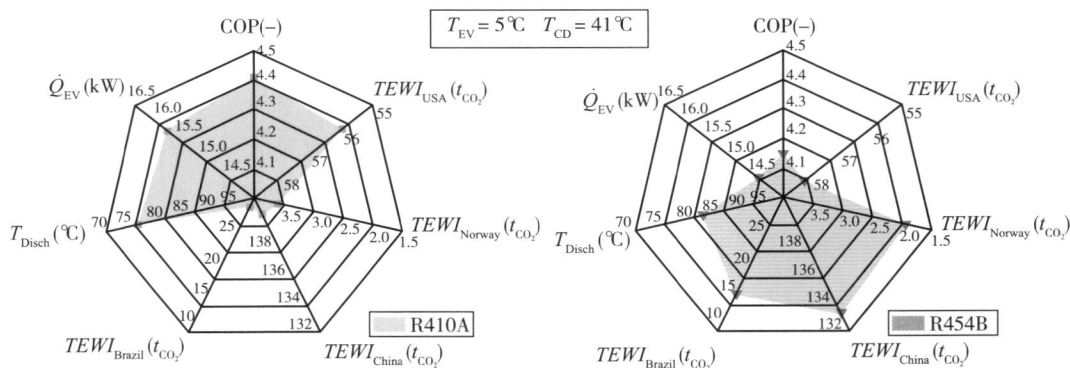

图 2-33　R-454B 与 R-410A 性能参数及等效全球变暖总系数雷达图[9]

排气温度是评估制冷剂更换过程的一个非常重要的参数，因为它直接关系到油的润滑能力，从而关系到压缩机的使用寿命。由上节 HFC-32 技术难点中可知，各项研究中，HFC-32 排气温度较 R-410A 平均高 20℃以上，这使得 HFC-32 在直接替代 R-410A 时必须对压缩机进行特殊的设计，以避免 HFC-32 排气温度过高引起的压缩机损坏或非正常工作。由于 R-454B 中也有 HFC-32 组分，使得其排气温度也高于 R-410A，但增幅相对较小，综合本节中各项 R-454B 性能研究可知，R-454B 的各项性能指标与 R-410A 最为接近，因此 R-454B 具有直接替代 R-410A 的潜力，可以在不改变 R-410A 系统设计的情况下直接对 R-410A 系统充注 R-454B。但由于其组分中含有 HFC-32 制冷剂的比例超过三分之二，导致其安全等级也同为 A2L 可燃类。并且其 465 的 GWP 值虽然可以满足《基加利修正案》中 2034 年之前对制冷剂 GWP 值的限制，但在 2034 年后同样将面临淘汰。综合来讲，R-454B 可以作为当下的过渡性替代物，但难以作为家用空调器制冷剂的最终选择，并且其可使用期限也较短，因此必须加快对新一代环保制冷剂的研究。

3. HC-290

HC-290 制冷剂在家用空调领域的应用与之前传统 HFCs 类制冷剂存在较大差异。首先作为碳氢化合物，其安全等级为 A3（可燃类），因此其安全性能是一个亟须解决的问题，其次由于其单位容积制冷量较小，故同等制冷量下，HC-290 系统所需压缩机容积较大，倘若采用与 HFC-32、R-410A 等系统同等容积的压缩机，则压缩机频率甚至需要提高至 150~160Hz 才能满足 HC-290 的制冷量要求，而压缩机频率的提升又带来了压缩机排气温度大幅增高的问题，故对于 HC-290 家用空调系统，需开发匹配 HC-290 制冷剂特性的专用压缩机。另外，虽然 HC-290 制冷剂单位质量制冷量较大，使得系统所需充注量较小，但由于其 A3 的安全等级，使得其面临较为严苛的充注量限制，因此常用微通道换热器以提高系统换热性能，降低系统充注量，故而 HC-290 系统换热器也面临重新设计和选择。此外，诸如阀件、润滑油等，都需进行特定的匹配。除此之外，HC-290 系统还需要增加探测报警器件，以保证制冷剂泄漏时可以更加快速地被发现，降低 HC-290 制冷剂泄漏造成的危险。为探究 HC-290 制冷剂在家用空调领域应用存在的技术难点，应从各个角度对 HC-290 家用空调系统进行了技术难点的分析与阐述，以厘清 HC-290 家用空调系统在推广应用上面临的问题，加速 HC-290 家用空调技术的成熟。

在压缩机方面，对 HC-290 压缩机启动特性的研究发现 HC-290 压缩机启动时会有小于 1s 的短暂液堵，造成压力突增，压缩机润滑油的黏度会有一个短暂的下降，并在 20min 左右达到平衡状态[24]。当 HC-290 滚动活塞式压缩机在偏离设计工况下运行时，会使过热度快速升高，Y 公司将吸气管内设计了一层隔热材料来降低吸气口的无效过热度，使得制冷 COP 提高了 1.5% 以上；并利用四瓣式消音器及亥姆赫兹共振腔、三片式底座、低风阻型平衡块用于改善振动噪声大的问题，使得噪声改善了约 2dB（A），压缩机振动改善超过 25%。上海日立公司对 HC-290 专用压缩机进行了设计和实验，对上轴承和气缸等泵机机构进行了改进，使得其机械效率、指示效率和容积效率提高了 2%~3%。并指出了 HC-290 的油闪点应远高于排气温度，一般都在 200℃以上，通过优化压缩机配比油品，提高了 HC-290 压缩机泵体内部的耐磨损性能，并给出了应对 HC-290 专用压缩机的电器防爆提出了相应策略[25]，如表 2-17 所示。当下许多公司企业都对 HC-290 压缩机进行了特性研究，但整体而言，目前市场上的 HC-290 压缩机还未形成系列化，型号也并不齐全，HC-290 压缩机还需要更进一步的研发与改进。此外，对于某些极端工况，也需对压缩机进行特殊的设计以适应极端工况的工作条件，如 HC-290（准）二级压缩的压缩机开发。

表 2-17　HC-290 专用压缩机在系统使用过程中安全性应对策略

火花来源	应对策略
除霜控制	置于安全位置，符合 IEC 79-15 标准
压缩机继电器	封在密封盒中更换使用密封式继电器使用具有 PTC 或密封式继电器（IEC 79-15）的 HC 专用压缩机
压缩机电容	
压缩机超载保护	
电源开关	若不需要则不要使用改变位置于系统之外或更换使用密封式电源开关
电线连接	确保所有接点不松脱，使用双环保型或铲型端子外加塑料套
风扇马达	使用感应马达
开关	改置于箱体外，或使用密封式开关
温控器	封在密封盒中改变位置于系统外改用固态温控器
除霜加热器	使用电阻加热器含温度开关
除霜感测头	符合 IEC 79-15 标准

在换热器方面，使用小管径或微通道换热器是降低充注量的有效方法。小管径换热器是指采用小管径（管径≤5mm）内螺纹铜管的一种高效换热器，不仅可以降低换热器的成本还可以降低系统制冷剂充注量。理论分析表明，与 7mm 的 HCFC-22 蒸发器相比，使用管径为 5mm 的 HC-290 小管径蒸发器的换热量和传热系数分别提升 34.1%、24.2%，制冷剂流量和压降分别减少 28.25%、41.6%[26]。微通道换热器具备制冷剂充注量少、换热效率高、节能等优势，微通道在冷凝器上的应用较为成熟，但在蒸发器上的应用还不很成熟，一方面是由于低温时容易结霜，导致机组频繁启停，

影响舒适性。另一方面，在1.5匹以下机型应用时不具备成本优势。将微通道用作冷凝器时，在相同制热量的条件下，HC-290的充注量为HCFC-22的46.4%，压降损失仅为HCFC-22的79.3%。在单冷空调中利用微通道换热器替代翅片管换热器，发现制冷量提高了3.6%，能效比提高了0.34，达到了3.85，而且充注量降低了100g。将微通道用作蒸发器时，上海理工大学的姜斌年等[27]仿真分析了HC-290与HCFC-22、HFC-134a、R-410A、R1234yf的性能，结果显示在质量流量一定的条件下，HC-290的换热量是HCFC-22的1.63倍，而充注量仅为HCFC-22的72.4%；在理论换热量一定，质量流量不定的条件下，HC-290充注量和制冷剂侧压降都是最小的。

在润滑油方面，目前HC-290系统使用的是矿物润滑油（MOs），与矿物润滑油相比，聚醚类（PAG）合成润滑油的黏度大，有利于压缩机的润滑，降低系统充注量。对于1.5P的分体式房间空调器，采用PAG润滑油的机组制冷剂循环量更大，冷凝压力和过冷度更高，吸气温度和排气过热度更低。有研究显示，HC-290热泵系统在-51.9℃时，压缩机油析出并结晶导致电子膨胀阀堵塞，因此，若发生油堵，热泵启动前应该增大电子膨胀阀的初始开度以增加制冷剂流通面积，避免制冷剂的剧烈降温，造成溶解度的大幅下降。在润滑油中加入纳米颗粒也可以起到改变系统性能的效果。实验研究结果显示纳米ZnO颗粒加入HC-290/HC-600a（50%/50%）制冷系统的压缩机润滑油当中可以降低吸气压力、排气压力和润滑油的黏度。使用浓度为（0.2~1.0）wt%的纳米颗粒，压缩机能耗降低了7.48%，制冷COP提高了约46%。

在防止泄漏方面，Tang等[28]对不同充注量（400g、450g、500g）的分体式房间空调进行泄漏安全评估。研究结果显示，在稳定运行时，大部分制冷剂（72%~80%）位于室外机内中。因此，如果停机，室内外换热器压差停止时，制冷剂会回流到室内机中。如果室内机泄漏，室外机中的制冷剂则源源不断进入室内。基于此，研究者提出了在节流装置和室内换热器之间加装电磁阀以阻止停机后制冷剂的迁移。经实验证明，方法行之有效。此后该方法也得到文献[29]的证实。并且，目前碳氢化合物的探测器体积较大，如何将探测器小型化、轻便化、灵敏化也是防止HC-290制冷剂泄漏的一个重要的研究方向。

在安全性方面，HC-290作为A3类制冷剂，易燃可爆，因此HC-290制冷剂的安全性是限制其应用的一大阻碍。当下，提高HC-290制冷剂安全性的主要方法可归结为整体化、低浓度化和间接化三个方面。

整体化是指采用整体式空调器。整体式空调器相对于分体式空调器，具有价格低、安装方便、维护少、制冷剂充注量低等优点。另外，整体式换热器具有以下优点。首先，由于整体式空调器机体连通室内和室外，具备引入新风的能力，实验表明新风的引入不仅可以改善室内空气品质，还可以在制冷剂泄漏后降低室内制冷剂浓度，提高安全性。研究表明室内机组气流可以起到稀释泄漏制冷剂的作用，通过建立的夹带理论的数学模型，可以确定防止房间内形成燃爆区域所需的最小风量。其次，对于整体式空调器，由于内部体积小，当制冷剂快速泄漏后，内部空间很快被制冷剂占据，制冷剂浓度因此长时间高于燃爆浓度上限，反而降低了燃爆风险。再者，整体式空调器内部制冷剂管道短，压降小，可以进一步降低系统的制冷剂充注量，提高系统安全性。并且整体式空调器最大的优点是可以极大程度降低现场安装的复杂程度，避免了不规范的现场安装带来的燃爆风险。

低浓度化就是利用多种方式降低泄漏的制冷剂浓度。具体措施包括：提高风速强化空气与制冷剂的混合、引入通风功能降低泄漏后制冷剂浓度（采用新风换气一体机形式）、在制冷剂中添加阻燃剂、使用电磁阀阻断室内外机的制冷剂流动、使用小管径或微通道换热器、换热器的流路和形式的优化、系统构成的优化。关于换热器设计已经在前文有详细介绍。而对于系统构成的优化则是简化管路，减少容积较大的部件，比如气液分离器，储液器等。此外，华中科技大学的研究发现在毛细管后安装电磁阀可以降低泄漏时制冷剂的泄漏速率，从而降低发生燃爆的风险。

间接化就是利用传热媒介将可燃气体工质的热量传递到室内或隔绝火焰。传热媒介可以是水、乙二醇等载冷剂，也可以是空气，即空调风管系统。这样可以避免可燃制冷剂泄漏到室内，或者即使发生泄漏也能快速地被气流稀释，避免燃爆。

在抑制燃烧方面，文献[30-31]中提到 R13I1 和 HFC-125 具有抑制 HC-290 可燃性的效果。提高混合物中 R13I1 的摩尔分数可以降低混合物的层流燃烧速度，提高燃爆浓度下限，但对于燃爆浓度上限而言，可能增加也可能减少，这取决于 R13I1 的摩尔分数。R13I1 对 HC-290 可燃性的抑制作用强于 HFC-125。除了 R13I1 和 HFC-125 外，还有与其他阻燃剂形成的混合制冷剂。其他对 HC-290 混合制冷剂的研究包括有 HC-290/R1234ze（E）、HC-290/HFC-134a、HC-600a/HC-290、R1234yf/HC-290、HFC-32/HC-290。Lu 等[32]研究了金属网和管道通风对甲烷燃爆火焰的抑制作用，结果显示金属网越密、层数越多，燃烧产生火焰的长度就越短，甚至火焰被罩在金属网中，无法向管外传播。金属网对火焰传播的抑制作用受到初始浓度、压力、点火能的影响。

综上所述，虽然当下 HC-290 系统各方面的研究都取得了一定的进展，但各方面的技术成熟度还都有所欠缺，首先对于压缩机来说，由于 HC-290 制冷剂自身的燃爆特性和单位容积制冷量较小所需压缩机容积较大的缘故，需对压缩机进行特殊的设计，但当下 HC-290 压缩机尚未系统化，型号也并不齐全；换热器方面，虽然采用小管径换热器可以有效降低充注量，但目前小管径换热器作为蒸发器的应用还未十分成熟；润滑油方面也与之前所使用 HFC 类制冷剂有所不同，需特定匹配；防止泄漏方面与安全性方面，虽然形成了一些理论以防止其泄漏、提高其安全性，并且有了一些先行研究，但具体采用何种方式，尚未形成系统定论，标准规范方面也仍较为欠缺。总之，当下的技术成熟度难以支撑 HC-290 家用空调器的大规模推广应用。《基加利修正案》规定中国等发展中国家，至 2040 年，HC-290 制冷剂也必须占到 20% 以上的市场份额，因此，中国需要更进一步地加快对 HC-290 家用空调器的研究，使得尽快具备大规模推广的条件。

总之，HC-290 可以作为家用空调领域中长期的替代工质，也是《中国消耗臭氧层物质替代品推荐名录》推荐的家用空调领域主要替代工质。其主要技术难点体现在以下两点。①安全性提升的技术方案无实质性突破。HC-290 与以前使用工质遇到的技术问题是完全不同的，对现有产品"修修补补"是不可能实现其众望所归的重任，必须要有"大破大立"技术创新，必须"主动防御技术优先、被动防御措施补充"，也就是说要先创新产品型式或结构，从根本上杜绝泄漏、提升安全性，再考虑缩减充注量、泄漏探测及快速扩散等。②压缩机等 HC-290 专用零部件研发。行业目前主要解决了"能用"的问题，还远达不到"好用"的程度，要从 HC-290 物性出发来研制其部件，而不仅仅是在现有部件基础上进行改进。

4. R-729

R-729（空气）作为制冷剂时，通常采用逆布雷顿空气制冷循环，虽然在空调领域其性能不如传统的 HFCs 蒸气压缩循环，但通过改良系统的循环型式、提高散热器的换热能力、研发核心部件可使空气制冷机性能进一步提升。

提升空气制冷的性能主要是对其流程进行优化及适用性改进，减小压缩功，回收膨胀功。回热是指在基本循环基础上增加回热热交换器，把高压换热器排出的高温气流用来加热进入压缩机的低压常温气流，以提高压缩机入口气流的温度，降低压缩机功耗。回热循环降低了压缩机压比和膨胀比，有利于提高空气制冷机的实际制冷系数[33]。研究表明，系统采用回热器时，COP 最大值为 1.36，不采用回热器时，最大值为 1.25，同比增加 8.8%[34]。两级压缩系统可以减小压缩功，一级压缩由电机驱动，二级压缩由膨胀机驱动，相同压比下，两级压缩功耗比单级更小，可以提高压缩过程的整体效率。压比为 1.8 时，两级压缩系统的 COP 比单级高 10.2%，并且随着压比的增加之间的差值增加[35]。为提高系统的效率，通过采用与膨胀机同轴运行的增压压缩机来回收膨胀功，减少能量转换过程所带来的损失。透平膨胀压缩机（TEC）、涡轮增压器均是由压缩机、膨胀机和转轴组成，膨胀机产生的输出功可以传给同轴的压缩机。

湿空气压缩可以提高系统运行能效，通过在压缩机入口或级间向气体喷入冷却液体，冷却液体与空气进行充分混合，利用液体的汽化潜热使压缩过程更接近等温过程，降低压缩机功耗。研究表明，水的相变对空气压缩和膨胀过程具有良好的效果，使得循环具有较高的经济性，在膨胀功充分利用前提下，该系统的制冷循环 COP 可达 6~7[36]。需要注意的是，向压缩机和膨胀机注入水或蒸汽可能产生与雾化效应类似的叶片侵蚀、结构变形和润滑油稀释问题。

基于开式循环的新风空调一体机适合于全新风模式，未来超低能耗建筑密闭性好，对新风循环提出了更高的要求，采用空气制冷的新风空调一体机更适合于超低能耗建筑。王喆锋等[37]搭建了采用开式逆增压循环的全新风家用空气系统实验台，系统可将室外新鲜空气经换热器后直接送入室内。转速在 38000r/min 时，其制冷量和出风温度分别为 1.6kW 和 16.2℃，基本满足房间空调器的参数要求。

压缩机和膨胀机作为空气循环系统的关键部件，其效率直接影响整机的性能。与容积式相比，涡轮式在实际应用中最为广泛，它具有较高的转速，每分钟达到几万甚至几十万转，适用于高流速和低压降工况，目前，单级轴流压缩机和涡轮的等熵效率可以达到 0.88~0.91。为了提高涡轮机的转速，轴承制造技术也尤为关键。近年来开发的气体轴承和磁轴承具有使用寿命长、振动小、无油等优点，适用于高速运转的涡轮机。根据气体轴承和磁轴承的工作特性，研究人员提出采用气体轴承组合磁轴承的方案，即机组运行初始阶段采用磁轴承，运行平稳时采用气体轴承，这样既可以减少元件磨损，又可以节省功耗。

空气制冷系统换热器为空－空换热器，在换热器中空气不发生相变，且空气定压比热容较小，循环流量较大，因此需采用紧凑、高效、耐压型换热器。

在系统运行中，在关键部件处比如压缩机，气流速率非常高，会带来一定的振动和噪声，如何减少振动和噪声将是其持续研发的方向。

上述为 R-729（空气）作为制冷剂应用时的特点和技术难点，空气作为制冷剂最大的优点是安全、环保、无污染，并且可以作为开式系统，直接用低温空气进行冷却，未来可以做成新风空调一体机应用于超低能耗建筑。但空气制冷当下存在许多技术方面的问题尚未被攻克，高温下性能较差，关键技术的突破存在不确定性，因此其作为家用空调制冷剂的应用前景存在较大的不确定性，然而一旦取得技术突破，将会给空调技术带来革命性的变化，长期困扰制冷空调行业发展的工质替代问题将会迎刃而解。

5. HFC-161

吴迎文[38]等探讨了 HFC-161 在小型家用空调上应用的可能性。进行了 HFC-161、HCFC-22 及 HC-290 制冷剂物性对比及变工况下空调系统热力循环理论计算，并在一套 3.5kW 家用热泵空调器上进行变工况下整机性能对比测试。仿真及实验结果均表明，HFC-161 较 HC-290 有更好的热力性能，制冷及制热能力稍低于 HCFC-22 但高于 HC-290，制冷及制热能效比均高于 HCFC-22 及 HC-290 系统，实验结果表明 HFC-161 较 HCFC-22 系统额定制冷量减少 7.6%，额定制冷能效比提高 6.1%，额定制热量减少 6.8%，额定制热能效比提高 4.7%，制冷剂最佳充注量减少 43%，且 HFC-161 系统排气温度低于 HCFC-22 系统。

然而，HFC-161 与 HC-290 同样属于 A3 类制冷剂，因此这两种制冷剂在安全性方面都有着较为严格的限制，并且 HFC-161 当下缺乏慢性毒性数据，尚未获得 ASHRAE 编码，是影响其大规模商业化应用的另一个严重障碍。整体而言，当下对 HFC-161 制冷剂的研究较少，但作为中国自主研发的制冷剂，具备一定的研究潜力，但是否能够作为家用空调制冷剂的可靠替代品仍需经过时间及后续研究的检验。

六、建议及总结

（一）政策及标准建议

对政策方面的建议有如下四个方面。

第一，出台环保制冷剂应用的财政补贴支持。当下对环保制冷剂的政策主要有 2019 年国家发改委会同有关部门制定印发的《绿色高效制冷行动方案》，其明确了行业发展目标，即在 2017 年基础上，到 2022 年，中国家用空调等制冷产品的市场能效水平提升 30% 以上，绿色高效制冷产品市场占有率将提高 20%，实现年节电约 1000 亿千瓦时。到 2030 年，大型公共建筑制冷能效提升 30%，制冷总体能效水平提升 25% 以上，绿色高效制冷产品市场占有率提高 40% 以上。但环保制冷剂的推广也应有相应的财政补贴的支持，建议后续研究出台相应的环保制冷剂补贴政策，以助力制冷剂替代工作。

第二，加大环保制冷剂的应用技术研究。由前文分析可知，对于当下可供选择的几种新一代家用空调制冷剂来说，HC-290 成为主流的可能性较大，但当下 HC-290 在家用空调器上的应用技术研究还不完全成熟，在很多方面都需要进一步的研究以支撑其大规模的推广。因此，国家或者行业应出台相应的政策，去鼓励支持 HC-290 家用空调器相关的研究，对于 HC-290 自身的燃爆性，也应出台相应的政策去合理地规定其充注量，在正常使用的范围内尽量地去规避 HC-290 的燃爆风险。对于 HC-290 系统的众多辅助部件，也需要相应的政策法规去规范其生产，提高其安全可靠性。同时，对于 HC-290 家用空调器来说，当下由于技术的不成熟，导致其成本可能较前一代制冷剂的机组更高，使得 HC-290 机组的推广不具备市场优势，国家也应考虑出台相应的补贴政策，促进其推广应用。其次，针对空气、水等纯天然环保工质，将空气制冷、水制冷等技术列入国家重点研发计划，重点进行技术攻关。另外，加快合成制冷剂的研究，突破合成制冷剂的技术瓶颈。

第三，建立空调绿色高效化与建筑低能耗化的联合机制。未来建筑向着低能耗方向发展，而低能耗建筑必须保证建筑的墙体保温性能和气密性，因此对于低能耗建筑，其在设计时必须针对后期空调系统的安装进行特殊设计。例如在设计时应先预留出合适的室内外机位，并设置相应的冷媒、冷凝水排放预留孔等。对此方面，也需要国家出台相应政策对其进行适当的引导。

第四，对当下家用空调器能效等级指标进行修正，增加对制冷剂 GWP 值以及对全生命周期碳排放的考虑。当下家用空调器的能效等级侧重于考虑制冷 / 制热量与能耗之间的关系，此种方式只考虑家用空调器运行过程中耗电量引起的碳排放，未考虑不同制冷剂 GWP 值不同所引起的碳排放差异以及全生命周期碳排放的差异。HC-290 制冷剂的 GWP 值仅为 3.3，在制冷剂泄漏引起的碳排放量上较其他制冷剂有大幅降低。因此，本报告建议对家用空调器能效等级进行修正，对使用低 GWP 值制冷剂的家用空调器采用稍微宽松的能效等级指标以促进低 GWP 值制冷剂的使用。例如，在原有的能效指标基础上乘以 0.9 ~ 0.95 的系数作为采用 GWP 值不大于 10 制冷剂的家用空调器的能效等级指标。另外，由李小燕的研究[39]可知，HC-290 全生命周期碳排放量为 HFC-32 的 85.33%，并且根据本报告图 2-29 中不同制冷剂全生命周期碳排放量数据可知，HFC-32 的全生命周期碳排量为 R-410A 的 88.76%。与考虑制冷剂的 GWP 值类似，可科学地设置略微宽松的能效指标值，用于使用较低全生命周期碳排放制冷剂的家用空调器，以加速其推广应用。

对标准方面的建议有如下五个方面。

第一，完善标准体系。由于国际标准 IEC 60335-2-40：2022 已发布，建议跟踪国标进一步完善标准的范围、标示、测试、结构等，完善可燃制冷剂充注量限值评估流程，完善制冷剂充注量的要求。新的标准 GB/T 4706.32—2024 已于 2024 年 7 月 24 日颁布，并将于 2026 年 8 月 1 日实施，家用空调领域应尽快按照新标准的要求，改进设备生产工艺，提升设备制造水平。

第二，制定和修订可燃制冷剂的生产、运输、安装和维修的行业标准，并有效实施。

第三，完善中国现行制冷剂全生命周期应用标准。建立可燃制冷剂回收、再生利用、处置等全过程规范化管理体系。

第四，根据已发布的标准，建议相关部门对企业进行宣贯指导，帮助企业认知并完成技术难题攻克，共同完成制冷剂替代目标。

第五，制定房间空调器安装位置与建筑设计规划相结合的行业标准，将房间空调系统与建筑本身形成一个相辅相成的整体。

（二）总结

家用空调器诞生至今一百多年来，制冷剂一直处于发展当中。促使其发展变革的两大动力，一是其制冷剂自身的性能特性，二是环保方面的要求。从 CFCs 类制冷剂到 HCFCs 类制冷剂，再到当下的 HFCs 类制冷剂，家用空调制冷剂已历经三代变革，当下正处于向第四代制冷剂过渡的关头。第一、二代制冷剂因为破坏臭氧层已经被淘汰，第三代制冷剂因温室效应显著的问题即将被淘汰，而第四代制冷剂究竟如何选择尚未形成定论。为厘清中国家用空调领域制冷剂替代面临的问题，本报告总结了家用空调器行业现状及制冷剂使用现状，给出了《基加利修正案》下制冷剂替代解析，并对家用空调领域具有替代潜力的新一代制冷剂进行了各自的技术难点分析，探究了中国家用空调领域制冷剂替代的技术路线。

　　调研与分析发现，对于家用空调领域，制冷剂替代路线较为清晰，当下国内大规模应用的 HFC–32 制冷剂 GWP 值虽较 R–410A 降低许多，但仍处于较高水平，按照《基加利修正案》的规定，在 2029 年后即将面临用量的严格限制直至被淘汰，R–454B 同样面临此问题，虽然比 HFC–32 的 GWP 值更低，但在 2034 年使用量就必须被限制在 30% 以下才能满足《基加利修正案》的规定，因此，这两种制冷剂只能作为过渡制冷剂使用，并不能成为家用空调制冷剂的最终选择。R–729（空气）尚有许多技术难题未攻克。因此，当下最有潜力的家用空调新一代制冷剂便是 HC–290，但仍面临一些技术难点，如安全性、压缩机容积、润滑油匹配等，未来应仍应该加强其技术研究以加速其市场应用。

　　另外，在家用空调领域，行业在推行应用的碳减排措施有生产管理、制冷剂减注技术，使用绿色环保制冷剂等。基于全生命周期角度，废弃制冷剂的回收与再利用也是制冷剂替代工作的重要一环。随着绿电的不断发展，生产中用电的碳排放核算量将不断下降，制冷剂碳排放占比将增加并达到 20% ~ 30%，因此，未来制冷剂回收利用碳减排潜力将会越来越大。建议开展废弃制冷剂回收跟踪管理和制冷剂再利用从而完善制冷剂替代工作的末端环节。现阶段，中国政策标准在推动生产环节（实验室）配备制冷剂回收设备，如生产企业开展规范开展制冷剂回收再利用工作，建议可以从制冷剂回收量碳减排以对应减少前端使用配额。

参考文献

　　［1］陈志强，姚金多，祁国成，等. R454B 制冷剂替换 R410A 与 R32 的可行研究［C］//2022 年中国家用电器技术大会. 宁波，2023.

　　［2］王喆锋，李金波，陈双涛，等. 全新风家用空气制冷系统性能测试［J］. 制冷学报，2021，42（6）：6.

　　［3］Hoseong Lee，Sarah Troch，Yunho Hwang，et al. LCCP evaluation on various vapor compression cycle options and low GWP refrigerants［J］. International Journal of Refrigeration，2016，70：128–137.

　　［4］Zhao L，Zeng W，Yuan Z. Reduction of potential greenhouse gas emissions of room air–conditioner refrigerants：a life cycle carbon footprint analysis［J］. Journal of Cleaner Production，2015，100：262–268.

［5］柴玉鹏. R32/R1234yf 准二级压缩式制冷 / 热泵系统的循环特性与实验研究［D］. 北京：北京工业大学，2021.

［6］庄嵘，涂小苹，梁祥飞. R32 在家用空调器中的应用研究［J］. 制冷与空调，2013，13（05）：35–39.

［7］孟照峰，王芳，李堂，等. 冬季工况下 R32 热泵性能的试验研究［J］. 流体机械，2015，43（02）：66–69.

［8］林创辉. 制冷剂 R32 的性能及其在空调机上的应用研究［J］. 制冷，2011，30（03）：1–5.

［9］Victor–Hugo Panato，Marcucci Pico David–Fernando，Bandarra Filho Enio–Pedone. Experimental evaluation of R32，R452B and R454B as alternative refrigerants for R410A in a refrigeration system［J］. International Journal of Refrigeration，2022，135：221–230.

［10］张倩，晏刚，白涛. 一种新型 R32 两级压缩热泵空调器的理论研究［J］. 低温与超导，2011，39（02）：30–36.

［11］黄柏良，郑波，梁祥飞，等. R32 和 R410A 双级压缩系统对比试验研究［J］. 制冷与空调，2015，15（08）：35–38.

［12］杨明洪，王宝龙，石文星，等. R32 涡旋压缩机两相喷射制冷系统的设计与控制［J］. 制冷学报，2015，36（05）：1–9.

［13］于文远，李征涛，陈阿勇，等. R32 在带经济器的风冷冷热水机组的试验研究［J］. 流体机械，2014，42（07）：65–68.

［14］张新玉，郭宪民，张森林. R32 中间补气压缩空气源热泵系统的试验研究［J］. 流体机械，2015，43（05）：61–64.

［15］郑泽顺，林小苗. 带有喷气冷却的 R32 风冷单元式空调机性能实验研究［J］. 制冷与空调，2013，13（01）：52–54.

［16］秦妍，张剑飞. R32 制冷系统降低排气温度的方法研究［J］. 制冷学报，2012，33（01）：14–17.

［17］矢岛龙三郎，吉见敦史，朴春成. 降低 R32 压缩机排气温度的方法［J］. 制冷与空调，2011，11（02）：60–64.

［18］许树学. 带经济补气的 R32 制冷 / 热泵系统实验研究［J］. 土木建筑与环境工程，2011，33（S2）：98–102.

［19］许树学，马国远，赵博，等. 以 R32 为工质的准二级压缩热泵系统实验研究［J］. 制冷学报，2011，32（05）：12-14.

［20］王晓东，马麟，姚文虎，等. 替代 R410A 低 GWP 制冷剂 R454B 和 R452B 的特性研究［J］. 制冷与空调，2020，20（09）：85-89.

［21］Victor-Hugo Panato，Marcucci Pico David-Fernando，Bandarra Filho Enio-Pedone. Experimental evaluation of R32，R452B and R454B as alternative refrigerants for R410A in a refrigeration system［J］. International Journal of Refrigeration，2022：135221-230.

［22］欧阳军，张龙. R454B 和 R32 应用于涡旋式压缩机的对比研究［J］. 制冷与空调，2021，21（12）：91-94.

［23］何亚峰，梅奎，张伟，等. R454B 风冷式冷水（热泵）机组性能研究［J］. 制冷与空调，2022，22（10）：79-81.

［24］Wu J，Lin J，Zhang Z，et al. Experimental investigation on cold startup characteristics of a rotary compressor in the R290 air-conditioning system under cooling condition［J］. International Journal of Refrigeration，2016：209-217.

［25］谢郦卿，李爱国，米廷灿，等. 关于 R290 热泵热水器专用压缩机的研究［J］. 家电科技，2012（10）：4.

［26］单宝琦. 小管径翅片管换热器应用 R290 性能研究［J］. 洁净与空调技术，2019（4）：3.

［27］姜斌年，刘仲然，戴礼俊. 空调常用制冷剂在微通道蒸发器中的性能分析［J］. 建筑节能，2016，44（12）：22-25.

［28］Tang W，He G，Zhou S，et al. The experimental study of R290 mass distribution and indoor leakage of 2 HP and 3 HP split type household air conditioner［J］. International Journal of Refrigeration，2019，100：246-254.

［29］钟志锋，唐唯尔，周晓芳，等. R290 分体式空调器室内泄漏安全性实验研究［J］. 低温工程，2017（2）：59-65.

［30］Zhong L，Zhang W，Li X，et al. Effects of trifluoroiodomethane and pentafluoroethane on combustion characteristics of flammable refrigerant propane［J］. International Journal of Refrigeration，2023.

［31］Zhong Q，Huang Y，Zhao H，et al. Experimental study on the influence of trifluoroiodomethane on the flammability of difluoromethane and propane［J］. International Journal of Refrigeration，2022，135：14-19.

［32］Lu Y，Wang Z，Cao X，et al. Interaction mechanism of wire mesh inhibition and ducted venting on methane explosion［J］. Fuel，2021，304：121343.

［33］刘帅领，马国远，张海云，等. 空气制冷技术原理及发展现状［J］. 制冷与空调（四川），2021，35（03）：444-450.

［34］任金禄. 空气制冷机［J］. 制冷与空调，2008，8（6）：15-21.

［35］刘云霞，赵远扬，王尚锦. 列车空调用空气制冷系统的方案设计［J］. 流体机械，2003（6）：48-51.

［36］李豪，高洪涛. 空气/水混合工质制冷循环理论计算［J］. 大连海事大学学报，2006，32（2）：117-120.

［37］王喆锋，李金波，陈双涛. 全新风家用空气制冷系统性能测试［J］. 制冷学报，2021，42（6）：15-20.

［38］吴迎文，梁祥飞. R161 在家用空调中的应用研究［C］//第十一届全国电冰箱（柜）、空调器及压缩机学术交流大会论文集. 滁州，2012：6.

［39］李小燕，宁前，何国庚. 采用 R290 和 R32 的家用空调器全生命周期碳排放研究［J］. 低温工程，2021（2）：33-40.

第三章

多联机及单元机

　　多联机是指一台或数台室外机可连接数台不同或相同型式、容量的直接蒸发式室内机构成的单一制冷循环系统，可向一个或数个区域直接提供处理后的空气的直接膨胀式空调设备与系统。单元机则是指一种向封闭空间、房间或区域直接提供经过处理空气的直接蒸发式空调设备与系统，它包括制冷系统以及空气循环和净化装置，还可以包括加热、加湿和通风装置。这两类产品在实际安装时都需在工程现场向制冷系统中充注制冷剂。

一、产业现状

（一）产业规模

多联式空调（热泵）系统（多联机）和单元式空调（热泵）系统（单元机）结构参见图3-1。

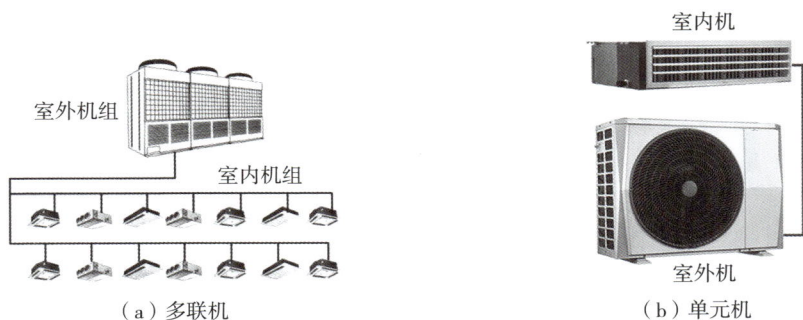

图3-1 多联机及单元机结构示意图

多联机和单元机的显著共性特征在于：

（1）全自动控制变容量、直接膨胀式空调系统。以制冷剂为能量输配介质，通过室内换热器将系统制备的冷热量传递至室内空气；通过调节室内机电子膨胀阀开度和压缩机转速，向室内提供所需的冷热量，特别适用于"部分时间，部分空间"用能特点的商用与民用建筑。

（2）机组工厂生产，由于系统需增设制冷剂配管，需在工程现场补充追加一定量的制冷剂。室内外机组以及系统的控制系统为标准产品，出厂时，室外机组内预充了一定制冷剂；根据实际工程情况，通过产品的设计选型确定室内外机组容量，并采用设计选型确定的管道（管长和管径）将室内外机组密封连接形成的制冷（热泵）系统，并在工程现场补足所需的剩余制冷剂量。

从多联机和单元机的工作原理和结构特征可以看出，它们具有"省设计"（工程设计简化）、"省空间"（直接膨胀式系统，其制冷剂管径小、管道占用空间小）、"省能耗"（部分时间部分空间运行，部分负荷能效比高）、"省工时"（施工时间短，几乎不需要运维管理人员）的显著特征，因此，我国的多联机和单元机产业也得到了快速发展，并占据行业举足轻重的地位。

1. 多联机

据产业在线提供的数据，多联机生产量基本处于逐年上涨趋势，2022 年多联机生产总额为 806.62 亿元。2012 年至 2022 年多联机产品年生产总额如图 3-2 所示。

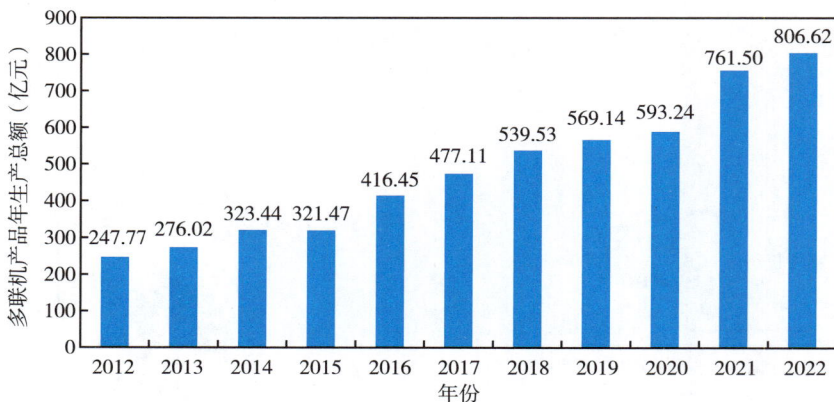

图 3-2　多联机产品的年生产总额

2012 年至 2022 年多联机产品年销售总额如图 3-3 所示。可以看出，当年生产的多联机产品基本全部出售，生产企业内部库存量较少。且从多联机产品的销售情况来看，国内销售额占总销售额的 92% 以上，少量多联机产品销往国外。

图 3-3　多联机产品的年销售总额

鉴于多联机、单元机系统独特的结构特点，不能用台套数进行统计（容量变化范围大，且多联机一台室外机可以连接不同数量的室内机），将以冷量为单位统计多联机、单元机的存量，制冷剂使用量等参数。据产业在线数据统计，2012 年至 2022 年多联机产品单位冷量的售价在 0.718 ~ 1.046 元 /W（制冷量）之间。因此，2012 年至 2022 年多联机产品年销售冷量如图 3-4 所示。

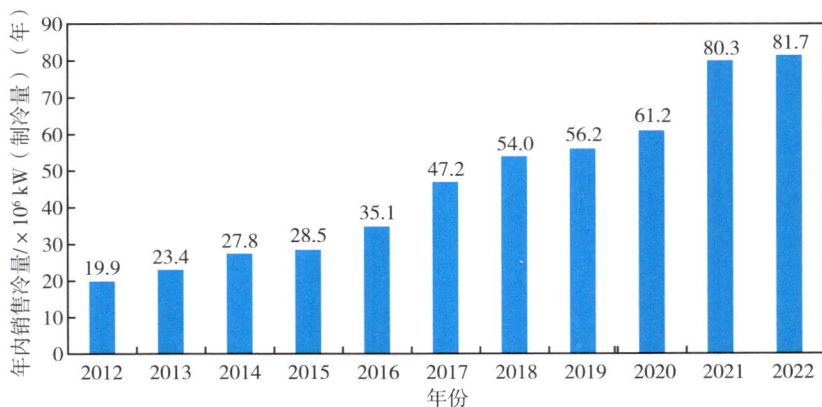

图 3-4　多联机产品的年销售冷量

多联机现存冷量（存量）难以调研，可根据存量、内销量及报废量的关系估算出多联机的现存冷量。据文献显示每年产品的报废量为其存量的 6%，并于 2012 年开始统计，即在图 3-4 所示的多联机产品年内销量数据的基础上，可以获得 2022 年多联机的国内存量约为 4.2 亿 kW（制冷量），见图 3-5。

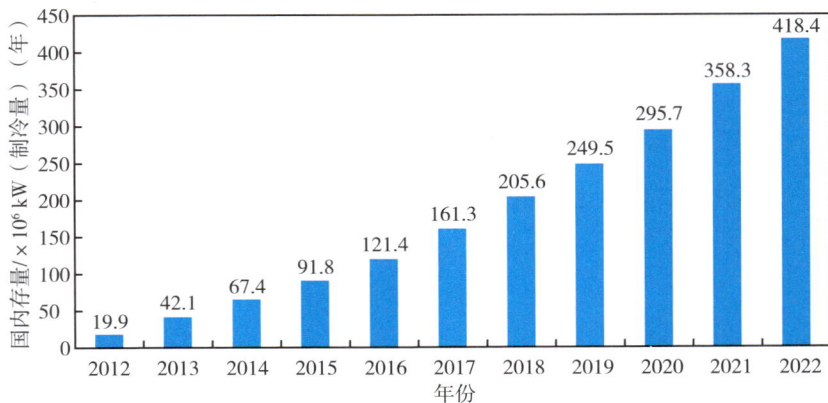

图 3-5　多联机产品的国内存量

2. 单元机

据产业在线提供的数据，2012 年至 2022 年单元机产品年生产总额如图 3-6 所示，

2022 年单元机生产总额达 221.12 亿元。需要说明的是，单元机仅统计了 3HP 及以上产品的数据，不包含小冷量产品（3HP 以下容量的产品实际上属于房间空调器范畴）。

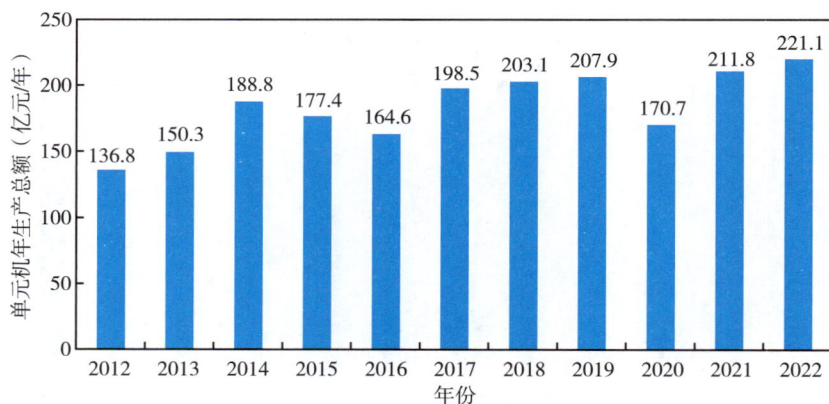

图 3-6 单元机产品的年生产总额

2012 年至 2022 年单元机产品年销售总额如图 3-7 所示。单元机产品在国内的销售额占总销售额的 72% 以上，产品的出口数量也较多。

图 3-7 单元机产品的年销售总额

据产业在线数据统计，2012 年至 2022 年单元机产品单位冷量的售价在 0.653 ~ 0.927 元 /W（制冷量）。因此，2012 年至 2022 年单元机产品年销售冷量如图 3-8 所示。

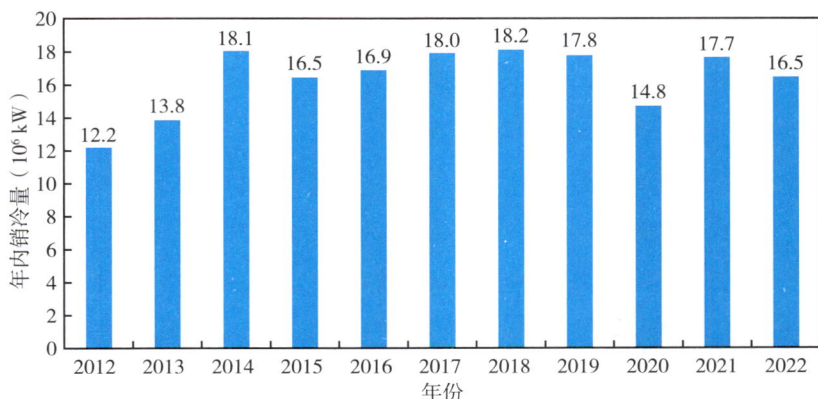

图 3-8　单元机产品的年销售冷量

与多联机相似，假设每年报废量在存量中所占的份额是 6%，并于 2012 年开始统计，在图 3-8 所示的多联机产品年内销量数据的基础上，2022 年多联机的国内存量为 1.3 亿 kW（制冷量），见图 3-9。

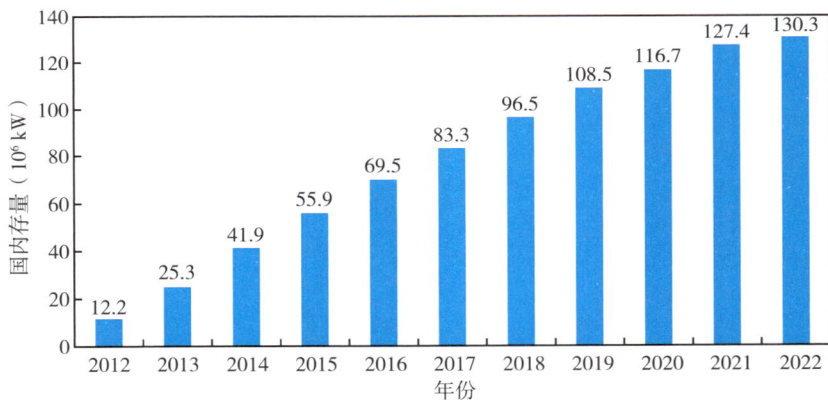

图 3-9　单元机产品的国内存量

（二）产业未来发展预期

多联机、单元机领域产品每年的国内冷量销售量和冷量存量对计算制冷剂生产量、制冷剂消费量、制冷剂泄漏引起的直接排放及产品运行耗能引起的间接排放至关重要。为进一步获得该领域的产业发展概况，本子课题对产品年生产总额、产品国内销售额、产品国外销售额、单位冷量年平均售价等代表行业发展概况的参数进行调研。根据产业在线的调研结果，可以获得 2012 年至 2022 年多联机、单元机每年国内销售冷量，单位为 kW（制冷量）/ 年。此外，根据文献资料显示，家庭空调拥有量与人均收入之间存在"S"形曲线的数学关系[1]。

因此，以每年国内销售冷量为已知参数，假设每年报废冷量为存量的 6%，根据存量冷量、内销冷量及报废量的关系，推算 2012 年至 2021 年每年年末冷量保有量，再与 2012 年至 2021 年人均国内生产总值指数（1978 年为 100）拟合多联机、单元机每年国内销售冷量与人均国内生产总值的"S"形曲线数学关系，进一步预测未来每年多联机与单元机的冷量保有量。人均国内生产总值指数（1978 年为 100）来源于中国统计年鉴[2]。根据多联机和单元机的预测模型推测 2022 年至 2060 年各产品年末冷量存量如图 3–10 所示，预计 2060 年多联机年末冷量存量为 6.7 亿 kW 制冷量（室外机）、单元机年末冷量存量为 0.14 亿 kW 制冷量（室外机）。

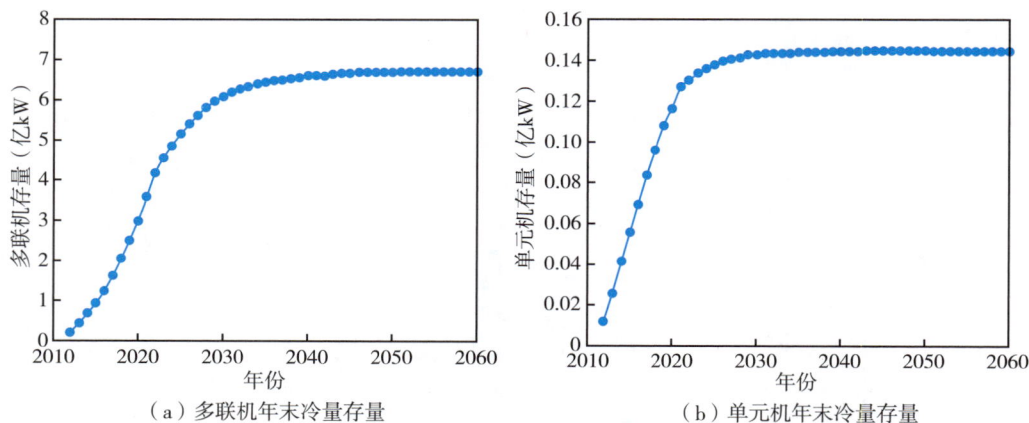

（a）多联机年末冷量存量   （b）单元机年末冷量存量

图 3–10　多联机与单元机产业未来发展趋势预测

二、制冷剂使用现状

《关于消耗臭氧层物质的蒙特利尔议定书》，简称《蒙特利尔议定书》，于 1987 年达成，旨在逐步停止生产和使用消耗臭氧层化学品。可以看出，《蒙特利尔议定书》关注的是制冷剂的生产量和使用量。可以调研制冷剂生产企业以获得全国制冷剂生产量数据。制冷剂的使用量可根据制冷剂的用途分为三类：①用于新产品研发以及新产品出厂时的制冷剂充注量，简称生产使用量；②产品在实际工程安装过程中的制冷剂补充量，简称安装使用量；③用于产品制冷系统维修和补充慢漏制冷剂时的加注量，简称维修使用量。

因此，可从制冷剂这三方面的用途上分别分析使用量。

（一）多联机

1. 生产使用量

多联机、单元机的生产制造企业以研发和生产产品为目的，故需在产品研发过程（实验研究与性能测试）中使用制冷剂，同时需在拟出售产品中充注（基础用量的）制冷剂，上述两部分制冷剂的使用量即为新产品生产使用量。

（1）产业在线调研

产业在线数据显示，2018 年至 2022 年多联机制冷剂生产使用量如图 3-11 所示。2022 年，多联机生产使用制冷剂 16679 吨。未来十年需求的平均增长率约为 7%。2018 年 R22 机型占据多联机市场 0.2%，2019 年至 2022 年多联机产品几乎都是 R-410A 机型。

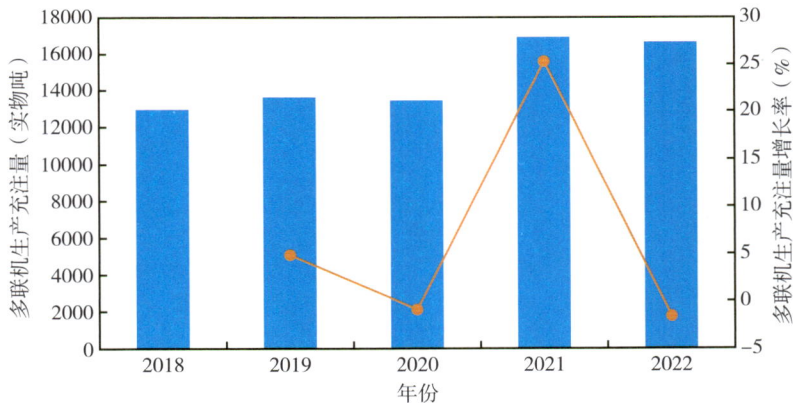

图 3-11　多联机生产充注量

（2）生产企业调研

通过对各生产企业（i）研发、生产产品的规模（总冷量 Q_{ci}）和单位冷量的制冷剂用量（m）进行调研，可以获得新产品生产所需的制冷剂使用量。全国新产品生产所需的制冷剂使用量 G_1 可由式 3-1 得到：

$$G_1 = m \times \sum Q_{ci}$$

式 3-1

式中：G_1 为新产品生产的制冷剂使用量，kg；m 为生产单位冷量产品的平均使用量，kg/kW；Q_{ci} 为企业 i 年生产产品的总冷量，kW。

为获得以上信息和数据，针对几家多联机大型生产制造企业共开展了两次调研，最终获得一家信息公司、九家生产企业和一家科研院所的有效数据。根据生产制造企业的调研数据可获得上式中生产单位冷量产品的平均使用量，再结合产业在线提供的全国生产规模，即可估算用于新产品生产的制冷剂使用量。

目前，多联机产品 R-410A 制冷剂的占比可达 99%，甚至可达 100%。部分企业会生产少量的 HFC-32 多联机产品。根据九家生产制造企业和一家科研院所的调研数据，2022 年，平均生产单位冷量多联机产品的 R-410A 制冷剂使用量为 0.2903 kg/kW（制冷量）。结合产业在线提供的多联机产品年生产冷量，获得用于生产 R-410A 多联机产品的制冷剂使用量，如图 3-12 所示。

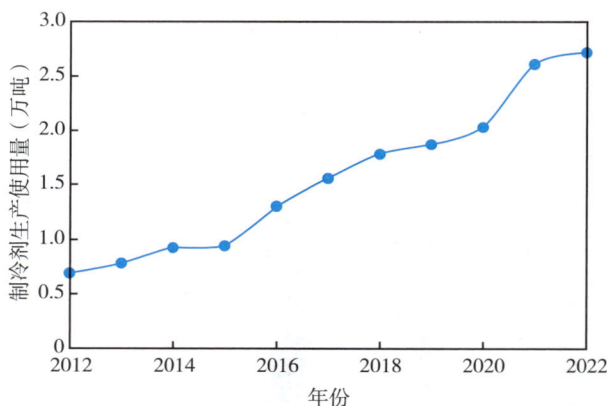

图 3-12　R-410A 多联机制冷剂生产使用量

2. 安装使用量

多联机、单元机都要出厂时充注部分制冷剂于室外机中，在现场安装时，待制冷剂配管设计安装好后，再向制冷剂配管中补充一定量的制冷剂。配管中的制冷剂充注量与配管长度、管径有关，一般由多联机、单元机的安装维修企业负责。为了解多联机、单元机领域用于新产品安装的制冷剂使用量，设计了针对安装维修企业的调研表格，拟调研安装使用量，但目前尚未获得有效信息。

因此，基于碳排放计算方法，估算用于新产品安装的制冷剂使用量。首先，配管中的制冷剂充注量是计算安装使用量的关键，但若想获得全国所有多联机系统的配管情况是有困难的，故根据 JGJ 174《多联机空调系统工程技术规程》对多联机管长的基本要求，利用多联机系统配管长度不超过 70m 估算，并调研各厂家多联机安装手册的接口尺寸，结合制冷剂的热物理性质，估算 R-410A 制冷剂单位制冷量的（液体与气体）配管充注量为 0.13 kg/kW。假设安装过程中制冷剂的泄漏率与生产泄漏率相等，即为 0.12%。利用式 3-2 则可估算出新产品安装时的制冷剂使用量，其结果如图 3-13 所示。

$$G_2 = 0.13 \times \sum Q_{si} / (1-\alpha) \qquad\qquad 式\ 3\text{-}2$$

式中：G_2 为全国的新产品在安装时的制冷剂使用量，kg；0.13 为 1kW 制冷量多联机配管的制冷剂补充量，kg/kW；Q_{si} 为国内 i 年内销产品的总冷量，kW；α 为多联机安装时的泄漏率，$\alpha = 0.12\%$。

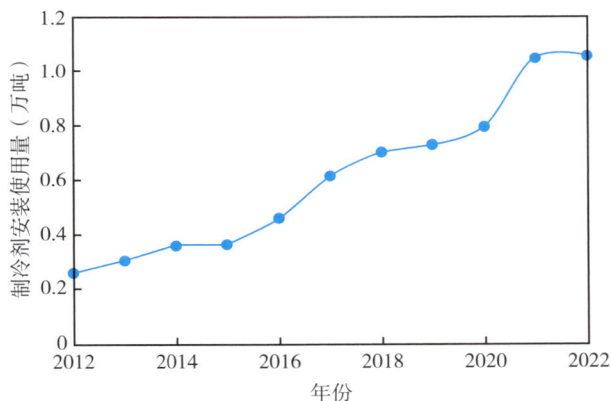

图 3-13　R-410A 多联机产品制冷剂安装使用量

3. 维修使用量

在用产品维修的制冷剂使用量分两个方面来考虑：一方面用于填补在用产品的慢漏泄漏量；另一方面用于在用产品维修后的制冷剂补充，以满足多联机系统的运行性能，防止系统运行性能衰减。如前所述，为调研多联机系统维修部分的使用量，设计了针对安装和维修企业的调研表格，但目前尚未获得有效的数据，因此，从在用产品制冷剂的缓慢泄漏排放与维修泄漏排放的角度，假设制冷剂维修使用量与慢漏泄漏量与维修泄漏量之和一致，即维修使用量是及时补充维修过程和慢漏过程所漏掉的那部分制冷剂，以保证机组的稳定运行。多联机系统的维修使用量如图 3-14 所示。

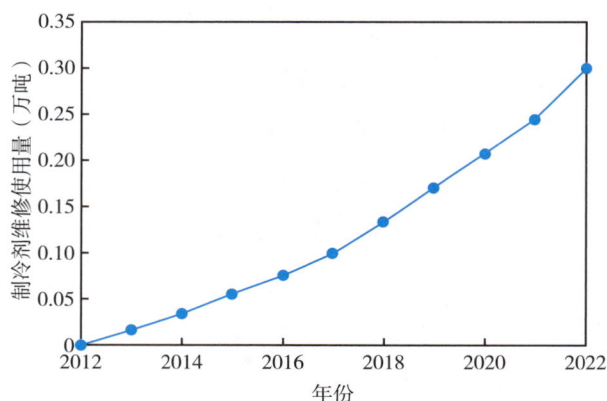

图 3-14 R-410A 多联机产品制冷剂维修使用量

（二）单元机

1. 生产使用量

（1）产业在线调研

根据产业在线统计数据显示，2018 年至 2022 年单元机制冷剂生产使用量如图 3-15 所示。2022 年，单元机生产使用量近 8000 吨，未来十年需求平均增长率约在 2.5% 附近。此外，从 2018 年到 2022 年单元机 HCFC-22 机型从 2018 年占比约 30% 下滑至约 15%，R-410A 机型从 2018 年占比 72.6% 下滑至 60% 附近，HFC-32 机型则从 2018 年占比几乎为零上升至约 25%。未来 HCFC-22 机型与 R-410A 机型还将加速切换至 HFC-32 机型。

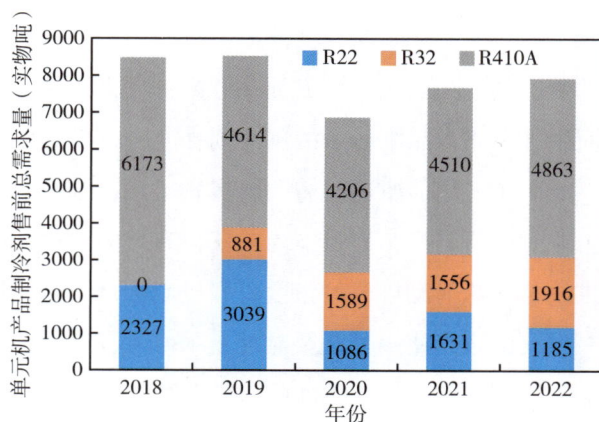

图 3-15 单元机产品售前制冷剂总需求量

（2）生产企业调研

与多联机相似，新产品生产的制冷剂使用量可根据其与单位冷量产品平均使用量及全国生产量估算，假设 2019 年起 HFC–32 制冷剂逐渐用于多联机中，则制冷剂生产使用量如图 3–16 所示。目前，单元机产品的制冷剂的主要以 HCFC–22、HFC–32 及 R–410A 为主，少量使用 R–407C。根据九家生产制造企业和一家科研院所的调研数据，2022 年，平均生产单位冷量多联机产品的 R–410A 制冷剂使用量为 0.261 kg/kW（制冷量），HFC–32 产品单位冷量的平均使用量为 0.372 kg/kW（制冷量）。

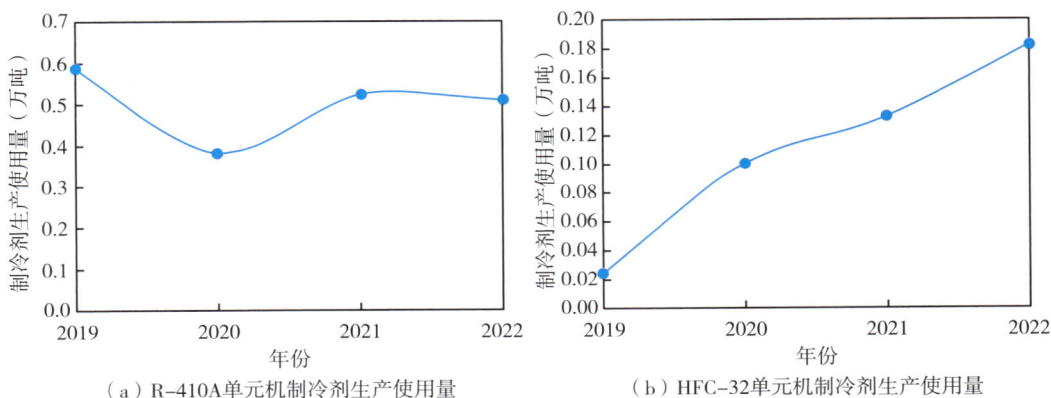

（a）R–410A单元机制冷剂生产使用量　　（b）HFC–32单元机制冷剂生产使用量

图 3–16　单元机产品制冷剂生产使用量

2. 安装使用量

与多联机相似，基于碳排放计算方法，利用多联机系统配管长度不超过 70m 估算，并调研若干企业产品安装手册中的接口尺寸，结合制冷剂的热物理性质，估算 R–410A 制冷剂单位制冷量的配管充注量为 0.13 kg/kW，HFC–32 制冷剂单位制冷量的配管充注量为 0.11 kg/kW。假设安装泄漏率与生产泄漏率相等，为 0.4%。利用式 3–2，可估算得到新产品安装的制冷剂使用量，如图 3–17 所示。

3. 维修使用量

与多联机相同，从在用产品制冷剂的缓慢泄漏排放与维修泄漏排放的角度，认为制冷剂维修使用量与慢漏泄漏与维修泄漏之和一致，故单元机系统的维修使用量如图 3–18 所示。

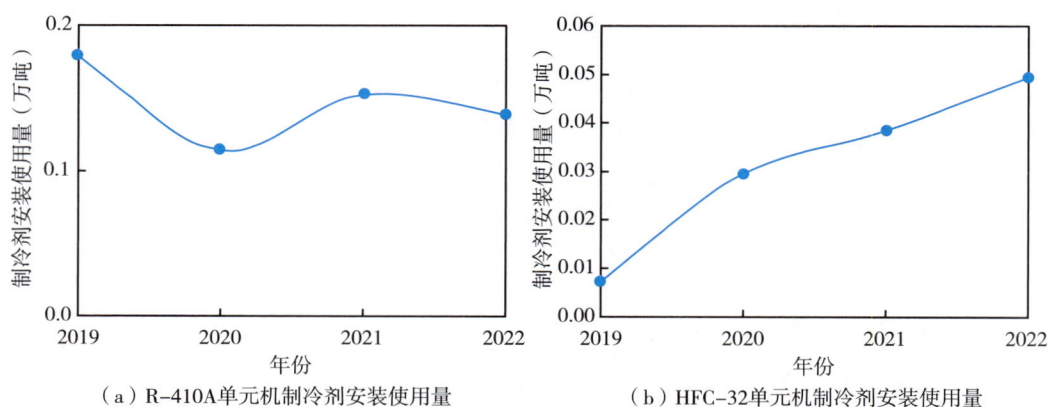

（a）R-410A单元机制冷剂安装使用量　　　　（b）HFC-32单元机制冷剂安装使用量

图 3-17　单元机产品制冷剂安装使用量

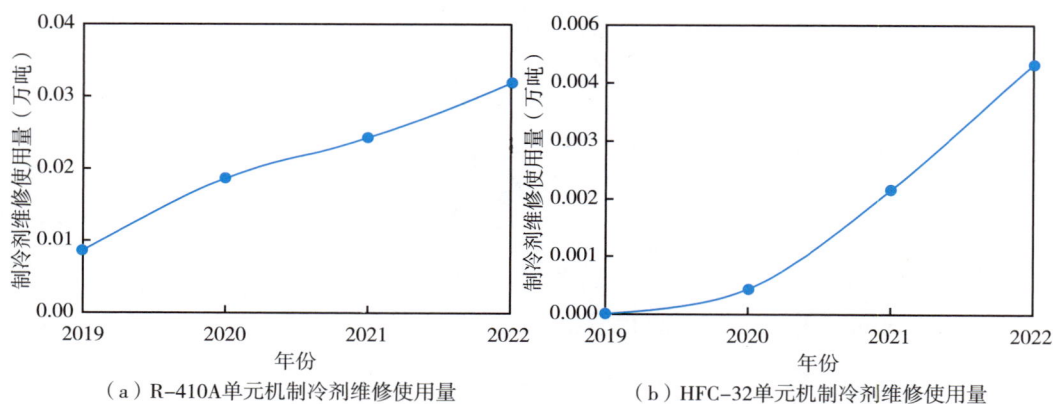

（a）R-410A单元机制冷剂维修使用量　　　　（b）HFC-32单元机制冷剂维修使用量

图 3-18　单元机制冷剂维修使用量

三、潜在替代物特性及评价

（一）潜在替代物特性

目前多联机领域 R-410A 制冷剂的使用比例高达 99%，仅有少量使用 HFC-32。单元机领域使用 R-410A 制冷剂的占比达到 65%，使用 HFC-32 制冷剂的产品约占 27%，其余则使用 HCFC-22，仅少量使用 R-407C。总体来看，R-410A 制冷剂在多联机、单元机领域的使用比例最大，其次是 HFC-32 制冷剂。在早期，R-407C 被列为 HCFC-22 的替代物，R-410A 被列为 R-407C 的替代物，而 R-410A、HCFC-22 及

R-407C 由于其 ODP 或 GWP 的数值较高，被列为受控物质，因此寻找 R-410A 的替代物尤为重要。

对此，部分国家和地区已将 HFC-32 作为 R-410A 的短期替代物进行研究和开发。除此之外，根据 UNEP 公开报告，R-446A、R-447A、R-447B、R-452A、R-452B、R-454A、R-454B、R-466A、HFC-32、HC-290 被认为是具有潜力的替代物。非常有必要对上述各种制冷剂性质进行对比和讨论。[3-5]

1. 基本性质

表 3-1 给出了来自 Refprop 软件及 RTOC 报告的部分制冷剂的物性参数。从表中可以看出，各制冷剂的沸点基本都低于 -40℃，满足多联机和单元机系统正常工作环境的需求，但 R-452A 与 R-454A 的临界压力较低，存在不能满足多联机、单元机冷凝压力要求的风险，其余制冷剂的基本性质与 R-410A 相近，可作为替代制冷剂。[6]

表 3-1　制冷剂基本性质[3]

制冷剂	成分比例（%）	摩尔质量（g/mol）	沸点（℃）	临界温度（℃）	临界压力（MPa）
R-410A	HFC-32/HFC-125（50/50）	72.6	-51.6	71.342	4.901
R-446A	HFC-32/HFO-1234ze/600（68/29/3）	62.0	-49.4	85.955	5.725
R-447A	HFC-32/HFC-125/HFO-1234ze（68/3.5/28.5）	63.0	-49.3	85.302	5.711
R-447B	HFC-32/HFC-125/HFO-1234ze（68/8/24）	63.1	-50.1	83.546	5.645
R-452A	HFC-32/HFC-125/HFO-1234yf（11/59/30）	103.5	-47.0	75.046	4.014
R-452B	HFC-32/HFC-125/HFO-1234yf（67/7/26）	63.5	-51.0	77.098	5.220
R-454A	HFC-32/HFO-1234yf（35/65）	80.5	-48.4	81.716	4.627
R-454B	HFC-32/HFO-1234yf（68.9/31.1）	62.6	-50.9	78.104	5.267
R-466A	HFC-32/HFC-125/FIC-13I1（49/11.5/39.5）	80.7	-51.7	73.131	5.283
HFC-32	HFC-32（100）	52.0	-52.0	78.105	5.782
HC-290	HC-290（100）	44.1	-42.0	96.739	4.251
HFC-161	HFC-161（100）	48.1	-38.0	102.1	5.046

2. 热力学性质

根据《基于替代 R-410A 的新型低 GWP 混合制冷剂的性能研究》[7] 的方法和 Refprop 软件，在系统温度 -35～65℃的范围内，对比了不同替代制冷剂的热力学性质，分析各替代制冷剂的优劣。

从图 3-19 各制冷剂饱和蒸气压力曲线和温度的关系可以看出，HFC-32 的饱和蒸气压力比 R-410A 略高但最为相近，R-466A 在 -35～65℃范围内其饱和蒸气压力大于 R-410A，其余制冷剂（R-446A、R-447A、R-447B、R-452A、R-452B、R-454A、R-454B、HC-290）的饱和蒸气压力在该温度范围内均低于 R-410A，说明若多联机和单元机采用 HFC-32 和 R-466A 制冷剂，设备系统的承压能力需要比 R-410A 高，但相反，HFC-32 和 R-466A 更容易达到更低的蒸发温度。

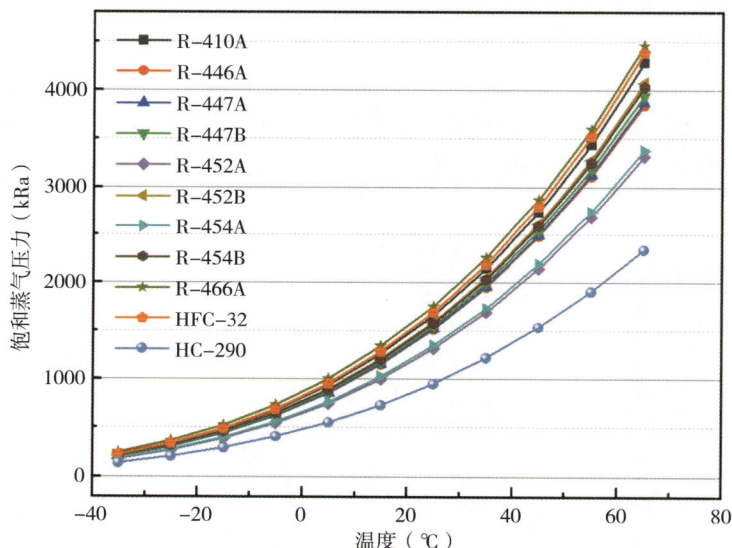

图 3-19　制冷剂饱和蒸气压力对比

从图 3-20 各制冷剂饱和液体密度和温度的关系可以看出，R-452A 和 R-466A 在 -35～65℃范围内饱和液体密度均大于 R-410A，其余制冷剂在该温度范围内均小于 R-410A，而饱和液体密度往往与制冷剂充注量成正比，即若采用 R-452A 和 R-466A 作为制冷剂，相应系统的制冷剂充注量会增加。[7]

从图 3-21 各制冷剂饱和液体定压比热容、饱和气体定压比热容和温度的关系可以看出，HFC-32 和 HC-290 的饱和液体定压比热容大于 R-410A。因此，在相同温升或温降下，液体 HFC-32 和 HC-290 制冷剂可吸收或者释放更多的热量。

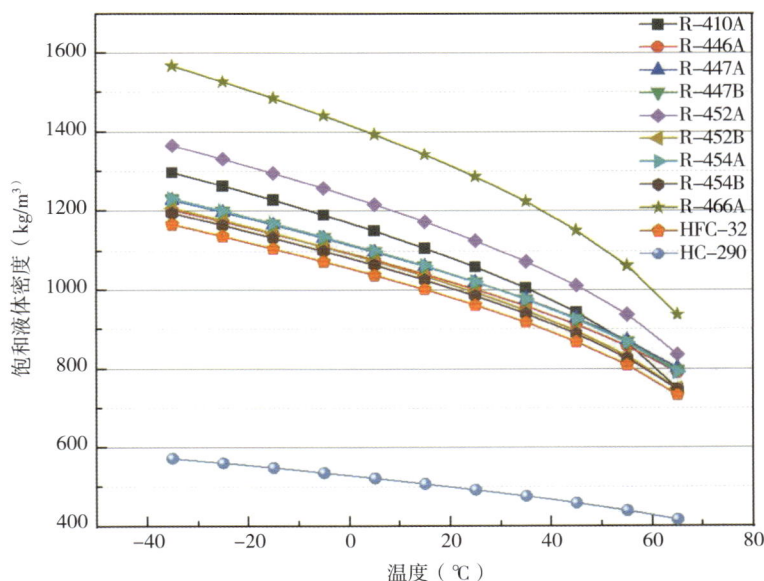

图 3-20　制冷剂饱和液体密度对比

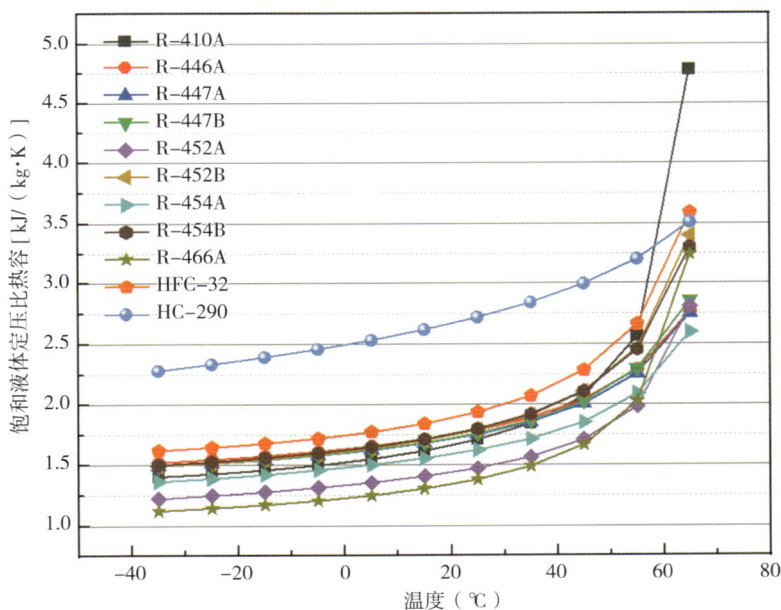

图 3-21　制冷剂饱和液体定压比热容对比

　　从图 3-22 各制冷剂饱和液体黏度、饱和气体黏度和温度的关系可以看出，R-466A 的液体黏度和气体黏度均比 R-410A 大，说明 R-466A 在液体管道和气体管道中的流动阻力大，流动的压力损失相较 R-410A 较大，R-452A 在液体管中流动的压力损失较大，而其余替代制冷剂流动的压力损失相较 R-410A 小。

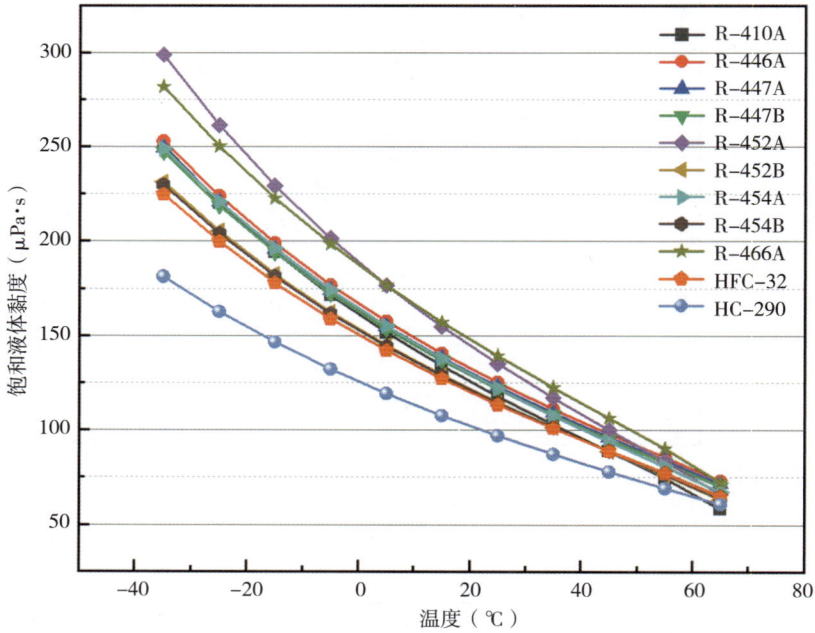

（a）制冷剂饱和液体黏度

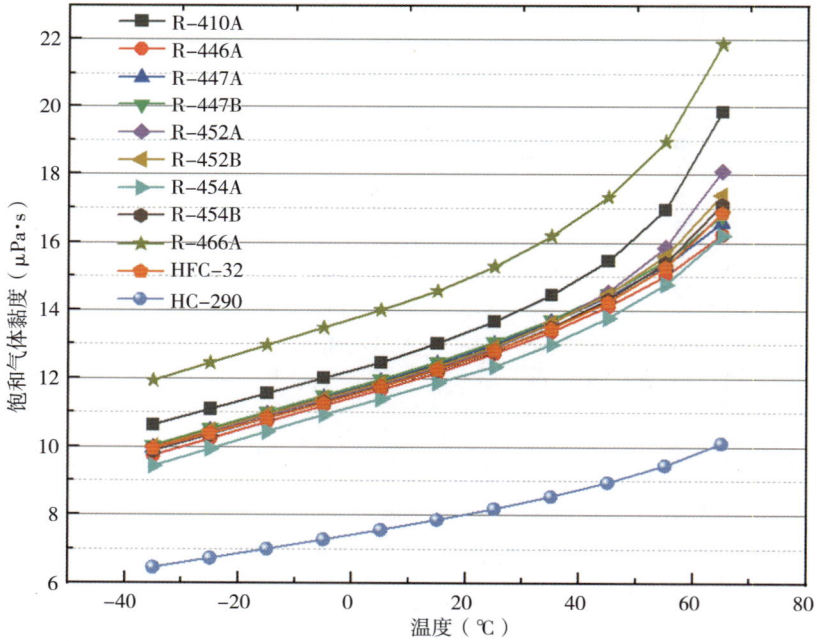

（b）制冷剂饱和气体黏度

图 3-22 制冷剂黏度对比

根据图 3-23 所示的各制冷剂气化潜热的关系可知，R-454A、R-452A 和 R-466A 的气化潜热小于 R-410A，即在相同制冷量下，不利于系统效率的提高[8]。

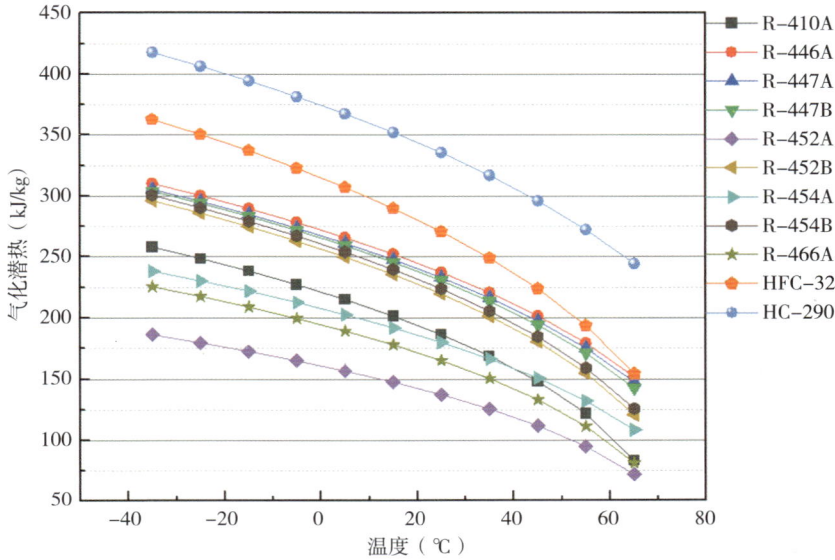

图 3-23　制冷剂气化潜热对比

此外，2022 年 RTOC 报告中给出了部分混合制冷剂在大气压下的温度滑移特性，如图 3-24 所示。以下括号内的数字表示各制冷剂在一个大气压下的滑移温度，可见

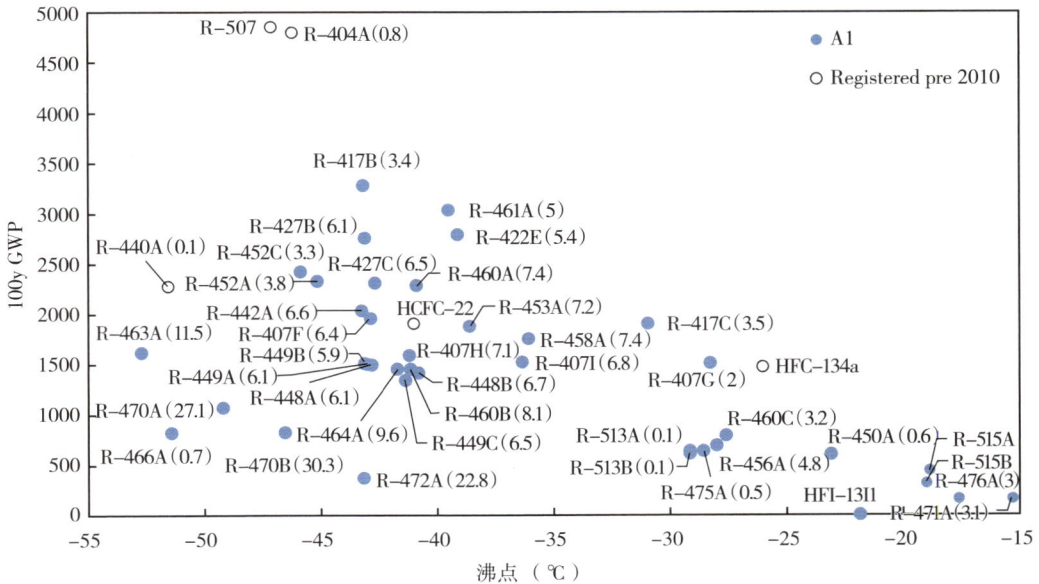

（a）A1 类替代制冷剂的 GWP、标准沸点和滑移温度

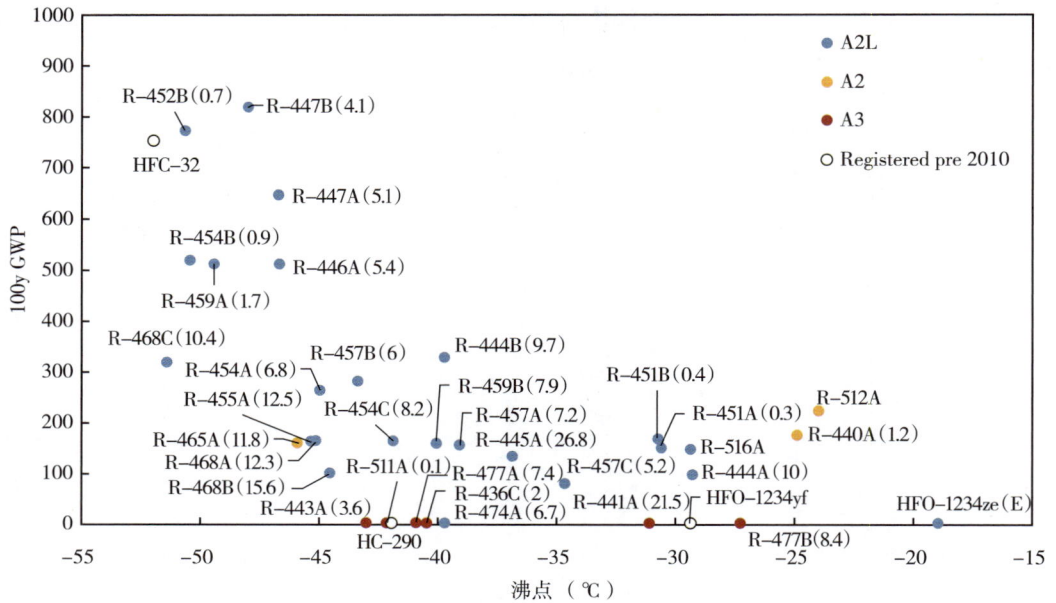

（b）A2L、A2 和 A3 类替代制冷剂的 GWP、沸点和滑移温度

图 3-24 制冷剂的标准沸点、滑移温度和安全性[3]

R-410A（0.1℃）< R-466A（0.7℃）= R-452B（0.7℃）< R-454B（0.9℃）< R-452A（3.8℃）< R-446A（5.4℃）< R-454A（6.8℃）[3]。因此，从制冷剂迁移特性而言，R-466A、R-452B 和 R-454B 是相对更优的替代制冷剂。

3.经济性

通过调研，搜集到部分制冷剂的售价，详细价格见表 3-2。HFC-32 和 HC-290 的售价与 R-410A 相近，R-446A、R-447A、R-452B 和 HFC-161 的售价是 R-410A 的六倍以上，短期内 HFC-32 和 HC-290 在经济性方面具有一定优势。

表 3-2 2023 年制冷剂的销售价格

制冷剂	售价（元/kg）
R-410A	27
R-446A	225
R-447A	233
R-452B	175
HFC-32	31
HC-290	21.5
HFC-161	2350

4. 环保性

破坏臭氧潜能值（ODP）和全球变暖潜能值（GWP）被广泛用于评价制冷剂环境效应。随着科技的进步与发展，制冷剂不断更新迭代，现阶段多联机、单元机采用的制冷剂已逐步转变为具有高 GWP、低 ODP 的 HFCs 类制冷剂，例如 R-410A 的 GWP100 最新值为 2285，ODP 值不计。为了比较各制冷剂对环境的影响，本文列出各潜在替代制冷剂的 GWP100、《蒙特利尔议定书》中的 GWP100 及 ODP，如表 3-3 所示。

表 3-3 制冷剂全球变暖潜力[3, 9]

制冷剂	GWP100	《蒙特利尔议定书》中的 GWP100	ODP	安全分类	备注
R-410A	2285	2087.5	0	A1	
R-446A	510	459	0	A2L	中期
R-447A	643	582	0	A2L	中期
R-447B	815	739	0	A2L	中期
R-452A	2336	2139	0	A1	
R-452B	769	698	0	A2L	中期
R-454A	263	236	0	A2L	中期
R-454B	516	465	0	A2L	中期
R-466A	807	733	0.036	A1	中期
HFC-32	749	675	0	A2L	中期
HC-290	≪ 1/0.02	3.3	0	A3	长期

可以看出，除 R-410A、R-452A 外，其他制冷剂的 GWP100 都低于 1000，具有较好的降低碳排放的潜力，特别是 HC-290，其 GWP100 远小于 1。且除 R-466A 的 ODP 值为 0.036 以外，其他制冷剂的 ODP 值非常小或为 0。

5. 安全性

制冷剂的安全性从毒性角度可分为低毒性和高毒性，从可燃性角度可分为不可燃、弱可燃性、可燃性和高可燃性。表 3-3 中列出了各潜在制冷剂的安全性分类。

从安全性的角度，R-452A 和 R-466A 为 A1 类制冷剂，具有较高的安全性，若它们的系统性能与 R-410A 相似，理论上可以直接替换。其次，HFC-32、R-452B、R-454B 等均为 A2L 类制冷剂，若在容量较大的多联机或单元机系统上使用，相应加强保证人员安全的装置，例如制冷剂泄漏检测装置、通风装置、安全警报等。HC-290 为 A3 类制冷剂，其高度可燃性在一定程度上限制了充注量和容量的大小。

综上所述，R-452B 和 R-454B 制冷剂具有较好的热力学性质和环保性，R-466A 具有较好的安全性，HFC-32 和 HC-290 具有较好的经济性和环保性，它们在一定程度上都具有替代 R-410A 的潜力，因此将它们视为多联机、单元机领域更具前景的潜在替代制冷剂，可用于后续分析和评价多联机及单元机领域制冷剂替代的减排潜力，为制定多联机和单元机的制冷剂替代路线奠定基础。

（二）潜在替代物的分析和评价

1. 产业发展预测

以多联机和单元机产业现状的调研为基础，分析潜在替代制冷剂的减排潜力，2012 年至 2022 年多联机和单元机的生产冷量和内销冷量如表 3-4 所示。

表 3-4　多联机、单元机生产冷量和销售冷量

年份	多联机生产冷量（10^6 kW）	多联机内销冷量（10^6 kW）	单元机生产冷量（10^6 kW）	单元机内销冷量（10^6 kW）
2012	23.74	19.95	18.25	12.20
2013	26.95	23.37	20.11	13.85
2014	31.97	27.77	25.36	18.10
2015	32.82	28.50	23.88	16.52
2016	44.73	35.13	22.19	16.93
2017	53.67	47.16	26.64	17.97
2018	61.46	53.95	27.47	18.18
2019	64.62	56.20	29.11	17.82
2020	70.26	61.18	24.78	14.75
2021	89.96	80.32	30.08	17.70
2022	93.85	81.66	30.20	16.50

2.排放评价指标

对于多联机、单元机而言，直接排放主要有五个主要来源。第一是生产过程的排放，主要指产品研发时造成的制冷剂排放；第二是产品安装过程的排放，指安装时向配管中充注制冷剂造成的排放；第三是使用过程制冷剂缓慢泄漏造成的排放，主要发生于连管接口、器件老化部位；第四是产品维修过程制冷剂的排放；第五是寿命终期排放量指产品报废时制冷剂的排放。间接排放指多联机、单元机运行时消耗的电能所引起的碳排放，与多联机、单元机的实际运行性能有关。为准确计算多联机和单元机系统的直接排放和间接排放，针对多联机、单元机的生产制造企业和安装维修企业分别展开调研，共获得了九家生产制造企业和一家科研院所的有效数据，基于调研获得的数据，以下将五种直接排放计算方法分别展开论述。

（1）直接排放

①生产过程的直接排放

在与多联机、单元机的生产制造企业沟通交流过程中发现，向拟出售产品中充注制冷剂的工艺具有较为严格的规范和标准，因此该部分充注制冷剂过程的泄漏量很少，可忽略不计。但向研发样机和测试产品充注的制冷剂往往全部排放，因此产品研发造成的排放是生产过程直接排放的主要部分。

在多联机方面，根据生产制造企业的调研显示，目前多联机主要生产 R-410A 多联机，其占比接近 100%。各企业生产过程年泄漏率在 0.04% ~ 4.5% 范围不等，加权平均为 0.12%。由于用于产品生产的制冷剂使用量难以获得全国范围的准确数据，仅能通过少数厂家的数据推算，而各厂家提供的单位冷量制冷剂充注量的数值相对稳定，因此可通过信息公司提供的产品年生产冷量和生产制造企业提供的单位冷量制冷剂充注量，进一步推算生产过程排放量。据调研显示，R-410A 多联机产品单位制冷量的平均充注量为 0.29 kg/kW（冷量）。

在单元机方面，据调研结果显示，2022 年 R-410A 单元机的生产占比为 64.5%，HFC-32 多联机的生产占比为 27.3%，R22 生产占比为 8%，少量使用 R407C。其中，R-410A 产品生产过程年平均泄漏率为 0.4%；HFC-32 产品生产过程年平均泄漏率为 1.5%。R-410A 单元机产品单位制冷量的平均充注量为 0.26 kg/kW（冷量）；HFC-32 单元机产品单位制冷量的平均充注量为 0.22 kg/kW（冷量）。

②安装过程的直接排放

多联机、单元机室外机经产品生产厂家生产完成后，需要在建筑现场安装并配装与室内机相对应的制冷剂配管，且配管长度由室内机、室外机的布置位置决定，待配管安装完成后，需现场给配管充注制冷剂。因拟调研安装维修企业的相关数据，但尚未获得，故利用多联机系统最大配管长度不超过 70 米及产品样本中标注的外机液体管管径进行估算。取 20℃环温下制冷剂的饱和液体密度和饱和气体密度平均值计算相应管容积下的制冷剂质量，进一步推算可知，单位室外机制冷量下配管中 R–410A 制冷剂充注量平均值为 0.13kg/kW（制冷量），HFC–32 制冷剂充注量平均值为 0.11kg/kW（制冷量）。与生产过程直接排放相同，安装过程的直接排放主要产生于向配管中充注制冷剂过程引起的制冷剂泄漏。故取安装过程泄漏率与生产过程泄漏率相同，R–410A 多联机为 0.12%，R–410A 单元机为 0.4%，HFC–32 单元机为 1.5%，进一步计算安装过程直接排放。

③使用过程慢漏导致的直接排放

假设制冷剂慢漏导致的制冷剂缺少问题在当年即可解决，即当年即可维修补充。根据本子课题先前的制冷剂慢漏泄漏率测试实验的数据及文献数据显示，制冷剂慢漏泄漏率约为 1%。单位冷量制冷剂充注量包含多联机、单元机外机的充注量和工程现场补充追加的充注量（或充注量与剩余制冷剂量）两部分，具体数值详见生产过程直接排放和安装过程直接排放的取值。

④使用过程维修的直接排放

同样地，假设制冷剂维修导致的系统内制冷剂不足的问题在当年即可维修解决。根据文献显示，在用产品维修率约为 1%，而维修过程的排放率为 98%，故制冷剂维修泄漏率约为 0.98%。[10]

⑤寿命终期的直接排放

每年报废产品冷量尚未获得有效的调研数据，根据文献资料显示，报废产品冷量占产品存量的 6%，制冷剂回收率取 6%[10]。假设产品寿命终期时制冷剂剩余率为100%，同样地，单位冷量制冷剂充注量包含多联机、单元机外机的充注量和工程现场补充追加的充注量（或充注量与剩余制冷剂量）两部分，从而计算多联机、单元机系统的寿命终期直接排放。

根据上述方法，可得到多联机、单元机制冷剂的直接排放数据，如图 3–25 所示。

（2）间接排放

对于多联机、单元机而言，其运行耗电量与室内外温度、建筑面积、人员数量、室内设定参数等有关，获得全国范围内各多联机和单元机系统的运行耗电量是较

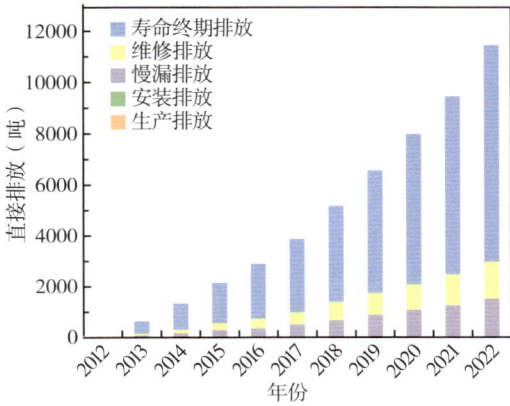

（a）R-410A多联机实物直接排放　　（b）R-410A多联机当量直接排放

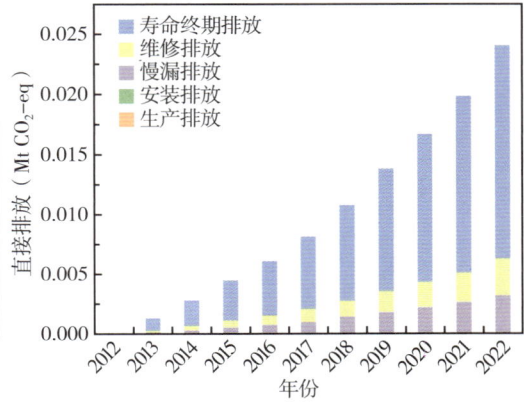

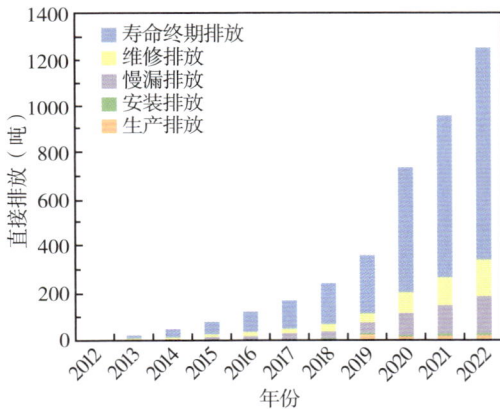

（c）R-410A单元机实物直接排放　　（d）R-410A单元机当量直接排放

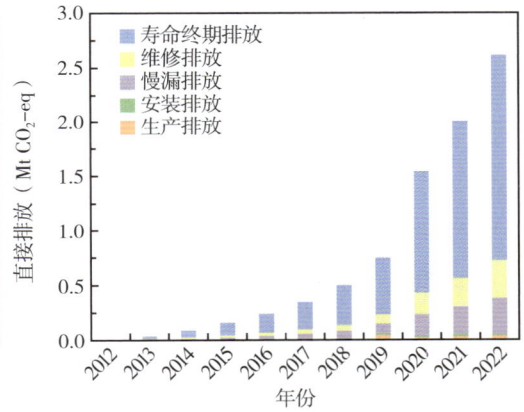

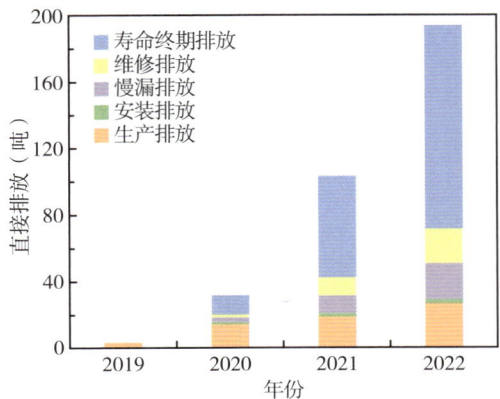

（e）HFC-32单元机实物直接排放　　（f）HFC-32单元机当量直接排放

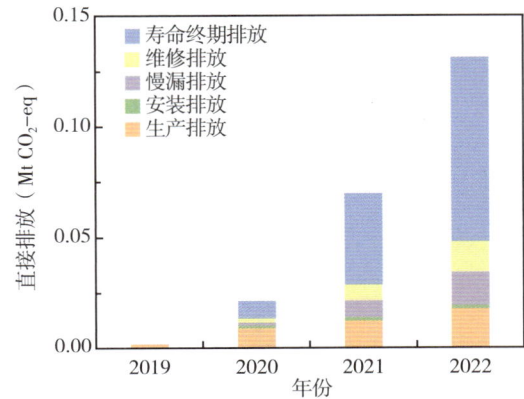

图 3-25　我国多联机、单元机制冷剂直接排放

为复杂的问题。调研反馈结果显示，全年运行小时数、全年产品耗电量数据由于不同产品的运行情况相差较大，且难以跟踪获取，因而较难获得，但各生产制造企业能够提供多联机、单元机额定 APF 值，因此，可利用多联机、单元机产品平均全年性能系数（APF）及产品冷量存量推算全年耗电量，进一步推算间接排放量。根据全年性能系数（APF）的定义，如式 3-3 所示：

$$APF = \frac{Q_{total}}{W_{total}} \qquad\qquad 式 3-3$$

式中：Q_{total} 为在用产品季节制冷量与季节制热量之和，kWh；W_{total} 为在用产品季节制冷量与季节制热量之和，kWh。

若已知建筑全年制冷和制热负荷总和及产品 APF 值，即可获得产品全年运行耗电量。因此，二次调研并获得九家生产制造企业和一家科研院所的产品平均 APF 值。此外，全国产品运行负荷参考 GB/T 17758—2010 附录 C 中名义制冷量、建筑负荷与室外温度的关系，推算 2012 年至 2022 年每年全国多联机、单元机冷量存量下全年建筑总负荷，进一步获得全国冷量存量下的全年耗电量和间接排放。

与产业发展预测相对应，假设每年报废冷量占存量的 6%[10]，则多联机和单元机在 2012 年至 2022 年的冷量存量如表 3-5 所示。

表 3-5　多联机、单元机冷量存量

年份	多联机冷量存量（10^6 kW）	单元机冷量存量（10^6 kW）
2012	19.95	12.20
2013	42.12	25.32
2014	67.36	41.89
2015	91.82	55.90
2016	121.44	69.48
2017	161.31	83.28
2018	205.59	96.47
2019	249.46	108.50
2020	295.67	116.74
2021	358.25	127.43
2022	418.41	130.28

多联机：九家多联机生产制造企业提供的 APF 数据为产品出厂时的铭牌数据，所有产品的平均 APF 值为 4.71（kWh/kWh），而合肥通用机械研究院有限公司提供了 80 余台风冷多联机的送检 APF 数据，平均 APF 值为 4.28（kWh/kWh），更能体现多联机的实际使用性能，因此平均 APF 值选取 4.28（kWh/kWh）估算间接排放量。单元机：九家多联机生产制造企业提供的 R-410A 所有产品的平均 APF 值为 3.44（kWh/kWh）；HFC-32 所有产品的平均 APF 值为 3.26（kWh/kWh）。

参考《2011 年和 2012 年中国区域电网平均二氧化碳排放因子》、"《关于做好 2022 年企业温室气体排放报告管理相关重点工作的通知》解读"等文献获取我国电网排放因子，2012 年至 2014 年全国电网排放因子为 0.6808 $kgCO_2$/kWh；2015 年至 2020 年电网排放因子为 0.6101 $kgCO_2$/kWh；2021 年至 2022 年电网排放因子为 0.5810 $kgCO_2$/kWh。则多联机、单元机在 2012 年至 2022 年全国间接排放如图 3-26 所示。随着多联机、单元机冷量存量的增加，间接排放有逐年递增的趋势。

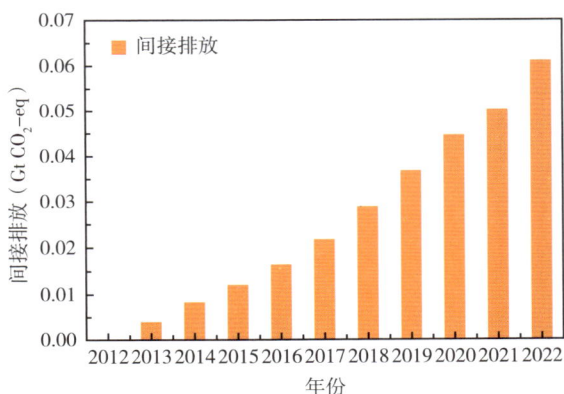

（a）R-410A多联机间接排放

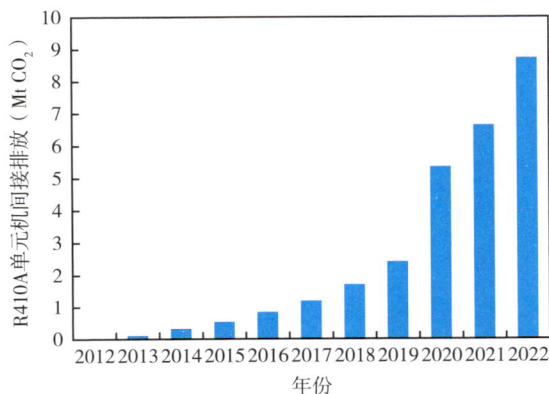

（b）R-410A单元机间接排放

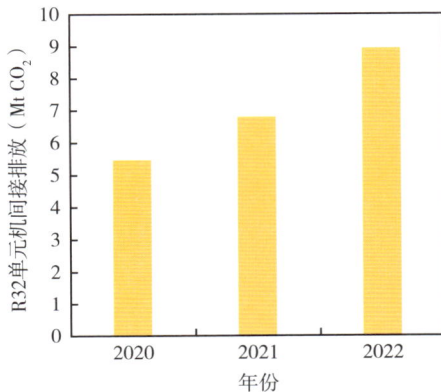

（c）HFC-32单元机间接排放

图 3-26 多联机、单元机间接排放

（3）综合排放

综合排放为直接排放和间接排放的和，则多联机和单元机系统的综合排放如图 3-27 所示。可以看出，在多联机、单元机领域，间接排放的占比大于直接排放，因此产品的节能降耗是未来减排的关键。

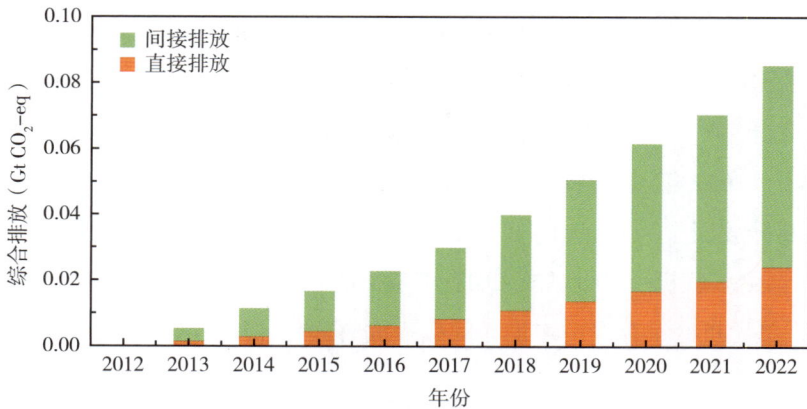

（a）多联机综合排放

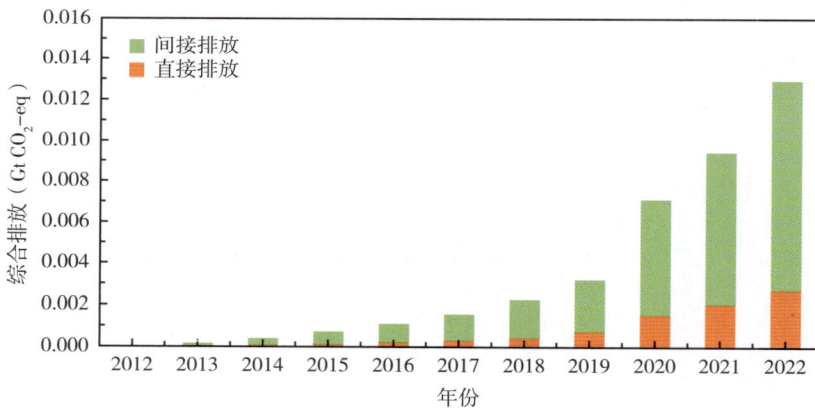

（b）单元机综合排放

图 3-27　多联机、单元机综合排放

（4）TEWI

TEWI 指标关注的是系统全寿命周期的温室效应影响，假设多联机和单元机的平均使用年限为 10 年，假设将 R-410A 替换替代制冷剂，在此对比多联机和单元机 R-410A 与其替代制冷剂在 2012 年至 2022 年总等效温室效应。将生产和安装过程制冷剂泄漏量计算在系统运行过程每年的制冷剂泄漏量中，即泄漏量包含生产、安装、使用慢漏及使用维修四部分的泄漏量，制冷剂 GWP 取《蒙特利尔议定书》规定的制冷剂 GWP100 的数值。多联机生产和安装过程制冷剂泄漏率为 0.12%，单元机 R-410A 制冷剂的生产和安装过程制冷剂泄漏率为 0.4%，其余 HFC-32、R454B 等替代制冷剂的生产和安装过程制冷剂泄漏率为 1.5%，使用过程制冷剂泄漏率均为 2%（包含缓慢泄漏和维修泄漏），假设设备寿命终期时系统内制冷剂的剩余量与初始充注量相同，寿命终期制冷剂排放率均为 94%[10]。根据文献资料显示，系统制冷剂充注量与制冷剂饱和液体密度成正比，表 3-6 列出各制冷剂相关参数，以 R-410A 为参考，其系统充注量比例和能效比例为 1。

表 3-6 替代制冷剂充注比例及能效

制冷剂	GWP100	系统制冷剂充注比例	能效
R-410A	2087.5	1	1
R-454B	465	0.86[11]	1.08[6]
R-452B	698	0.85[12]	1.017[12]
R-466A	733	1.2[3]	1.04[13]
HFC-32	675	0.85[3]	0.98[3]
HC-290	3.3	0.1 kg/kW（制冷量）[3]	1.05[3]

多联机和单元机的各制冷剂 TEWI 分布趋势基本一致，HC-290 的 TEWI 值最小，减排潜力最大，其次是 R-452B、R-454B、R-466A、HFC-32，R-466A 其安全等级为 A1，且减排潜力相较 HFC-32 更好，故可以作为 R-410A 的中期替代物，HC-290 的 TEWI 值最低，若能够提高系统能效并解决可燃性和安全性等问题，可能会成为 R-410A 较好的替代物。R-452B、R-454B 的 TEWI 值相较 R-466A 和 HFC-32 更低，但其与 HFC-32 相似，为 A2L 制冷剂，也可作为 R-410A 的中期替代物，但相比 R-466A 的安全性更低，见图 3-28。

（5）其他评价指标

HC-290 易燃易爆，安全性差，由于灌注量限制，很难直接应用于单元机、多联机系统中，需增加二次换热系统，更换难度大且经济性较差。但欧洲倾向于天然工质，会考虑在间接系统中使用 HC-290，我国也存在小冷量单元机中使用 HC-290 的可能。

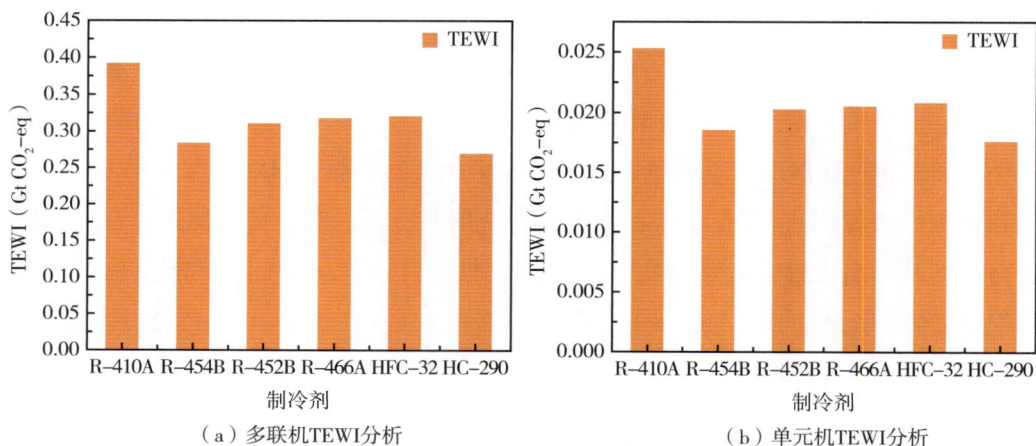

（a）多联机TEWI分析　　　　（b）单元机TEWI分析

图 3-28　多联机、单元机 TEWI 分析

R-452B、R-454B 属于 A2L 类制冷剂，需要发展传感、监测及危险处置技术；压力与 R-410A 相近，系统改进较小，需要匹配相应的压缩机、润滑油，更换难度较小，R-452B、R-454B 制冷剂本身价格较高，且系统改进会增加部分成本。美国于 2025 年开始，无论家用商用产品全部转为 R-454B，且科慕和霍尼韦尔，作为制冷剂生产厂家，拥有第四代 HFO 制冷剂的专利权，主推 R-454B 制冷剂以替代 R-410A。

R-466A 属于 A1 类制冷剂，压力与 R-410A 相近，系统改进较小，需要匹配相应的压缩机、润滑油；含 FIC-13I1，价格较为昂贵，稳定性较差，在 POE 存在下黄铜和锌会加速 FIC-13I1 的分解，更换难度较大且经济性差。

HFC-32 属于 A2L 类制冷剂，需要发展传感、监测及危险处置技术；压力较 R-410A 略高，系统改进较小，更换难度较小，系统改进会增加部分成本。HFC-32 也是欧洲商用产品的中短期替代方向。日本目前以 HFC-32 为主，大能力产品仍使用 R-410A，自 2025 年起多联机将使用指定制冷剂 HFC-32。

四、制冷剂替代路线分析

基于以上分析，若暂不考虑经济影响，制冷剂 HFC-32、R-452B、R-454B、R-466A、HC-290 是较有潜力的多联机替代制冷剂，其中 HFC-32、R-452B、R-454B、R-466A 作为中期替代物，HC-290 作为长期替代物。单元机的制冷剂主要替代趋势为 HFC-32，且小机型的单元机有望采用 HC-290。因此，以下将分别讨论多联机和单元机的替代路线。其中，未来电力碳排放因子据参考文献进行预测[14, 15]。

（一）多联机

对设备替代路线而言，产品未来发展预期是计算碳减排的基础，以上文预测的产品存量为计算基础进行分析。此外，产品生产过程、运行过程、维修过程及寿命终期报废过程的制冷剂泄漏率是计算多联机直接排放的关键，故分两种不同的排放情景讨论制冷剂的替代路线，两种排放情景如表 3-7 所示。

表 3-7　多联机排放情景

情景	情景说明			参考文献
	生产和安装过程泄漏率 /%	使用过程泄漏率 /%	寿命终期排放率 /%	
排放情景 1	0.12	1（慢漏）	0.98（维修）	94	[10]
排放情景 2	0.12	1		20	[16]
排放情景 3	0.12	10		100	[16]

假设多联机领域持续使用 R-410A 制冷剂，以发展预期情景 1 为基础，比较三种排放情景碳排放情况及减排潜力。

在排放情景 1 和排放情景 2 下，使用过程泄漏率相对较小，多联机领域的直接排放整体小于间接排放，且排放情景 2 的使用过程泄漏率仅为 1%/ 年（包括慢漏与维修），寿命终期排放率为 20%，该情景的排放参数较为保守，制冷剂在生命周期内的泄漏情况控制稳定，在此情景下，2012 年至 2060 年内多联机领域的直接排放始终低于 0.02 Gt CO_2-eq。但当使用过程泄漏率和寿命终期排放率升高时（如排放情景 1），随着多联机存量的逐步升高和碳排放因子的逐步降低，多联机领域的直接碳排放在 2050 年以后将高于间接碳排放。当使用过程泄漏率和寿命终期排放率进一步升高（如排放情景 3），多联机领域的直接碳排放在 2028 年后高于间接碳排放，此时制冷剂泄漏改善应当成为多联机领域碳减排的关注对象，见图 3-29。

总体而言，若在生产过程泄漏保持稳定的情况下，降低制冷剂泄漏率（使用过程泄漏率从 10% 降低至 1%）和生命终期排放率（生命终期过程泄漏率从 100% 降低至 20%），多联机领域在 2060 年总排放可降低约 65%。

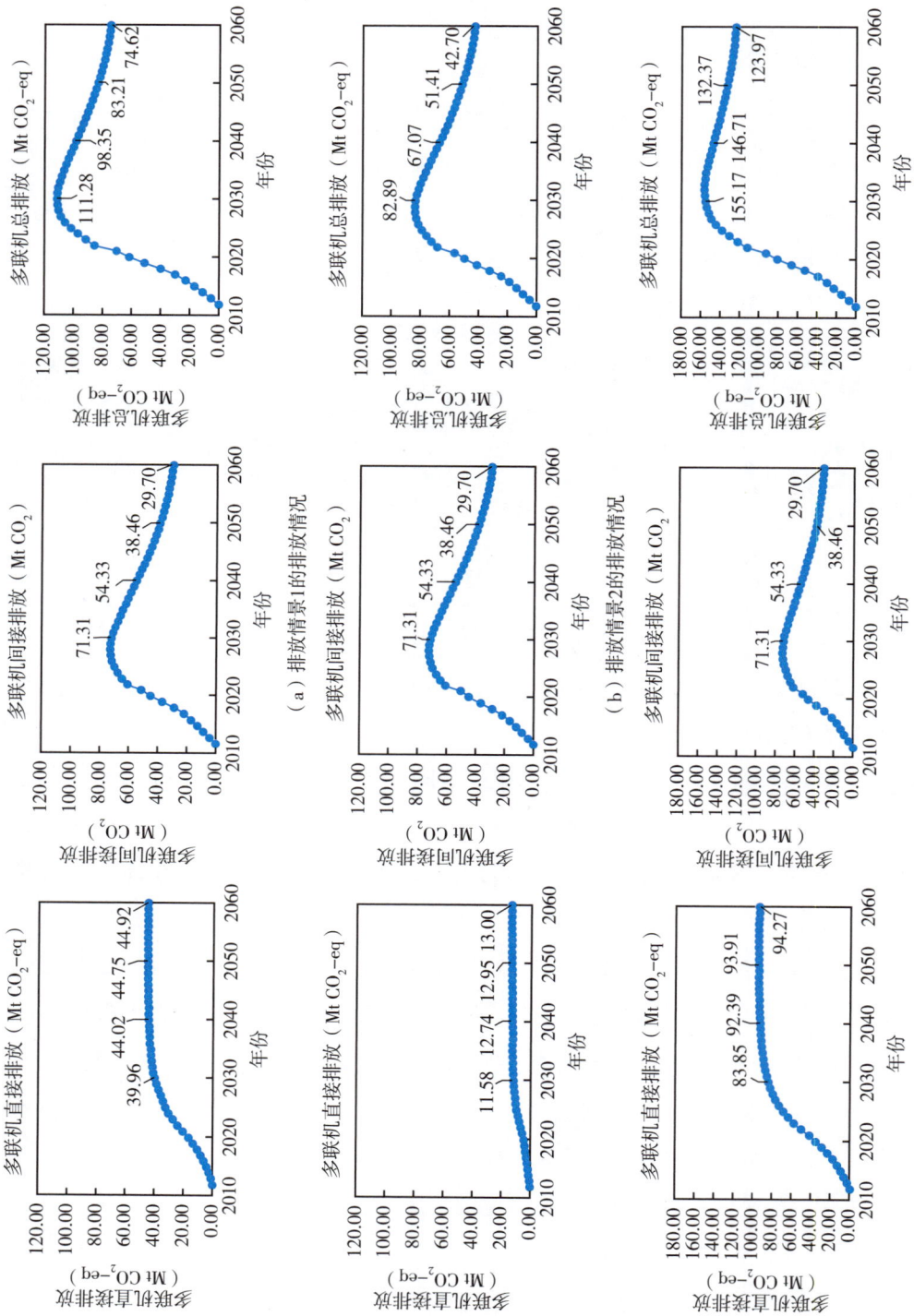

（a）排放情景1的排放情况

（b）排放情景2的排放情况

（c）排放情景3的排放情况

图 3-29　多联机的碳排放情景分析

（二）单元机

由于单元机的制冷剂充注量小于多联机系统，在此不考虑单元机系统被淘汰的情况，因此发展预期情景采用上文中预测的产品存量，以此为基础分析单元机领域的排放情景和替代情景。采用的排放情景与多联机系统相同，排放情景详见表3-8。

表 3-8　单元机排放情景

情景	情景说明					参考文献
	生产过程泄漏率（％）	安装过程泄漏率（％）	使用过程泄漏率（％）		寿命终期排放率（％）	
排放情景1	0.4（R-410A） 1.5（HFC-32）	0.4	1（慢漏）	0.98（维修）	94	［10］
排放情景2	0.4（R-410A） 1.5（HFC-32）	0.4	1		20	［16］
排放情景3	0.4（R-410A） 1.5（HFC-32）	0.4	10		100	［16］

单元机与多联机不同的是，2022年HFC-32单元机年销售占比达到约35%，R-410A单元机年销售占比约为65%。因此，本节假设2023年起单元机制冷剂使用占比与2022年相同，即R-410A单元机占内销量的65%，HFC-32单元机占内销量的35%，则三种排放情景的碳排放如图3-30所示。

由于使用过程的泄漏率和寿命终期排放率的不同，三种排放情景的直接排放差距显著，与多联机系统的规律相似，若在生产过程泄漏保持稳定的情况下，降低制冷剂泄漏率（使用过程泄漏率从10%降低至1%）和生命终期排放率（生命终期过程泄漏率从100%降低至20%），单元机领域在2060年总排放可降低约55%。

五、替代需攻克的关键技术难点

（一）制冷剂替代路线分类

多联机、单元机领域替代路线的类别各有不同。单元机由于其小制冷量、小制冷剂充注量，系统安全性相较于多联机具有较高的安全性。目前已有采用HFC-32作

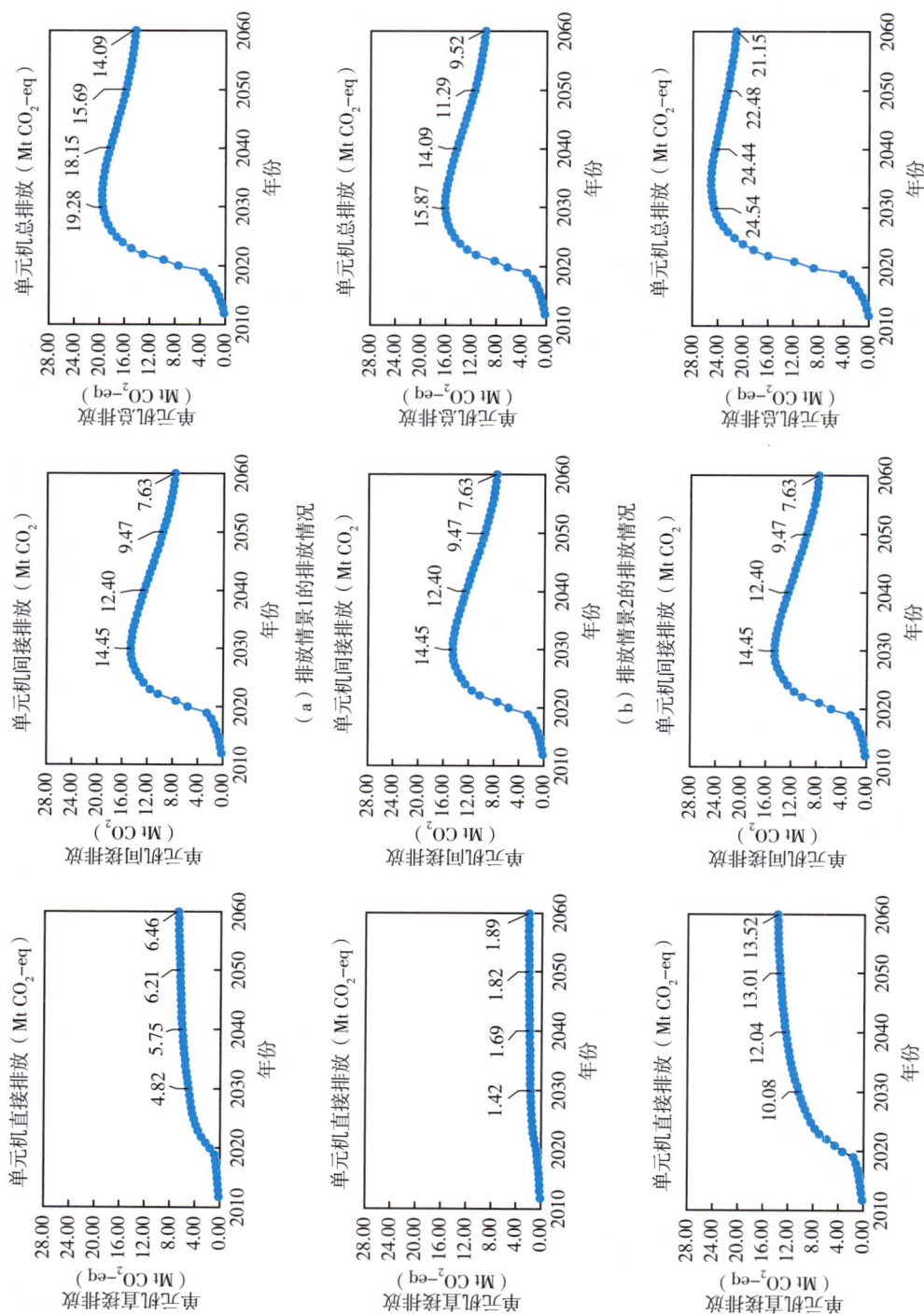

（a）排放情景1的排放情况

（b）排放情景2的排放情况

（c）排放情景3的排放情况

图3-30　单元机的碳排放情景分析

为制冷剂的产品，但 HFC-32 是弱可燃制冷剂，且系统压力较高，在系统安全和耐压性方面仍有优化空间，且未来小冷量单元机具有采用 HC-290 的可能，这使得对可燃制冷剂的研发需求得以提高，总结来看，单元机的替代路线需要采用有缺陷的替代物（HFC-32 高压弱可燃、HC-290 可燃）。

多联机的替代路线选择较多，若采用含有 HFC-32 的替代路线，则系统存在高压及泄漏可燃安全性的问题，属于采用有缺陷的替代物（HFC-32 高压弱可燃）；若采用含有 R-452B、R-454B 的替代路线，由于其是 HFC-32 和 HFOs 的混合物，因此具有弱可燃性且采用了部分国外制冷剂，属于有缺陷替代物（弱可燃）且依赖国外技术的制冷剂；若采用含有 R-466A 的替代路线，具有一定含量的三氟碘甲烷（FIC-13I1），目前，CF3I 的生产、纯化技术一直被发达国家化学品公司垄断，严重依赖进口，受控于国际市场，价格高、订货周期长、运输困难。国内关于 CF3I 的研究、生产尚处于初步阶段[17]，因此该替代路线需要采用国外制冷剂；若采用含有 HC-290 的替代路线，虽然有较低的 GWP 值，但其高可燃性使其使用受限，属于采用了有缺陷的替代物（高可燃性）。综上所示，各替代路线的类别如表 3-9 所示。

表 3-9　制冷剂替代路线分类

设备类型	替代路线	类别
多联机	含 HFC-32	采用有缺陷的替代物（中期中小容量多联机替代物）
	含 R-452B	采用有缺陷替代物、需采用国外制冷剂
	含 R-454B	采用有缺陷替代物、需采用国外制冷剂
	含 R-466A	需采用国外制冷剂
	含 HC-290	采用有缺陷的替代物（远期小容量多联机替代物）
单元机	含 HFC-32	采用有缺陷的替代物

（二）替代制冷剂关键技术

1. 多联机

（1）应用安全分析

目前国内多联机多采用 R-410A。①如果切换为 HFC-32、R-452B、R-454B 等 A2L 制冷剂，由于 A2L 制冷剂的易燃性，其安全性对操作人员和用户非常重要，制冷剂的充注量受到了较为严格的限制，同时需要发展制冷剂泄漏传感器检测技术、系统制冷剂泄漏安全控制技术、高排气温度抑制控制技术、多联机系统在线运行性能检测等技术，同时也需发展安全报警系统、通风装置、制冷剂截止阀等安全设备；②如果切换为 HC-290 等 A3 类易燃制冷剂，需考虑使用时如何避免爆炸风险，如增加泄漏检测和强制通风措施，但客户接受程度低，且现有法规政策情况下，A3 类制冷剂允许最大充注量低，无法满足多联机需求。

制冷剂泄漏传感器检测技术可以有效地对制冷剂泄漏进行检测，通风装置可以保证制冷剂泄漏后进行通风扩散，避免浓度达到易燃点，安全报警系统同样为制冷剂泄漏可能产生的风险进行排查[18]。传感器要保证探测的有效性、及时性、敏感性，检测元件能力长期可靠。制冷剂泄漏量的判断及相应安全控制，技术难度较高，尤其是连机管、分歧管处有泄漏的情况实现安全控制非常复杂，今后需要重点加大这方面的研究投入。

在产品开发中需发展上述技术，对企业来说主要增加的成本在于制冷剂传感器、电动制冷剂截止阀以及相关电器控制。若在每台室内机内均设置制冷剂泄漏检测传感器，对系统成本的增加较大。因此，后续需发展多联机系统精密制冷剂控制技术，从全局角度检知系统制冷剂泄漏情况，从而取代每个室内机的制冷剂泄漏传感器，节省成本，但目前的制冷剂泄漏检测精度与国标要求目标精度情况有待验证。此外，在传感、监测、缺陷抑制和危险处置等技术方面，日本大金有行业领先的技术专利。但是如果大金公司垄断该技术，也在一定程度上阻碍了 HFC-32 的发展和应用，因此大金也计划公开部分专利技术，让 HFC-32 制冷剂尽快地在行业的普及应用。

（2）生产安装分析

在生产工艺上，由于 HFC-32 等具有微可燃性，空调生产线需注意防火防爆的措施，同时空调的系统需减少活动的连接、进行密封件的严格选配等[19]。加强整机、压缩机、电控盒防火设计，整机采用防火阻燃材料，压缩机加强金属阻燃及内置保护器，电控盒采用密封阻燃，防止制冷剂泄漏进入电控盒致燃。

此外，系统管路的封口（连接）方式也需有不同的应对技术手段。对于微可燃制冷剂，常规的明火焊接方式不适用，现在主流的两种针对可燃制冷剂的焊接方式主要是超声波焊接和洛克林液封口。超声波焊接过程无火花，接近冷态加工，环保安全，适用于 HFC-32 和 HC-290 等可燃易爆制冷剂的焊接。超声波焊接对金属件的厚度和焊点位置要求较高，一般厚度小于 5mm，焊点位置不能太大[18]。

可燃制冷剂的推广应用，还在生产线、实验室、仓储、运输等环节受到建筑防火和危险品运输的法规制约，企业和用户尚无足够的（安放、安装）空间以满足防火间距要求，危险品仓储运输也极大地提高了多联机的物流成本。

2. 单元机

目前，轻商单元机切换 HFC-32 制冷剂相关技术已经成熟，主流企业都有 HFC-32 轻商单元机制冷剂产品。但若采用 HC-290 等易燃制冷剂，与多联机相同，特别针对大容量单元机，需考虑制冷剂泄漏检测技术与强制通风措施等使用安全方案的同时，也需加强生产工艺的防爆、防燃措施。

（三）制冷剂替代关键设备及系统

1. HFC-32

在压缩机方面：HFC-32 的排气温度较高，过高的排气温度将会导致润滑油黏度下降从而加重压缩机磨损，增大其功耗，减损其寿命。因此，降低 HFC-32 系统的排气温度变得尤为重要。目前研究领域内主要提出了喷液、两相喷射和两相吸气等排温控制技术。[20, 21]

在系统配件方面：据报道，丹佛斯特别推出 HFC-32 制冷剂系统专用元件以帮助空调设备制造商缩短系统开发时间，加速产品上市脚步。据悉，目前 HFC-32 制冷剂元件可满足最大制冷量 700 kW/260 RT 的需求。[22]

在润滑油方面：HFC-32 制冷剂与 R-410A 空调器中常使用的 POE-32、POE-68 和 PVE-68 润滑油的有限溶解区域扩大。[23] 因此，改造传统 POE、PVE 润滑油化学特性和研制新型 POE 润滑油是技术研发的关键。研究表明，一种新型的 APOE 润滑油与 HFC-32 具有良好的互溶性。[24]

2. R454B

在压缩机方面：采用 R-454B 时，基本无须对原有 R-410A 压缩机进行更改。在润滑油方面：R-454B 与 R-410A 一般采用相同的润滑油，[25] 因此采用 R-454B 替代 R-410A 相对简单，系统更换难度较小，但制冷剂本身价格较高，会增加替换成本。

3. R452B

R-452B 压力与 R-410A 相近，系统改进较小，且需匹配相应的压缩机、润滑油，更换难度较小，但 R-452B 制冷剂本身价格较高，且系统改进将增加部分成本。

4. R466A

R-466A 属于 A1 类制冷剂，压力与 R-410A 相近，系统改进较小，需要匹配相应的压缩机、润滑油；但由于其含 FIC-13I1，价格较为昂贵，稳定性较差，POE 润滑油中的黄铜和锌会加速 FIC-13I1 的分解，更换难度较大且经济性差。

5. HC-290

HC-290 属于易燃易爆低压制冷剂，系统部件更换难度较大，微通道换热器技术及换热器流路优化、气液分离器、油分离器、管路等设计都需要考虑尽可能减小阻力。HC-290 充注量上限较小，在系统中压缩机润滑油的比例相对较大，在低温制热时可能会出现油堵的现象，需要在电子膨胀阀开度控制或毛细管规格等方面设计时进行细致考量和验证。此外，由于安全性和制冷剂充注量限制，很难直接应用于单元机、多联机系统中，需考虑增加二次换热系统，更换难度大且经济性较差。

6. 潜在可使用可燃制冷剂的多联机系统

多联机、单元机系统若采用 HC-290 等可燃制冷剂，则可通过二次换热系统降低单个制冷循环的内容积，减小制冷剂的充注量，例如采用三介质换热器的水环多联机系统，保留常规风冷式多联机空调系统的控制独立灵活、部分负荷性能优良等优点，同时降低单个制冷系统的容量，以降低多联机制冷剂泄漏带来风险。此外，利用自然能源降低空调系统能耗是实现建筑节能的重要途径，但常规自然能源往往在可利用的时间上、数量上有限，保障性较差；若能将自然能源与机械能源相结合，在多联机系统中充分利用自然能源，不仅能降低能耗，还能保障自然能源利用的可靠性。

三介质换热器是一种可以实现三种介质同步换热或两两换热的换热器，用其替代两台单独的换热器，可以减少换热器和电磁阀数量、降低系统隐患。采用三介质换热器的水环多联机可将大系统拆分成若干个小系统，可减小系统总制冷剂充注量，并在小负荷率时用小系统满足小负荷需求，提升系统能效。此类系统仍需与系统更换难度、技术经济成本等综合分析。

六、总结及建议

通过对多联机和单元机行业以及制冷剂使用状态的调研分析，得到了如下两条结论。

第一，R-410A 是多联机目前的主体制冷剂。

2022 年多联机生产总额约为 800 亿元，且现阶段多联机产品使用 R-410A 制冷剂的占比高达 99%，可见，R-410A 是目前多联机产品主流使用的制冷剂。2022 年多联机 R-410A 制冷剂的生产使用量约为 2.7 万吨，用于产品安装的 R-410A 制冷剂安装使用量约为 1.05 万吨，用于产品维修的 R-410A 制冷剂使用量约为 0.3 万吨。

第二，R-410A 和 HFC-32 是单元机目前的主体制冷剂。

2022 年单元机生产总额约为 220 亿元，单元机使用的制冷剂种类较多，主要以 R-410A、HFC-32 为主，仅有少量产品使用 HCFC-22。2022 年单元机 R-410A 制冷剂的生产使用量约为 0.5 万吨，HFC-32 制冷剂的生产使用量约为 0.18 万吨，用于产品安装的 R-410A 制冷剂安装使用量约为 0.14 万吨，HFC-32 制冷剂安装使用量约为 0.05 万吨，用于产品维修的 R-410A 制冷剂维修使用量约为 0.032 万吨，HFC-32 制冷剂维修使用量约为 0.0043 万吨。

据此，对多联机、单元机潜在替代制冷剂的建议如下。

根据前文分析，目前，R-410A 多联机产品的生产和销售占比高达 99%，单元机目前主要采用 R-410A 和 HFC-32 制冷剂，但受《基加利修正案》的影响，GWP100 值为 2087.5 的 R-410A 需要逐渐被替代，而目前 R-410A 的替代制冷剂，如 HFC-32、R-452B、R-454B、R-466A，它们的 GWP 值较为接近（在 500～1000 范围），并列为 R-410A 的中期替代物。此外，考虑 HFO 混合物具有较高的制冷剂成本和维修成本，HFC-32 在中国多联机和单元机可以考虑为更有潜力的中期替代物。目前，国内外多家企业已经开展较为深入的 HFC-32 多联机研究，主要包括减充技术、泄漏检测技术、泄漏应急处置技术等。

多联机和单元机的长期替代物目前还缺乏公认的备选物，这将是影响多联机产业未来发展的关键问题之一。目前，少数多联机企业尝试在提出超低 GWP 多联机混合工质。

参考文献

［1］Lucas Davis，Paul Gertler，Stephen Jarvis，et al. Air conditioning and global inequality［J］. Global Environmental Change，2021，69：102299.

［2］中国统计年鉴［EB/OL］. http://www.stats.gov.cn/sj/ndsj/.

［3］2022 Report of the refrigeration，air conditioning and heat pumps technical options committee［R］. UNEP，2023.

［4］Report of the technology and economic assessment panel volume 3：Decision xxxiii/5-continued provision of information on energy efficient and low-global-warming-potential technologies［R］. UNEP，2023.

［5］Report of the technology and economic assessment panel volume 1：Progress report ［R］. UNEP，2022.

［6］Atilla Gencer Devecioğlu. Seasonal performance assessment of refrigerants with low GWP as substitutes for R410A in heat pump air conditioning devices［J］. Applied Thermal Engineering，2017，125：401-411.

［7］刘腾庆. 基于替代 R410A 的新型低 GWP 混合制冷剂的性能研究［J］. 制冷与空调，2023，23（08）：34-39.

［8］秦闯，张超，崔四齐，等. 低 GWP 制冷剂 R32 和 R290 的选择对比研究［J］. 当代化工，2023，52（01）：129-132. DOI：10.13840/j.cnki.cn21-1457/tq.2023.01.007.

［9］2021 A SHRAE HANDBOOK FUNDAMENTALS［R］. 2021.

［10］Shan Hu，Ziyi Yang，Da Yan，et al. Emissions of F-gases from room air conditioners in China and scenarios to 2060［J］. Energy and Buildings，2023，299：113561.

［11］陈志强，姚金多，祁国成，等. R454B 制冷剂替换 R410A 与 R32 的可行研究［C］// 中国家用电器协会. 2022 年中国家用电器技术大会论文集.《电器》杂志社，2023：5.

［12］昝世超，周俊海，孙云，等.R452B应用于空调（热泵）机组的性能研究［J］. 低温与超导，2022，50（01）：70-75.

［13］Atilla G. DevecioğluVedat Oruç. Energetic performance analysis of R466A as an alternative to R410A in VRF systems［J］. Engineering Science and Technology，an International Journal，2020，23（6）：1425-1433.

［14］王如竹. 热泵技术创新及其在 2060 年碳中和国家战略中的关键作用［R］. 2021.

［15］刘心怡. 夏热冬冷地区超低能耗住宅空气源热泵两联供系统的应用特性研究［D］. 哈尔滨：哈尔滨工业大学，2023.

［16］2019 Refinement to the2006 IPCC Guidelines for National Greenhouse Gas Inventories，Volume 3，Chapter 7：Emissions of Fluorinated Substitutes for Ozone Depleting Substances［R］. 2019.

［17］R1311 制冷剂［EB/OL］. https://www.lw-tech.com.cn/items/r1311/.

［18］魏子栋，周祥. R32 冷媒在窗式空调上的应用研究［J］. 家用电器，2018（07）：38-39.

［19］刘合心，宋培刚，黄浪彬. R32 多联机可行性分析［J］. 日用电器，2013（04）：57-61.

［20］何俊，陶乐仁，虞中旸. R32 转子式压缩机改良排气温度的方法探究［J］. 建筑节能，2018，46（05）：120-124.

［21］杨丽辉，陶乐仁，陶宏，等. 滚动转子式压缩机吸气状态与排气温度的实验研究［J］. 制冷学报，2014，35（02）：49-53，86.

［22］丹佛斯宣布全面认证 R32 组件［J］. 机电信息，2020（13）：10.

［23］陈锐，雷博雯，陈振华，等. 与工质互溶性较差的润滑油对制冷系统影响的研究综述［J］. 流体机械，2019，47（10）：64-70.

［24］Urrego R，Benanti T，Hessell E. Solution properties of polyol ester lubricants designed for use with R-32 and related low-GWP refrigerant blends［C］//International Compressor Engineering Conference. West Lafayetta，USA，2014：1491.

［25］欧阳军，张龙. R454B 和 R32 应用于涡旋式压缩机的对比研究［J］. 制冷与空调，2021，21（12）：91-94.

第四章

冷（热）水机组

冷（热）水机组是指使用侧介质为水，可用于空调、制冷、供热工业过程冷却的商用或工业空调系统。该系统适用标准为 GB/T 18430 和 GB/T 25127。主要包括离心式、螺杆式、涡旋式、活塞式等不同压缩机类型的水冷式机组，螺杆式、涡旋式风冷热泵冷（热）水机组。不包含直燃型溴化锂吸收式冷（温）水机组、蒸汽和热水型溴化锂吸收式冷水机组，以及热泵热水器和工业热泵机组。

一、产业现状

（一）产业规模

冷（热）水机组（简称冷水机组）广泛应用于商业建筑、住宅建筑、工业设施和车辆工业多领域的多种流程，包括公共建筑、医疗设施、教育机构、商城住宅、仓储物流和数据中心的空调与供热，以及发电、食品和饮料加工、制药中的冷却。在这些环境中使用冷水机组调温，以提高舒适度、降低湿度并保持空气质量。市场上此类产品常按压缩机及容量分类：可分为 5 至 300 冷吨左右的涡旋（模块）机组（每个模块约为 20 冷吨）、30 至 800 冷吨左右螺杆机组（包括风冷螺杆和水冷螺杆）、几十到几千冷吨的离心式冷水机组。相关行业的增长带动了冷水机组的需求。

商用空调与各地经济发展、文化特点、气候特征、建筑特色和技术水平等因素紧密相关。随着城市化进程加快和全球气温上升，对商用空调系统特别是冷水机组的需求不断增长。在过去的十年中，全球冷水机组的需求增加了两倍，特别是亚太地区增长更是明显。据统计，2022 年全球冷水机组产品的市场规模达到了 809 亿元，其中市场份额最大的是螺杆式冷水机组，其次是涡旋式（模块）冷水机组，离心式冷水机组相对较小，但离心机小型化后替代螺杆机趋势明显。我国冷水机组市场规模有 230 亿元，一直处于稳步上升的状态，格力、美的、海尔、海信日立、天加、盾安等国内企业，与跟美国合资的开利、约克（江森自控）、特灵、麦克维尔（大金）四大企业，分享着大型螺杆和离心机组的市场份额，形成了美国之后的第二大市场，市场竞争空前激烈。在我国，涡旋式冷水机组占比最高，其次是离心式冷水机组和螺杆式冷水机组。与我国不同的是，风冷冷水机组在美国、欧洲和中东地区则是市场上的主流产品。

为了获取冷水机组的产业规模，调研了六家重点冷水机组生产企业不同类型冷水机组的近六年的销售量及制冷剂使用量。水冷离心机组、水冷螺杆机组、风冷螺杆机组的销售量（台数）见图 4-1。

国内水冷离心机组的销售量近几年在快速增长，2017 年的销售量仅为 2760 台，到了 2022 年达到了 5326 台，这得益于硅料加工、储能、汽车制造、芯片加工制造等

图 4-1　代表企业的冷水机组销售量数据（台数）汇总（2017—2022）

领域工业场景的应用，以及磁悬浮和气悬浮技术实现高效节能的优势。当前冷水机组产品应用市场规模分布见图 4-2。水冷式螺杆机组的销售量在经过前些年快速增长后逐渐进入平缓期，近几年的没有什么变化，基本稳定在 2600 至 3100 台。而风冷螺杆机组则处于缓慢增长阶段，2017 年的销售量为 1343 台，到了 2022 年增加到了 2014台，这主要是在某些应用场景中，螺杆机作为离心机的补充产品，也在这一波红利的释放中收获了自身的发展，特别是能够满足制冷、供热及热水需求的工艺场景。风冷离心冷水机组的销售量非常少，占整个产品类型不到 1%。

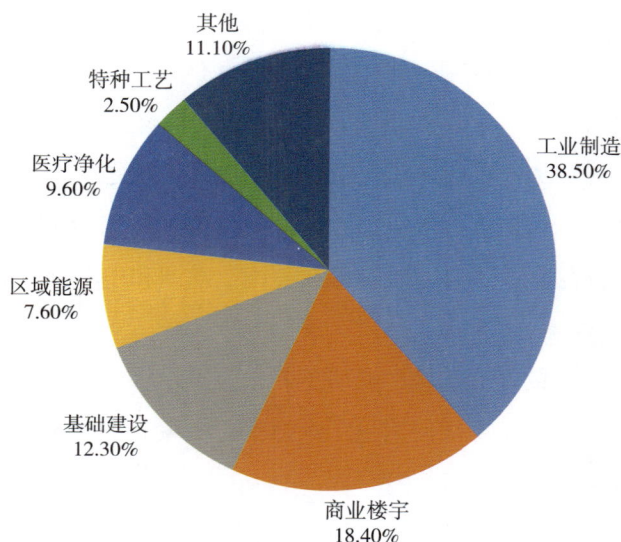

图 4-2　冷水机组产品应用市场规模分布（2023 年）

为了测算整个市场的销售情况，调研了参与企业冷水机组市场品牌占有率数据，其中水冷离心机组的占有率为36%，水冷螺杆机组的占有率为30%，风冷螺杆的占有率为35%，涡旋模块机的占有率为44%。基于调研的占有率数据，结合参与企业反馈的数据，整个市场的销售量情况见图4-3。

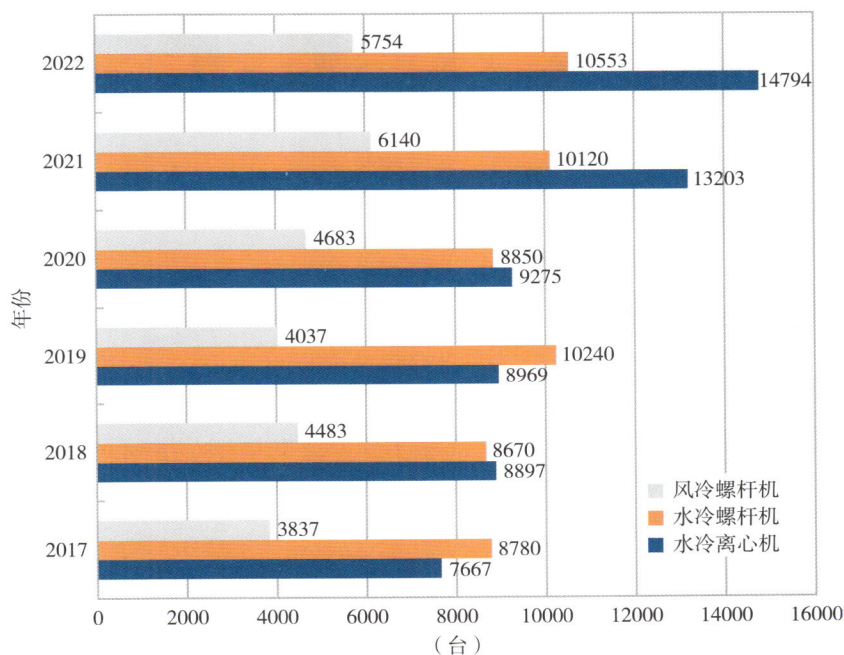

图4-3　基于品牌占有率调研测算的冷水机组2017—2022年市场销售量

从测算的数据来看，整个市场销售量呈现的规律和统计数据一致。2017年至2022年水冷离心机组的销售量从7667台增加到了14794台，对于中大型冷水机组的占比从38%上升到了47%；而水冷螺杆机组则从8780台增加到了10553台，占比从43%下降到了34%；风冷螺杆机组则从3837台增加到了5774台，占比始终保持在19%左右。而对于小型的模块机组，特别是伴随着大涡旋机组的陆续出现，涡旋机产品所能够竞争的市场空间也在持续放大，因此销售量也在逐年增加，2017年的销售量为165775台，2022年增加到了214439台，见图4-4。在涡旋模块机组产品上，国内品牌的权重地位依然在放大。

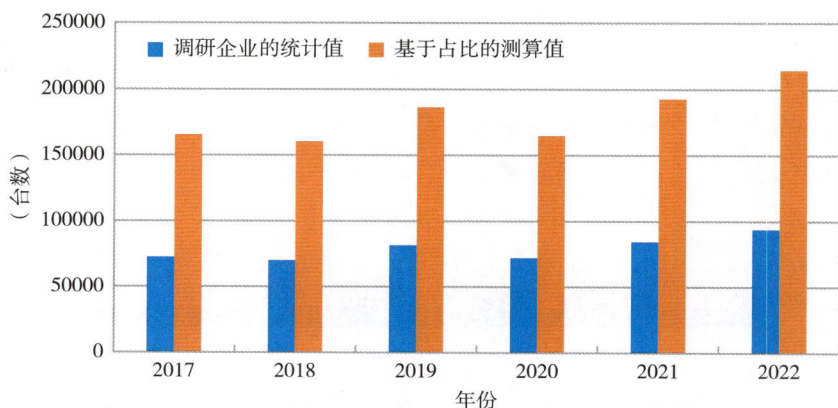

图 4-4　基于品牌占有率调研测算的 R-410A 模块机的销售量

（二）产业发展趋势

　　预计到 2032 年全球冷（热）水机组的总产值将超过 1204 亿元，见图 4-5。2023 年至 2032 年的预测期内复合年增长率为 4.51%（基于 https://www.precedenceresearch.com/chillers-market 网站的统计预测，各个平台的预测增长率均不一样，在 2.8% 至 5.1% 之间）。我国冷水机组市场的扩展主要是工业制造（能源工厂等）、信息通信（数据中心等）、学校和医院等；美国市场扩张主要是商业和住宅建筑行业的快速增长；欧洲市场主要增长点是高层办公楼、机场、HCFC-22 制冷剂的替代；印度冷水机组市场的主要驱动力是提升能源效率。未来十年，我国将主导市场，亚太地区将以惊人的复合年增长率扩张。尽管螺杆式冷水机组当前所占比重较大，但是随着磁悬浮和气悬浮技术的普及，预计离心式冷水机组将超过螺杆式冷水机组占据最大市场份额。中国、美国、巴西、印度、沙特阿拉伯等地的需求量比较大。另外，在欧洲也有不俗的表现。欧洲大型项目一般不使用离心式冷水机组，而是采用螺杆式冷水机组。在中小型冷吨范围内，水冷螺杆式冷水机组的成本要远低于离心式冷水机组，因此，其需求在不断增加，成为欧洲市场上离心机组的有力竞争者。中国和美国是离心式冷水机组全球前两大市场。近几年中东地区的需求也有增加，例如在沙特阿拉伯、卡塔尔等国。涡旋式冷水机组相比于螺杆式冷水机组来说，需求量要少得多。中国、美国、欧洲和拉美地区对涡旋式冷水机组的需求较高。在欧洲市场，意大利对涡旋式冷水机组的需求最大。此外，按产品类型划分，水冷冷水机组将占据最大的市场份额。按最终用户划分化学品和石化领域的市场份额最高。

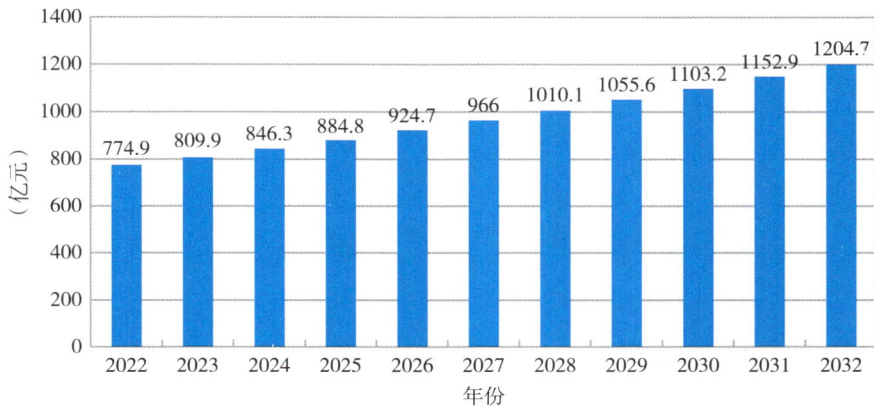

图 4-5 全球冷水机组市场规模预测

总的来说，从技术角度出发，未来冷水机组销售市场的增长主要是能效提升、制冷剂替代、物联网的融合三方面。能效方面：许多国家，特别是发达经济体，有关能源效率和环境可持续性的政府法规和标准变得越来越严格。例如，2021年9月，欧盟根据生态设计指令引入了新的能效法规，要求所有在欧盟销售的新空调机组必须满足更高的能效标准。新规定适用于所有制冷量不超过12kW的空调机组，其中包括商业和住宅建筑中使用的许多冷水机组，因而对高效冷水机组的需求不断增长，这将使得冷水机组消耗更少的能源并产生更少的温室气体排放。它们是建筑物和工业设施能源消耗的重要贡献者。因此，提高冷水机组的能源效率是减少能源消耗和实现可持续发展目标的关键重点领域。高效冷水机组采用先进技术和创新设计，在保持相同冷却性能的同时降低能耗。与能源效率相关的法规和标准正在推动新建和改造项目对高效冷水机组的需求。制冷剂替代方面：为了应对《基加利修正案》，许多国家和地区都制定的相应法规并采取了措施，对主要应用领域的制冷工质GWP值进行了限定。美国环保署于2022年12月9日根据《美国创新与制造（AIM）法案》提出一项规则，授权环保署根据《基加利修正案》限制或禁止使用HFCs。欧盟委员会于2023年3月30日投票通过关于修订欧盟关于氟化气体（F-gases）排放的立法框架的立场，支持到2050年逐步淘汰HFCs。因此，不仅相当一批之前使用的HCFC-22冷水机组面临淘汰替换，而且使用HFC-134a、R-410A等HFCs制冷剂的冷水机组也将在今后十年逐步削减替换。这都加速了冷水机组市场的稳步增长。此外，随着物联网技术的发展，利用物联网技术和人工智能实现冷水机组智能调节控制来提高冷水机组的综合能效和使用寿命，也是未来一个增长点。因此，制造商正专注于创建物联网冷水机组。冷水机组效率标准的提高是智能化冷水机组需求增加的动力，不断增长的物联网集成预计将有助于未来市场复合年增长率的增加。

二、制冷剂使用排放现状及未来趋势

（一）制冷剂使用现状

冷水机组常使用的中高压制冷剂包括 HCFC-22、HFC-134a、R-410A、R-407C 和氨等，低压制冷剂包括 HCFC-123、HFC-245fa、HCFO-1234zd 等。其中，HCFC-22 制冷剂已被发达国家淘汰，我国部分在售和正在运行的冷水机组还在使用，且还有一少部分离心冷水机组使用了 HCFC-123 和 HFC-245fa 制冷剂。对于欧盟国家，由于 F-gas 法规约束，R-410A，R-407C 和 HFC-134a 等制冷剂将被禁止使用，考虑的替代品包括碳氢化合物、氨、HFO-1234yf、HFO-1234ze（E）、HCFO-1233zd（E）、HFO-1336mzz（Z）、HFC-32、R-452B、R-454B、R-450A、R-513A。在美国，根据 SNAP 规定，R-410A、R-404A、R-407C、HFC-134a 正考虑削减使用，而 R-513A、R-450A、HFO-1234ze（E）、HFO-1336mzz（Z）、HCFO-1233zd（E）是被推荐使用的。日本根据《合理使用和妥善管理碳氟化合物法案》也对制冷剂的 GWP 给予限制，因此替代方案基本与欧盟的相同。中国根据《第一批 HCFCs 推荐替代品目录（征求意见稿）》，建议冷水机组使用 HFC-32 和 HFOs 制冷剂。

根据调研，当前市场上涡旋式冷水机组主要使用的 R-410A 制冷剂，螺杆式冷水机组主要使用的是 HFC-134a 制冷剂，离心式冷水机组主要使用的也是 HFC-134a 制冷剂。在我们调研的几家企业中，也主要使用的是这两种制冷剂，因此下面的统计和测算依据均是以这两种制冷剂作为基准。

根据参与企业反馈的数据可知，水冷离心机组设备的单台充注量为 0.95～1.44kg/冷吨，生产过程制冷剂泄漏率为 0.5%～2.46%，维修时制冷剂平均补充率约为 0.5%。为了减少制冷剂的补充率，冷水机组更换某部件时，会将制冷剂封在其他管路和部件中，因此大大降低了维修时的制冷剂补充率。制冷剂年平均泄漏率 0.03%～0.1%，设备平均能效值（IPLV）为 6.6～10.75，设备使用寿命 15～30 年。水冷和风冷螺杆设备的单台充注量为 0.93～1.44kg/冷吨，生产过程制冷剂泄漏率为 0.5%～2.46%，维修时制冷剂平均补充率约为 0.5%，制冷剂年平均泄漏率 0.03%～0.1%，水冷螺杆机组的平均能效值（COP）为 4.8～6.4，风冷螺杆机组的平均能效（COP）为 2.9～4.8，设备使用寿命 15～30 年。涡旋模块机组单台充注量约为 1.87kg/ 冷吨（R-410A）和 0.84 kg/ 冷吨（HFC-32），生产过程制冷剂泄漏率为 6.3%，维修时制冷剂平均补充率约为 0.5%，制冷剂年平均泄漏率 0.03%～0.1%，设备平均能效值（COP）为 3.0～4.77，设备使用寿命 15～30 年。

　　根据调研八家企业的数据，不同产品使用的制冷剂汇总数据和估算数据见图 4-6 至图 4-9。其中，2017 年至 2022 年，风冷螺杆机组 HFC-134a 制冷剂使用量从 1879.2 吨增长到了 2729.9 吨，水冷螺杆机组的 HFC-134a 制冷剂使用量从 4732.8 吨增长到了 6094.9 吨，而水冷离心机组的 HFC-134a 制冷剂使用量从 10414.9 吨增长到了 18648.9 吨。因此，2022 年整个冷水机组产品的 HFC-134a 制冷剂使用量达到了 2.74 万吨。根据文献调研，2022 年我国 HFC-134a 制冷剂的产量为 22.4 万吨，其中汽车空调制冷剂使用量占比约为 50%，混配成其他混合制冷剂的占比约为 10%，气雾剂用途占比 30%，剩下的是工商制冷设备占比 10%。测算的使用量与源头生产量的数据基本吻合。同时，根据调研数据可以测算，在模块机产品中，制冷剂 R-410A 的使用量从 3596.6 吨减低到了 3384.4 吨，削减的部分逐渐被低 GWP 值的 HFC-32 所代替。

图 4-6　风冷螺杆机组产品 HFC-134a 制冷剂的使用量统计测算

图 4-7　水冷螺杆机组产品 HFC-134a 制冷剂的使用量统计测算

图 4-8　水冷离心机组产品 HFC-134a 制冷剂的使用量统计测算

图 4-9　模块机产品 R-410A 制冷剂的使用量统计测算

为了分析整个冷水机组产品领域的碳排放可削减量，制冷剂存量数据的获取也是重要的。因此，工作组调研了能源基金会、生环部、制冷剂生产企业及文献中的相关数据，获得了 2007 年至 2016 年间，冷水机组产品的制冷剂总的消费情况（存量数据基于能源基金会的《工商制冷 HFCs 使用趋势分析》报告进行测算），见图 4-10。其中制冷剂 HFC-134a 有 6.13 万吨，HCFC-22 有 21.37 万吨，R-410A 有 1.04 万吨，HCFC-123 有 0.59 万吨。由于 HCFC-22 所占比重较大，考虑到对于 HCFC-22 的配额将越来越受控制，且冷水机组的充注量一般都较大，因此为了这部分产品制冷剂回收再利用是关注的重点。

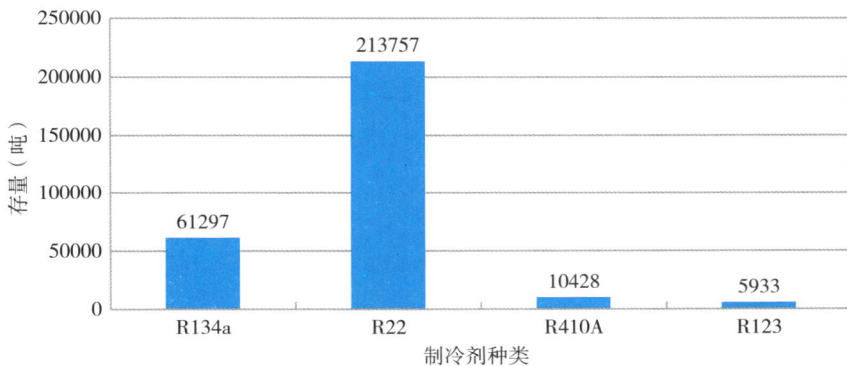

图 4-10　冷水机组领域使用制冷剂的存量数据

为了获得设备出口的制冷剂使用量，根据企业的调研数据结合网上相关资料，也测算了冷（热）水机组领域设备出口的制冷剂使用量，见图 4-11。

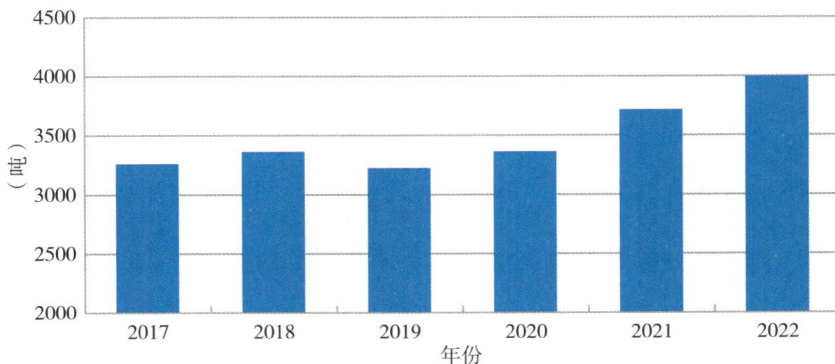

图 4-11　冷水机组领域出口设备使用制冷剂量

因此，根据以上数据就可以测算冷（热）水机组领域总的年使用量，可采用式 4-1 来计算：

$$Q_{use,total} = Q_{use,new} + Q_{use,service} + Q_{use,export}$$　　　　式 4-1

其中：$Q_{use,total}$ 为冷（热）水机组领域制冷剂年总使用量，吨 / 年；$Q_{use,new}$ 为冷（热）水机组领域设备生产的制冷剂使用量，主要为新产品的充注量和研发实验的制冷剂使用量两部分，吨 / 年，该项主要统计内销冷（热）水机组的生产使用量；$Q_{use,service}$ 为冷（热）水机组领域设备维修的制冷剂使用量，主要为设备维修时的使用量或补充量，吨/年，这里设定维修补充率为1%，测算基数为前十年的制冷剂充注量；$Q_{use,export}$ 为冷（热）水机组领域设备出口的制冷剂使用量，吨 / 年。

测算的结果如图 4-12 所示。2017 年至 2022 年，冷（热）机组领域年使用量仍然逐渐在增加，从 4.02 万吨增长到 4.72 万吨，这可能得益于近年来人工智能技术的发展带到了数据中心这种新兴应用场景的快速增长，这给冷（热）水机组的应用提供了发展的空间。

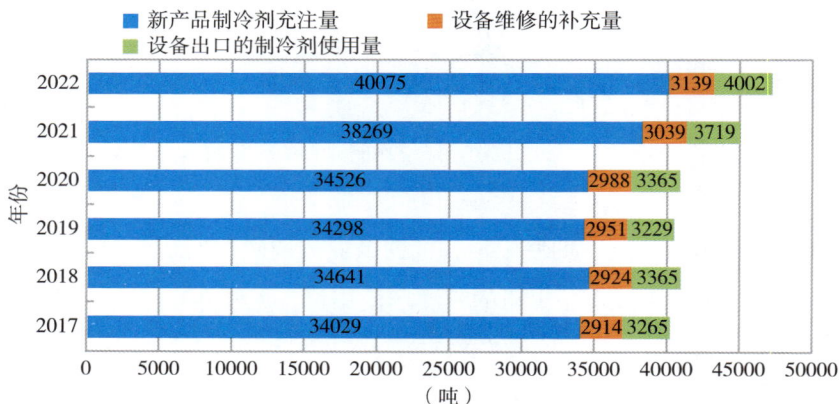

图 4-12　冷水机组领域制冷剂的年使用量测算

（二）制冷剂排放现状

如不考虑制冷剂生产、灌装到运输环节的制冷剂的碳排放，仅从制冷设备使用的全寿命期来考虑可知，制冷剂的直接排放有几个环节。首先是生产过程中制冷剂泄漏率，这个参数描述的是在冷水机组产品生产过程中的制冷剂泄漏比例，包括设备充注过程中的制冷剂泄漏量和产品测试所消耗的制冷剂量，由于不同企业统计方法不一样，造成反馈的数据差别较大。同时，由于一些冷水机组产品是在项目现场充注的，因此也造成了统计偏差。调研得知，目前已采用了先进的充注设备，并且回收了制冷剂储罐的残留液，同时测试设备用的制冷剂也会循环利用，因此生产过程制冷剂泄漏率应该是处于较低水平。本测算设定为2%。其次是维修率和制冷剂维修过程中充注率。从企业调研可知，生产企业一般只负责前三年的设备维护，对于冷水机组这种大型制冷空调设备，产品维修率是非常低的，同时在维修过程中一般也会将制冷剂封在一个空间后进行部件维修，因此维修充注率也是较低的。以某品牌的单机头水冷磁悬浮冷水机组为例，整机充注180kg制冷剂，当维修时，即使主液路EX、经济器EXV等部件全部更换时，消耗的制冷剂也仅为61.7kg，此时的维修充注率34.3%。一般来说，冷水机组的维修率低于3%，因此维修造成的制冷剂泄漏数据（维修泄漏率）可以设定为1%。对于设备运行过程年平均泄漏率，企业反馈的数据各自相差比较大，但均小于0.1%，这主要是根据国标要求的单个焊点，法兰面制冷剂泄漏小于6g/年测算的；事实上，这个数据与国外文献中给的数据相差较大，因此这类数据需要生产企业联合维修企业进行跟踪统计。本报告测算时慢漏泄漏率设定为0.1%。冷水机组平均寿命为20年。最后是设备寿命终期制冷剂回收率，由于现在没有相关标准和法规要求，因此这个数据企业都没有反馈，考虑未来相关标准的出台和政策激励，本测算设定为1%。

按照IPCC第四次评估报告（AR4）排放指南给定的计算式，制冷剂直接排放按照式4-2来计算：

$$E_{t,\text{total}} = (E_{t,\text{production}} + E_{t,\text{use}} + E_{t,\text{disposal}}) \times \text{GWP} \qquad\qquad 式4\text{-}2$$

其中：

① $E_{t,\text{total}}$ 为 t 年冷（热）水机组领域制冷剂总直接排放量，$CO_2\text{-eq}$；

② $E_{t,\text{production}}$ 为在 t 年新生产设备的生产过程排放量，kg；其算法如式4-3：

$$E_{t,\text{production}} = M_{t,\text{new}} \times k \qquad\qquad 式4\text{-}3$$

$M_{t,\text{new}}$ 为 t 年冷（热）水机组领域向所有新设备充注的制冷剂总量，kg；

k 为生产过程制冷剂泄漏率，为新产品充注过程泄漏率，%。冷（热）水机组取2%。

③ $E_{t,\text{use}}$ 为 t 年在用设备运行排放量，kg；其算法如式4-4：

$$E_{t,\text{use}} = S_t \times m \times x \qquad\qquad 式4\text{-}4$$

S_t 为截至 t 年在用冷（热）水机组的存量，冷吨；

m 为冷（热）水机组平均单位冷吨的制冷剂充注量，kg/ 冷吨；

x 为冷（热）水机组寿命期内平均年泄漏率，包括慢漏泄漏率加维修泄漏率，%/ 年。冷（热）水机组取 1.1%。

④ $E_{t,\text{disposal}}$ 为 t 年报废设备的报废排放量，kg；其算法如式 4–5：

$$E_{t,\text{disposal}} = D_t \times m \times p \times (1-\eta)$$ 式 4–5

D_t 为 t 年冷（热）水机组的报废量，冷吨；

m 为冷（热）水机组平均单位冷吨的制冷剂充注量，kg/ 冷吨；

p 为报废设备寿命终期时的制冷剂剩余率，%。考虑冷水机组的年平均泄漏率小于 0.1%，同时注意一般情况当制冷剂剩余率高于 90% 时仍能正常运行，因此这里的报废设备寿命终期时的制冷剂剩余率取值为 90%。

η 为制冷剂回收率，%。目前冷（热）水机组的制冷剂回收率非常低，这里取 1%。

结合以上的设定和数据分析，测算了每年的制冷剂直接排放（CO_2-eq 排放），如图 4–13 所示。从图中可以看出，2017 年至 2022 年，冷水机组的碳排放量从 2637 万吨 CO_2-eq 增长到了 3178 万吨 CO_2-eq，其中报废设备的报废排放量占比是最大的。

图 4–13　冷（热）水机组领域直接 CO_2-eq 排放（万吨或万 GWP 吨）测算

（三）制冷剂消费量预测

为进一步预测冷水机组领域未来的制冷剂消费量，并测算应对蒙约履约（《基加利修正案》）需要考虑的碳减排量，工作组对冷水机组制冷剂的消费量进行了预测。计算方法如下：由于制冷剂的增长规律与传统消费品的增长规律有一定的相似性。因此，制冷剂未来的增长趋势可类比传统消费品增长规律、构建的符合正态的 logistic 模型。由于冷水机组制冷剂历史消费数据分析可知，目前我国制冷剂消费已从高增长阶段逐步进入稳步增长阶段，未来五年将出现增长饱和点。因此，基于以上因素考虑该模型设定的式 4–6：

$$f(t) = \frac{K}{1 + \alpha \times \exp\left[-q \times (t - t_0)\right]} \qquad \text{式 4–6}$$

其中：t 为特定的目标年；t_0 为预测起始基准年（基准年为 2020 年）；K 是根据历史的几个观测数据获得的最大可能消费量；α 为参考基准年的数据回归值；q 为增长关联系数。

将增长率的预测方法用于制冷剂使用量的预测，所得测算结果如图 4–14 所示。基于 2017 年至 2022 年的制冷剂消费数据和未来增长模型的设定，可以预测出到 2045 年冷水机组领域制冷剂的碳排放可达到 6428 万吨 CO_2–eq。此外，对于中国（发展中国家）,《基加利修正案》对于 HFC 限控基线值是参考 2020 年至 2022 年三年 100%HFCs 均值和 65%HCFCs 均值进行计算设定的，因此冷水机组领域的基线值为 3086 万吨 CO_2–eq。假定保持当前的产品增长预期，2029 年要完成基线值 10% 的削减，需要减少 1780 万吨 CO_2–eq 排放；到 2035 年，削减任务提升到了 3218 万吨 CO_2–eq，而到了 2045 年，削减任务达到 5812 万吨 CO_2–eq。今后我国制冷空调行业的制冷剂削减任务是巨大的。

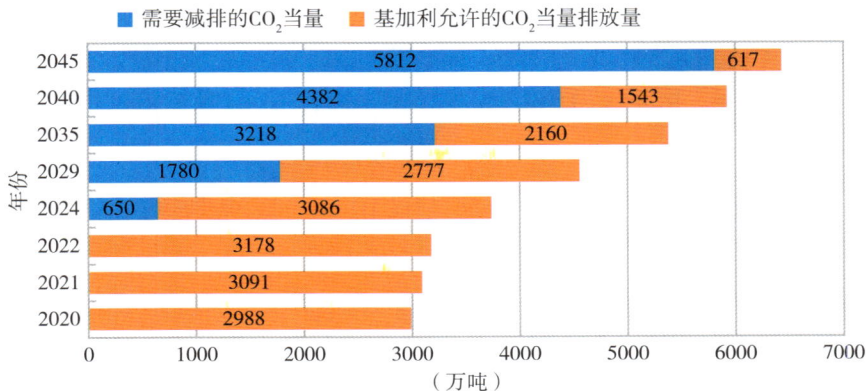

图 4–14 增长预测模型下的冷水机组产品碳排放预测及减排量分析

三、潜在替代物特征及评价

（一）潜在替代物选取

根据文献调研，当前替代制冷剂除了考虑安全性和可燃性以外，在与被替代物进行对比时候的筛选原则如图 4-15 所示，主要考虑能效、容量、温度滑移、制冷剂充注量、压缩机排气温度以及环保指标。

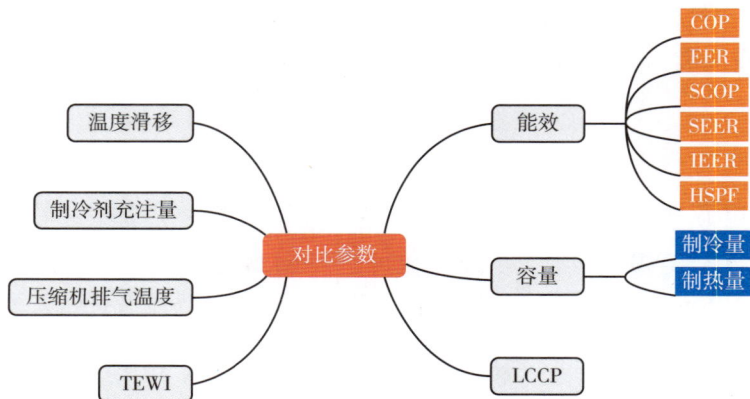

图 4-15　替代制冷剂的遴选方法

围绕这些筛选原则，研究人员开发了一系列替代制冷剂，如表 4-1 所示。替代 R-410A 的制冷剂有：R-452B、R-454B、R-459A、R-466A、R-468B 和 R-468C；替代 HFC-134a 的制冷剂有：R-450、R-456A、R-474A、R-475A、R-476A、R-513A、R-515B 和 R-516A。对于新开发的替代制冷剂，行业界对替代性能也进行了评估。例如为了测试 R-516A、R-450、HFO-1234ze（E）和 R-513A 等制冷剂用于替代 HFC-134a 水冷螺杆冷水机组的性能，特灵在一台名义冷量为 230 冷吨的水冷螺杆冷水机组进行了测试，见图 4-16。测试结论如下：替代 HFC-134a 的五种可能替代制冷剂均已经在螺杆冷水机组中进行了测试。对于直接充灌方式，HFO-1234ze（E）在效率方面和 HFC-134a 相当，但 HFO-1234ze（E）的制冷量比 HFC-134a 减少了约 25%。相应的设计将需要调整压缩机的排气量和壳管式热交换器的尺寸及中间的连接配管。R-450 混合物在制冷量上减少了 12% ~ 15%，在效率上降低了 1% ~ 4%。这些工质都表现出受到较差传热性能的影响，尤其在蒸发器中。这可能是由于这些工质的较大温度滑移的后果。R-513A 和 R-516A 似乎是更接近 HFC-134a 直接充灌系统的候选物，因为制冷量接近，但这两种工质在效率上却降低了 3%~4%。计算的饱和温度与所测得温度是一致，同时在压缩机绝热效率和吸气体积流量上普遍一致，这表明所提供的制冷剂特性参数的描述有合理的准确度。

表 4-1 冷水机组使用的制冷剂 R-410A 和 HFC-134a 的潜在替代物

制冷剂	组分（质量占比 %）	GWP100（AR4）	标准沸点（℃）	临界温度（℃）	临界压力（MPa）	安全等级
R-32	HFC-32	675	-51.65	78.11	5.78	A2L
R-290	$CH_3CH_2CH_3$	3.3	-42.1	97	4.25	A3
R-1234ze（E）	HFO-1234ze（E）	< 1	-18.97	109.36	3.63	A2L
R-1233zd（E）	HFO-1233zd（E）	1	18.26	166.45	3.62	A1
R-1336mzz(E)	HFO-1336mzz（E）	7	7.43	130.22	2.77	A1
R-450A	R-134a/1234ze（E）（42.0/58.0）	601	-23~-22	105.6	4.08	A1
R-452B	R-32/125/1234yf（67.0/7.0/26.0）	698	-50	79.7	5.50	A2L
R-454B	R-32/1234yf（68.9/31.1）	465	-50	80.9	5.58	A2L
R-459A	R-32/1234yf/1234ze(E)（68.0/26.0/6.0）	459	-50~-48	76.5	5.34	A2L
R-466A	R-32/125/13I1（49.0/11.5/39.5）	733	-51	76	5.14	A1
R-468C	R-32/1234yf/1132a（42.0/52.0/6.0）	284	-56~-46	76.8	4.89	A2L
R-456	R-32/1234ze（E）/134a（6.0/49.0/45.0）	627	-30~-25	103	4.17	A1
R-474	R-1132（E）/1234yf（23.0/77.0）	2	-43~-36	87.1	4.04	A2L
R-475	R-134a/1234yf/1234ze(E)（43.0/45.0/12.0）	560	-28	99.3	3.72	A1
R-476	R-134a/1234ze（E）/1336mzz（E）（10.0/78.12.0）	132	-19~-16	110	3.63	A1

制冷剂	组分（质量占比 %）	GWP100（AR4）	标准沸点（℃）	临界温度（℃）	临界压力（MPa）	安全等级
R-513A	R-1234yf/134a（56.0/44.0）	629	-29	97.6	3.78	A1
R-514A	R-1336mzz（Z）/1130（E）（74.7/25.3）	2	29	178.1	3.52	B1
R-515B	R-1234ze（E）/227ea（91.1/8.9）	287	-18	108.65	3.56	A1
R-516A	R-1234yf/152a/134a（77.5/8.5/14.0）	139	-29.4	96.65	3.62	A2L

数据来源：联合国政府间气候变化专门委员会（IPCC）第四次评估报告（AR4）。

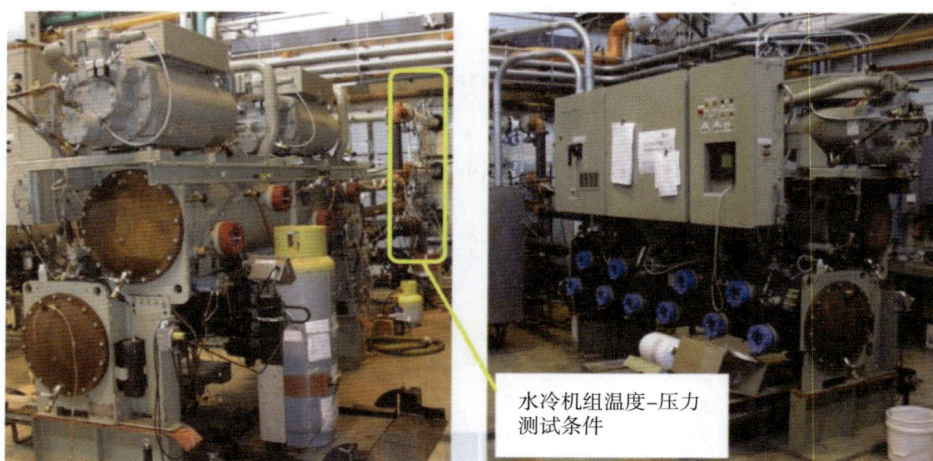

水冷机组温度-压力测试条件

图 4-16 替代制冷剂性能测试所用的冷水机组照片

（二）潜在替代物分析

对于制冷剂碳排放核算，不同的设定框架有不同的计算方法。《基加利修正案》中，制冷剂碳排放主要考虑制冷剂自身对全球气候变暖的影响，即通常说的 GWP 值。除此之外，还有综合考虑制冷工质排放的直接效应和能源消耗的间接效应的指标，总当量变暖影响 TEWI 和从制冷剂全生命周期角度对制冷剂在不同环节（生产、运输、制冷产品生产、安装、维修、回收、销毁）的排放进行精确测算，这个指标被称为全寿命期气候性能（LCCP）。为了进一步探究替代制冷剂的减排性能，包括直接碳排放和间接碳排放，用 TEWI 方法对小型模块机组冷水的综合碳排放进行了分析测算。测算某一 R-410A 的涡旋模块机组，制冷量为 41kW，制热量为 44.5kW，制冷输入功率 13kW、制热输入功率为 13.5kW，充注量为 10kg，年泄漏率为 2%，终了排放为 100%，设备寿命为 20 年。其他替代制冷剂 COP 随着模拟计算线性变化。分别以三亚、广州、上海和沈阳四个城市的气象数据为依据测算了 R-410A、HFC-32、R-454B 和 R-290 四种制冷剂的综合碳排放，见图 4-17 至图 4-20。从图中可以看出，相对于间接碳排放，直接碳排放要小得多，即使是 R-410A 制冷剂，占比也不超过 4%；而 R-290 的占比则不到 0.05%，这种规律对于中大型冷水机组同样适用。因此，对于冷水机组产品的碳排放可以分别来考虑，即通过选择低 GWP 值替代制冷剂、减少充注量、减少泄漏率，提升回收率来降低直接碳排放；其次就是提高系统能效。

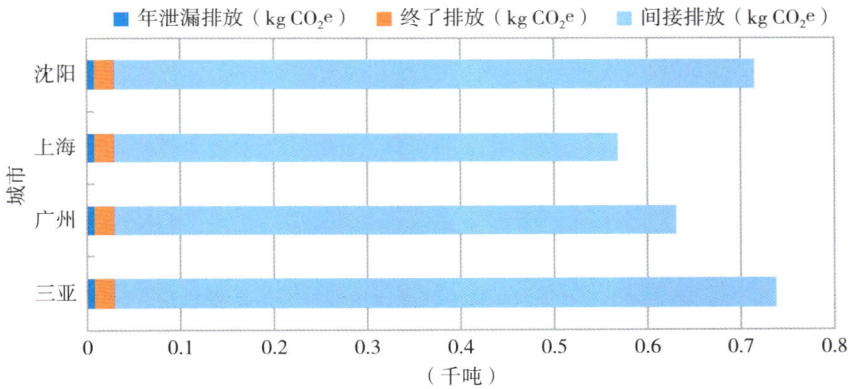

图 4-17　R-410A 制冷剂模块机的综合单位碳排放

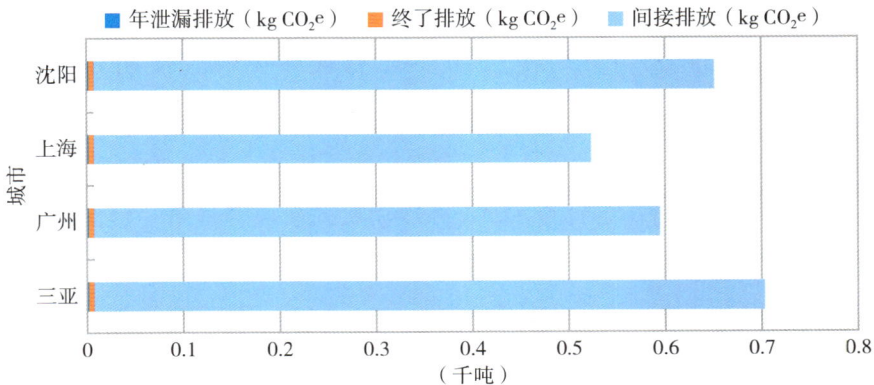

图 4-18　HFC-32 制冷剂模块机的综合单位碳排放

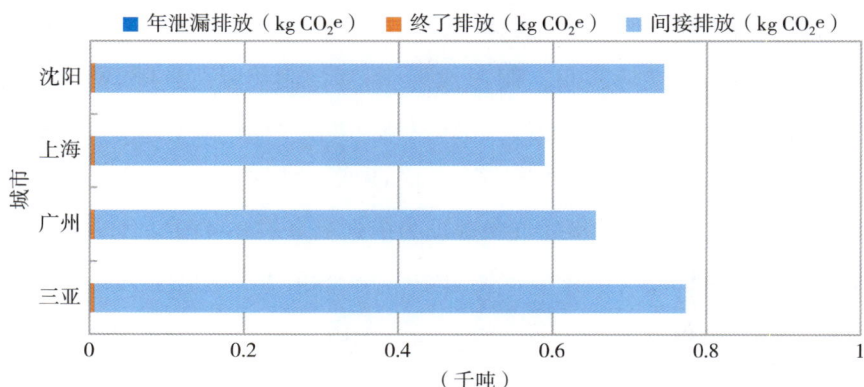

图 4-19 R-454B 制冷剂模块机的综合单位碳排放

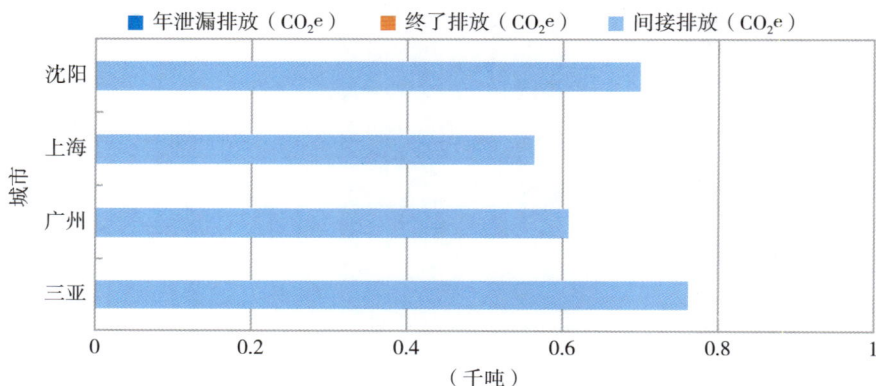

图 4-20 HC-290 制冷剂模块机的综合单位碳排放

四、制冷剂替代路线分析

国外企业如大金公司计划使用 HFC-32 替代 R-410A，使用 R-513A、HFO-1234ze（E）、R-515B 和 HCFO-1233zd（E）替代 HFC-134a，并且计划 2024 年推出 HCFO-1233zd（E）的冷水机组产品。江森自控除了考虑上面几种制冷剂以外，还考虑了 R-454B 这种制冷剂，他们的 YLAA 风冷涡旋式模块机是第一台使用 R-454B 制冷剂的产品。特灵的大型水冷离心式冷水机组使用低压制冷剂 R-514A 和 R-1233zd（E）。开利则提供 R-513A、R-515B 和 HFO-1234ze（E）中压离心式和螺杆式冷水机组，HCFO-1233zd（E）低压离心式冷水机组。他们注意到，使用替代工质时性能和排量都有所降低。例如 R-513A 是 HFC-134a 的直接替代品，提供了几乎相同的容量，但通常满载和部分负载值（IPLV）降低 2% 至 3%。R-515B 不能直接替代 HFC-134a，需要将排量增加 37%，此时满载和部分负载效率损失 1% 至 2%。对于低压离心式冷水机组，HCFO-1233zd（E）是一个不错的选择，它作为 A1 制冷剂，可略微提高满载和部分负载性能，但因为排量的变化需要重新设计。丹佛斯对中小型中低压冷水机组使用 HFO-1233zd（E）和 HFO-1234ze（E）这两类低 GWP 值的纯工质，且它们的可燃性较低且易于控制，对大型中低压机组使用制冷剂的 GWP 值上限可放宽到 630，R-513A 是可选对象，而对中高压机组，替代制冷剂的 GWP 值可以放在 125～750 范围内，但用户必须愿意接受安全分类属于 A2L 的制冷剂。对于当前的应用情况，结合在成本和性能之间的权衡，制冷剂 GWP 值会落在 500～750 之间的制冷剂。部分国外企业近期开发的替代制冷剂的相关冷水机组新产品见图 4-21。

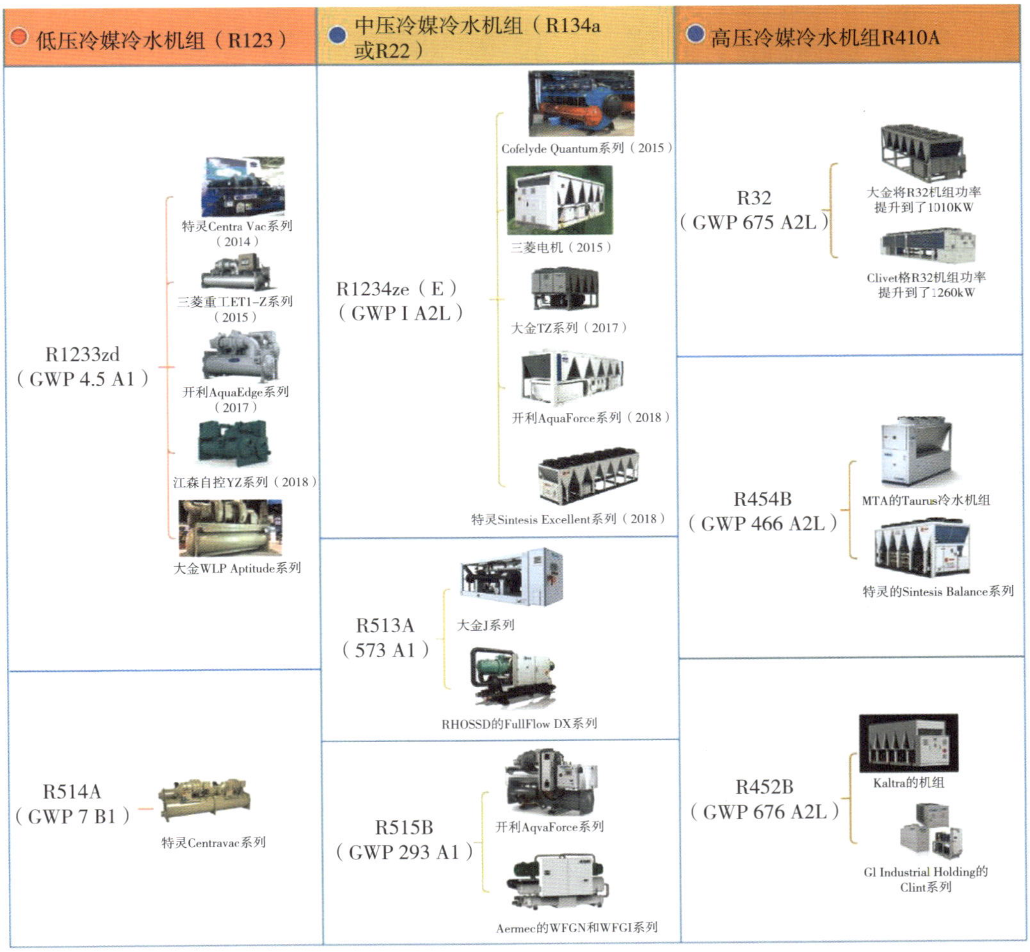

图 4-21　开发的使用替代制冷剂的冷水机组产品

　　基于替代制冷剂的 GWP 值，并参考《基加利修正案》设定削减目标时间表，能够将不同替代制冷剂可实现的削减效果表达出来，如图 4-22 所示。可以看出，如采用制冷剂 HFC-32 和 R-513A 来分布替代 R-410A 和 HFC-134a 的措施来完成既定目标，到 2029 年需要有 50% 的 R-410A 份额要用 HFC-32 来替代，30% 的 R-134a 份额要用 R-513A 来替代；到 2035 年，则 HFC-32 在模块机的份额要占到 85%，而 R-513A 在螺杆冷水机组的份额要达到 50%，到 2040 年，这两种替代方案已无法完成削减目标了，需要考虑更低的 GWP 值替代物。然而到 2045 年，这么高比例的削减，不仅要考虑制冷剂替代、也要考虑制冷剂回收再利用才能完成既定目标。

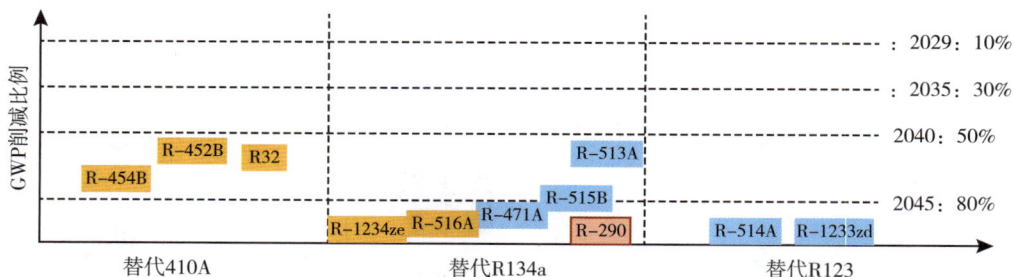

图 4-22　基于替代制冷剂和基加利削减目标下的分析测算

　　因此，通过调研分析结合行业反馈的替代技术成熟度，可以获得具有一定可行性的制冷剂替代路线，如表 4-2 所示。从表中可以看出，很多替代制冷剂都开发出了相应的产品，但仅是展示样机或者少量的应用产品，这说明关键的技术问题都已解决，目前最主要问题的仍然是法规政策的激励、安全标准的破局，转轨费用的补偿等。其次，这些候选制冷剂，除了 HFC-32 和 HC-290 外，其余均是科幕化学、霍尼韦尔等国外制冷剂研发生产企业的专利产品，暂时没有看到国内企业的产品。因此，后期需要加大新型制冷剂的研发力度，并在充分认识 R-290 的可燃性风险的前提下，积极探索 HC-290 在小型冷水机组应用替代的可行性。

五、替代需攻克的技术难点

　　从前面的分析可知，大多数替代制冷剂的容积制冷量普遍都偏小，因此需要解决以下四个技术问题。

表 4-2　冷水机组领域可选的替代路线

类型	过去	当前	替代制冷剂	专利企业	成熟度分析
小型容积式冷水机组	HCFC-22	R-410A	HFC-32		成熟：已有应用产品
			HC-290		不成熟：正在评估
			R-454B	科慕	较成熟：已有研发产品
			R-452B	科慕 霍尼韦尔	较成熟：已有研发产品
			R-463A	科慕	较成熟：正在评估
中型螺杆式冷水机组		HFC-134a	HFO-1234ze（E）	霍尼韦尔	成熟：已有应用产品
			R-513A	科慕	成熟：已有应用产品
			R-516A	阿科玛	尚不成熟：正在评估
			R-515B	霍尼韦尔	较成熟：已有研发产品
			R-450A	霍尼韦尔	尚不成熟：正在评估
大型离心式冷水机组	HCFC-123	HCFC-123	HCFO-1233zd（E）	霍尼韦尔	成熟：已有应用产品
			R-514A	科慕化学	较成熟：已有研发产品
	HCFC-22	HFC-134a	R-516A	阿科玛	尚不成熟：正在评估
			HFO-1234ze（E）	霍尼韦尔	成熟：已有应用产品

第一，改进压缩机，对于离心机组用 HCFO-1233zd 替代 HFC-134a 时，需要优化压缩机的气动效率，由于增加了体积流量需要更大的叶轮和腔体，同时解决相对低的转速问题；用中压螺杆机组 HFO-1234ze（E）替代 HFC-134a 时，由于气动效率相近、体积流量略增，导致结构尺寸相当，因此不需要较大的改动。

第二，强化传热，需要进一步研究替代制冷剂对于强化传热管的蒸发／沸腾和冷凝的性能。

第三，优化压降，压降"威胁"性能，对于大部分低压制冷剂，压力偏低，机组性能对压降将更新敏感；可以采用吸气滤网能有效阻止吸气带液，且保证最小的吸气压降，并优化吸气弯管流线来最小化压降。

第四，系统集成优化，高压制冷剂，开发小管径换热器或微通道，开发更小排量的压缩机可以有效降低系统充注量，减少机组尺寸，并结合超静音高效风机优化。

目前最大问题是我国的法规相对国外标准是比较滞后的，而且系统层面没有协调统一。因为大多数替代制冷剂均是可燃制冷剂，研发、生产和储运包含可燃制冷剂的空调产品不仅要考虑制冷设备的相关标准，还要考虑消防法规。美国的相关消防法规与 ASHARE 标准是相互引用的，为其研发生产提供了很好的支撑。国内消防法规 GB 50016—2014 对可燃制冷剂没有规定，而是统一划入乙类火灾危险性类别，这就将实验场地、生产厂房和储运的安全等级大大提高了。安全标准不允许从 A1 组制冷剂改装为 A2L 制冷剂。事实上，有时正确维护现有机器并仅在需要新冷水机时才更换制冷剂会更有效。技术人员和安装人员必须了解 A2L 制冷剂是易燃的，因此需要进行更多的尽职调查并遵循更新的制冷剂存储、处理和服务程序。需要经过 A2L 认证的新维修工具，并且在维修设备时需要手持式检漏仪。这样会大大增加替代制冷剂转轨费用。同时，由于通常需要进行广泛的设备重新设计以确保系统和流体兼容性，因此将不同的制冷剂改装到现有的冷水机组系统中通常是不可能的或成本过高，并且在某些情况下由于设备安全标准而不允许。而且由于改造通常需要更换许多部件，因此在可行的情况下，更换完整的设备可能会更具成本效益。

六、总结及建议

第一，根据调研的数据和市场各品牌占比测算可知，2017 年至 2022 年，水冷离心机组的销售量从 7667 台增加到了 14794 台，水冷离心机组的 HFC-134a 制冷剂使用量从 10414.9 吨增长到了 18648.9 吨；水冷螺杆机组则从 8780 台增加到了 10553 台，水冷螺杆机组的 HFC-134a 制冷剂使用量从 4732.8 吨增长到了 6094.9 吨；风冷螺杆机组则从 3837 台增加到了 5774 台，风冷螺杆机组 HFC-134a 制冷剂使用量从 1879.2 吨增长到了 2729.9 吨；2022 年整个冷水机组产品的 HFC-134a 制冷剂使用量达到了 2.74 万吨。涡旋模块机从 165775 台增加到了 214439 台，模块机的制冷剂 R-410A 的使用量从 3596.6 吨减低到了 3384.4 吨，削减的部分逐渐被低 GWP 值的 HFC-32 所代替。因此，水冷离心机组和涡旋模块机仍然处于快速增长期，而螺杆机组逐步进入平稳增长期。

第二，工作组也测算了冷水机组制冷剂的存量数据，2007—2016 年间，冷水机组产品使用的制冷剂 HFC-134a 约有 6.13 万吨，HCFC-22 有 21.37 万吨，R-410A 有 1.04 万吨，HCFC-123 有 0.59 万吨。

第三，在设定冷水机组平均寿命为 20 年，设备寿命终期制冷剂回收率 1%，冷水机组生产过程制冷剂泄漏率为 2%，设备寿命期内制冷剂年泄漏率（包括慢漏泄漏率＋维修泄漏率）为 1.1% 的情景下，测算了当年生产的冷水机组设备在整个寿命期的制冷剂排放量可知：2017 年至 2022 年，冷水机组的碳排放量从 2637 万吨 CO_2-eq 增长到了 3178 万吨 CO_2-eq，其中报废设备的报废排放量占比是最大的。基于以上数据，结合未来增长模型的设定，可以预测出到 2045 年冷水机组领域制冷剂的碳排放可达到 6428 万吨 CO_2-eq。如考虑未来削减任务，对于中国（发展中国家），《基加利修正案》对于 HFC 限控基线值是参考 2020 年至 2022 年三年 100%HFCs 均值和 65%HCFCs 均值进行计算设定的，因此冷水机组领域的基线值为 3086 万吨 CO_2-eq。假定保持当前的产品增长预期，2029 年要完成基线值 10% 的削减，需要减少 1780 万吨 CO_2-eq 排放；到 2035 年，削减任务提升到了 3218 万吨 CO_2-eq，而到了 2045 年，削减任务达到 5812 万吨 CO_2-eq。因此，今后我国制冷空调行业的制冷剂削减任务是巨大的。

第四，工作组还考虑冷水机组的间接碳排放的影响，对小型模块机组冷水的综合碳排放进行了分析测算。测算结果显示：相对于间接碳排放，直接碳排放要小得多，即使是 R-410A 制冷剂，占比也不超过 4%；而 R-290 的占比则不到 0.05%，这种规律对于中大型冷水机组同样适用。因此，对于冷水机组产品的碳排放可以分别来考虑，即通过选择低 GWP 值替代制冷剂、减少充注量、减少泄漏率，提升回收率来降低直接碳排放；其次就是提高系统能效。

第五，基于替代制冷剂调研，以及工作组参加企业反馈的替代制冷剂选择意向和已有相关技术储备的调研，在结合国际企业相继推出的新产品。涡旋模块机可选替代 R-410A 的制冷剂有：HFC-32、HC-290、R-454B、R-452B 和 R-463A；螺杆冷水机组可选替代 HFC-134a 的制冷剂有：HCFO-1233zd（E）、HFO-1234ze（E）、R-513A、R-515B、R-516A 和 R-450A；离心冷水机组可选替代制冷剂有：HCFO-1233zd（E）、R-514A、HFO-1234ze（E）和 R-516A。其中 HFC-32 模块机产品已逐步使用，R-513A、R-514A、HFO-1234ze（E）、R-454B、R-515B 都已推出了相关新产品，这说明大企业对于替代的关键技术问题基本已解决，目前最主要问题的仍然是法规政策的激励、安全标准的破局，转轨费用的补偿等。其次，这些候选制冷剂，除了 HFC-32 和 HC-290 外，其余均是科幕化学、霍尼韦尔等国外制冷剂研发生产企业的专利产品，如果作为替代路线一定要考虑专利问题。

第六，根据目前的调研可知，冷（热）水机组使用过程制冷剂泄漏率、维修过程的制冷剂补充率等数据还不完善，需要后期联合企业做好长期的跟踪监测和数据积累。

第七，从与企业的交流可知，业界对于冷（热）水机组制冷剂可选替代制冷剂比较明确，且相关替代技术也基本掌握；但目前最大问题是当前中国的法规相对国外标准是比较滞后的，而且整个系统层面没有协调统一。因为大多数替代制冷剂均是可燃制冷剂，而在研发、生产和储运包含可燃制冷剂的空调产品不仅要考虑制冷设备的相关标准还要考虑国内消防法规，因此后期需要考虑这些相关标准的互联引用的可行性，为其研发与生产提供了支撑。

第五章

汽车空调

　　乘用车空调系统有低碳环保的技术需求。新能源汽车中的电动车也需要解决热系统技术。根据我国乘用车、电动新能源汽车发展面临的问题、全球范围内的汽车热系统技术路线，分析我国潜在技术路线及其优缺点，以及潜在技术路线的设备发展等，可为我国纯电新能源汽车热系统技术发展提供参考。

一、产业现状

（一）产业规模

工业和信息化部、财政部、交通运输部、商务部、海关总署、金融监管总局、国家能源局七部委联合印发的《汽车行业稳增长工作方案（2023—2024年）》提出，2023年汽车行业运行保持稳中向好发展态势，力争实现全年汽车销量2700万辆左右，同比增长3%，其中新能源汽车销量900万辆左右，同比增长约30%，汽车制造业增加值同比增长5%左右。2024年，汽车行业运行保持在合理区间，产业发展质量效益进一步提升。近期，得益于政策利好，经济复苏，车企优惠促销等因素驱动下，产销继续保持回复态势。据中国汽车工业协会统计分析，中国汽车产销情况见图5-1至图5-5。

2024年1月至2月，汽车产销分别完成391.9万辆和402.6万辆，同比分别增长8.1%和11.1%；乘用车产销分别完成336万辆和345.1万辆，同比分别增长7.9%和10.6%；商用车产销分别完成56万辆和57.5万辆，同比分别增长9%和14.1%。

具体来看，新能源乘用车市场呈现逐月走高趋势。随着大量有竞争力新品的推出，以及汽车促销力度不断加大，市场购车热情持续释放。2024年1月至2月，新能源车产销分别完成125.2万辆和120.7万辆，同比分别增长28.2%和29.4%，市场占有率达30%。

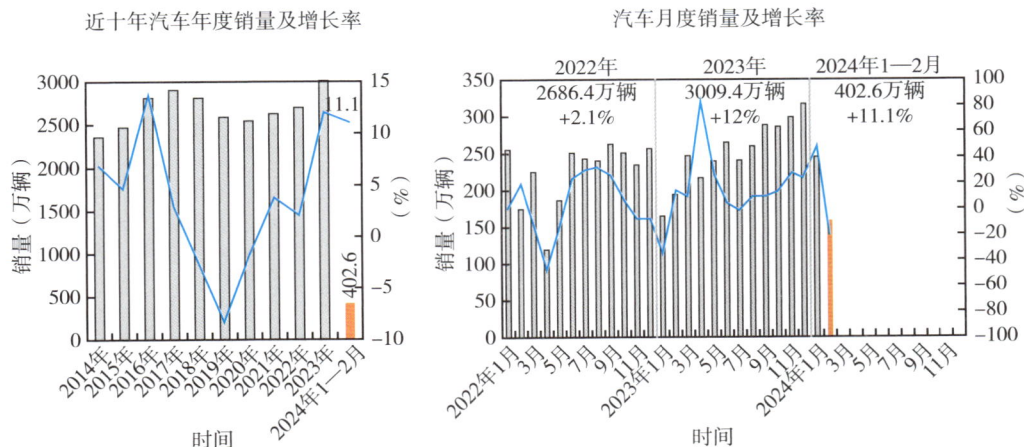

图 5-1　近十年汽车年度销量及增长率与汽车月度销量及增长率

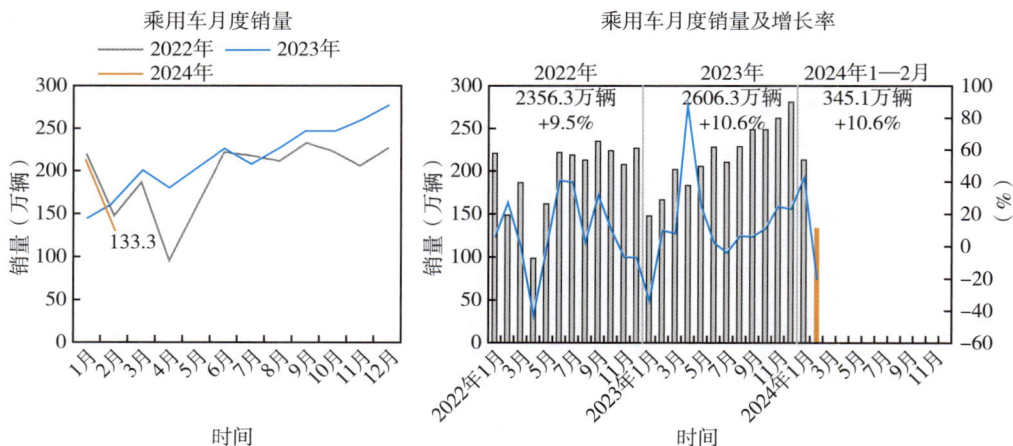

图 5-2　乘用车月度销量及增长率

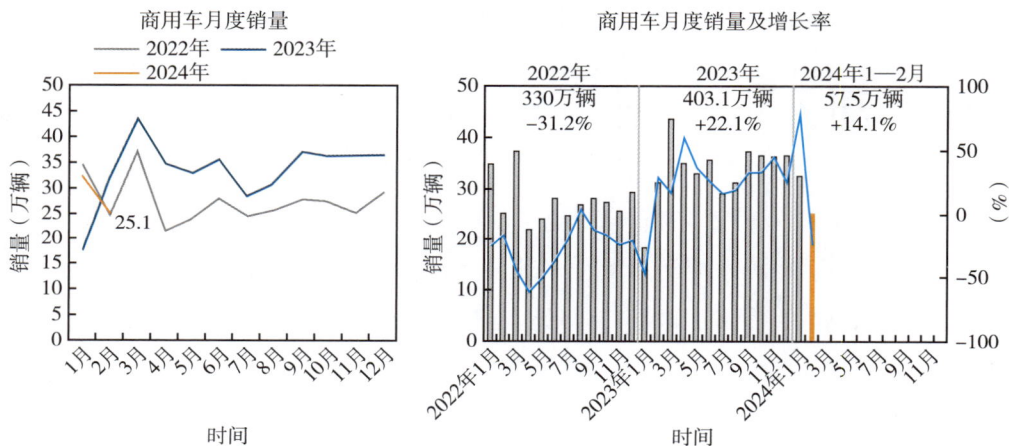

图 5-3　商用车月度销量及增长率

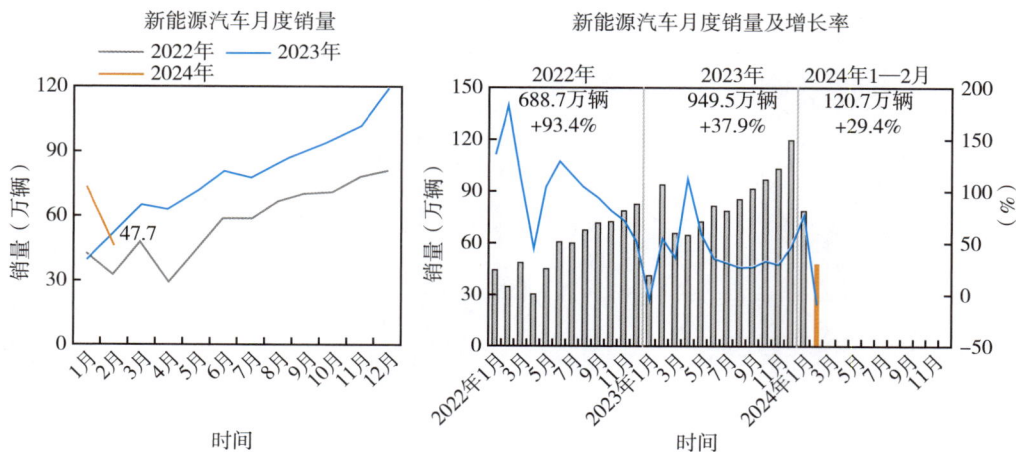

图 5-4　新能源汽车月度销量及增长率

近十年中国汽车出口量及增长率

汽车月度出口量及增长率

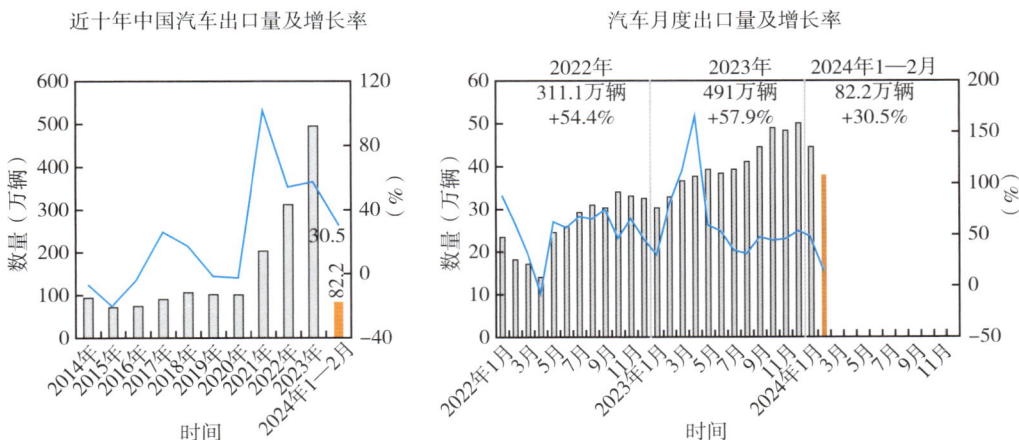

图 5-5 近十年中国汽车出口量及增长率

（二）产业未来发展预期

面向未来 10 至 15 年，我国汽车产业发展的总体目标是碳排放总量先于国家碳减排承诺于 2028 年左右提前达到峰值，到 2035 年排放总量较峰值下降 20% 以上。新能源汽车占有率越来越高，将成为主流产品，汽车产业基本实现电动化转型。智能网联汽车技术体系基本成熟，产品大规模应用。关键技术自主化水平显著提升，形成协同高效、安全可控的产业链。建立汽车智慧出行体系，形成汽车、交通、能源、城市深度融合生态。技术创新体系优化完善，原始创新水平具备全球引领能力。

基于节能和新能源汽车技术的持续进步，乘用车、商用车燃料消耗量不断降低。到 2025 年，乘用车新车燃料消耗量达到 4.6L/100km，货车燃料消耗量较 2019 年降低 8% 以上，客车燃料消耗量降低 10% 以上。到 2030 年，乘用车新车燃料消耗量达到 3.2L/100km，货车燃料消耗量较 2019 年降低 10% 以上，客车燃料消耗量降低 15% 以上。到 2035 年，乘用车新车燃料消耗量达到 2.0L/100km，货车燃料消耗量较 2019 年降低 15% 以上，客车燃料消耗量降低 20% 以上。

推动汽车低碳化方向发展进程，掌握先进动力系统、高效传动系统、多种混合动力系统及轻量化、低阻等共性技术在内的节能关键技术，新车燃料消耗水平达到国际领先水平。全面掌握高比能、高安全动力蓄电池及高效电驱动系统、先进电控系统、全新整车平台、高性能长寿命燃料电池等新能源汽车关键技术，并达到国际先进水平。以技术突破为支撑，推动新能源汽车销量不断提升，助力我国新能源汽车产业低碳化进程。中国汽车工程学会组织行业专家修订编制的《节能与新能源车技术路线图 2.0》预测到 2025 年，新能源汽车销量占总销量的 25% 左右，到 2030 年，新能源汽车销量占总销量的 40% 左右，到 2035 年，新能源汽车销量占总销量的 50% 以上，新能源汽车成为主流。近几年新能源汽车发展迅速，中国汽车工业协会数据显示，从 2020 年到 2023 年中国新能源车（含乘用车与商用车）渗透率从 5.4% 一路攀升至 31.6%，预计 2024 年将接近 40%，有望提前完成目标，见图 5-6。

主要里程碑	乘用车	乘用车（含新能源）新车燃料消耗量达到 4.6L/100km（WLTC）	乘用车（含新能源）新车燃料消耗量达到 3.2L/100km（WLTC）	乘用车（含新能源）新车燃料消耗量达到 2.0L/100km（WLTC）
	商用车	货车燃料消耗量较2019年降低8%以上 客车燃料消耗量较2019年降低10%以上	货车燃料消耗量较2019年降低10%以上 客车燃料消耗量较2019年降低15%以上	货车燃料消耗量较2019年降低15%以上 客车燃料消耗量较2019年降低20%以上
	节能汽车	传统能源乘用车新车平均燃料消耗量 5.6L/100km（WLTC）	传统能源乘用车新车平均燃料消耗量4.8L/100km（WLTC）	传统能源乘用车新车平均燃料消耗量4L/100km（WLTC）
		混动新车占传统能源乘用新车销量的50%以上	混动新车占传统能源乘用新车销量的75%以上	混动新车占传统能源乘用新车销量的100%
	新能源汽车	新能源汽车占总销量的20%左右	新能源汽车占总销量的40%左右	新能源汽车成为主流（占总销量50%以上）
		氢燃料电池汽车保有量达到10万辆左右	氢燃料电池汽车保有量达到100万辆左右	
	智能网联汽车	PA/CA级智能网联汽车占汽车年销量的50%以上，HA级汽车开始进入市场，C-V2X终端新车装备率达50%	PA/CA级智能网联汽车占汽车年销量的70%，HA级超过20%，C-V2X终端装配基本普及	各类网联式高度自动驾驶车辆广泛运行于中国广大地区，中国方案智能网联汽车与智慧能源、智能交通、智慧城市深度融合

图 5-6　节能与新能源车技术路线图

发展新能源汽车是我国从汽车大国迈向汽车强国的必由之路，是应对气候变化、推动绿色发展的战略举措。2012 年国务院发布《节能与新能源汽车产业发展规划（2012—2020 年）》以来，我国坚持纯电驱动的战略方向，新能源汽车产业发展取得了巨大成就，成为世界汽车产业发展转型的重要力量。与此同时，我国新能源汽车发展也面临核心技术创新能力不强、质量保障体系有待完善、基础设施建设仍显滞后、产业生态尚不健全等问题。2019 年 12 月 3 日，工信部就《新能源汽车产业发展规划（2021—2035 年）》，提出我国新能源汽车下一个 15 年的发展愿景，力争经过持续努力，我国新能源汽车核心技术达到国际领先水平，纯电动汽车成为主流，燃料电池汽车实现商业化应用，公共领域用车全面电动化，到 2025 年，新能源汽车新车销量占比达到 25% 左右。

二、制冷剂使用现状

基于国际清洁交通委员会（ICCT）研究报告，车用空调制冷剂消费环节包含新车加注及维修加注两个环节，根据制冷剂加注量、汽车保有量、维修率等数据对 2020 年汽车行业 HFCs 消费量进行了核算，具体核算基础数据见图 5-7。乘用车及货车制冷剂加注量较小，平均加注量小于 1kg，而大巴车空调系统尺寸更大，制冷剂加注量在 1~10kg 之间。同时，中国出口至欧盟地区的新车在中国当地加注 HFO-1234yf 制冷剂，根据 2020 年乘用车出口及单车制冷剂加注量数据对 HFO-1234yf 制冷剂消费量进行了核算。2020 年汽车行业 HFCs（HFC-134a、R-407A、R-407C）消费量达 3.2 万吨，其中新车加注 1.8 万吨，维修加注 1.4 万吨，HFO-1234yf 消费量约 67 吨。

图 5-7 汽车行业 HFCs 直接排放量预测

据中国汽车工业协会统计分析，2020 年，汽车销量 2531.1 万辆，其中乘用车销量 2017.8 万辆，商用车销量 513.3 万辆。新能源汽车销量 136.7 万辆。2021 年，汽车销量 2627 万辆，其中乘用车销量 2148 万辆，商用车销量 479 万辆。新能源汽车销量 351 万辆。2022 年，汽车销量 2686.4 万辆，其中乘用车销量 2356.3 万辆，商用车销量 330.1 万辆，见表 5-1。

表 5-1　中国汽车行业 2020—2022 年 HFCs 制冷剂消费量核算基础数据

	2020 年	2021 年	2022 年
乘用车销量（万辆）	2017.8	2148	2356.3
商用车销量（万辆）	513.3	479	330.1
制冷剂加注量（吨）	1771.7	1838.9	1880.5

汽车空调制冷剂替代对于"碳中和"目标的达成，具有可观的减排贡献潜力，有必要尽快落实措施，促进使用低 GWP 制冷剂。排放量逐年增长，其中运行、维修、报废排放增长比例基本相同，必须要控制增长率逐年下降。由于排放延后，现在就要考虑在新车使用、运行泄漏、维修处置、报废处置等环节的管控措施。通过调研统计，制冷剂充注量每辆车平均约 700g，汽车车辆年报废率约 6%，报废排放每辆车年均 3.93g，充注过程泄漏率每辆车平均 6%，每辆车年平均维修排放量 53.4g，每辆车年均运行排放量 15g，HFC-134a 制冷剂为常用工质。结合过去十年产销预测未来汽车产销，预计 2030 年汽车保有量达 5.98 亿辆，2035 年汽车保有量达 7.5 亿辆。由于汽车保有量逐年增加，汽车维修排放占比越来越大，规范售后维修流程，增强冷媒回收效率，降低维修排放是有必要的。

三、潜在替代物特征及评价

（一）潜在替代物选择

我国汽车空调使用的制冷剂主要是 HFC-134a。面对《〈蒙特利尔议定书〉基加利修正案》及国家"双碳"目标，汽车空调领域逐步削减甚至淘汰 HFC-134a 制冷剂已经迫在眉睫。目前行业内讨论替代 HFC-134a 的低 GWP 热点制冷剂包括 HFO-1234yf、R-744、HC-290、混合制冷剂等，表 5-2 列举了这些主流制冷剂的热物理性质。

（二）潜在替代物的分析及评价

汽车构成的转变带来了热系统的转变，汽车全面电动化，对低温续航提出了更高的要求，从而低温热泵对制冷剂的能效要求更高。需考虑选用对环境友好的制冷剂，性能好、容易获取、价格便宜、安全性好等适用汽车空调的制冷剂。目前行业内热点较高的潜在替代的低 GWP 制冷剂特点如表 5-3 所示。

表 5-2　主流制冷剂热物理性质

	HFC-134a	HFO-1234yf	HC-290	R-744	Blends Ref
化学式	CF3CH2F	CF3CF=CH2	C3H8	CO_2	—
沸点（℃）	-26	-29	-42	-78	-43
临界温度（℃）	101	94.7	96.7	31.4	87
临界压力（MPa）	4.1	3.4	4.2	7.4	3~4
GWP	1430	<1	3.3	1	1
ODP	0	0	0	0	0
易燃性	A1	A2L	A3	A1	A2L

表 5-3　行业内热点较高的潜在替代的低 GWP 制冷剂特点

	HFC-134a	HFO-1234yf	HC-290	R-744	混合工质
热物理性质	性能优良，运行压力低，化学稳定性和兼容性好，运动黏度高	系统运行压力与 HFC-134a 相当，单位容积制热量低，运动黏度较高	分子量小，流动性好，蒸发潜热比 HFC-134a 更大。单位容积制冷制热量高于 HFC-134a，系统运行压力略高于 HFC-134a，运动黏度低	单位容积制冷制热量高于 HFC-134a，系统运行压力较高，运动黏度低；两相密度差小，更易均匀分配	混合工质，单位容积制冷制热量高于 HFC-134a，系统运行压力略高于 HFC-134a，对混合比例要求高，泄漏后性能发生变化
环境影响	ODP=0，GWP=1430	ODP=0，GWP<1	ODP=0，GWP=3.3	ODP=0，GWP=1	ODP=0，GWP 值较低
安全等级	无毒不可燃，安全等级 A1	微可燃但混油状态的可燃，安全等级 A2L；无毒，但燃烧产物有毒	高可燃性，安全等级 A3	无毒，不可燃性，安全等级 A1	无毒，微可燃性，安全等级 A2L
可行性	应用广泛，汽车空调，家用空调等，产业链成熟	产品相对成熟，系统改造少，系统研发投入和产业化投入低	制冷剂产品成熟，汽车空调配套相对不完善	制冷剂产品成熟，汽车空调零部件要求高，配套相对不完善	制冷剂产品不成熟，汽车空调配套相对不完善
经济性	易获取，价格便宜	受地缘因素等供应商竞争不充分，产品价格昂贵，受潜在国际形势影响	石油化工的副产物，容易获取，价格便宜	制冷剂容易获取，价格便宜，零部件成本高	制冷剂制取复杂，价格较高

为全面对比几类潜在替代物，使用生命周期分析法评估汽车空调系统替代制冷剂当量 CO_2 排放对环境的影响。建立汽车空调系统生命周期碳排放评估模型的计算过程为：①获取汽车空调系统制冷剂类型及充注量；②获取制冷剂泄漏量，包括系统管路及连接处的常规制冷剂泄漏量、事故型非常规泄漏量、维修服务过程中的泄漏量及报废过程造成的泄漏量及大气中降解产物对环境造成的影响，计算直接排放的当量 CO_2；③获取制冷剂及汽车空调系统及零部件的生产、运输、运行、回收、净化、再生等能源消耗，计算间接排放的当量 CO_2[1-3]。

以一辆电动汽车使用热泵技术为例，以哈尔滨、北京、广州地区为代表计算一年内汽车空调系统产生的当量 CO_2[4-7]。三个地区根据气候情况，汽车空调系统使用占比预估如表 5-4 所示。

表 5-4 不同地区汽车空调系统使用占比预估

		哈尔滨	北京	广州
运行温度	$-30 \sim -20℃$	6.10%	—	—
	$-20 \sim -10℃$	18.80%	0.40%	—
	$-10 \sim 0℃$	13.20%	18.00%	—
	$0 \sim 10℃$	16.60%	22.40%	4.50%
	$10 \sim 20℃$	25.30%	11.10%	13.00%
	$20 \sim 30℃$	17.50%	28.80%	43.20%
	$30 \sim 40℃$	2.50%	19.40%	39.90%
年运行时间（小时/年）		336	675	631

根据《"十四五"可再生能源发展规划》，2025 年可再生能源发电量达到 3300TWh，风电和太阳能发电量实现翻倍。考虑中国电力结构的变化，由于绿色电力占比逐年占比增大，根据过去十年电力碳排放因子的变化，预估未来电力碳排放因子，2022 年 0.570 kgCO_2/（kWh），2025 年 0.5647kgCO_2/（kWh），2035 年 0.4438kgCO_2/（kWh）。

制冷剂种类对 CO_2 直排放起决定作用，同一城市气候条件下的直接碳排放与制冷剂的 GWP 大小一致。以哈尔滨、北京、广州三个地区为代表，不同制冷剂电动车热泵系统的全生命周期总排放如图 5-8、5-9、5-10 所示，以 HFC-134a 系统作为基准，对比采用其他制冷剂对系统总排放带来的变化，由于 HFC-134a 的 GWP 较高，相比其他制冷剂直接排放明显，每种制冷剂的间接排放明显高于直接排放，所以提升系统能效，降低能耗能够有效改善 CO_2 排放量[8]。

　　未来，根据我国能源结构、区域气候条件，因地制宜发展电动车热泵技术，采用低 GWP 新型制冷剂，不断提高能源利用效率和清洁能源发电比例，对降低电动汽车热泵全生命周期碳排放具有重大潜力。

图 5-8　哈尔滨一辆电动车空调当量折合年均 CO_2 排放量

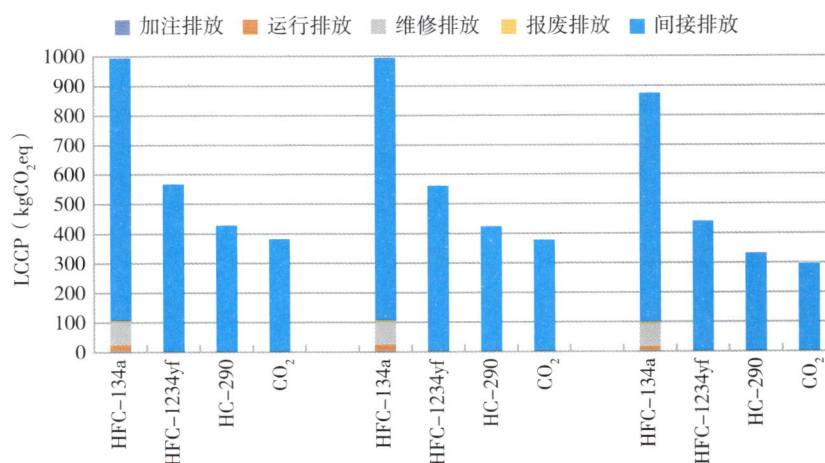

图 5-9　北京一辆电动车空调当量折合年均 CO_2 排放量

图 5-10　广州一辆电动车空调当量折合年均 CO_2 排放量

四、制冷剂替代路线降碳分析

2012 年我国汽车销量达到 1931 万辆，2021 年达到 2628 万辆，比 2012 年增长 36.1%。十年内，汽车销量年均增长 3.5%，年均销量超过 2000 万辆。其中，新能源汽车 2021 年销量达到 352 万辆，十年内年均增长超过 86%。技术突破推动新能源汽车销量不断提升，助力我国新能源汽车产业低碳化进程。2022 年纯电动车销量 535.31 万辆，纯电动汽车保有量 1045 万辆，占新能源汽车总量的 79.78%。均以使用热泵技术为例，并结合电动车逐年产销增长，预计 2031 年电动车累计保有量 6305 万辆，评估 2022 年至 2031 年十年使用低 GWP 制冷剂减少碳排放当量。图 5-11 为电动汽车当前及未来使用不同制冷剂的潜在碳排放量，HFC-134a 的碳排放当量明显高于 HFO-1234yf、HC-290 和 CO_2 碳排放当量，随着汽车保有量增加明显，HFC-134a 的碳排放当量增加趋势明显，相比于 HFO-1234yf、HC-290 和 CO_2 碳排放当量差值逐年增大。HFO-1234yf 的碳排放当量高于 HC-290 和 CO_2 大的碳排放当量，因此未来使用制冷剂 HC-290 和 CO_2 作为汽车空调制冷剂的替代物，对减少碳排放的作用更大。

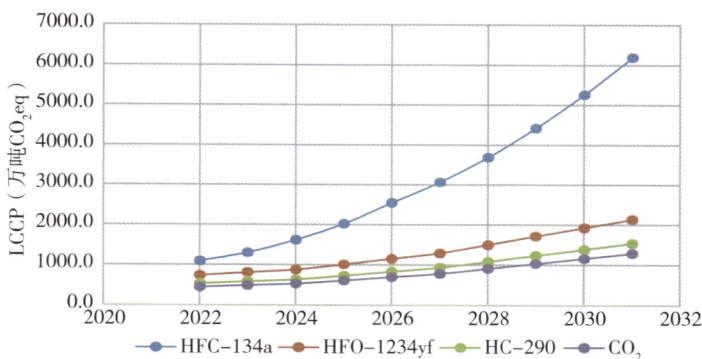

图 5-11　2022—2031 年全国电动车空调及潜在替代技术当量 CO_2 排放量

五、我国主要技术路线关键技术

（一）制冷剂替代路线分类

HFO-1234yf 产品成熟，但是受美国和欧洲专利保护，供应商竞争不充分，价格昂贵。

HC-290 产品成熟，石油化工副产品，易获取，价格便宜。但 HC-290 制冷剂可燃易爆，汽车空调 HC-290 热泵系统不成熟，需要完善安全法规。

CO_2 产品成熟，天然工质，易获取，价格便宜。但汽车空调 CO_2 热泵系统对零部件要求高，配套产业链不成熟，需要升级产业产品力。

（二）替代制冷剂关键技术

汽车热系统行业制冷剂替代在当前环境下面临挑战，汽车空调氢氟碳化物替代将引起产业链的巨大变革，具体表现在：①设计端：产品需要重新设计优化，供应商需要重新匹配，开展产品公告及认证实验；②生产端：生产线改造，满足消防要求，需要重新评估关键零部件配套能力；③维修端：推动 HFCs 制冷剂维修回收，推动维修环节消防安全改造；④报废端：推动 HFCs 制冷剂维修回收。

下面将从技术方面，分别阐述几类潜在替代物的发展中的关键技术。

1. HFO-1234yf

HFO-1234yf 制冷剂系统运行压力接近 HFC-134a，从系统及零部件上与 HFC-

134a 有很高的通用性，HFC-134a 汽车空调系统零部件基本不需要改动，可以兼容使用 HFO-1234yf。受复杂的国际形势及地缘政策问题和 HFO-1234yf 受美国和欧洲专利保护，这些专利限制了《蒙特利尔议定书》缔约方实现 HFCs 减排目标的能力，产品价格昂贵，阻碍了向低全球变暖潜能值（GWP）替代方案的过渡。

2. CO_2

CO_2 热泵的关键技术发展主要体现在以下几个方面：①高效、稳定可靠、灵活可调的关键零部件研发；②关注可靠性，应对高压泄漏风险；③跨临界循环和亚临界循环的复杂性揭示，归纳通用化解决方案；④如何实现降本，增加产业化可行性。因而，未来 CO_2 热泵的关键技术归纳为以下四个方面。

（1）间接 CO_2 热泵模块技术

间接热泵模块可大幅降低对 CO_2 部件产品的使用量，并增加可靠性，以弥补成本限制下的产业化问题。典型系统如图 5-12 所示，主要包含 CO_2 处理模块、HVAC 模块、前端换热模块和整车热管理转换阀组模块。CO_2 处理模块为热管理系统核心，实时内部调控以保证提供和整合热管理系统热量；HVAC 模块为客舱提供舒适的热环境，根据客舱实际需求完成制冷、制热和除湿等模式；前端换热模块为热管理系统与外界环境的热交互模块，根据整车模式需求向外界散热或从环境吸热；热管理转换阀组模块可以实现热管理系统各主要模式的切换，在模式功能完善的基础上实现高度集成化。

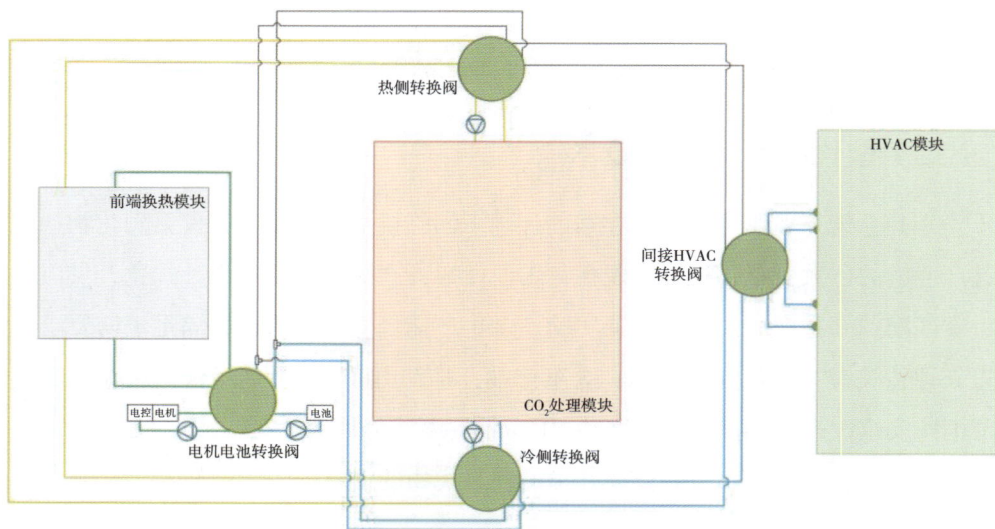

图 5-12　间接热泵模块示意图

间接 CO_2 热管理技术主要有以下优点：①系统高压冷媒接头数量减少，泄漏风险降低，可靠性提升，成本降低；②热泵系统与整车三电系统热管理集成化程度提升；③CO_2 处理模块与 HVAC 分离设计，保障客舱乘客呼吸安全性；④CO_2 系统高压管路长度减少，成本降低；⑤CO_2 系统换热器与转换阀组集成化设计，成本降低；⑥制冷剂充注量减少；⑦模块化设计简化实车装配流程；⑧系统控制策略简化。

直接式 CO_2 热泵系统由于其气体冷却器和蒸发器均直接和空气侧环境进行换热，换热效率较高；间接式 CO_2 热泵系统采用冷却液作为载冷剂，应用二次回路的换热方式，中间介质的存在增大了制冷剂与风侧的换热难度，导致换热效率的降低，进而降低的系统制冷／制热性能。

然而，CO_2 间接热泵模块最终落脚到整车续航特性，并非影响很大，如图 5-13 所示，35℃环温制冷下，间接 CO_2 热泵空调相比直接热泵空调，整车续航里程仅衰减17 公里，而 -20℃制热条件下，续航里程仅衰减 8 公里。在热泵空调系统正常工作时，系统 COP 反映了单位热量需消耗的电量，更高的 COP 对应着更低的热管理系统耗电量占比，进一步影响着电动汽车续航里程。但由于冬季和夏季行驶过程中整车热管理需求模式不尽相同，夏季行驶中热管理系统 COP 的降低一般不会过多影响用户实际驾驶续航体验，而冬季里程焦虑是饱受多数用户担忧的问题，即冬季续航里程对热管

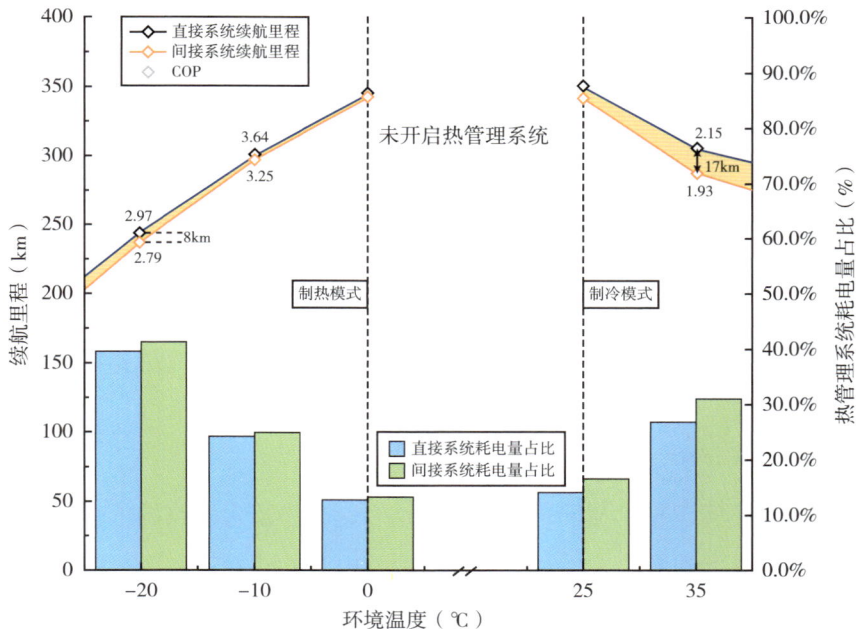

图 5-13　间接热泵与直接热泵对比

理系统 COP 的敏感度明显更高。尤其 HFC-134a 系统 -15℃以下需采用 PTC 加热采暖方式，导致 COP 低于 1，热管理系统耗电量占比甚至超过 60%，这将很大程度造成续航衰减问题。CO_2 制冷剂由于其独特的热力特性和优秀的制热性能，直接和间接热泵都能在宽温域制热工况下维持较高的 COP，有效缓解冬季里程焦虑。

综上，间接系统模式相比而言性能确有衰减，但最终反馈到对续航里程的影响，间接系统带来的性能衰减程度较小，而对于汽车空调可靠性的提升及成本的降低非常显著。

间接 CO_2 热管理模块技术及产业尚未完全成熟，仍存在着一些亟待解决的问题，主要包括六个方面。

第一，基于 CO_2 热力学特性的最优化控制策略研究。间接系统由于对于整车三电部件的整合，其控制部件不限于压缩机和电子膨胀阀，需要对热管理系统进行整体模式切换及精准调控。

第二，启动过程客舱舒适度提升方案。二次回路的存在降低了启动过程中供热的速度，需配合有效的启动策略以达到更优的客舱热舒适度及电池工作状态。

第三，CO_2 集成模块换热器结构优化及轻量化设计。CO_2 集成模块需配合模式切换阀组以及换热器进行整体设计，尤其对应换热器需考虑 CO_2 超临界换热特性进行结构优化设计。

第四，HVAC 优化设计。HVAC 风箱制冷 / 制热芯体的设计及匹配过程中，需综合考虑 CO_2 热力学特性、系统调控方案等特殊因素。

第五，低温载冷剂。间接系统应用于热泵工况，低温下现有载冷剂黏度较大，造成低温制热工况压损大，驱动流量低，但对于 CO_2 制热的低流量制热方式设计，这种程度被削弱。

第六，化霜技术。间接系统低温制热下前端模块换热器同样存在结霜问题，载冷剂由于热容较大导致低温升高至可化霜温度的过程较长，因此需要特殊的化霜技术发展。

（2）直冷直热热管理技术

纯直冷直热热管理技术与模块化结构的结合，减小了对水路的依赖，减小换热损失，同样可缓解成本问题。采用制冷剂直接冷却电池的热管理系统，制冷剂直接与电池单元接触，通过加热或冷却来维持电池在适宜的温度范围内。它通常包括 CO_2 制冷剂、换热器、控制系统和传感器，以确保电池的温度控制精度和高效能。然而，它也面临冷板设计、维护、安全性、换热机理和扩展性等方面的挑战。

高效制冷和加热：CO_2 制冷剂直接冷却，能够快速响应电池温度变化，提供高效的冷却和加热能力。

温度控制精度：CO_2 直冷系统能够实现高度精确的电池温度控制，提高电池的温度均匀性，确保电池在适当的温度范围内运行，有利于电池性能和寿命。

快速响应：直接与电池接触的 CO_2 制冷系统能够快速调整温度，适应不同驾驶条件和外部温度。

节省能源：CO_2 直冷系统减少载冷剂中间消耗，没有冷却液回路水泵功耗，有利于续航里程的提升。

可持续性：使用 CO_2 作为制冷介质有助于减少环境影响，减少温室气体排放，增加电动汽车的可持续性。

降低成本：直冷系统简化了冷却液回路，水泵，管路，水箱等水路部件被简化，降低系统复杂度与成本。

CO_2 电池直冷直热系统与常规水冷系统在性能有较大差异。CO_2 系统具有快速响应性和高效能利用的优势，通过直接接触实现迅速的制冷和加热，有助于提高电池温度管理的能源效率，进而增强电池性能和续航里程。然而，常规水冷系统在传统可靠性和耐用性方面表现优越，其成熟的技术和广泛应用使其在维护上较为简便。但液冷系统中需要水泵使冷却液循环，其功耗会对系统整体效率产生一定影响。

直冷直热亟待解决的问题有如下几方面。

维护：由于涉及更多的机械部件和直接接触元件，直冷系统可能需要更频繁，更复杂的针对整个热管理系统的维护工作，需要更易于维护的设计以降低运营成本。

温度均匀性：直热时由于超临界区的温度滑移，需要对冷板或系统进行优化设计以增大直热时电池的温度均匀性。

安全性：可能存在与制冷系统直接接触的安全风险，如制冷剂泄漏。

冷板设计：直冷直热方案需要考虑冷板的设计可同时满足直冷与直热（特别是直热）时的电池散热、均匀性需求。

制冷剂部分干涸：直冷换热时可能出现部分区域制冷剂干涸，干度大于 1 的情况，可能威胁到电池安全。

（3）CO_2 热泵的可靠性和泄漏管控

CO_2 热泵系统在新能源汽车上作为一种高效的热管理技术具有潜力，但也存在一些可靠性和泄漏管控方面的挑战。因此需要严格的泄漏管控措施和持续的监测来确保系统的安全和可靠性，以减少 CO_2 的泄漏风险。其可靠性主要表现在以下两方面。

高效能热管理：CO_2 热泵系统在电动汽车中提供高效的制热能力，可以显著提高电池和电机的温度控制精度。这有助于提高电池寿命和电动汽车续航里程。

化学稳定性：CO_2 是性质非常稳定，不易分解或变质，热泵系统在长期使用中具有较高的持久性和可靠性。

虽然 CO_2 是环境友好的制冷剂，但持续泄漏会影响热泵系统性能与系统安全性，仍需要对泄漏进行有效的管控。其泄漏管控主要包括以下四个方面。

泄漏检测技术：针对 CO_2 热泵系统，需要采用高效的泄漏检测技术，以及安全和及时的警报系统，以在出现泄漏时迅速采取措施。

材料和密封设计：系统的材料和密封设计需要考虑 CO_2 的高压和高温。减少泄漏风险，确保密封件的质量。

培训和维护：为汽车维修技师提供专门的培训，以正确安装、维护和修理 CO_2 热泵系统，以减少泄漏的可能性。

监管和法规：政府和行业监管机构应制定相关法规，以规范 CO_2 热泵系统的设计、安装和维护，从而确保泄漏管控。

针对 CO_2 汽车热泵空调的潜在泄漏，参考 SAE 标准，根据车辆的年度运行状态，定量计算了 CO_2 汽车空调的年度泄漏对性能的影响。可以看出，对于低温制热，年度及三年度泄漏对性能几乎没有影响，均在可控范围之内，而直到 5 度环境以上温度的制热，若汽车管接头达到 DIN SPEC 74106、DIN SPEC 74113、DIN SPEC 74103、DIN SPEC 74111、DIN SPEC 74114 等标准，COP 衰减不足 0.2，见图 5-14。

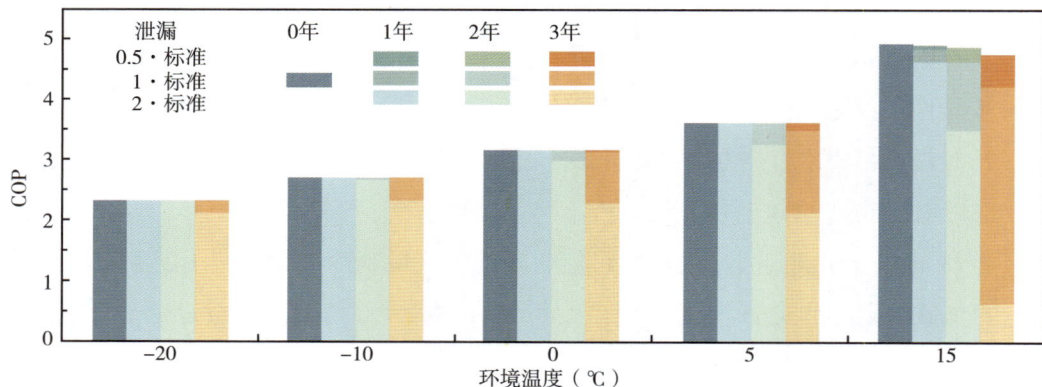

图 5-14　制冷剂泄漏对 CO_2 热泵系统性能影响

（4）系统失稳及关键解决技术

由于车用 CO_2 热管理系统较为复杂，且常规热管理系统控制逻辑不能应用于跨临界系统中。兼顾最优性能的排气压力控制，乘员舱舒适的送风温度控制，电池安全的电池温度控制，电机温度控制等。由于控制变量较多，系统运行工况多变，系统可能出现无法控制到目标点或持续震荡的失稳状态。目前研究中失稳主要包括以下三种：

一是由于油循环率引起的定转速及开度情况下系统参数震荡问题[9]，见图 5-15。

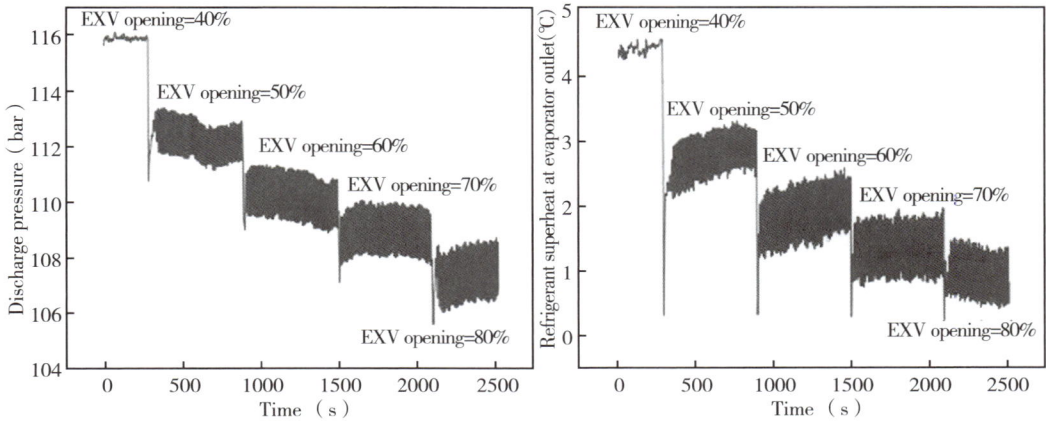

图 5-15　大油循环率下的系统失稳现象

二是在当前 CO_2 热管理系统的控制逻辑下，热泵工况可能出现的由于系统动态特性改变与多约束下的多解性相关的系统无法控制到目标点，转而发散的失稳问题[10]，见图 5-16。

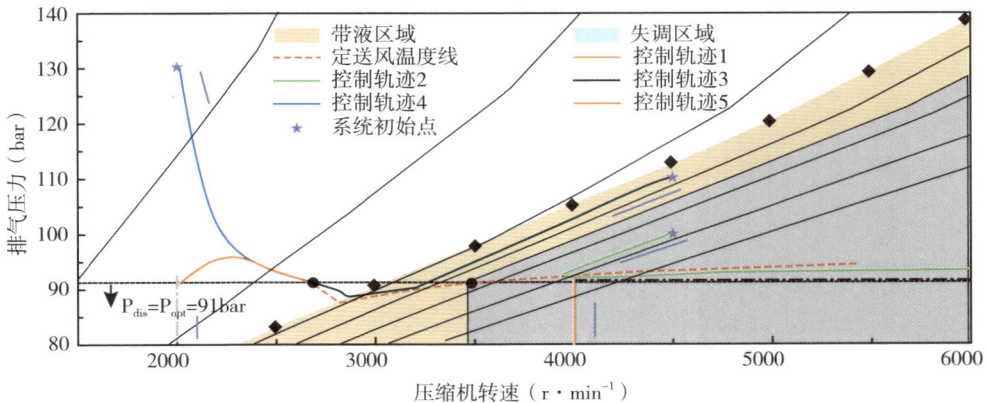

图 5-16　热泵模式出现的控制失稳现象

三是在制冷模式下，可能出现由于冷量过大，制冷剂流量较大引起的系统失稳现象，见图 5-17。

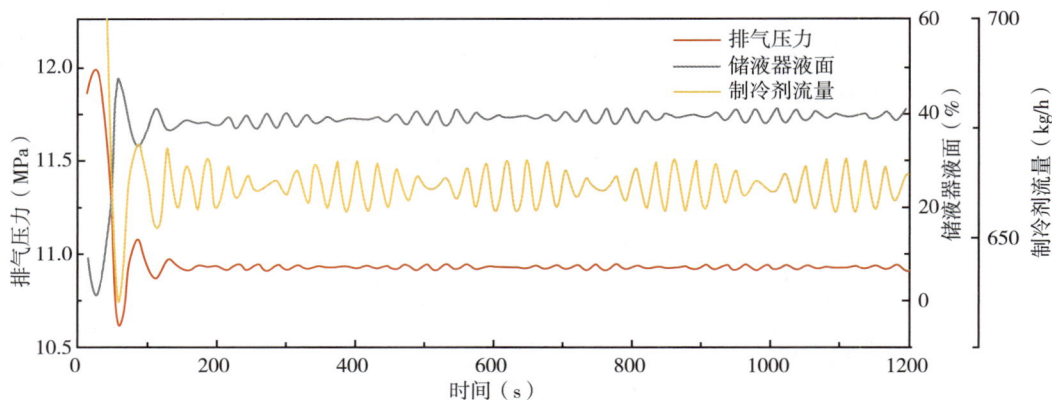

图 5-17　制冷剂流量过大引起的系统失稳现象

基于以上车用 CO_2 热管理系统可能发生控制失稳的情况，需要对其机理及解决方法进行进一步研究，研究重点应聚焦于以下四个方面。①研究 CO_2 热管理系统合适的润滑油加注量、不同运行参数与油循环率关系，给定热管理系统失稳状态 map 图并加以控制。②聚焦于 CO_2 热泵系统多控制目标下多解性研究，根据 CO_2 循环特性开发满足车辆热管理需求的控制系统。可从系统状态与控制目标的耦合作为研究切入点进行深入研究，以解决由于控制特性不匹配引起的控制失稳。③对大流量下系统震荡机理进行进一步研究分析，并以此对车用 CO_2 热管理系统中各个部件进行优化设计，避免较大流量下系统的控制失稳问题。④推进控制智能化研究，如在车用 CO_2 热管理系统中全局引入极值搜索，模型预测控制等先进控制算法，车间感知、环境感知防失稳等，引入多个系统实时参数监测，实现车辆热管理系统的智能化管理。

3. HC-290

解决 HC-290 制冷剂易燃易爆的问题，安全方面建议采用如下措施。

（1）集成

系统架构采用二次回路，将制冷剂侧零部件集成化，取消部分制冷剂管路，采用阀岛形式实现板换、阀、储液罐、压缩机的连接，能有效控制冷媒充注量在 150g 以下。通过水侧实现乘员舱的制冷制热，避免制冷剂进入空调箱从而进入乘员舱，见图 5-18。

（2）布置

将制冷剂侧集成模块放置于前车舱不易于碰撞位置，如放置于前舱减震塔支撑横梁后，能有效避免由于碰撞造成的损失而导致 HC-290 泄漏。放置于前端风扇后方，保证环境良好的通风，若发生泄漏能及时将 HC-290 扩散。

（3）密封

管路、板换、压缩机及阀岛之间防漏设计，采用端面和径向同时密封，降低泄漏风险，见图 5-19。

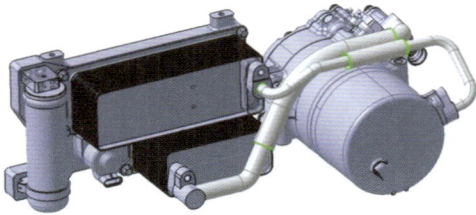

图 5-18　热泵集成模块

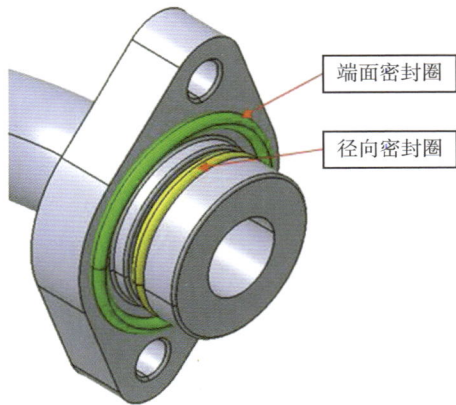

端面密封圈

径向密封圈

图 5-19　制冷剂管路接头

（4）传感器监测

HC-290 泄漏气体传感器监测，将传感器布置于标定点实时监测报警。以行业内四方光电（CUBIC）为代表的传感器制造商推出了一款实时监测制冷剂 HC-290 泄漏的气体传感器。红外吸收光谱是一种分子吸收光谱，HC-290 分子在红外线波长区域具有特定的吸收光谱，当红外光波长与 HC-290 气体吸收光谱线相吻合时，红外能量被吸收，吸收强度遵循郎伯 - 比尔（Lambert-Beer）定律，其数学模型可表示为 $I = I_0 e - kpL$，吸收光强 i 可表示为：$i = I_0 - I = I_0 (1 - e - kpL)$。式中，$I_0$ 为入射光强，I 为透过光强，L 为气体介质厚度，p 为气体浓度，k 为吸收系数。红外光源辐射出红外光，红外光线穿过光路中的被测气体，透过窄带滤光片，到达红外探测器。通过测量进入红外探测器的红外光强度，来判断被测气体的浓度。NDIR 传感器的基本原理结构如图 5-20 所示。

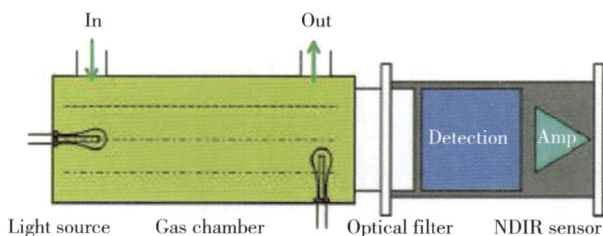

图 5-20　NDIR 传感器的基本原理结构

（5）实验安全装置

建立独立实验室，电气设备插头插座采用防爆设计，避免产生电弧及电火花。同时实验室需配备浓度传感器及报警装置，监控 HC-290 泄漏情况。配备自动排风系统，避免因泄漏导致 HC-290 聚集达到爆炸浓度，将泄漏制冷剂及时排出到安全空间，见图 5-21。

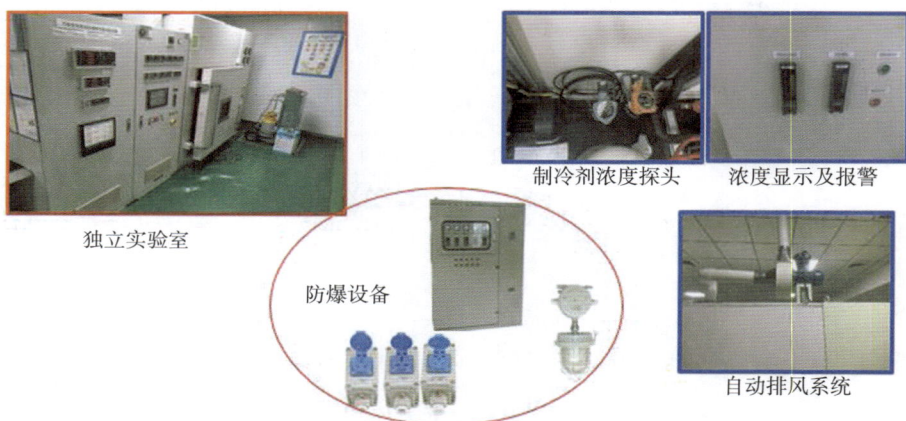

独立实验室　　制冷剂浓度探头　　浓度显示及报警

防爆设备　　自动排风系统

图 5-21　独立实验室

（6）生产安全控制

产线需配置专用 HC-290 空调系统的生产线，使用专用制冷剂加注机和电气设备，所使用的设备需具备泄漏监控、泄漏安全提升、防电弧，防爆等功能。

（7）生产、维修与运输

试制、生产、维修与运输过程中，作业人员需培训上岗；作业环境要通风，禁止吸烟，禁止明火，禁止电火花；制冷剂存储罐避免高温，正立朝上，禁止烟火；维修过程中可能泄漏的地方放置检漏仪，制冷剂排放慢速且通风，见图 5-22。

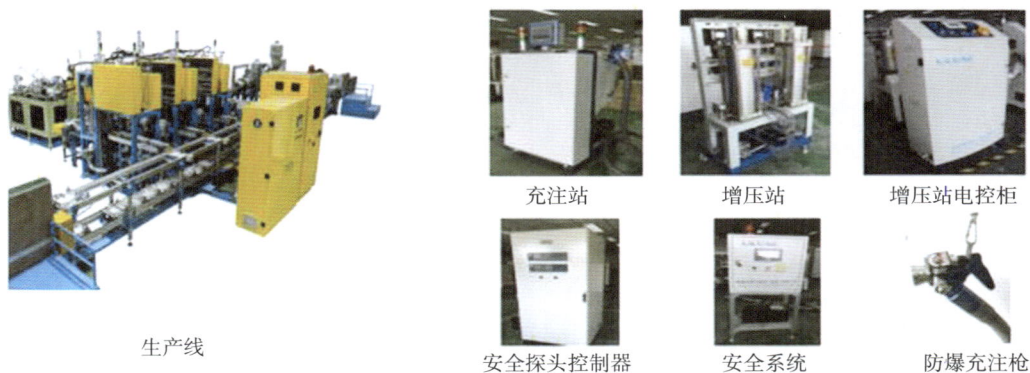

充注站　　　　增压站　　　　增压站电控柜

生产线　　　安全探头控制器　　安全系统　　　防爆充注枪

图 5-22　专用 HC-290 空调系统的生产线

（8）安全标准

参考碳氢制冷剂安全标准，建议国家相关机构建立符合 HC-290 汽车空调系统生产及使用的安全标准。严格按照安全技术规范生产及使用，避免 HC-290 燃烧爆炸带来的风险。相关标准有：

IEC 60335-2-89《国际电工标准》

EN 60335-2-29/A2《欧盟标准》

ASHRAE34—2019《美国暖通、制冷与空调工程师学会标准》

UL60335-2-8—2007《美国保险商实验所》

QBT 4975—2016《使用可燃性制冷剂生产家用和类似用途房间空调器安全技术规范》

GB 50058—1992《爆炸和火灾危险环境电力装置设计规范》

GB 50016—2006《建筑设计防火规范》

GB/T 9237—2017《制冷系统及热泵安全与环境要求》

GB 4706.13—2014《家用和类似用途电器的安全制冷器具、冰激凌机和制冰机的特殊要求》

GB 4706.102—2010《家用和类似用途电器的安全带嵌装或远置式制冷剂冷凝装置或压缩机的商用制冷器具的特殊要求标准》

此外，对于 HC-290 热泵空调系统，在汽车领域的应用，除安全性因素外，仍需考虑二次循环间接系统带来的性能问题。①性能衰减：间接系统增加了二次换热损失，性能衰减；②载冷剂低温适应性问题：由于低温热泵场景的需要，载冷剂需要工作在较低的温度下，当前大量使用的载冷剂低温适应性较差，在低温下黏度增加导致载冷剂侧压损增加、流量降低，进而影响系统性能；③冬季前端模块化霜问题：低温制热场景下的前端模块结霜后，载冷剂升温时间长，化霜速率慢，仍需其他化霜技术；④低充注量系统性能及控制：汽车宽运行场景使得热泵空调系统充注量需求跨度范围大，而 HC-290 系统安全性因素，充注量受限，部分场景需运行在欠充下，如何降低充注量需求及改善欠充性能，也是 HC-290 热泵空调系统亟须解决的问题。

4. 混合工质

综合考虑可燃性、性能、成本、温室效应等，服务于汽车空调的下一代技术路线探索，衍生了各类混合工质，如 R-474A、R-457D、DL-3B 等，其表征特征一般是比某种单一制冷剂性能更优、可燃性更弱，或者弥补了某单一制冷剂的温室效应高等问题。由于汽车空调系统移动性的特征，泄漏风险大，混合工质一旦泄漏对运行性能、后期维修带来不可预知性。关键技术发展体现在以下五个方面。

第一，混合工质在提升系统效率的同时，由于其相变过程的传质阻力为导致的换热系数降低的问题也暴露出来。相变过程中气相和液相组分不同而产生传质阻力是导致混合工质换热系数降低的主要因素。由于传热系数的衰减，使用混合工质的系统需要更大的换热面积。

第二，混合工质换热能力下降将带来系统初投资较高的问题。

第三，混合工质组分变化会带来的物性变化，而不同配比工质对压缩机等部件的适应性不同，会对部件的工作状态产生影响。

第四，混合工质制冷系统的寿命和维护成本可能会受到影响。研究开发更耐用和易于维护的制冷技术，以减少维修和更换的频率。

第五，混合工质可能存在液体制冷剂泄漏的风险，这可能对环境和健康产生负面影响。采用先进的检测和回收技术，以减少泄漏并处理泄漏的制冷剂，是一个解决路线。

（三）制冷剂替代关键设备及系统

1. HFO-1234yf 关键设备及系统

目前欧洲及北美地区均要求汽车空调使用 HFO-1234yf 工质，禁用 HFC-134a。HFO-1234yf 制冷剂系统运行压力接近 HFC-134a，从系统及零部件上与 HFC-134a 有很高的通用性，HFC-134a 汽车空调系统零部件不需要改动，可以兼容使用 HFO-1234yf。

2. CO_2 关键设备及系统

（1）CO_2 压缩机

随着新能源车特别是纯电车的迅速普及，以 CO_2 为工质的汽车热管理系统必须满足快充模式下大制冷量和低温模式下大制热量的需求，大幅度提升核心部件电动压缩机的转速和运行工况范围是应对此需求的关键。具体发展趋势及关键点有以下几方面。

第一，高转速电动压缩机技术：①高容积利用率涡盘型线技术；②高频气阀技术；③高速轴承技术；④低阻气流通道技术；⑤大功率控制器冷却技术；⑥高速旋转轴系减振降噪技术；⑦核心动部件可靠性；⑧控制器冷却技术。

第二，低温热泵工况电动压缩机技术：①大压比涡盘型线技术；②低吸气质量流量润滑技术。

第三，辅助膨胀机技术：①膨胀机与压缩机匹配技术；②膨胀机设备工况调节技术。

（2）换热器

换热器是汽车 CO_2 热泵空调系统的影响性能的关键部件，也是使用最多的部件。由于跨临界 CO_2 循环的特殊性，换热器的设计需与物性及汽车运行特性耦合匹配，以保障高效运行。根据使用场景的不同，汽车 CO_2 热泵系统换热器涉及空气–CO_2 换热器、水–CO_2 换热器以及 CO_2 电池换热冷板，关键技术的发展主要体现在：①换热器换热–压降的权衡；②油循环率对换热及压降的影响；③水侧或空气侧热阻；④微通道扁管结构；⑤强度与安全性。

（3）管路密封

跨临界 CO_2 热泵系统运行压力比常规系统高，且 CO_2 作为直链小分子，其与密封材料发生微观作用，易导致密封材料损坏，因此对应管路密封，不仅要考虑密封结构本身还需针对密封材料，主要技术发展体现在：①密封材料研究；②密封结构的可靠性；③密封的耐久性。

（4）潜在腐蚀

跨临界 CO_2 热泵系统长期运行，系统内的 CO_2 与油、少量水分等形成微改化学反应，产生碳酸、有机酸等，有潜在腐蚀金属部件风险，因此对于 CO_2 热泵，在系统和零部件设计中需考虑水分、油的影响，对干燥过滤等采取特殊处理办法。

（5）模块化集成

模块化是汽车空调降本增加可靠性的有效手段，对于 CO_2 系统，由于高压、直链易泄漏等影响，模块化集成是解决 CO_2 热泵可靠性、助力产业化最有效的技术，包括直接系统的部件集成，阀岛集成，更大程度的模块集成；以及间接型热泵系统的全模块集成。

3. HC-290 关键设备及系统

（1）压缩机

HC-290 与 HFC-134a 系统运行压力相近，符合空调胶管、板换及阀件的使用要求。HC-290 空调系统大负荷运行时，相较于 HFC-134a 系统，压缩机扭矩增大，涡旋压缩力变大，因此涡旋壁需加厚增大强度，电机和控制器功率增大，需开发 HC-290 专用压缩机。

（2）防电弧设计

由于 HC-290 的可燃性，电气部件的选型需考虑防电弧及电火花设计，将电器开关、线束插头和容易产生静电的部件远离冷媒系统部分至少 200mm。建议行业完善相关电气部件的供应链。

（3）兼容性

HC-290 汽车空调系统缺乏密封材料与 HC-290 可靠性验证。需对 HC-290 的部件密封材料、润滑油、橡胶材料、尼龙材料的兼容性进行研究，通过兼容测试及耐久试验确认材料的可适用性。

（4）配套设备

试制、产线及售后需配备防爆加注机同时能监控 HC-290 制冷剂泄漏情况及时报警，防爆真空泵，防爆排风系统，HC-290 检漏仪等设备。

六、建议及总结

综合分析汽车行业的统计数据、汽车行业的发展趋势及制冷剂对碳排放的影响，总结如下：2012 年我国汽车销量达到 1931 万辆，2021 年达到 2628 万辆，比 2012 年增长 36.1%。十年内，汽车销量年均增长 3.5%，年均销量超过 2000 万辆。其中，新能源汽车 2021 年销量达到 352 万辆，十年内年均增长超过 86%。至 2022 年 11 月底，全国机动车保有量达 4.15 亿辆，其中汽车保有量达到 3.18 亿辆。国内汽车空调使用

HFC-134a 为主。同时，出口至欧盟地区的新车在国内加注 HFO-1234yf 制冷剂，根据 2020 年乘用车出口及单车制冷剂加注量数据对 HFO-1234yf 制冷剂消费量进行了核算。2020 年汽车行业 HFCs（HFC-134a，R-407A，R-407C）消费量达 3.2 万吨，其中新车加注 1.8 万吨，维修加注 1.4 万吨，HFO-1234yf 消费量 67 吨。

以使用热泵技术的电动车为例，计算车辆 CO_2 的间接排放和直接排放。2022 年纯电动车销量 535.31 万辆，均以使用热泵技术为例，并结合电动车逐年产销增长，预计 2031 年电动车累计保有量 6305 万辆，评估未来十年使用低 GWP 制冷剂减少碳排放当量。当汽车空调使用 HFC-134a 制冷剂时，十年共计排放 6.06 亿吨当量 CO_2；当汽车空调使用 HFO-1234yf 制冷剂时，十年共计排放 1.57 亿吨当量 CO_2，相比 HFC-134a 减少 74.1%；当汽车空调使用 HC-290 制冷剂时，十年共计排放 0.97 亿吨当量 CO_2，相比 HFC-134a 减少 84%；当汽车空调使用 CO_2 制冷剂时，十年共计排放 0.95 亿吨当量 CO_2，相比 HFC-134a 减少 84.3%；通过分析，未来使用低 GWP 制冷剂对减少碳排放有较大的贡献。

为满足我国"双碳"目标和《〈蒙特利尔议定书〉基加利修正案》的要求，采用低全球变暖潜能值制冷剂的热泵系统有助于从直接和间接两个方面全面减少新能源汽车碳排放。然而，目前对于采用何种低 GWP 工质尚无定论，需要进一步探讨。在当前全球制冷行业新一轮环保技术革新大背景下，相比其他制冷领域，电动汽车热系统技术路线既有其清晰性又有其复杂性的方面。技术路线的清晰性主要体现在潜在方案不多，主要表现为天然工质 CO_2、HC-290，人工合成工质 HFO-1234yf，以及潜在替代的混合物工质。技术路线的复杂性主要表现在汽车领域的特殊性，牵一发而动全身，配合汽车应用本身及技术路线选择其产业化进程仍需小心尝试。

从制冷剂发展方面，天然工质作为一步到位的技术方案，在环境保护的大背景下，或更具潜力，人工合成或其混合物在过渡方案中也不失为一种选择。从技术发展方面，可根据工程实际，选择先从性能提升角度还是先从成本可靠性角度，正如前文介绍，无论是哪一种替代方案，都有其各自的鲜明优缺点，而最终市场选择的必将是产业化最成熟的方案。天然工质 CO_2 热系统的工程化可从两个方面推进，一是在成本敏感性低的高端车型上，采用极致的性能提升方案，使得 CO_2 热系统不仅可以提升冬季续航里程，还尽可能缓解对高温续航的影响；二是在成敏感性高的经济车型，采用纯间接或高度集成化方案，以成本和可靠性为首位，为 CO_2 热系统产业化奠定基础；两类技术方案的共同产业化推进，最终技术将往共同的产业化方向发展，即更可靠、更经济、性能高的热系统。天然工质 HC-290 热系统更多依赖于安全性评估，产业化推广过程中的非技术因素占比更大些，或可考虑将 HC-290 热系统与其他技术路线如人工合成工质、天然工质 CO_2 等形成通用的热系统技术方案，以此进行市场小试，迈出 HC-290 的第一步，同时具有抗市场风险的能力。而 HC-290 系统，由于载冷剂低温黏度大、适应性差等引起的性能问题，其在多场景热泵的应用前景仍需进一步考证。

从政策引导方面，汽车热系统的技术路线发展还依赖政策导向，在当前市场发展尚不成熟的情况下，带有明确指导性的政策较难形成，可从奖惩角度，诸如强温室效应类工质使用限额、环保工质使用奖励等辅助政策方面，加快企业对新技术的尝试和投入程度，在不断试错过程，逐步形成清晰、完善的技术路线。

从标准建设方面，一是加快电动汽车热系统评价类标准的建设，给电动车热系统形成较为完善的、通用的评价方法，评价类标准的建立也可以给国家或地方政策提供参考。二是针对具体技术方案标准的推动，天然工质 CO_2 热系统方面涉及的是系统测试、关键零部件测试、热系统运维和检修等相关标准，以此指导市场统一化行为；天然工质 HC-290 更多的是安全性方面标准，包括在汽车热系统应用的零部件安全性、热系统安全性、充注量、运维与检修等。

参考文献

[1] W R Hill, S Papasavva. Life cycle analysis framework; a comparison of HFC-134a, HFC-134a enhanced, HFC-152a, R744, R744 enhanced, and R290 automotive refrigerant systems [J]. SAE technical series paper, 2005, 1: 1511.

[2] 李小燕，宁前，何国庚. 采用 R290 和 R32 的家用空调器全生命周期碳排放研究 [J]. 低温工程，2021（2）：33-40.

[3] 俞彬彬，龙俊安，王丹东，等. 电动汽车热泵全生命周期气候性能评估模型与环保制冷剂减排分析 [J]. 科学通报，2023，68（07）：841-852.

[4] A Hafner, P Neksa. Global environmental consequences of introducing R-744（CO_2）mobile air conditioning [C]//7th IIR Gustav Lorentzen conference on natural working fluids. Trondheim, Norway, 2006, 5.

[5] M Koban. HFO-1234yf low GWP refrigerant LCCP analysis [J]. SAE Technical

Paper Series，2009，4.

［6］W Li，R Liu，Y Liu，et al. Performance evaluation of R1234yf heat pump system for an electric vehicle in cold climate［J］. International Journal of Refrigeration，2020，115（1）：117-125.

［7］沈万霞，张博，丁宁，等.轻型纯电动汽车生产和运行能耗及温室气体排放研究［J］.环境科学学报，2017，37（11）：4409-4417.

［8］王子伟.汽车空调生命周期气候性能评估模型［D］.上海交通大学，2014.

［9］Z Tang，S Zhang，H Zou，et al. Operational stability influenced by lubricant oil charge in the CO_2 automotive air conditioning system［J］. International Journal of Refrigeration，2024，158：58-67.

［10］F Jia，X Yin，F Cao，et al. Enhancing control disorder and implementing V2X-Based suppression methods for electric vehicle CO_2 thermal management systems［J］. eTransportation，2024，21：100336.

第六章

商业制冷

　　商业制冷（冷链）涵盖冷链的冷加工、冷冻冷藏、冷藏运输、冷藏销售四个环节，涉及上述四个环节的设备设施。

一、产业现状

商用制冷是指在商业领域中应用的制冷技术、设备与系统，包括冷加工、冷冻冷藏、冷藏运输、冷藏销售等冷链环节的各种制冷设备设施。本节首先分冷加工、冷冻冷藏、冷藏运输、冷藏销售四个环节介绍其产业现状。

（一）冷加工

冷加工是冷链流通的第一个环节，冷加工装备与设施是保证冷链首环节的重要保障。冷加工主要包括果蔬预冷、动物性食品冷却与冻结和速冻。

本项目主要对果蔬预冷设备和速冻设备的现状进行了现场和问卷调研。

1. 果蔬预冷

随着近年来农业结构的调整、冷链装备技术的进步，在"一带一路"和双循环等国家发展战略的大背景下，产地预冷系统在我国逐步推广，云南、贵州、新疆、甘肃、山东、山西、海南、广东、广西、辽宁、天津等多个省市都在尝试产地预冷并加快推进。例如，贵州从 2019 年年底开始建设全国第一个省级共享式产地预冷服务中心，2023 年 5 月前已经部分投入使用，效果喜人。真空预冷基本已经成了云南各大蔬菜基地的标配。天津已经将产地预冷写入 2018 年至 2025 年冷链标准化作业要求中。充分了解我国产地预冷制冷系统、制冷剂使用和实际应用情况对于指导预冷设备科学规范使用，促进预冷设备的低碳化发展具有重要意义。

下面分别介绍项目组前往云南、山东、广东的果蔬预冷调研情况。

（1）云南省

2021 年云南省蔬菜种植面积达 1913.2 万亩，产量超 2935.4 万吨，出口创收超 100 亿元，产值近 1000 亿元，种植面积排名全国第 11 位、产量排名全国第 12 位。2021 年云南省水果面积达 1150.5 万亩、产量 1200 万吨，农业产值达 505 亿元。

云南蔬菜主要是分为叶菜类（生菜、娃娃菜）、茄果类（辣椒、茄子等）及荚豆类（菜豆、毛豆）。其中叶菜类主要是采用真空预冷方式，其他采用风冷式预冷方式。

目前云南地区叶菜采后已经形成了真空预冷、冷藏暂贮、控温运输的冷链模式，产地冷库配套了真空预冷设备（图 6-1）。预冷设备集中应用时间为每年的 4 月至 10 月，此时雨水较多，通过真空预冷可以及时去除叶菜表面水分和降低温度，防止腐烂。云南目前大约有 2000 台真空预冷设备（其中，陆良青山工业园区 200 台，晋城镇 180 台）。

图 6-1　一机两柜式真空预冷设备

其预冷设备详细信息如下。

真空预冷型式及参数：一机两柜型式（可实现连续性发货，一个装卸、一个预冷）；单次预冷量：200~380 筐；设备功率：110kW（制冷机组 110HP，4 个 7.5kW 真空泵）；制冷剂：HCFC-22；单台的充注量：181.6~227 瓶；叶菜包装箱尺寸：300mm×470mm×620mm；叶菜装载量：20kg；预冷时间：40min；失重率：2% 左右。

产地专用预冷库方面，以云南元谋县为代表，通过建设专用的产地预冷库进行预冷，库内设置了简易的压差通风设施（图 6-2）。目前云南省的十四五冷链物流规划中提出，到 2025 年，全省冷库容量达到 700 万立方米。传统冷库以氨冷库为主，新建冷库主要采用氟利昂制冷剂，其中以 R-507A 为主。

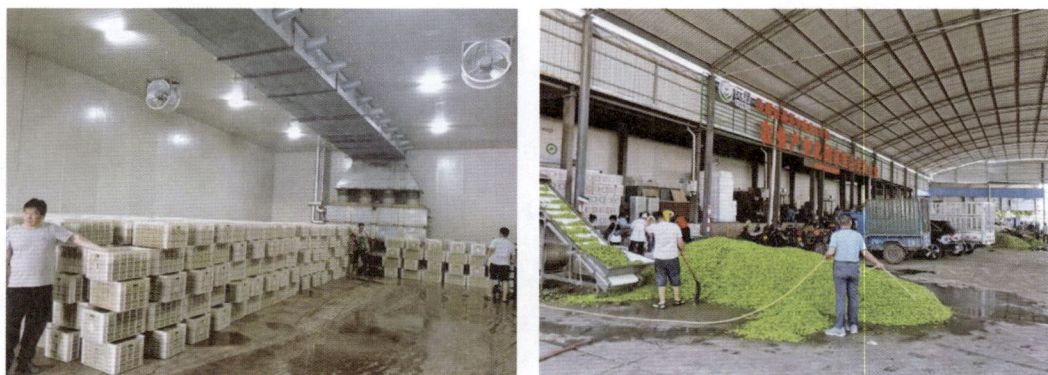

图 6-2　毛豆冷库预冷

（2）山东省

2021 年，山东省水果、蔬菜总产量分别为 3032 万吨和 8801 万吨，产量均居全国首位。全省冷库容量超过 4000 万立方米，冷藏及配送装备 43000 余辆，约占全国的 15%。山东专用预冷设备应用比较少，目前大都在产地建设固定式预冷库（图 6-3、图 6-4），同时配套商品化处理车间及冷库建筑。

图 6-3　沂源产地压差预冷库

图 6-4　日照蓝莓产地压差预冷库

调研烟台苹果、日照蓝莓、威海苹果、金乡大蒜等冷库企业发现，山东省产地预冷以采用预冷冷库为主，约占冷库面积的 5%，制冷剂新建库以 R-507A 为主，传统冷库以 HCFC-22 或者氨冷库为主。

（3）广东省

广东省作为果蔬大省，其荔枝、龙眼、花椰菜、龙须菜采后必须预冷，通过调研广东新供销天业冷链集团有限公司、广东精益等预冷设备公司，目前广东省约有 2500台产地预冷设备在用（图 6-5）。

图 6-5 移动预冷设备

其中以 20 尺集装箱型号的为主，具体信息如表 6-1 所示。

表 6-1 20 尺集装箱预冷设备参数

序号	内容	参数
1	制冷剂	HCFC-22、R-404A
2	充注量（15~20p）	40kg
3	预冷量	3~6 吨 / 批次
4	预冷时间	2~5h/ 次
5	机组外形尺寸	6500mm × 2450mm × 2700mm

2. 速冻

项目组通过调查问卷的形式对国内速冻设备的主要厂商进行了调研，获得了 2012 年至 2022 年我国速冻设备的主要产量、制冷剂使用情况、能效等的估算数据，为碳排放测算提供了依据。表 6-2、表 6-3、表 6-4 分别给出了 2022 年我国速冻设备主要产量、制冷剂使用情况、能效的数据，其中表 6-3 中设备运行过程年平均泄漏率包括运行泄漏和维修泄漏。

表 6-2 速冻设备产量数据

序号	制冷剂	参数	2022 年
1	HCFC-22	设备生产量 /（冷吨 / 年）	19285.7
		设备出口量 /（冷吨 / 年）	8571.4

续表

序号	制冷剂	参数	2022 年
2	R–717	设备生产量 /（冷吨 / 年）	25714.3
		设备出口量 /（冷吨 / 年）	8571.4
3	R–507A（R–404A）	设备生产量 /（冷吨 / 年）	51428.6
		设备出口量 /（冷吨 / 年）	10714.3
4	R–717/R–744	设备生产量 /（冷吨 / 年）	6428.6
		设备出口量 /（冷吨 / 年）	2142.9
5	R–507A/R–744	设备生产量 /（冷吨 / 年）	4285.7
		设备出口量 /（冷吨 / 年）	2142.9

表 6-3　速冻设备制冷剂使用情况数据

序号	制冷剂	参数	2022 年
1	HCFC–22	设备单台充注量 /（kg/ 冷吨）	11.67
		生产过程制冷剂泄漏率 /（%）	—
		制冷剂相关维修率（%）	2
		制冷剂相关维修时制冷剂充注率（%）	10
		设备运行过程年平均泄漏率 /（%）	0.5
		寿命终期制冷剂回收率 /（%）	—
		设备平均寿命 /（年）	15
2	R–717	设备单台充注量 /（kg/ 冷吨）	35.3
		生产过程制冷剂泄漏率 /（%）	—
		制冷剂相关维修率（%）	2
		制冷剂相关维修时制冷剂充注率（%）	10
		设备运行过程年平均泄漏率 /（%）	0.5
		寿命终期制冷剂回收率 /（%）	—
		设备平均寿命 /（年）	15
3	R–507A	设备单台充注量 /（kg/ 冷吨）	10.14
		生产过程制冷剂泄漏率 /（%）	—

序号	制冷剂	参数	2022 年
3	R–507A	制冷剂相关维修率（%）	2
		制冷剂相关维修时制冷剂充注率（%）	10
		设备运行过程年平均泄漏率 /（%）	0.5
		寿命终期制冷剂回收率 /（%）	—
		设备平均寿命 /（年）	15
4	R–717/R–744	设备单台充注量 /（kg/ 冷吨）	4.6/29
		生产过程制冷剂泄漏率 /（%）	—
		制冷剂相关维修率（%）	2
		制冷剂相关维修时制冷剂充注率（%）	10
		设备运行过程年平均泄漏率 /（%）	0.5
		寿命终期制冷剂回收率 /（%）	—
		设备平均寿命 /（年）	15
5	R–507A/R–744	设备单台充注量 /（kg/ 冷吨）	6.49/29
		生产过程制冷剂泄漏率 /（%）	—
		制冷剂相关维修率（%）	2
		制冷剂相关维修时制冷剂充注率（%）	10
		设备运行过程年平均泄漏率 /（%）	0.5
		寿命终期制冷剂回收率 /（%）	—
		设备平均寿命 /（年）	15

表 6–4　速冻设备能效数据

序号	制冷剂	参数	2022 年
1	HCFC–22	设备平均能效值	1.66
		设备额定功率 /（kW）	8100
2	R–717	设备平均能效值	1.63
		设备额定功率 /（kW）	10800
3	R–507A	设备平均能效值	1.5
		设备额定功率 /（kW）	24000

续表

序号	制冷剂	参数	2022 年
4	R-717/R-744	设备平均能效值	1.78
		设备额定功率 /（kW）	2521.5
5	R-507A/R-744	设备平均能效值	1.62
		设备额定功率 /（kW）	1850

（二）冷冻冷藏

冷冻冷藏是长时间贮藏的保证，是冷链的重要环节。本课题从冷库库容量、冷库制冷剂、制冷系统及单位库容卤代烃充注量进行调研和分析，进而为冷冻冷藏环节的制冷剂使用量与碳排放估算奠定基础。

中国物流与采购联合会冷链物流专业委员会每年都发布《中国冷链物流发展报告》，对我国每年冷库库容量进行统计，如图 6-6 所示。2016 年至 2022 年，我国冷库容量从 4200 万吨增长至 8365 万吨，增长率在 2020 年达到最高峰（17%），2022 年增长速率大幅减缓（2%），低于 2016 年至 2022 年的平均增长率。

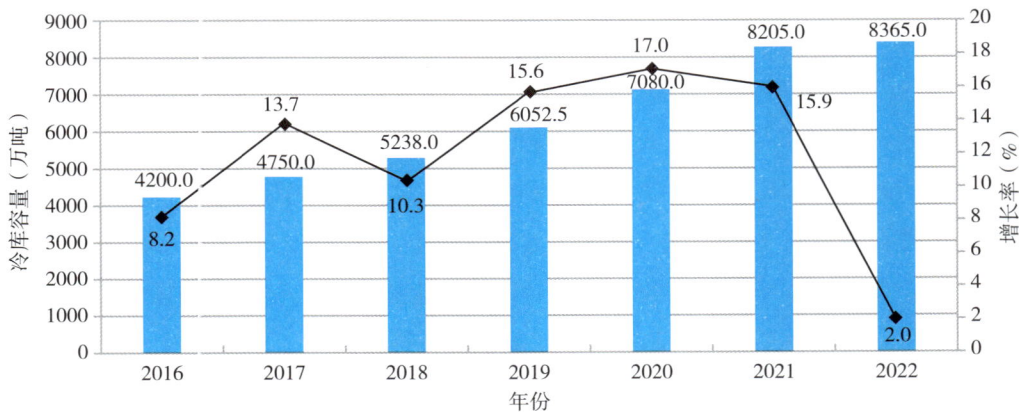

图 6-6　中国冷库总库容量及增速

（三）冷藏运输

1. 冷藏运输方式

根据中物联冷链委数据，2019 年公路冷链运输主要货物运输量为 20880 万吨，占比达到 89.7%；铁路冷链运输主要货物运输量为 232 万吨，海运冷链运输主要货物运输量为 1881 万吨，航空冷链运输主要货物运输量为 278 万吨。其中，海运、铁路冷藏运输温度控制较为严格，公路运输虽运量大，但技术管理水平参差不齐，既有高标准的全程温控产品，亦有大量土保温现象的存在，见图 6-7。

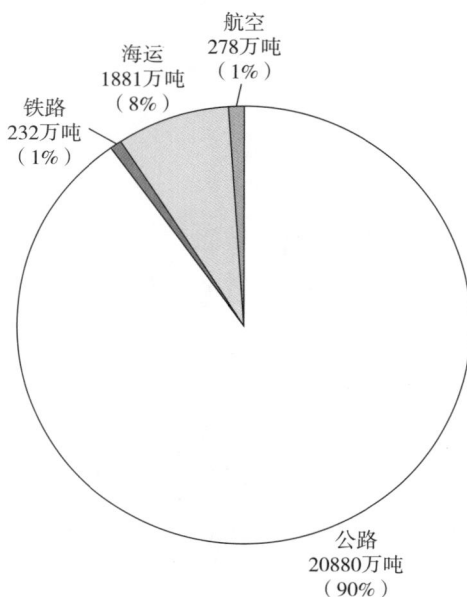

图 6-7　2019 年中国冷链物流运输结构

　　冷藏运输是指在温控环境下运输的全过程中，在装卸搬运、变更运输方式、更换包装设备等环节，都使所运输货物始终保持在一定温度环境下进行操作。冷链物流运输环节主要集中在干支线、城市揽收和城市配送等流通场景。随着冷链产品全球化、多元化、定制化的需求发展，我国冷链运输方式也逐步多元化，按照运输工具划分，冷藏运输方式可以是单一的公路运输、水路运输、铁路运输、航空运输，也可以是多种运输方式组成的综合运输方式。冷藏运输是冷链物流的一个重要环节，冷藏运输成本高，而且包含了较复杂的移动制冷技术和保温箱制造技术，冷藏运输管理包含更多的风险和不确定性。

　　公路冷藏运输主要以冷藏汽车为运输工具，是目前冷藏运输中最主要、最普遍的运输方式。公路运输的优点是灵活机动、速度较快、可靠性高、可实现"门到门"运输,缺点是货量相对较小。根据中物联冷链委统计,我国90%的冷链物流货运量是由公路冷藏运输来完成。铁路冷链运输主要以冷藏列车和冷藏集装箱为运输工具。铁路运输的优点是可以以相对较低的运价长距离、大批量地运送货物,具有较高的连续性、可靠性和安全性,缺点是因铁轨、站点、运营时间表的限制,灵活性较差。水路冷藏运输主要以冷藏船和冷藏集装箱为运输工具。水路运输的优点是成本低、运量巨大,缺点是用于长距离、低价值、高密度的货物运输,灵活性差。航空冷藏运输主要以装载冷藏集装箱为运输手段。航空运输的优点是运输速度快,缺点是运量相对较小、成本高、受天气影响大、可靠性较差。截至2020年年底,我国航空冷链物流规模接近300亿元,其中主要的业务涵盖鲜切花、果蔬、医药和生鲜电商。

多式联运是指由两种及其以上的交通工具相互衔接、转运而共同完成的运输过程,统称为复合运输,我国习惯上称之为多式联运。根据交通运输部资料,2020年,我国多式联运示范工程完成集装箱多式联运量约480万标箱。全国港口完成集装箱铁水联运量687万标箱,同比增长29.6%。但目前国内多式联运规模较小,与发达国家相比仍有较大差距,进一步推进多式联运发展,强化多式联运系统建设,推动多式联运运行水平的提升,依旧是"十四五"期间我国交通和物流领域的重要任务。预计未来国内多式联运市场还有较大增长空间。

2. 公路冷藏运输装备

公路冷链运输主要以冷藏汽车为运输工具,是目前冷链运输中最主要、最普遍的运输方式。我国公路冷藏车根据温度可以分为保温汽车、冷藏汽车、保鲜汽车。按照制冷装置的制冷方式可以划分为机械冷藏车、冷冻板冷藏车、液氮冷藏车、干冰冷藏车、冰冷冷藏车等,其中机械冷藏车的使用最为广泛。按行走结构,可以分为冷藏汽车、冷藏挂车、冷藏式交换厢体。根据车辆所能维持的不同内部温度独立区域的数量,冷藏车可以分为单温冷藏车和多温冷藏车。

随着我国冷链物流的快速发展,我国冷藏车数量从2016年的11.5万辆增长至2022年的39万辆,年均增长率超过20%,如图6-8所示。得益于近几年我国经济发展稳步提高,城镇化进程加快,国内电商及跨境电商等冷链物流的快速兴起,冷藏车数量增长迅速。随着国家法律法规的完善,消费者对于冷链食品的重视,全程追溯的设备价格下降,使得追溯的成本下降,都有效提高了冷藏车的使用率。

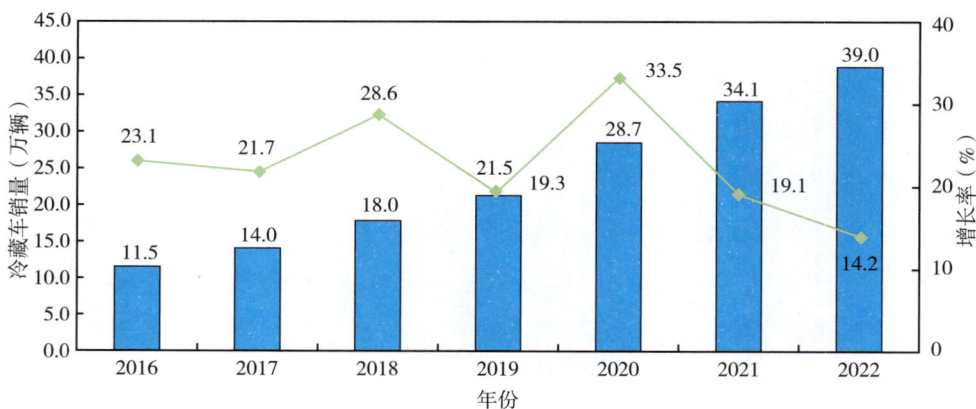

图 6-8　中国冷藏车发展情况

2021 年我国冷藏车销量为 79895 辆，同比增长 18.9%。整体汽车产业电动化、智能化浪潮下，新能源冷藏车有望迎来发展机遇，预计 2023 年销量将达 10 万辆。其中广东、北京和山东冷藏车流入量分别为 7950 辆、6152 辆和 6144 辆，短期来看，冷藏车需求将由发达地区推动，中长期，随着生活物质水平要求持续提高，冷链物流持续发展下，欠发达地区仍有较大渗透空间。此外，冷藏用户主要还是在生鲜运输、宅配、医药等领域，这类运输主要集中在华东和华南地区，自然会造成用户的发布均匀。中国冷藏车主要需求省市为经济发达地区，整体冷链物流相对完善，冷藏车需求持续增长，见图 6-9。

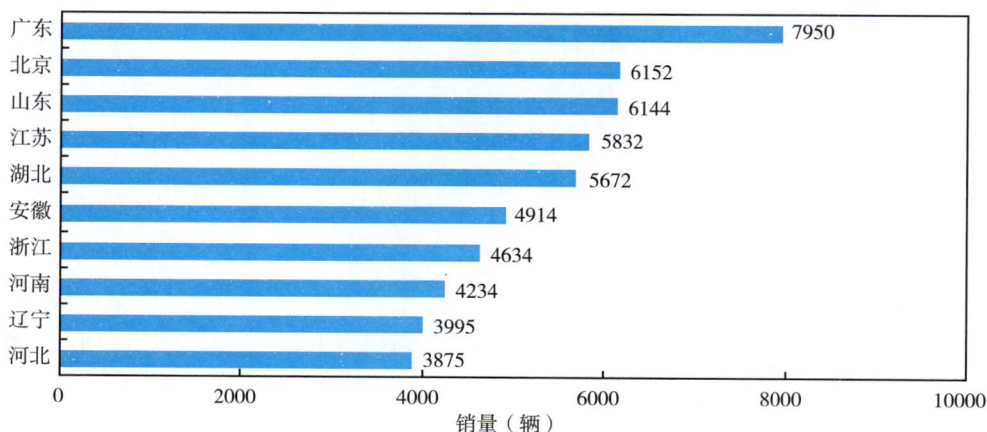

图 6-9　2021 年中国冷藏车销量前十地区

　　从车型来看（图 6-10），2021 年轻型冷藏车销量达 54650 辆，同比增长 19.6%，销量占比达 68.4%，为冷藏运输配送的主力车型，这是由于目前冷链物流需求呈现碎片化、小批量多批次化，跨区域冷链零担运量和市内配送需求量大幅增加，轻型冷藏车由于其便利性，日益受到冷藏运输企业的青睐。

　　从能源和燃料角度来看（图 6-11），柴油动力冷藏车占据绝对的主导地位，占比约 90%，新能源冷冻冷藏车仍然仅占不到 2% 的比例。由于新能源冷藏车车技术发展的不成熟、电池技术落后以及政策补贴降低等相关因素影响，我国新能源冷藏车发展较为缓慢。但在环保节能的大趋势下，国家在推动新能源冷藏车消费和使用方面高度重视，2021 年新能源冷藏车销量达 1736 辆，同比增长 256%。

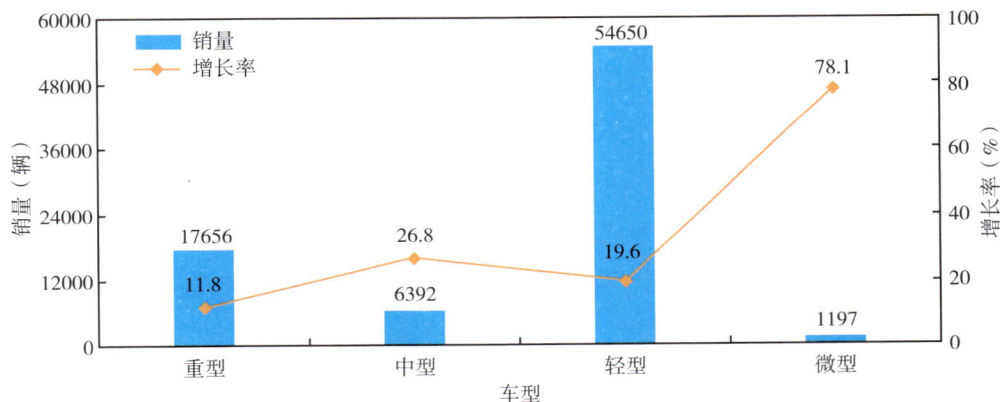

图 6-10　2021 年冷藏车不同车型销量及增长率

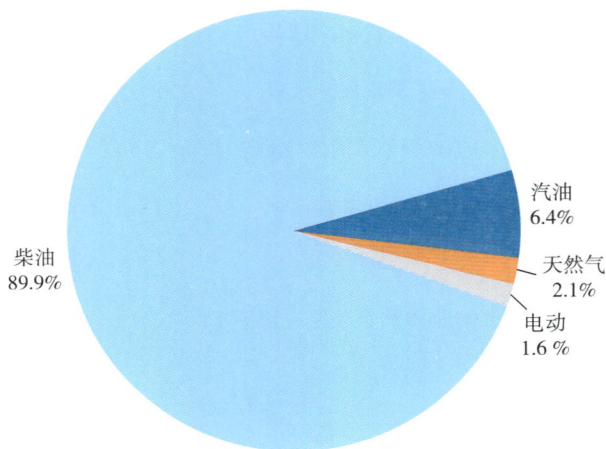

图 6-11　冷藏车不同能源销量占比

3. 铁路冷藏运输装备

铁路冷链运输主要以冷藏列车和冷藏集装箱为运输工具。铁路冷藏货物运输曾在相当长的时间内是我国鲜活货物的主要运输方式。1991 年铁路冷藏货物运量达 1669 万吨，占总运量的 70% 以上。随着市场经济结构调整和高速公路的发展，尤其是绿色通道的开通，铁路冷藏货物运量急剧下降，到 2013 年下降为 42 万吨，不足冷藏货物运量的 0.5%。随着食品安全管控系列政策的加强和"十九大"提出的防治大气污染、打赢蓝天保卫战行动的加快实施，我国冷链运输市场快速增长，同时冷链运输逐渐由公路向铁路转移，铁路冷链运输具有巨大的市场需求空间。为扭转我国铁路冷藏货物运输与经济发展极不对称的格局，从 2014 年开始，国家、国铁集团和中铁特货公司重新重视铁路冷链运输，组织开展了铁路冷链规划的研究。2016 年，中国铁路总公司下发了《铁路冷链物流网络布局"十三五"发展规划》(铁总计统〔2016〕42 号)，加快推进铁路冷链物流网络布局，将通过运输装备配置、线路配套等系列措施，快速提升铁路冷链运输能力。建立和完善"两纵两横三放射"和"十三支线"的冷链运输通道，通过冷库建设、站场改造、改变运输模式、新增运输装备等措施，我国铁路冷藏货物运量逐步提升，2018 年运量达到 154 万吨，2019 年达 206 万吨，铁路冷链运输量正在逐步提升。如表 6-5 所示，铁路冷藏运输装备主要包括：机械冷藏车、隔热保温车、冷藏集装箱、隔热保温箱和新能源铁路冷藏运输装备。

表 6-5　铁路冷藏运输装备现状

装备类型	装备名称	现状
机械式冷藏车	B10 型机械冷藏车	现已基本淘汰
	B22 型机械冷藏车	现已基本淘汰
	BH10 型单节机械冷藏车	试运行阶段
隔热保温车	BH1 型隔热保温车	新造 1000 辆，后期有望大幅增加
冷藏集装箱运输	冷藏集装箱	运行阶段
	BX1K 型冷藏集装箱专用平车	
隔热保温箱	隔热保温箱	运行阶段
新能源铁路冷藏运输装备	蓄冷式冷藏箱	试运行阶段
	锂电池冷藏箱	试运行阶段

4.水路冷藏运输装备

水路冷藏运输主要以冷藏船和冷藏集装箱为运输工具。近几年来，冷藏集装箱船以其周转快、可以达到"门对门"、小批量冷藏货物运输等优点，抢占了大部分港口到港口间的货物运输。冷藏船是一种用于港口与港口之间对冷冻、冷却货物（如肉类、水果、蔬菜之类）进行水上冷藏运输的专用性船舶。按温度分类可分为0℃以上的高温冷藏船、−15℃以下的冷藏运输船和高/低温通用冷藏船。

冷藏集装箱根据制冷方式分类，分为外置式冷藏集装箱、内藏式冷藏集装箱、冷冻板冷藏集装箱、液氮和干冰冷藏集装箱、气调冷藏集装箱五大类。

近年来，国际易腐货物海运贸易量持续增长。根据航运咨询公司德路里（Drewy）的统计和预测，2019年全球冷藏货物海运贸易量为1.305亿吨，至2024年底将达到1.560亿吨，年均增长率为3.7%。由于冷藏船的装卸效率和速度远不及集装箱，当前冷藏货物海运模式正在从专业冷藏船队向冷藏集装箱船队转变，预计到2024年底，专业冷藏船运输量占贸易量的比例将从2019年的13%下降至8%，而冷藏集装箱运输量占贸易量的比例将从2019年的87%增长至92%。

近年来，我国海运冷藏集装箱运输快速发展，沿海港口冷藏箱吞吐量近三年年均增长率达10%以上，保持快速增长态势，冷藏箱海运服务网络不断拓展，运输组织模式不断优化，冷藏集装箱智能化水平和港口堆场供电堆存能力不断提升。

5.其他（移动保温箱、移动冰箱）

随着人们消费水平的提升，人们对食品卫生，冷链配送越来越重视，保温箱灵活的配送方式和低廉的成本越来越受到各个相关行业的青睐（见图6−12）。在生鲜电

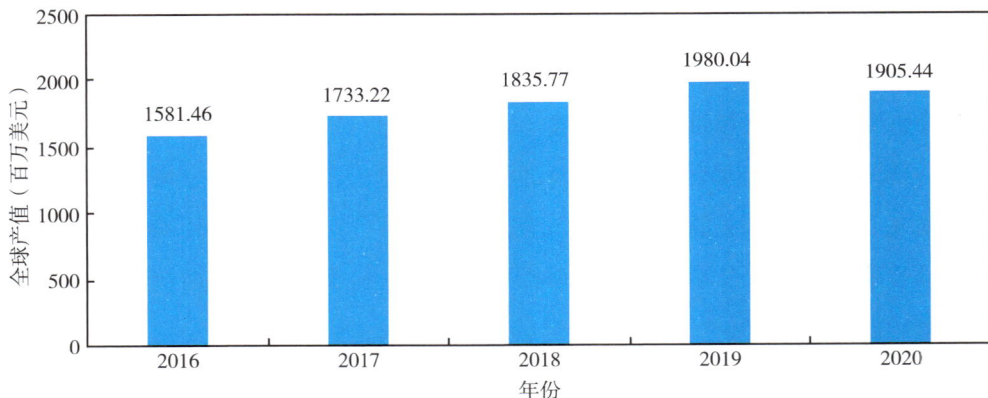

图 6−12　全球市场保温箱产值

商，渔业捕捞，药品物流持续发展的趋势下，保温箱的用途将会越来越广，市场前景看好。2020 年，全球保温箱市场规模达到了 19.05 亿美元（折合人民币 127.3 亿元），中国保温箱市场规模为 2.3 亿美元（折合人民币 15.41 亿元）。

（四）冷藏销售（轻商）

轻型商用制冷设备（轻商）作为冷链物流末端的储存销售设备，产品规格及种类较多，细分产品主要包括：制冷陈列柜（自携式和远置式）、带制冷功能的自动售货机、厨房冰箱、商用制冰机、商用冰激凌机、葡萄酒储藏柜、医用冷柜，以及近些年出现的压缩式制冷方式的车载冰箱，如图 6-13 所示。

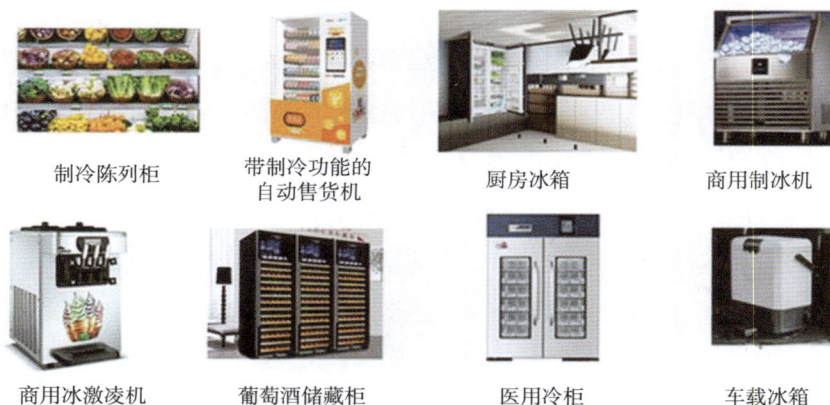

制冷陈列柜　　带制冷功能的　　厨房冰箱　　商用制冰机
　　　　　　　自动售货机

商用冰激凌机　　葡萄酒储藏柜　　医用冷柜　　车载冰箱

图 6-13　轻商制冷设备的细分产品

由于轻商涉及产品种类多、生产企业多而分散、制冷剂种类选择多样。因此，项目组通过调查问卷和访谈的形式，获得了 2012 年至 2022 年我国轻商制冷设备的主要产量、制冷剂使用情况、能效等数据，为碳排放估算提供了依据。

调研以国内领先的制冷行业信息服务商、检测及检测机构、占市场份额较大的轻商制冷设备制造企业和维修企业为主，包括：产业在线、合肥通用机械研究院、开利空调冷冻研发管理上海有限公司、青岛海尔空调电子有限公司、上海海立电器有限公司、海尔生物公司、美的医疗冷柜、海信商用冷链公司、海容商用冷链股份有限公司、思科普压缩机有限公司、华益压缩机有限公司、松下冷链、上海金城制冷、上海海立中野、澳柯玛等。

图 6-14 为 2018 年至 2022 年中国轻型商用制冷产品销量统计结果，销售量平均增速分别为 8.8%。2022 年销量 1647 万台，因疫情十年中首次下滑。

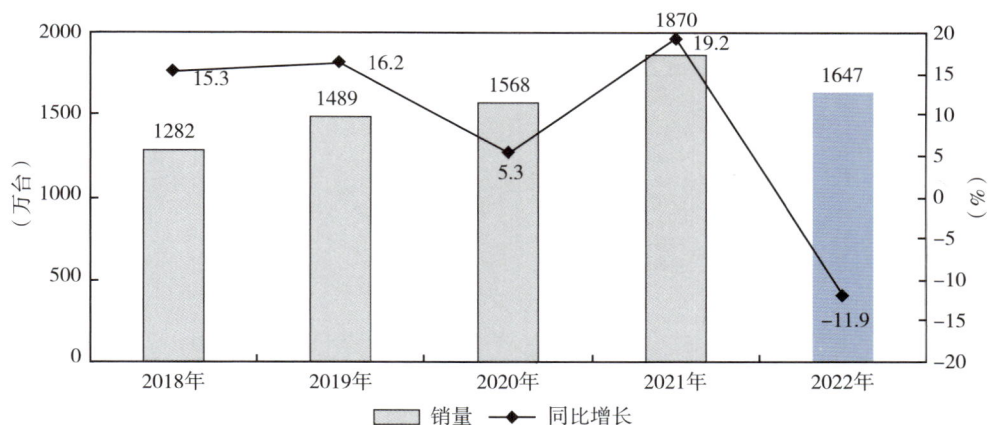

图 6-14　2018—2022 年中国轻型商用制冷产品总销量统计

根据产业在线的统计，轻商产品的内销量占比约 58%。表 6-6 和图 6-15 为 2012 年至 2022 年的十年轻商不同细分产品的内销量统计数据。

表 6-6　2012—2022 年轻商不同细分产品内销量统计数据

内销量（万台）	2012年	2013年	2014年	2015年	2016年	2017年	2018年	2019年	2020年	2021年	2022年
自携式制冷陈列柜	172	192	252	276	307	343	386	432	438	515	423
厨房冰箱	32	44	67	78	88	94	118	133	124	147	114
商用制冰机	10	12	13	13	14	23	29	36	35	40	26
自动售货机	1	2	2	5	7	12	16	17	15	16	14
商用冰激凌机	7	7	8	8	9	10	11	12	11	13	10
葡萄酒储藏柜	6	7	8	9	10	11	12	13	12	12	10
远置式制冷陈列柜	6	5	7	7	7	8	10	10	10	10	7
医用冷柜	8	10	10	13	14	17	22	24	32	51	38
车载冰箱	4	7	11	13	23	35	50	75	100	180	210
其他	37	43	47	58	72	80	95	110	111	126	79
总计	282	330	425	479	552	633	748	862	886	1110	931

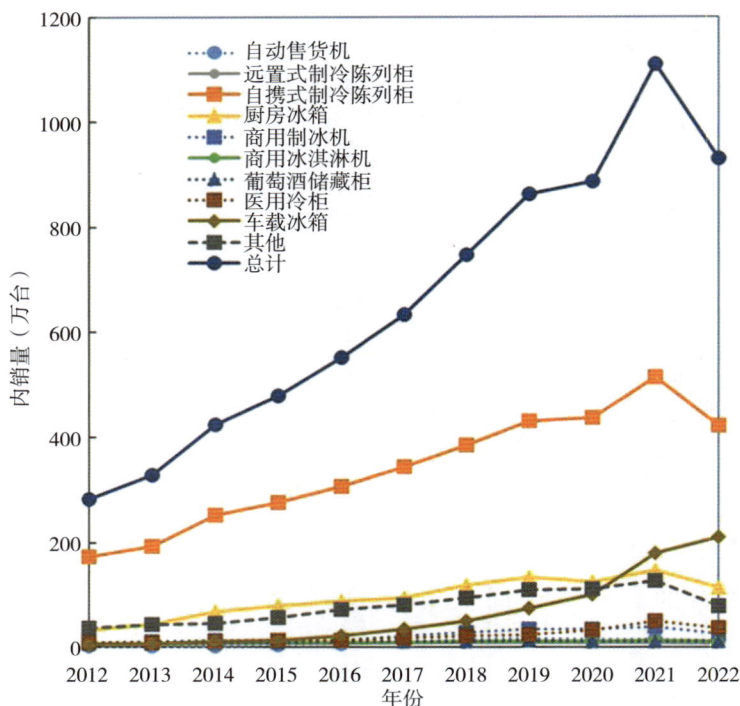

图 6-15　2012—2022 年轻商细分产品的内销量变化图

从中可以看出，2012 年至 2021 年间，轻商设备的总内销量呈逐年增长趋势，2022 年有所回落，总销量在 931 万台，其中自携式制冷陈列柜销量占比最大，2022 年占总量的 45.4%。

二、制冷剂使用及排放现状

（一）制冷剂使用现状

1. 冷加工

目前，冷加工各环节制冷剂的主要使用情况如表 6-7 所示，主要分为卤代烃（含氢氯氟烃）、二氧化碳、氨、碳氢等制冷剂种类。冷加工环节制冷剂存量为 11560 吨，制冷剂年使用量 1445 吨。

表 6-7　冷加工各环节目前在用制冷剂

设备	现用制冷剂
果蔬预冷	HCFC-22、R-404A、R-507A
动物性食品冷却与冻结	HCFC-22、R-404A、R-507A、R-717
速冻	HCFC-22、R-404A、R-507A、R-717、HFCs/R-744、R-717/R-744

2. 冷冻冷藏

（1）冷库制冷剂

依据文献[1]，到 2021 年，我国冷库卤代烃制冷系统为 55%，二氧化碳跨临界及复合系统为 30%，氨系统占为 15%，见图 6-16。

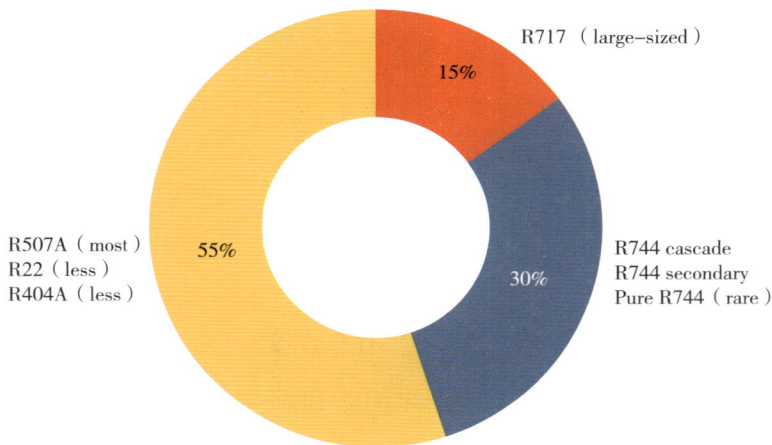

图 6-16　冷库系统类型占比

（2）制冷系统及单位库容卤代烃充注量

通过网络调研我国东北地区、西南地区、西北地区、华东地区、华南地区、华北地区及华中地区近百家非氨冷库，统计其容量、库温、投入使用年限、制冷系统的类型、供液形式、制冷剂的选择、蒸发器的类型、充注量及年补充量等数据，得到不同制冷系统占比及卤代烃充注量，结果表 6-8 所示。其中，小型冷库指容量小于 1000 吨（或容量 5000 立方米）的冷库，中型冷库指容量在 1000 吨（或容量 5000 立方米）至 5000 吨（或容量 2 万立方米）之间的冷库，大型冷库容量大于 5000 吨（或容量 2 万立方米）的冷库。受制冷技术、设备及投资影响，小型冷库卤代烃系统几乎全部采用直接膨胀供液，分为直接膨胀加冷风机、直接膨胀加冷排管两种系统形式；中大型冷库卤代烃系统既有直接膨胀供液，也有泵供液，规模越大泵供液的比例越高，并且又分为直接膨胀加冷风机、直接膨胀加冷排管、桶泵加冷风机、桶泵加冷排管四种系统形式，并且近些年卤代烃和 CO_2 复合系统在大型冷库得到快速推广。上述系统形式是影响制冷剂充注量的主要因素。

表 6-8　制冷系统占比及卤代烃充注量

制冷系统	系统形式	占比（%）	单位库容卤代烃充注量（吨 / 万吨库容）
小型冷库卤代烃系统	直接膨胀加冷风机	70	3.5
	直接膨胀加冷排管	30	5
中大型冷库卤代烃系统	直接膨胀加冷风机	41	3.5
	直接膨胀加冷排管	3	5
	桶泵加冷风机	46	10
	桶泵加冷排管	10	15
卤代烃和 CO_2 复合系统	—	15	1.9

由表 6-8 可知，小型冷库卤代烃系统以直接膨胀加冷风机为主，占比为 70%，单位库容卤代烃充注量为 3.5 吨 / 万吨库容。中大型冷库卤代烃系统主要以直接膨胀加冷风机、桶泵加冷风机为主，占比分别为 41% 和 46%，单位库容卤代烃充注量分别为 3.5 吨 / 万吨库容和 10 吨 / 万吨库容。

《关于严格控制新建使用含氢氯氟烃生产设施的通知》环办〔2009〕121 号要求"自 2009 年 10 月 13 日起，各地不得新建使用含氢氯氟烃生产设施，各级环保部门不得审核批准上述生产设施建设项目的环境影响报告书（表），违反以上规定建设的生产设施，由地方环保部门报请同级人民政府责令拆除，并依法追究相关责任"，并且 HFC-134a 的应用范围受限和设备成本较高，因此冷库卤代烃绝大多数为 R-404A 或 R-507A。

（3）不同规模冷库的卤代烃制冷系统占比及库容量计算

到 2021 年底，我国冷库总库容量基数为 7858 万吨，采用卤代烃和 CO_2 复合系统的冷库占比为 15%，采用纯卤代烃系统的冷库占比为 55%，不同规模的卤代烃制冷系统库容量计算结果见表 6-9。

表 6-9　不同规模的卤代烃制冷系统库容量

卤代烃系统类型	占比（%）	库容量（万吨）
纯卤代烃系统冷库	55	4321.9
卤代烃和 CO_2 复合系统冷库	15	1178.7

由表 6-9 可知，采用纯卤代烃系统的库容量为 4321.9 万吨，根据中国物流与采购联合会冷链物流专业委员会的统计，其中小型冷库占比 6%，库容量为 259.314 万吨。中大型冷库占比 94%，库容量为 4062.586 万吨。

（4）制冷系统卤代烃保有量计算

制冷系统卤代烃保有量按式 6-1 计算，结果见表 6-10。

$$m = G \cdot \eta \cdot \psi \qquad \qquad 式 6-1$$

其中：m——卤代烃保有量，吨；

　　　G——卤代烃系统冷库总库容量，万吨；

　　　η——不同系统形式占比，%；

　　　Ψ——单位库容卤代烃充注量，吨 / 万吨库容。

表 6-10　制冷系统卤代烃保有量

制冷系统分类	卤代烃保有量（吨）
小型冷库卤代烃系统	1024.290
中大型冷库卤代烃系统	31043.456
卤代烃和 CO_2 复合系统	2239.530

由表 6-10 可知，我国冷库纯卤代烃系统卤代烃保有量为 32067.746 吨，卤代烃和 CO_2 复合系统卤代烃的保有量为 2239.53 吨。

3. 冷藏运输

从充注的制冷剂来看，目前机械式制冷冷藏车广泛使用的制冷剂为 HFC-134a 和 R-404A，对制冷剂运用调研表明，目前 R-404A 占比在 70% ~ 80%，HFC-134a 和 HCFC-22 的占比分别为 10% ~ 20% 和 5%，此外还有少量的 R-410A 和 R-507A 等，其中新制造的冷藏制冷机组充注的制冷剂大部分为 R-404A，占比达 90% 以上，而较为老旧设备仍有使用 HCFC-22 的。R-404A 的 ODP 值为零，但其 GWP 值高达

3921.6，与当前控制温室气体排放的环保要求不相适应，《基加利修正案》明确列出R-404A、R-507A 为第一批要淘汰的高 GWP 的制冷剂。

4.冷藏销售（轻商）

轻商细分产品采用制冷剂种类情况如表 6-11 所示，可以看出：轻商制冷设备制冷剂逐渐以纯天然碳氢工质 HC-290（丙烷）、HC-600a（异丁烷）来替代 HFC-134a、R-410A 和 R-404A 等，其中 HC-290 制冷剂的推广使用最为广泛。

表 6-11 我国轻商制冷设备细分产品采用制冷剂种类

细分产品		在用制冷剂	
带制冷功能的自动售货机		HFC-134a、HC-290、HC-600a、R-404A	
制冷陈列柜	自携式制冷陈列柜	HC-290、HC-600a、HFC-134a、R-404A、R-410A	
	远置式制冷陈列柜	HFC-134a、R-404A、R-410A、HCFC-22	
厨房冰箱		HC-290、HFC-134a、R-404A、HC-600a	
商用制冰机		R-404A、HFC-134a、HC-290	
商用冰激凌机		R-404A、HFC-134a、HC-290	
葡萄酒储藏柜		HFC-134a、HC-600a	
医用冷柜	冷藏温区柜	HFC-134a	
	冷冻温区柜	R-404A	
	-86℃医疗柜	HFC-134a/HFC-23、R-404A/HFC-23、混合工质	
海鲜低温柜（-60℃）		HC-290/HC-170、HC-600a/HC-170 等	

制冷剂使用量包括生产使用量和维修使用量，以内销量为基准，估测出每种细分产品的制冷剂使用量，然后估算出所有轻商制冷设备的制冷剂使用量。

制冷剂使用量及碳排放量技术的数据来源与取值说明：

①各细分产品内销量：来自产业在线；

②制冷剂使用量占比：来自企业调研数据统计；

③细分产品充注量等：根据企业调研数据、产品样本、经验等进行取值；

④碳排放因子：来自国家统计数据；

⑤泄漏系数：参考 LCCP 指南；

⑥制冷剂维修率：来自企业调研数据。

由于轻商厂家众多、同一细分产品冷量大小不一，同时调研样本的有限性，有些数据是根据行业经验进行取值，故估算的制冷剂使用量、碳排放数据与实际情况存在一定的偏差。

图 6-17 和表 6-12 是估算的 2012 年至 2022 年每年轻商制冷设备生产使用各种制冷剂量变化图。可以看出：使用制冷剂总量总体在增加（2022 年因疫情较大除外），2022 年使用量合计为 2044.28 吨。总体来看，R-404A 使用量最大，而且逐年增加；HC-290 使用量逐年增加、HFC-134a 使用量逐年减少，并自 2019 年，R290 开始超越 HFC-134a，呈现明显的 HC-290 替代 HFC-134a 趋势；HC-600a 的上升趋势比较平缓；混合工质使用量较小，但呈现逐年增加趋势；HCFC-22 占比很小，自 2021 年开始，被调研的头部企业已经停止使用 HCFC-22。

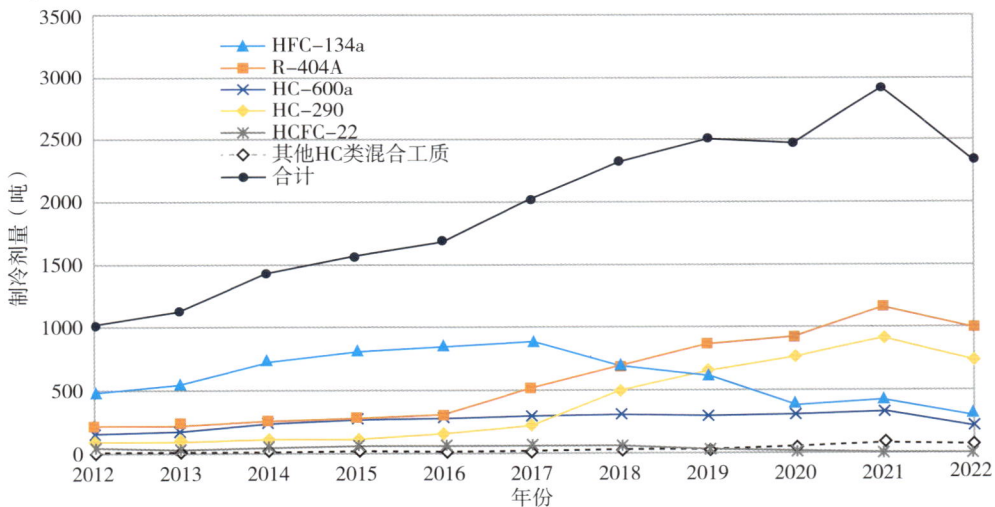

图 6-17　2012—2022 年每年轻商制冷设备生产使用主要制冷剂量变化

表 6-12　轻商设备每年生产使用各种制冷剂量估算表　（单位：吨）

年份	HFC-134a	R-404A	HC-600a	HC-290	HCFC-22	混合工质	合计
2012	495.5	209.7	156.1	100.6	45.6	9.2	1016.6
2013	549.4	230.7	186.1	110.7	38.0	12.4	1127.4
2014	741.2	259.9	248.8	123.0	53.2	12.3	1438.5
2015	816.5	274.6	277.4	127.1	53.2	15.9	1564.7
2016	854.8	308.2	293.0	163.6	53.2	18.3	1691.1

续表

年份	HFC–134a	R–404A	HC–600a	HC–290	HCFC–22	混合工质	合计
2017	890.2	524.7	296.8	234.1	60.8	23.3	2029.9
2018	703.2	695.7	317.1	508.7	76.0	30.8	2331.4
2019	621.2	869.1	303.2	664.5	19.0	36.5	2513.5
2020	387.2	916.4	320.6	780.4	19.0	50.0	2473.6
2021	429.4	1166.9	334.5	919.4	0.0	80.4	2930.6
2022	302.4	996.6	224.5	750.3	0.0	70.5	2344.3

根据设备存量，估算 2022 年轻商细分产品的制冷剂保有量及年泄漏量，结果如表 6–13 所示。可以看出：至 2022 年底，轻商设备制冷剂保有量估算为 17782.73 吨，因泄漏与报废造成的制冷剂泄漏量估算为 941.27 吨。

表 6–13　至 2022 年轻商细分产品的制冷剂保有量及泄漏量估算

细分产品	制冷剂保有量（吨）	年泄漏量（吨）
自动售货机	367.92	18.40
远置式制冷陈列柜	1737.82	139.03
自携式制冷陈列柜	6397.19	319.86
厨房冰箱	2945.38	147.27
商用制冰机	2621.48	131.07
商用冰激凌机	2064.00	103.20
葡萄酒储藏柜	273.18	13.66
医用冷柜	723.14	36.16
车载冰箱	652.60	32.63
合计	17782.73	941.27

（二）制冷剂排放现状

1. 冷加工

（1）果蔬预冷

中国果蔬预冷设备及其制冷剂使用方面，目前中国做预冷设备的厂家很少，且很多这些企业不是专门做而是兼做预冷设备；一些预冷设备的企业规模很小，设备及其制冷剂使用统计难度大；目前更多是在冷库群里面专门建设一个预冷库，未采用专门预冷设备。考虑到上述因素，果蔬预冷部分的碳排放测算主要从我国果蔬产量出发进行计算[3]。我们从制冷剂泄漏、能源消耗两个方面来计算食品预冷过程的碳排放。

我国目前果蔬预冷率约为 20%，其中绝大部分是通过冷库进行的，冷库尚未配置专业化的预冷设施。根据国家统计局公布的 2021 年数据显示，水果产量为 29970.20 万吨、蔬菜产量为 77548.78 万吨。

据 35 种常见果蔬的比热容的测定结果，果蔬比热容计算平均值 3.275 kJ/（kg·℃），由于果蔬预冷的温度大概是从室温 25℃降到 5℃，因此取单位重量热容为 65.5kJ/kg。根据上述食品的冻藏所需冷量，再考虑 20% 的漏冷等，可以推算冷加工所消耗的电力等数据从而得到间接碳排放如表 6–14 所示。2021 年全国电力平均排放因子 0.5839 t CO_2/MWh。

表 6–14　果蔬预冷设备能耗带来的间接碳排放

环节	总重量（万吨）	单位重量热容（kJ/kg）	所需冷量（10^{12}J）	能效比	电（亿度）	碳排放（万吨）
果蔬预冷	21503.8	65.5	14084.9	3.0	16.3	95.2

以果蔬预冷设备采用 R-507A 制冷剂计之，取单位制冷功率制冷剂充注量为 3 kg/kW，制冷功率依据所需冷量换算获得，综合二者可获得制冷剂总充注量。制冷剂年平均泄漏率取 5%，包括运行泄漏（慢漏）和维修泄漏。预冷设备制冷剂泄漏带来的直接碳排放如表 6–15 所示。

表 6–15　果蔬预冷设备制冷剂带来的直接碳排放

制冷剂	GWP	制冷剂充注量（吨）	制冷剂泄漏量（吨）	碳排放（万吨）
R-507A	3985.00	1246	62.3	24.8

目前我国果蔬预冷设备总碳排放约每年 120.0 万吨。

（2）动物性食品冷却与冻结

通过现有食品热物性的研究，再结合冷加工过程的食品温度降，取冷却肉单位热容为 50 kJ/kg、冷冻肉的单位热容为 260 kJ/kg、低温奶的单位热容为 150 kJ/kg、冷冻饮品的单位热容为 400 kJ/kg。根据国家统计局冷冻冷藏肉类产量数据与媒体公布的冷鲜肉所占比例推算我国冷鲜肉产量约为 1800 万吨、冷冻肉产量约为 1250 万吨。根据行业数据，2021 年低温奶产量为 1200 万吨，冷冻饮品产量约为 240 万吨。根据上述食品的冻藏所需冷量，再考虑 20% 的漏冷等，推算冷加工所消耗的电力等数据如表 6-16 所示。

表 6-16　食品冷却与冻结设备能耗带来的间接碳排放

类别	重量（万吨）	单位重量热容（kJ/kg）	所需冷量（10^{12}J）	能效比	电（亿度）	碳排放（万吨）
冷冻肉	1250	260	3250	1.5	7.52	43.93
冷鲜肉	1800	50	900	3	1.04	6.08
低温奶	1200	150	1800	3	2.08	12.16
冷冻饮品	240	400	960	1.5	2.22	12.98
合计						75.2

以冷加工设备采用 R-507A 制冷剂计之，取单位制冷量制冷剂充注量为 8 kg/kW，制冷功率依据所需冷量换算获得，综合二者可获得制冷剂总充注量。制冷剂年平均泄漏率取 5%，包括运行泄漏（慢漏）和维修泄漏，冷加工设备制冷剂泄漏量的碳排放（表 6-17）。

表 6-17　食品冷却与冻结设备制冷剂带来的直接碳排放

制冷剂	GWP	制冷剂充注量（吨）	制冷剂泄漏量（吨）	碳排放（万吨）
R-507A	3985.00	1753	87.65	35.0

这样，计之能耗与制冷剂泄漏，目前我国动物性食品冷却与冻结设备设施总碳排放每年 110.2 万吨。

（3）速冻

通过对 2012 年至 2022 年国内速冻设备使用情况的调研，每年由于能耗带来的间接碳排放计算如表 6-18 所示。可见，由于能耗带来的间接碳排放 23.0 万吨。

表 6-18　速冻设备能耗带来的间接碳排放

制冷剂种类	国内现有总冷吨	平均能效比	每年典型运行时间（小时）	每年间接碳排放（万吨）
HCFC-22	179571.4	1.66	3500	6.281
R-717	211714.3	1.63	3500	7.542
R-507A	210000	1.50	3500	8.130
R-717/R-744	24000	1.78	3500	0.783
R-507A/R-744	8571.429	1.62	3500	0.307
总计				23.0

速冻行业规模、制冷剂使用情况及制冷剂带来的直接碳排放水平测算如表 6-19 所示，制冷剂泄漏、维修带来的直接碳排放 61.4 万吨。

表 6-19　速冻设备制冷剂带来的直接碳排放

制冷剂种类	国内现有总冷吨	充注量（kg/冷吨）	GWP	年泄漏率（%）	每年直接碳排放（万吨）
HCFC-22	179571.4	11.67	1810	5.0	20.03
R-717	211714.3	35.3	0	5.0	0
R-507A	210000	10.14	3985	5.0	42.428
R-717/R-744	24000	4.6/29	0/1	5.0	0.0035
R-507A/R-744	8571.429	6.49/29	3985/1	5.0	1.110
总计					63.6

这样，计之能耗与制冷剂泄漏，目前我国速冻设备总碳排放每年 86.6 万吨。

综上，包括果蔬预冷、动物性食品冷却与冻结、速冻的冷加工环节总碳排放每年 316.8 万吨。

2. 冷冻冷藏

制冷系统能耗导致 CO_2 排放量按式 6-2 计算：

$$TEWI（能耗）= 系统年耗电量 \times CO_2 排放因子 \times 生命周期 /1000 \qquad 式 6-2$$

其中，系统年耗电量根据中国制冷学会科研课题《冷库制冷系统检测与分析》（2018 年至 2019 年度）中不同库容的制冷系统吨日能耗理论计算平均值计算所得，制冷系统吨日能耗理论计算平均值见表 6-20。

表 6-20　不同库容制冷系统冷库吨日能耗平均值

制冷系统	冷库吨日耗电量平均值（kW·h）
小型卤代烃冷库	0.436
中大型卤代烃系统	0.266
卤代烃 /R-744 复合系统	0.270

制冷剂泄漏导致 CO_2 排放量按式 6-3 计算：

$$TEWI（制冷剂泄漏）= 制冷剂保有量 \times 年泄漏率 \times 制冷剂 GWP \times 生命周期 /1000$$

$$式 6-3$$

调研发现冷库用户几乎都没有对于其制冷系统泄漏量进行严格统计，根据以往的工作交流和案例分析发现制冷系统年泄漏率多在 10% ~ 20%，本课题年泄漏率按 15% 取值，包括运行泄漏（慢漏）和维修泄漏。制冷剂泄漏导致 CO_2 排放计算结果见表 6-21。

表 6-21　不同规模卤代烃制冷系统当量 CO_2 排放量

制冷系统	小型纯卤代烃系统	中大型纯卤代烃系统	卤代烃 /R-744 复合系统
GWP	3985	3985	3985
年泄漏率（%）	15	15	15
生命周期（a）	1	1	1
制冷剂保有量（t）	1024.3	31043.5	2239.5
系统年耗电量（10^6 kWh/a）	412.4	3948.1	1161.6
CO_2 排放因子（$kgCO_2/kWh$）	0.555	0.555	0.555

续表

制冷系统	小型纯卤代烃系统	中大型纯卤代烃系统	卤代烃/R-744复合系统
总当量变暖影响 TEWI（制冷剂泄漏）（10^3 t CO_2e）	612.3	18556.2	1338.7
总当量变暖影响 TEWI（能耗）（10^3 t CO_2e）	228.9	2191.2	644.7
总量（10^3 t CO_2e）	841.2	20747.4	1983.4
每年制冷剂泄漏导致碳排放量（亿吨 CO_2e）	0.2051		
每年制冷系统能耗导致碳排放量（亿吨 CO_2e）	0.0306		
碳排放总量（亿吨 CO_2e）	0.2357		

由表 6-21 可知，每年纯卤代烃系统制冷剂泄漏导致 CO_2 排放量为 0.1917 亿吨 CO_2e，卤代烃/R-744 复合系统制冷剂泄漏导致 CO_2 排放量为 0.0134 亿吨 CO_2e，制冷剂泄漏导致 CO_2 总排放量为 0.2051 亿吨 CO_2e。每年纯卤代烃系统能耗导致 CO_2 排放量为 0.0242 亿吨 CO_2e，卤代烃/R-744 复合系统能耗导致 CO_2 排放量为 0.0064 亿吨 CO_2e，制冷系统能耗导致 CO_2 总排放量为 0.0306 亿吨 CO_2e。每年卤代烃制冷系统 CO_2 总排放量为 0.2357 亿吨 CO_2e。在冷冻冷藏领域，制冷剂泄漏导致的碳排放量远高于制冷系统能耗导致的碳排放量，因此制冷剂替代是降低碳排放量的有效途径。

在冷冻冷藏领域，中大型制冷系统卤代烃保有量为 33283 吨，而小型制冷系统卤代烃保有量仅有 1024 吨，并且对于小型制冷系统，制冷剂替代技术主要是 HFO 或 R-744 制冷，目前还存在技术相对复杂、成本较高、应用范围较窄等问题，很难全面推广，因此中大型制冷系统是制冷剂替代主要目标，如果能够全部采用 R-717 或 R-744 制冷替代，每年可以减少近 2000 万吨 CO_2e 的碳排放。

3. 冷藏运输

冷藏车运行阶段碳排主要由运行能耗和制冷工质泄漏组成。与普通货车相比，冷藏车由于其冷藏运输功能的特殊性，其制冷机组的制冷能耗远远高于普通货车的空调制冷能耗。从制冷机组的动力来源来看，冷藏车车载制冷系统一般分为独立制冷机组和非独立制冷机组。非独立制冷机组本身没有动力装置，需通过冷藏车发动机传动机组的压缩机进行制冷工作，由于冷藏车在实际的冷藏运输配送工作中需要频繁打开车厢门，对于制冷机组的正常工作影响较大；而独立制冷机组不受冷藏车发动机影响，可通过独立的动力装置进行发电，从而能够持续工作或运行，其技术要求较高，导致其成本和维修费用较高。结合实际情况，本次研究的冷藏车，其制冷机组为独立制冷机组，即该冷藏车使用过程中，碳排放来源主要来自以下两方面：分别是行驶碳排和制冷机组使用独立的动力装置用于制冷活动的碳排。因此，它们的碳排放 C_{u1} 计算如式 6-4。此外，由于车辆行驶颠簸等因素，制冷剂无法避免地直接泄漏而造成碳排，则此阶段制冷剂的碳排放 C_{u2} 计算表示为式 6-5[4]。

$$C_{u1} = E_{u1} \times \beta_u + E_{u2} \times \beta_u \qquad 式 6\text{-}4$$

$$C_{u2} = (O + M) \times n \times GWP \qquad 式 6\text{-}5$$

其中：

E_{u1} 为冷藏车行驶的能耗，L；

E_{u2} 为冷藏车制冷机组的制冷能耗，L；

β_u 为运行维护阶段消耗的柴油对应的碳排放因子，kg CO$_2$e/L；

O 为运行过程中制冷剂的泄漏量，kg；

M 为维护过程中制冷剂的泄漏量，kg；

n 为冷藏车运行年限，年。

车辆行驶过程中，行驶能耗与冷藏车行驶油耗、行驶速度及行驶时间等有关，其关系为式 6-6；而车辆制冷能耗与环境温度、制冷能力及使用年限等有关，见式 6-7。

$$E_{u1} = \sum_{k2} \gamma_{vk2} \times V_{k2} \times F \times Q_1 \times n \qquad 式 6\text{-}6$$

$$E_{u2} = \sum_i \frac{\gamma_{Ti} \times Q_i}{\varepsilon_i} \times Q_2 \times n \qquad 式 6\text{-}7$$

其中：

V_{k2} 为冷藏车运行速度，km/h；

γ_{vk2} 为对应车速的比例，%；

F 为冷藏车单位运输距离的柴油耗油量，L/km；

θ_1 为冷藏车每年运行时间，h/年；

n 为冷藏车运行年限，年；

γ_{Ti} 为环境温度分布比例，%；

Q_i 为对应温度下制冷机组的制冷能力，kW；

ε_i 为对应温度下的性能系数；

θ_2 为制冷机组每年运行时间，h/年。

为更真实地反映出环境温度对系统碳排放的影响，综合考虑了室外空气干球温度和太阳辐射因素，将室外综合温度作为冷藏车运行时的环境温度进行评估，可用式 6–8。此计算方法克服了以往简单模型只考虑温度因素，而忽略了太阳辐射对车辆围护结构能耗的影响。

$$T = t_e + \mu \times \frac{\rho \times I}{\alpha_e} \qquad\qquad 式\ 6\text{–}8$$

其中：

T 为环境温度，℃；

t_e 为室外空位干球温度，℃；

ρ 为冷藏车维护结构外表面的太阳辐射吸收系数；

I 为太阳辐射强度，W/ ㎡；

a_e 为冷藏车外表面对流换热系数，W/（㎡·K）；

μ 为太阳辐射系数，与城市纬度、冷藏车朝向等有关。

此外，冷藏车运行过程中，制冷机组属于间断制冷模式，即当回风温度低于设定制冷温度 1℃（不同制冷机组的取值一般不同）时，制冷机组转为低速运行或间接运行状态，以达到节能的目的。因此，制冷机组运行时间与冷藏车工作时间不同，关系式为式 6–9。

$$\theta_2 = \lambda \times \theta_1 \qquad\qquad 式\ 6\text{–}9$$

其中，λ 为制冷机组工作时间与冷藏车工作的时间比例因子。

根据当前国内冷藏车的发展特征和政府对新能源冷藏车的发展规划，研究将动力来源为柴油的冷藏车作为主要的研究车型。计算得到运输能耗碳排为 428.5 gCO_2e/（t·km），制冷剂泄漏碳排为 16.8CO_2e/（t·km）。

4.冷藏销售（轻商）

采用 LCCP 计算方法，根据轻商设备每年的设备保有量、充注量、泄漏率、能耗等参数，计算直接排放和间接排放量。图 6–18 是十年轻商设备碳排放量估算结果，可以看出：2012 年至 2022 年，轻商设备的总碳排放量呈逐年增长趋势。2022 年，总碳排放量为 3970 万吨，其中间接排放占比 81%，为 3280 万吨。

从细分产品来看，自携式制冷陈列柜因碳排放量最大，2022 年为 2094 万吨，占比高达 53%，厨房冰箱和商用制冰机次之，三者合计占比 77%，如图 6–19 所示。

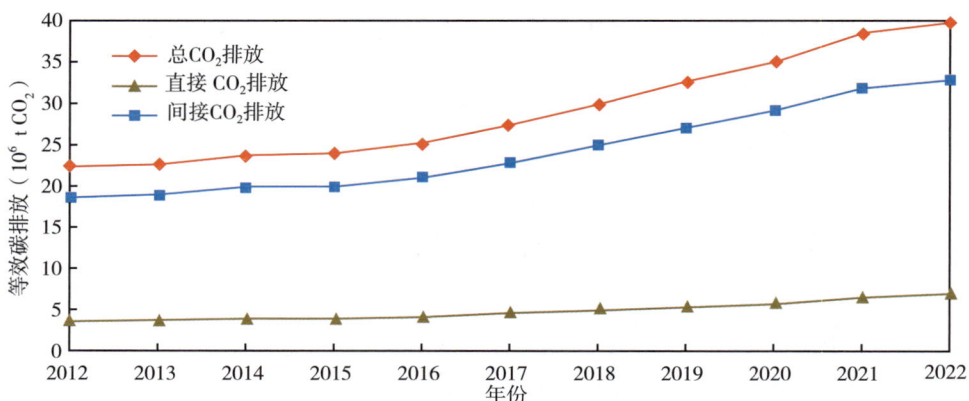

图 6-18   2012—2022 年轻商产品碳排放量估算

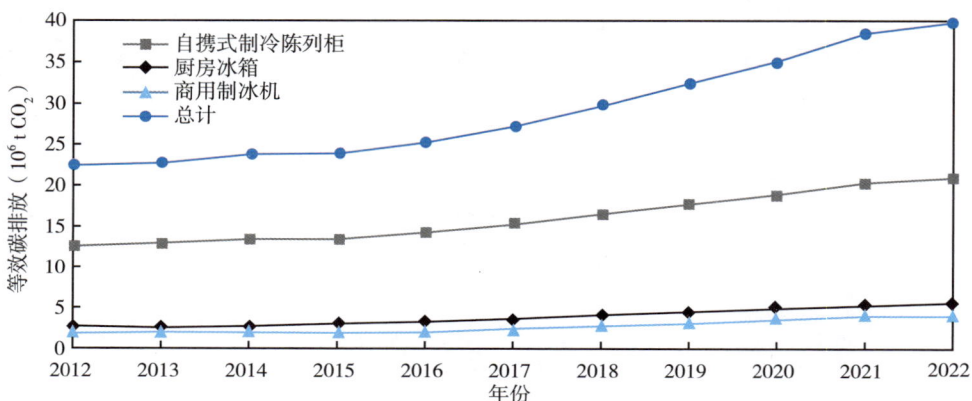

图 6-19   2012—2022 年轻商主要细分产品碳排放量估算

三、制冷剂替代路线分析

（一）冷加工

分析近年来冷加工设备的发展趋势和技术研发进展，可知未来冷加工环节潜在替代制冷剂，如表 6-22 所示。对于果蔬预冷，替代路线有 NH_3、CO_2、HFOs 多种。对于动物性食品冷却，NH_3/CO_2 载冷剂系统在环保方面具有非常好的优势，对于冻结等需要更低的温度的场合，可以采用 NH_3/CO_2 复叠进行替代。

表 6-22　冷加工环节潜在替代制冷剂

设备	现用制冷剂	潜在替代制冷剂
果蔬预冷	HCFC-22、R-404A、R-507A	R-717、R-744、HFOs
动物性食品冷却与冻结	HCFC-22、R-404A、R-507A、R-717	R-717/R-744 载冷剂或复叠
速冻	HCFC-22、R-404A、R-507A、R-717、HFCs/R-744、R-717/R-744	R-717/R-744 复叠

针对果蔬预冷、动物性食品冷却和速冻，分析分析应用潜在替代制冷剂的综合减排效果，结合冷链物流市场发展趋势，预测中国商用制冷领域潜在替代制冷剂的需求量和减排潜力。

1. 果蔬预冷

根据研究数据[3]，2030 年我国果蔬预冷量将达 44000 万吨，预冷设备能耗将降低 10%，我国电力平均排放因子将达到 0.4 t CO_2/MWh。对于 2060 年，产量再提升 50%，能耗降低 30%，电力平均排放因子降低 90% 计算，取产量 66000 万吨，电力平均排放因子 0.04 t CO_2/MWh。2030 年和 2060 年果蔬预冷设备能耗带来的间接碳排放预测见表 6-23。

表 6-23　果蔬预冷设备能耗带来的间接碳排放预测

时间	重量（万吨）	单位重量热容（kJ/kg）	所需冷量（MJ）	能效比	电（亿度）	碳排放（万吨）
2030	44000	65.5	$2.88 \times 10{10}$	3.3	24.2	96.8
2060	66000	65.5	$4.32 \times 10{10}$	4.3	27.9	11.2

取单位制冷量制冷剂充注量为 3 kg/kW，制冷剂年平均泄漏率取 5%，包括运行泄漏（慢漏）和维修泄漏，计算制冷剂泄漏量的碳排放见表 6-24。

表 6-24　果蔬预冷设备制冷剂带来的直接碳排放预测

时间	制冷剂	GWP	制冷剂充注量（吨）	制冷剂泄漏量（吨）	碳排放（万吨）
2030（未替代）	R-507A	3985.00	2739	137	54.6
2030（NH_3 替代）	R-717	0	2739	137	0
2030（CO_2 替代）	R-744	1	2739	137	0.0137
2060（未替代）	R-507A	3985.00	4108.5	205.4	81.8

续表

时间	制冷剂	GWP	制冷剂充注量（吨）	制冷剂泄漏量（吨）	碳排放（万吨）
2060（NH₃替代）	R-717	0	4108.5	205.4	0
2060（CO₂替代）	R-744	1	4108.5	205.4	0.02

可见，对于果蔬预冷环节，采用 R-717 和 R-744 作为替代制冷剂，2030 年相比未替代均可减排 54.6 万吨，2060 年相比未替代均可减排 81.8 万吨。HFOs 由于替代成本较高、技术自主性较差，不推荐作为主要的替代工质。

2. 动物性食品冷却与冻结

根据上引的预测数据，确定 2030 年的产量数值。2060 年的其他数据与果蔬预冷部分计算方法相同。2030 年和 2060 年动物性食品冷却与冻结设备设施能耗带来的间接碳排放预测见表 6-25。

表 6-25　动物性食品冷却与冻结设备设施能耗带来的间接碳排放预测

时间	类别	重量（万吨）	单位重量热容（kJ/kg）	所需冷量（10¹²J）	能效比	电（亿度）	碳排放（万吨）
2030	冷冻肉	3200	260	8320	1.67	13.84	55.32
	冷鲜肉	2000	50	1000	3.3	0.84	3.37
	低温奶	3000	150	4500	3.3	3.79	15.15
	冷冻饮品	300	400	1200	1.67	2.00	7.98
	合计						81.9
2060	冷冻肉	4800	260	12480	2.14	16.20	6.47
	冷鲜肉	3000	50	1500	4.3	0.97	0.39
	低温奶	4500	150	6750	4.3	4.36	1.74
	冷冻饮品	450	400	1800	2.14	2.34	0.93
	合计						9.55

取单位制冷量制冷剂充注量为 8 kg/kW，制冷剂年平均泄漏率取 5%，包括运行泄漏（慢漏）和维修泄漏，计算制冷剂泄漏量的碳排放见表 6-26。

表 6-26　动物性食品冷却与冻结设备制冷剂带来的直接碳排放预测

时间	制冷剂	GWP	制冷剂 充注量（吨）	制冷剂 泄漏量（吨）	碳排放 （万吨）
2030（未替代）	R-507A	3985.00	3810	190.5	75.9
2030（替代）	R-717/R-744	0/1	3810	190.5	0.01905
2060（未替代）	R-507A	3985.00	5715	285.8	113.9
2060（替代）	R-717/R-744	0/1	5715	285.8	0.02858

可见，对于动物性食品冷却与冻结环节，采用 R-717、R-744 作为替代制冷剂，2030 年相比未替代可减排约 75.88 万吨，2060 年相比未替代可减排 113.87 万吨。

3. 速冻

2030 年，预计我国总冷吨为 2022 年的 2 倍，能耗将降低 10%，我国电力平均排放因子达到 0.4 tCO$_2$/MWh。对于 2060 年，预计我国总冷吨为 2022 年的 3 倍，能耗降低 30%，电力平均排放因子 0.04 t CO$_2$/MWh。2030 年和 2060 年速冻设备能耗带来的间接碳排放和制冷剂泄漏量碳排预测分别见表 6-27 和表 6-28。

表 6-27　速冻设备能耗带来的间接碳排放预测

时间	设备制冷剂 种类	国内总量 （千冷吨）	平均 能效比	每年典型运行时间 （小时）	碳排放 （万吨）
2030（未替代）	HCFC-22	359.1	1.84	3500	7.74
	R-717	423.4	1.81	3500	9.30
	R-507A	420.0	1.67	3500	10.02
	R-717/R-744	48.0	1.98	3500	0.97
	R-507A/R-744	17.1	1.8	3500	0.38
	总计				28.4
2030（替代）	R-717/R-744	1267.7	1.98	3500	25.49
2060（未替代）	HCFC-22	538.7	2.37	3500	0.90
	R-717	635.1	2.33	3500	1.08
	R-507A	630.0	2.14	3500	1.17
	R-717/R-744	72.0	2.54	3500	0.11
	R-507A/R-744	25.7	2.31	3500	0.04
	总计				3.31
2060（替代）	R-717/R-744	1901.6	2.54	3500	2.97

表 6-28　速冻设备制冷剂带来的直接碳排放预测

时间	设备制冷剂种类	国内总量（千冷吨）	充注量（kg/冷吨）	充注量（吨）	GWP	年泄漏率	碳排放（万吨）
2030（未替代）	HCFC-22	359.1	11.67	4191	1810	0.05	37.94
	R-717	423.4	35.3	14947	0	0.05	0
	R-507A	420.0	10.14	4259	3985	0.05	84.86
	R-717/R-744	48.0	4.6/29	221	0/1	0.05	0.0069
	R-507A/R-744	17.1	6.49/29	111	3985/1	0.05	2.22
	总计			23729			125.01
2030（替代）	R-717/R-744	1267.7	4.6/29	5831	0/1	0.05	0.18
2060（未替代）	HCFC-22	538.7	11.67	6287	1810	0.05	53.44
	R-717	635.1	35.3	22421	0	0.05	0
	R-507A	630.0	10.14	6388	3985	0.05	127.28
	R-717/R-744	72.0	4.6/29	331	0/1	0.05	0.01
	R-507A/R-744	25.7	6.49/29	167	3985/1	0.05	3.33
	总计			35594			187.56
2060（替代）	R-717/R-744	1901.6	4.6/29	8347	0/1	0.05	0.28

可见，对于速冻环节，采用 R-717、R-744 作为替代制冷剂，2030 年相比未替代可减排约 125 万吨，2060 年相比未替代可减排约 187 万吨。

（二）冷冻冷藏

根据城市化与冷链的发展关系，预计我国冷库总体增长速度将会持续高于 GDP 的增长速冻，2030 年前应能够保持在 5% 左右，因此预计到 2030 年，我国冷库总库容量将为 12190 万吨，较 2021 年增长 1.6 倍。在政策法规、冷冻冷藏商业模式和制冷系统技术保持不变的前提下，根据本课题计算结果推测，制冷剂泄漏导致 CO_2 总排放量为 0.3282 亿吨 CO_2e，制冷系统能耗导致 CO_2 总排放量为 0.0490 亿吨 CO_2e，每年卤代烃制冷系统 CO_2 总排放量为 0.3771 亿吨 CO_2e。如果从现在开始新建中大型制冷系统能够全部采用氨或二氧化碳制冷替代，2030 年可以减少近 0.12 亿吨 CO_2e 的碳排放。

2030 年后，预计我国冷库总体增长速度将会与目前的发达国家基本持平，速度增长为 2% 左右，到 2060 年，我国冷库总库容量的上限可能会达到 2.2081 亿吨，较 2030 年增长 1.8 倍。根据本课题计算结果推测，制冷剂泄漏导致 CO_2 总排放量为 0.5908 亿吨 CO_2e，制冷系统能耗导致 CO_2 总排放量为 0.0882 亿吨 CO_2e，每年卤代烃制冷系统 CO_2 总排放量为 0.6788 亿吨 CO_2e。如果从现在开始新建中大型制冷系统和现有中大型制冷系统更新时能够全部采用氨或二氧化碳制冷替代，2060 年可以减少近 0.56 亿吨 CO_2e 的碳排放。

目前国内冷链物流中心的物流冷库绝大多数采用多层土建库形式，单座冷库容量往往在几千至几万吨，属大型冷库；农产品批发市场物流冷库多采用单层土建或装配库形式，大、中、小型冷库都存在；第三方冷链物流服务企业的物流冷库多采用配置货架的单层装配库形式，以大型冷库为主。随着国际贸易的快速增长，近年新建港口物流冷库的容量往往达到几万吨绝大部分采用多层土建库或高层货架装配库形式，高层货架装配库的货架高度一般在 20 米左右，相当于传统的 3 ~ 5 层土建库，几乎全部为大型冷库。

2013 年之前物流冷库制冷系统的形式主要与规模相关，大中型物流冷库一般采用氨集中式制冷系统，中小型物流冷库一般采用卤代烃集中式或分散式制冷系统。受 2013 年两起氨系统重大安全事故的影响，政府开始对涉氨制冷企业严格监管，虽然客观上有利于行业的健康发展，但是部分地方在执行过程中出现偏差，导致随后新建的物流冷库无论规模大小都大量采用卤代烃制冷系统，甚至把原有的氨制冷系统改为卤代烃制冷系统，与碳中和目标背道而驰。幸运的是二氧化碳制冷技术在 2014 年后基本成熟，为绿色低碳制冷系统保留了一席之地。规模其实是表象，企业选择制冷系统的主要因素是包括监管成本在内的综合成本，多年的行业实践表明万吨级的物流冷库采用氨或氨 /CO_2 复合制冷系统不仅综合成本最低，而且绿色低碳，只要解决好氨制冷的安全和过度监管问题，中大型冷库的低碳制冷剂替代并不困难；千吨及以下级的目前适合采用 HFCs 类卤代烃制冷系统，但是 HFCs 类卤代烃制冷剂的高 GWP 值和低能效与碳中和目标冲突，跨临界二氧化碳、HFOs 类卤代烃或其与 CO_2 复合的制冷系统将会成为合理的选择，需要注意的是跨临界 CO_2 制冷系统的技术要求比较高，HFOs 类卤代烃具有弱可燃性，并且不适宜在冻结物冷藏工况使用，因此低碳制冷剂的完全替代存在一定困难，但是可以通过技术措施减少使用量。

（三）冷藏运输

不同尺寸的冷藏机组充注的制冷剂的量不同，充注量一般从 0.5kg 到 10kg 不等，微型车辆一般在 0.5 至 1kg 之间，轻型冷藏车充注量大致在 3 至 5kg 之间。在泄漏率方面，由于冷藏车使用环境的复杂性，冷藏运输制冷设备使用过程中的年均泄漏量往往达到充注量的 5%～20%；在报废回收方面，设备维修过程中和设备报废后都没有成熟的回收体系，制冷剂回收率不会超过 10%，且由于回收工艺的限制，制冷剂回收残留率一般在 50% 以上。

假设冷藏车使用过程中制冷剂的泄漏率为 20% 每年，冷藏车的制冷剂回收率为 10%，制冷剂的回收残留率 50%，即冷藏车的制冷剂实际有效回收率 5%，计算得到 2022 年中国公路冷藏车制冷剂导致的碳排放量为 $1427010tCO_2e$，这其中主要影响因素为使用过程中的泄漏率、报废时的回收率和回收残留率。如图 6-20 所示，当使用过程中的泄漏率由 20% 每年逐渐下降至 5% 时，制冷剂导致的碳排放量从 $1427010tCO_2e$，下降至 $571305.9tCO_2e$，下降幅度约为 60.0%；如图 6-21 所示，当报废时的回收率从 10% 逐渐增长至 50% 时，制冷剂导致的碳排放量从 $1427010tCO_2e$ 下降至 $1366784.52tCO_2e$，下降幅度为 4.2%，因此需要加快制冷剂回收管理体系。

未来的发展需要考虑到冷藏车保有量的发展，假设冷藏车保有量按照 15% 的年均增长率增长至 2035 年，如图 6-22 所示，2035 年我国冷藏车保有量约为 241.3 万辆，此时我国冷藏车人均保有量基本达到发达国家水平，冷藏运输制冷剂用量需求约 3621.9t，若按照目前的使用占比计算，如表 6-29 所示，其中 R-404A、HFC-134a 和 HCFC-22 的使用量分别约为 2897.5t、543.3t、181.1t [5]。

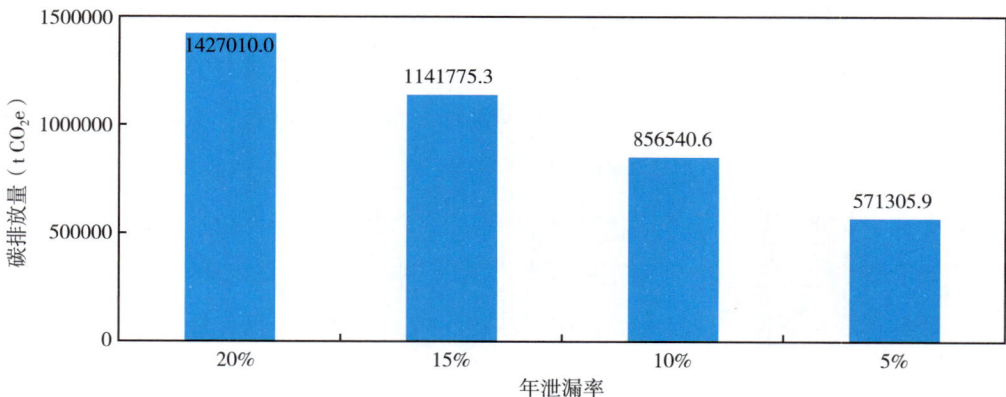

图 6-20　运行阶段制冷剂泄漏率对碳排放的影响

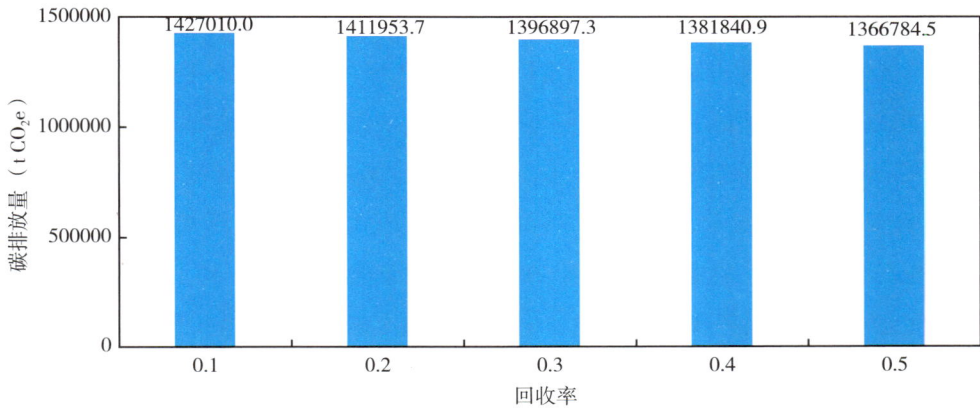

图 6-21　回收阶段制冷剂回收率对碳排放的影响

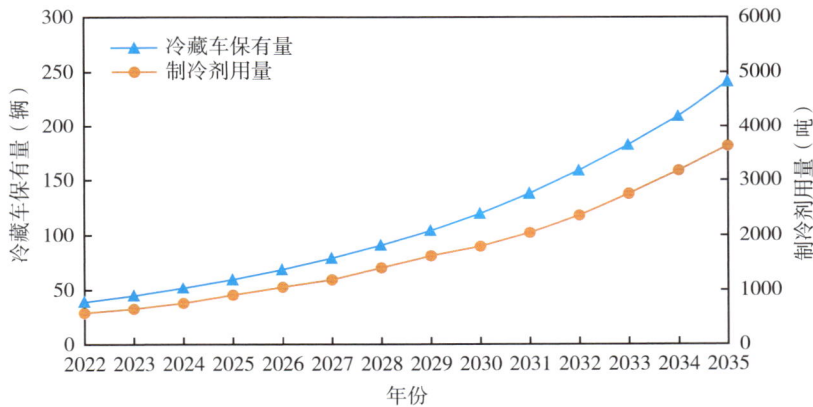

图 6-22　冷藏车保有量及制冷剂用量需求预测

表 6-29　关键时间节点的不同制冷剂用量　　　　　　　　　　（单位：吨）

制冷剂类型	2022 年	2025 年	2030 年	2035 年
R-404A	460.5	724.2	1431.7	2897.5
HFC-134a	86.3	135.8	268.4	543.3
HCFC-22	28.8	45.3	89.5	181.1
合计	575.6	905.2	1789.6	3621.9

如图 6-23 和表 6-30 所示，随着冷藏车保有量的快速增长，制冷剂的碳排放呈现快速增长的发展趋势。值得注意的是，即使通过有效的操作规范指引，将使用过程中的年泄漏率从 20% 下降至 5%，可以大幅降低制冷剂的碳排放量，但从趋势上看并不

能改变碳排放总量的上升趋势。因此对于制冷剂的管控工作需要进一步考虑第三代制冷剂的淘汰进程以及蓄冷制冷系统的推广应用，HCFC–22 在 2025 年完全淘汰，HFC–134a 在 2035 年完全淘汰，此外考虑到不同的推广力度，蓄冷系统和 HFO–1234yf 等低 GWP 制冷剂的替代率分别考虑 0%、50%、75% 和 100%，R–404A 的占有率相应下降。如图 6–24 和表 6–31 所示，在完全不替代的情景下，2035 年制冷剂的年碳排放量将高达 910.8 万吨 CO_2e；在替代率达到 50% 时，制冷剂的碳排放量为 523.7 万吨 CO_2e，下降幅度为 42.5%；在替代率达到 75% 时，此时制冷剂的平均 GWP 下降至 1000 以内，制冷剂的碳排放量为 178.7 万吨 CO_2e，较完全不替代情景下降了 71.1%；在完全替代的情景下，此时制冷剂的碳排放量为 2.7 万吨 CO_2e，但这种情况的推广应用压力较大，对于政策的要求较高，可行性较低。

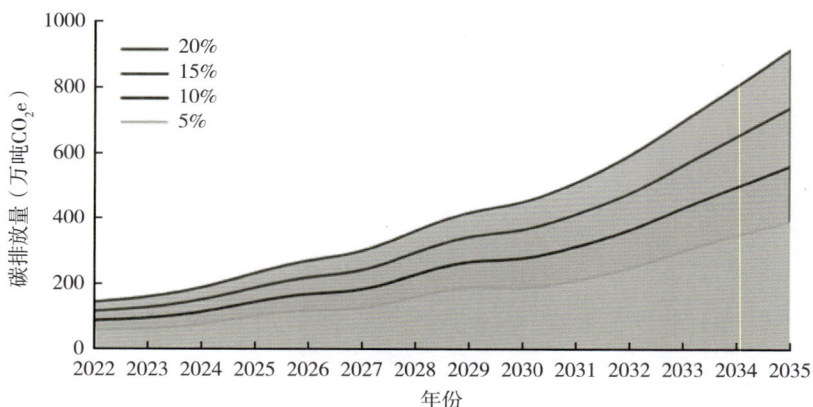

图 6–23 不同泄漏率对制冷剂碳排放的影响

表 6–30 不同泄漏率对制冷剂碳排放的影响 （单位：万吨 CO_2e）

年泄漏率	2025 年	2030 年	2035 年
20%	229.2	448.3	910.8
15%	185.8	361.1	735.3
10%	142.4	273.8	559.8
5%	99.1	186.5	384.3

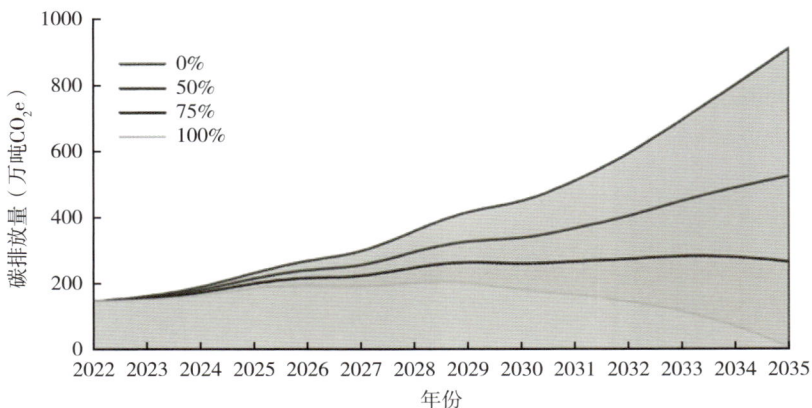

图 6-24 制冷剂不同替代程度对碳排放的影响

表 6-31 不同替代率对制冷剂碳排放的影响 （单位：万吨 CO_2e ）

制冷剂替代率	2025 年	2030 年	2035 年
0%	229.2	448.3	910.8
50%	212.3	336.5	523.7
75%	197.2	273.8	178.7
100%	182.1	257.6	2.7

（四）冷藏销售（轻商）

通过分析近年来轻商制冷设备的发展趋势和技术研发进展[6]，梳理了未来轻商潜在替代制冷剂，如表 6-32 所示。主要以环保天然工质为主，包括碳氢工质 HC-290（丙烷）、HC-600a（异丁烷）和天然工质 R-744（CO_2），以及部分 HFOs。HC-290 兼具环保性与高效性，在轻商领域具有良好的应用前景。HC-600a 在制冷温度低于 -11.7℃时，系统负压，外界空气可能泄漏进系统，需要做好密封。HC-290 和 HC-600a 都是易燃物质，安全性属于 A3。跨临界 CO_2 制冷循环系统还存在技术要求高、能效低、成本高的问题，HFOs 制冷剂存在价格高、替代成本较高、技术自主性较差，不推荐作为主要替代工质。

表 6-32　轻商制冷设备潜在替代制冷剂

细分产品		潜在可选替代制冷剂
带制冷功能的自动售货机		HC-290、R-744、HFOs
制冷陈列柜	自携式制冷陈列柜	HC-290、HC-600a、R-744、HFOs
	远置式制冷陈列柜	R-744、HFOs
厨房冰箱		HC-290、HC-600a、HFOs
商用制冰机		HC-290
冰激凌机		HC-290
葡萄酒储藏柜		HC-600a
医用冷柜	冷藏温区柜	HC-600a
	冷冻温区柜	HC-290
	-86℃医疗柜	碳氢混合工质等 （如：HC-600a/HC-290/HC-170/HC-1150）
海鲜低温柜（-60℃）		HC-290/HC-170、HC-600a/HC-170 等

　　根据产业在线预测，2025 年轻商产品国内外总销量达到 2145 万台。结合近几年的销量增长率变化，按照内销量占比 58%，至 2030 年年增长率 8% 计算，预测在 2030 年：国内轻商产品销量达到 1827 万台，设备能耗将降低 10%，我国电力平均排放因子达到 0.4 吨 CO_2/MWh，环保制冷剂替代率增加 30%。到 2060 年，预测产量再提升 20%，则为 2192 万台，能耗降低 30%，电力平均排放因子再降低 90%，即 0.04 吨 CO_2/MWh，环保制冷剂实现 100% 完全替代。泄漏率按照降低 50%，环保制冷剂充注量减少 30% 进行预测制冷剂使用量和碳排放量，结果见表 6-33。从表中可以看出：对于制冷剂保有量，与 2022 年相比，2030 年增加 38%，这主要是由于销量增加造成的。到 2060 年，制冷剂保有量增幅降低，主要是因为随着 HC-290 等环保制冷剂高比例替代，单台充注量减少造成的；对于总碳排放量，与 2022 年相比，2030 年基本持平，到 2060 年，减排效果非常明显，减排约 90%。主要原因是采用 GWP 极低的环保制冷剂、能效提升、电力碳排放因子下降显著引起的。

表 6-33　轻商制冷设备碳排放量预测

年份	制冷剂保有量		间接排放		直接排放		总碳排放	
	使用制冷剂量（吨）	与2022年相比	排放量（万吨CO_2）	与2022年相比	排放量（万吨CO_2）	与2022年相比	排放量（万吨CO_2）	与2022年相比
2030	24528	增加 38%	3936	增加 21%	69	下降 90%	4005	增加约 1%
2060	21017	增加 18%	361	降低 89%	35	下降 95%	396	下降 90%

　　以自携式陈列柜制冷剂替代路线为例，分析比较陈列柜采用不同常用制冷剂时碳排放量大小，如图 6-25 所示。可以看出：总碳排放量从小到大的制冷剂依次为 HC-290、HFC-134a、HC-600a、R-404A。其中，采用 R-404A 的总碳排放量为 1642 kg，而 HC-290 为 407kg，仅为 R-404A 设备的 25%。比较结果表明：采用 HC-290 进行替代，陈列柜系统的降碳潜力很大。

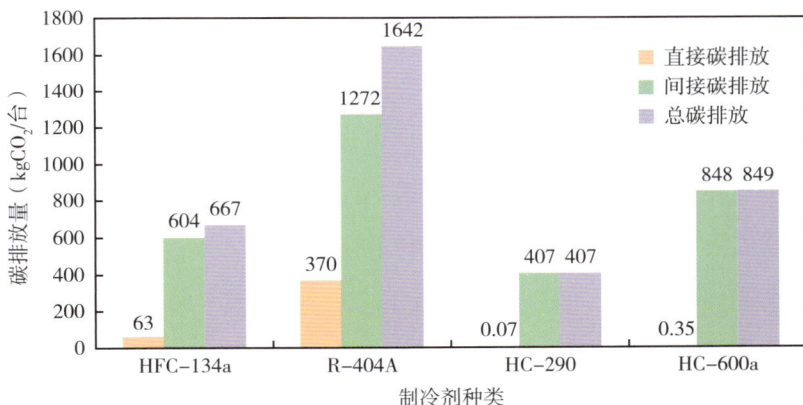

图 6-25　自携式陈列柜采用替代制冷剂的降碳效果对比

四、替代需攻克的关键技术难点

（一）冷加工

　　采用低碳技术途径可以显著降低碳排放。下面将从节能与低碳能源应用、环保制冷剂等方面，对冷加工环节需突破的关键技术提出建议。

1. 环保制冷剂及其安全应用技术

（1）环保制冷剂制冷技术

采用低 GWP 值环保制冷剂尤其是 NH_3、CO_2、HC 等天然制冷剂，替代目前使用的破坏臭氧层和高 GWP 值制冷剂，研发基于环保制冷剂的制冷系统。

（2）环保制冷剂安全应用技术

研究制冷剂低充注和安全保障技术，采取制冷剂减漏、制冷剂回收与再利用等技术措施，有效减少制冷剂应用造成的直接碳排放。

2. 能效提升技术

（1）制冷系统部件与控制优化技术

开发高效制冷部件，例如发展磁悬浮压缩机、直线压缩机等新型高效压缩机技术；采用强化微肋、多孔结构、纳米流体、异形传热管、换热面振动、电磁场作用等技术强化换热，基于 CFD 对换热器进行结构优化，开发高效制冷换热器；优化制冷系统流程设计，采用变容量调节提升部分负荷能效，通过人工智能、神经网络、遗传算法等先进控制算法实现系统自动化和智能化，提升系统运行维护水平，降低运行能耗。

（2）冷热综合利用技术

冷链设备设施的制冷系统是一个冷量、电能和热能的转化过程，发展高效制冷供热耦合系统集成技术，可利用制冷系统冷凝热回收开发能够满足用户不同温度下用热需求的冷热联供集成系统，提升系统冷热利用综合效率。

3. 低碳能源利用技术

（1）可再生能源利用技术

发展基于太阳能、风能、水能、生物质能、地热能等可再生能源的制冷技术。重点是基于太阳能光伏发电的制冷系统、基于太阳能的吸收式制冷技术。将可再生能源利用技术与冷加工装备结合可以显著降低冷链碳排放，虽然目前受限于技术经济可行性尚未广泛应用，但未来具有良好的应用潜力。

（2）自然冷能利用技术

我国冬春温度较低时间较长的地区，也正是我国果蔬的主要产区，此地区室外空气温度低，自然冷源蕴含丰富，适合进行自然冷源的开发和利用。例如，冬季北方地区采用自然冷能进行果蔬冷藏，通过引入单相介质的方法（如采用室外新风、冷水）或引入两相介质的方法（如热管技术），利用室外冷源可以显著降低冷藏能耗。自然冷能利用的供冷量需要根据冷负荷变化精准调控，实现满足生鲜食品冷藏需要的温湿度及其较小参数波动，并减少自然冷能输配能耗。

（3）低温天然工质冷能利用技术

利用低温天然工质（如液氮）进行速冻，具有冷却介质温度低、冻结速冻快、冻结食品品质高、设备简单、使用寿命长等优点，可用于一些高品质要求和高附加值的生鲜食品冻结。需要指出的是，低温天然工质冷能利用由于不需要耗电，采用的是天然低温工质，所以属于低碳能源。但只有在所利用的低温工质原本需要转化为常温的场合，此种冷能利用才具有节能的意义。

（二）冷冻冷藏

替代路线分析表明国内冷冻冷藏领域低碳制冷剂替代的关键技术是提升氨制冷系统的安全和减少卤代烃制冷系统的充注和泄漏量。

提升氨制冷系统的安全需要在三个技术方向上进行突破。一是减少氨制冷剂的充注量，这是最"根本"的安全技术，但同时不能导致制冷系统能效降低和成本增加；一是防止氨制冷剂泄漏，尤其是事故导致的突发性泄漏，不仅需要加强压缩机等部件的可靠性，而且需要提升系统的集成度，尽可能减少现场施工导致的品控困难等问题；一是提升泄漏后的应急处置能力，做到尽可能减少泄漏量，尽快稀释或无害处理泄漏的氨。

减少卤代烃制冷系统的充注和泄漏量需要在两个技术方向上进行突破。一是研发低充注量换热器，但同时不能导致换热效率降低和成本增加；一是防止卤代烃制冷剂泄漏，不仅需要加强压缩机等部件的密闭性，而且需要提升系统的集成度，尽可能减少现场施工导致的品控困难等问题。

（三）冷藏运输

1. 发展路径

（1）制冷剂替代

限制使用 HCFC-22，停止新车使用 HFC-134a，逐步淘汰 R-404A，推广可供替换的 HFOs 等环保制冷工质。在替代路线方面，鉴于冷藏运输制冷剂用量相对较小，替换难度较高，建议冷库等大型冷链设施先行替代，冷藏运输装备待技术成熟度提升后逐步实施。

（2）能源形式

积极推广蓄冷、锂电、氢能等新能源装备。

（3）回收

出台制冷剂分类收集技术规范并严格操作流程，制定促进制冷剂回收利用的产业激励及财政扶持政策，提高回收处理企业的积极性，鼓励建立区域性收集中转站，降低制冷剂回收利用成本；加强监测能力和日常监测，将重点风险企业纳入各级政府部门的日常监管范围，建立健全制冷剂排放风险预警制度。探索"政府监管，社会监督，行业自律"的管理模式。

2. 发展建议

（1）轻量化与节能设计

近年来，中国在零部件的轻量化设计方法和轻量化材料及成型工艺技术等领域均取得了较大进步，中国整车轻量化水平提升明显，建立了车身参数化与结构、材料、性能一体化集成优化设计方法，并在自主品牌乘用车车身设计上实现了推广应用。与乘用车不同的是，冷藏车车厢材料既需要满足其机械性能要求，同时需要具备低密度与低导热率，从而保证其隔热性能。辐射制冷作为一门新兴节能技术，可以有效促进建筑围护结构的轻量化节能设计，随着新型材料技术的突破，近年来日益受到关注，可以将其纳入冷藏车的轻量化设计。

（2）加强制冷工质管控

从技术研发上，在生产环节引导企业利用电子标签等手段明确制冷剂信息标识，实现制冷剂信息全程追溯，为履约执法及时提供技术保障，建立与我履约大国相适应的技术支撑体系。同时在制冷工质替代方面，应结合国内履约进程及制冷剂淘汰计划，筛选未来主流替代品开展环境风险评估，重点围绕替代产品向环境中的释放途径、暴露水平、迁移转化和环境效应开展研究，为后续环境管理决策、制冷剂替代路径选择提供科学依据。

从管理手段上看，应借鉴欧美发达国家制冷剂回收行业认证管理经验，出台制冷剂分类收集技术规范并严格操作流程，制定促进制冷剂回收利用的产业激励及财政扶持政策，提高回收处理企业的积极性，鼓励建立区域性收集中转站，降低制冷剂回收利用成本；加强监测能力和日常监测，将重点风险企业纳入各级政府部门的日常监管范围，建立健全制冷剂排放风险预警制度。探索"政府监管，社会监督，行业自律"的管理模式。

（3）提升车辆使用能效

从技术研发上看，冷藏车柴油机的热效率仍存在较大的提升空间，应围绕冷藏车发动机、变速箱和制冷机组压缩机等关键零部件进行技术研发，同时加快混动动力汽车技术储备，提升燃油经济性。此外我国冷藏运输还存在空载现象，因此可通过合理的路线规划提升冷藏运输的运行效率，减少空载现象的发生，增加冷藏运输价值，从而降低冷藏运输产生的无效碳排放。

从管理手段上看，参考乘用车双积分政策，出台冷藏车积分管理政策，实现传统车节能与新能源冷藏车发展的双目标优化，进一步提升车辆能效和排放标准，限制甚至淘汰低能效冷藏车，引导行业选择和使用高能效、低排放的冷藏车；此外应加强司机驾驶行为规范管理，减少不良驾驶行为。

（4）构建清洁能源体系

推广蓄冷储能系统：在冷链领域，蓄冷制冷技术的不断改进，蓄冷运输装备通过利用相变材料的相变吸热放热特性来代替机械制冷装备，合理利用了夜间谷电，通过夜间充冷白天放冷的使用模式降低了冷藏运输的运用成本，同时实现节能降耗，近年来逐渐受到冷链行业的关注。

推动冷藏车电动化：近年来国家高度重视电动车的广泛应用，从政策方面刺激电动冷藏车的应用，目前高能量密度的动力电池技术也逐渐得到突破，应用于电动冷藏车。目前电动冷藏车的市场份额仅为1.6%，远远低于传统柴油车的市场份额，但在"双碳"背景下，在国家政策和行业技术突破的双重加持下，电动冷藏车的发展将会是未来我国冷藏车发展的主要方向之一。

（四）冷藏销售（轻商）

在制冷剂替代方面，轻商制冷设备的潜在替代制冷剂HC-290和HC-600a安全类别属于A3，无毒但易燃，系统充注量需要严格控制；CO_2制冷剂在跨临界循环应用中，运行压力较高，高压在100bar左右，能效也较低。

在碳排放量方面，由于轻商设备应用在冷链终端为销售设备，多为开放式结构，能耗产生的间接碳排放占总排放比例很高，2022年估算数据为81%。因此，提高能效是减少碳排放量的重要途径。

在细分产品中，自携式制冷陈列柜的总碳排放量最大，占比高达53%，采用HC-290替代R-410A后，预测可降碳75%，降碳潜力巨大。另外两种总碳排放量占比高的细分产品是厨房冰箱和商用制冰机。

总起来说，轻商制冷设备需要突破的关键技术主要包括：环保制冷剂替代技术、制冷剂充注量减少技术、能效提升技术和制冷剂安全使用技术。

（1）环保制冷剂替代技术

开发专用高效压缩机：针对轻商不同细分产品的运行工况范围和所采用的制冷剂，开发高效专用压缩机。

减少制冷剂泄漏技术：从系统设计、制造工艺、控制、运维到报废各环节，研究减少制冷剂泄漏技术和安全排放技术。减少制冷剂泄漏，不仅可以提高碳氢制冷设备的安全使用，还可以减少直接排放。

研制典型产品样机：基于环保替代制冷剂，研制细分产品的典型样机。

（2）制冷剂充注量减少技术

通过开发新型高效微通道换热器提高换热效率、设备集成等技术，减少制冷剂充注量。

（3）制冷系统能效提升技术

对制冷系统进行小型化、系统流程优化、零部件匹配设计、智能控制、结构设计与加工工艺提升等方面进行研究，提升系统能效，减少碳排放。

（4）加强制冷剂使用安全评估研究，建立健全"缺陷管理"制度

目前，我国在工质可燃性及泄漏风险评估方面、CO_2 高压运行风险方面的研究仍较为薄弱，需对制冷剂燃爆特性（燃爆极限、燃烧速度、最小点火能等）、高压运行安全性等方面进行深入研究，在全面考虑制冷剂生产、运输、零部件制造、运行、维修、大批量应用场合等每个环节基础上，建立健全政策标准及安全规范，完善制冷剂全生命周期的应对策略，从根本上解决制冷剂的安全风险。

五、建议及总结

本项目针对冷加工、冷冻冷藏（冷库）、冷藏运输、冷藏销售（轻商）等冷链全程各环节应用的各类商用制冷设备进行了系统性制冷剂使用情况调研，同时对在用制冷剂泄漏与系统能耗的碳排放与潜在替代制冷剂减排潜力进行了分析预测，梳理出制冷剂替代需要突破的关键技术，制订出了各类设备设施明确的制冷剂替代技术方案。本项目得出的主要研究结论。

第一，获得了冷加工、冷冻冷藏、冷藏运输、冷藏销售（轻商）四个环节的设备使用数据。冷加工环节中，我国速冻设备存量约63.4万冷吨，2022年销量为7.5万冷吨；

冷冻冷藏环节，2022 年我国冷库总库容存量为 8365 万吨；冷藏运输环节，2022 年我国冷藏车数量为 39 万辆；冷藏销售（轻商）环节，2022 年轻商设备的总内销量 931 万台。

第二，获得了冷加工、冷冻冷藏、冷藏运输、冷藏销售（轻商）四个环节应用的各类商用制冷设备直接和间接碳排放数据（表 6-34），四个环节的制冷剂存量分别为 11560、34308、576、17782 吨，合计 64226 吨，其中冷库制冷剂使用量最大，占总量的 53%。

四个环节由于制冷剂泄漏每年造成的温室气体排放分别 123 万、2051 万、143 万、690 万吨二氧化碳当量，合计 3007 万吨，其中冷库制冷剂泄漏导致的直接排放最大，占总量的 68%。冷加工、冷冻冷藏、冷藏销售能耗造成的间接碳排放分别为 193 万、306 万、3280 万吨，合计 3779 万吨，其中冷藏销售最大，占总量的 87%。

表 6-34　我国商用制冷直接和间接碳排放

	制冷剂存量（吨）	制冷剂年使用量（吨）	制冷剂泄漏导致的直接碳排放（万吨）	耗能导致的间接碳排放（万吨）	总排放（万吨）
冷加工	11560	1445	123	193	317
冷冻冷藏	34308	5146	2051	306	2357
冷藏运输	576	170	143	—	143
冷藏销售（轻商）	17782	2044	690	3280	3970
合计	64226	8805	3007	3779	6787

第三，通过替代制冷剂热力性质与减排潜力分析预测，制订出了冷加工、冷冻冷藏、冷藏运输、冷藏销售（轻商）四个环节应用的各类商用制冷设备设施的制冷剂替代技术方案，见表 6-35。

表 6-35　我国商用制冷设备设施制冷剂替代技术方案

环节	设备	现用制冷剂	替代制冷剂
冷加工	果蔬预冷	HCFC-22、R-404A、R-507A	R-717、R-744、HFOs
	动物性食品冷却与冻结	HCFC-22、R-404A、R-507A、R-717	R-717/R-744 复合
	速冻	HCFC-22、R-404A、R-507A、R-717、HFCs/R-744、R-717/R-744	R-717/R-744 复叠

续表

环节	设备	现用制冷剂	替代制冷剂
冷冻冷藏	小型冷库	HCFC-22、R-404A、R-507A	HFOs、R-744
	大中型冷库	HCFC-22、R-404A、R-507A、R-717、HFCs/R-744、R-717/R-744	R-717、R-744、R-717/R-744
冷藏运输	冷藏车	HCFC-22、HFC-134a、R-404A	HFOs、R-744
冷藏销售	带制冷功能的自动售货机	HFC-134a、R-404A、HC-290、HC-600a	HC-290、R-744、HFOs
	自携式冷柜	HC-290、HFC-134a、HC-600a、R-404A、R410A	HC-290、HC-600a、R-744、HFOs
	远置式冷柜	HCFC-22、HFC-134a、R-404A、R410A	R-744、HFOs
	厨房冰箱	HC-290、HFC-134a、R-404A、HC-600a	HC-290、HC-600a、HFOs
	医用冷藏温区柜	HFC-134a	HC-600a
	医用冷冻温区柜	R-404A	HC-290
	-86℃医疗柜	HFC-134a/HFC-23、R-404A/HFC-23混合工质	碳氢混合工质（如：HC-600a/HC-290/HC-170/HC-1150）
	海鲜低温柜（-60℃）	HC-290/HC-170、HC-600a/HC-170	HC-290/HC-170、HC-600a/HC-170

第四，梳理出制冷剂替代需要突破的关键技术，主要包括下述四方面。

冷加工环节，发展环保制冷剂及其安全应用技术，包含环保制冷剂制冷技术、环保制冷剂安全应用技术；发展能效提升技术，包括制冷系统部件与控制优化技术、冷热综合利用技术；发展低碳能源利用技术，包括可再生能源利用技术、自然冷能利用技术、低温天然工质冷能利用技术。

冷冻冷藏环节，发展氨制冷系统安全技术，包括氨制冷剂低充注量技术、氨制冷剂泄漏防控技术、氨泄漏应急处置技术；发展卤代烃制冷系统低充注与低泄漏技术，包括低充注量换热器技术、系统密闭性与集成度提升技术。

冷藏运输环节，发展环保制冷剂替代技术、冷藏车用蓄冷技术、锂电与氢能等新能源驱动技术。

冷藏销售环节，发展环保制冷剂用高效压缩机技术、新型高效微通道换热器技术、制冷剂燃爆特性与安全评估技术。

参考文献

［1］Enyuan Gao，Qi Cui，Huaqian Jing. A review of application status and replacement progress of refrigerants in the Chinese cold chain industry［J］. International Journal of Refrigeration，2021，128：104–117.

［2］产业在线. 2022 年中国轻型商用制冷产业发展蓝皮书［EB/OL］. http://www.chinaol.com.

［3］田长青，孔繁臣，张海南，等. 中国冷链碳排放及低碳技术减排分析［J］. 制冷学报，2023，44（4）：68–74，111.

［4］Wu Junzhang，Li Qingting，Liu Guanghai，et al. Evaluating the impact of refrigerated transport trucks in China on climate change from the life cycle perspective［J］. Environmental Impact Assessment Review，2022，97：106866.

［5］Wu Junzhang，Liu Guanghai，Marson，et al. Mitigating environmental burden of the refrigerated transportation sector：Carbon footprint comparisons of commonly used refrigeration systems and alternative cold storage systems［J］. Journal of Cleaner Production，2022，372：133514.

［6］彭杰，孙志利，师雅博，等. 轻型商用制冷行业制冷剂替代进展［J］. 冷藏技术，2021，44（3）：1–8.

第七章

工业制冷

　　工业制冷是指在原材料采集和加工等工业生产过程中使用制冷设备和技术来降低和控制温度，以满足生产工艺、环境控制等方面的需求。本章针对化工、食品加工、船用制冷三个主要的工业制冷应用场景，结合国内工业制冷领域中主要企业冰轮环境股份有限公司、大连冰山集团有限公司、江森自控约克、开利中国的销售数据和其他调研数据，分析该领域的制冷剂使用现状与未来替代方案。

一、产业现状

结合国内工业制冷领域中主要企业的销售数据[1-3]和其他调研数据，可分析工业制冷领域中制冷设备的产业规模、制冷剂使用现状和产业未来。

（一）产业规模

工业制冷领域中压缩机主要包括开启式活塞压缩机机、开启式双螺杆压缩机和离心式压缩机。开启式活塞机由于其高稳定性和结构紧凑，往往用于一些恶劣环境中，如船用制冷。开启式螺杆机由于其零部件较少、运行稳定、工况适应性强、冷量较大等优点而广泛应用于各种工业制冷领域中，如化工、食品加工及其他特殊应用场景。离心式压缩机往往用于大冷量工况，但因其工艺较复杂，制造成本高，目前在工业制冷领域中应用较少。

从整体市场来看，工业制冷设备市场的主要占有企业为冰轮、大冷、约克和雪人，总占比在 70% 左右，且 2016 年至 2022 年国内销售设备总量不断上升，图 7-1 给出了该领域 2016 年至 2022 年国内销量数据。

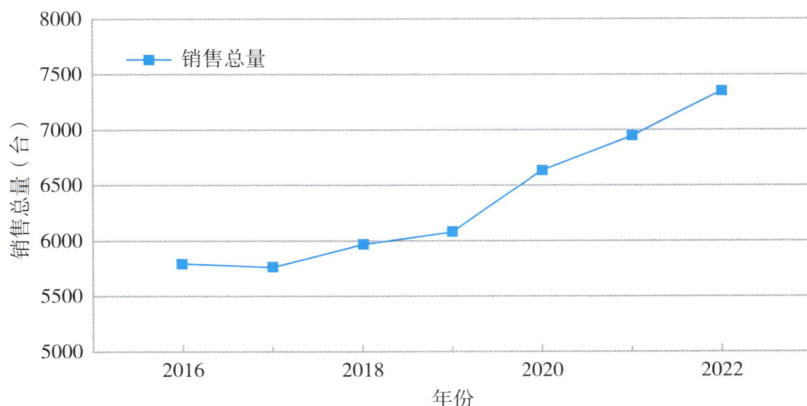

图 7-1　2016—2022 年工业制冷设备国内年销售量

其中，2016 年至 2019 年工业制冷设备国内销售总量呈现波动上升趋势，自 2016 年的 5801 台至 2019 年的 6090 台，年复合增长率为 1.6%；在疫情"宅经济"大背景下，2019 年至 2022 年工业制冷领域设备国内销售总量（尤其是食品加工领域）随着消费经济高速增长，从 2019 年的 6090 台至 2022 年的 7363 台，年复合增长率为 6.5%。

与此同时，2016 年至 2022 年工业制冷领域设备总产值也持续增长，并同样以 2019 年为分界点呈现不同的增长趋势，如图 7-2 所示，2016 年至 2019 年总产值从 55.4 亿上升至 59.5 亿，年复合增长率为 2.4%，2019 年至 2022 年总产值从 59.5 亿上升至 70.0 亿，复合增长率达 5.6%。

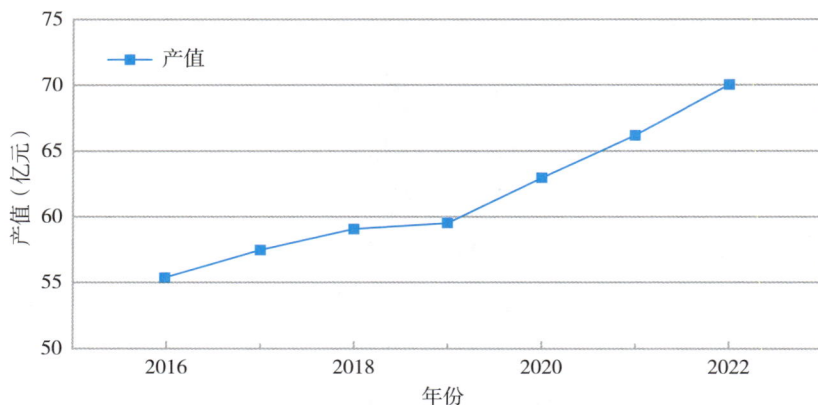

图 7-2　2016—2022 年工业制冷设备年产值

（二）产业发展预期

"十三五"和"新冠疫情"期间，工业制冷领域相关产业快速发展，从设备销量和产值来看均有明显的提升，根据该领域企业和文献预测，随着冷链物流和食品产业的发展，"十四五"期间工业制冷领域设备销售量和产值还将提升 15%，2025 年至 2030 年期间还将提升 12%，如图 7-3 和 7-4 所示，预计至 2030 年，工业制冷领域压缩机设备年销量将达 9483 台，总年产值将达 90 亿以上。

制冷剂方面，受《基加利修正案》影响，HCFC-22 和 HFC-134a 将在未来十年内被快速削减，R-507A 也将进入配额期，开始逐步削减，在化工领域，低 GWP 的 HC-1270 和 HC-290 已经广泛应用，将逐步取代上述制冷剂的份额，在食品加工及其他特殊领域，自然工质 R-717、R-744 和其他低 GWP 的 HFO 类工质将逐步取代上述 HCFC 和 HFC 类工质。

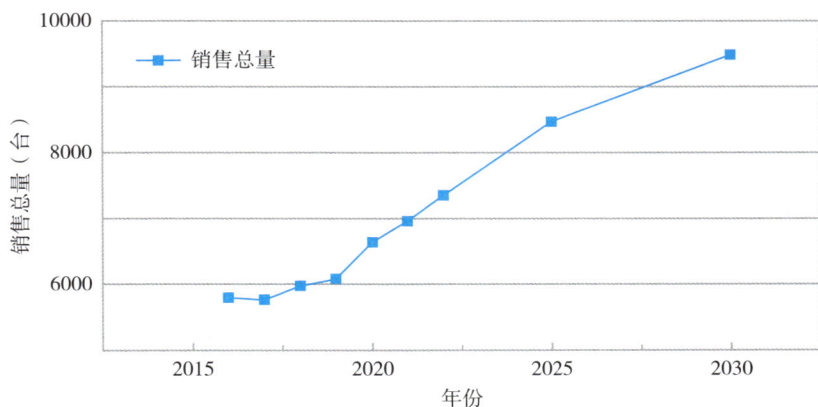

图 7-3　工业制冷领域压缩机机组国内年销售量预期

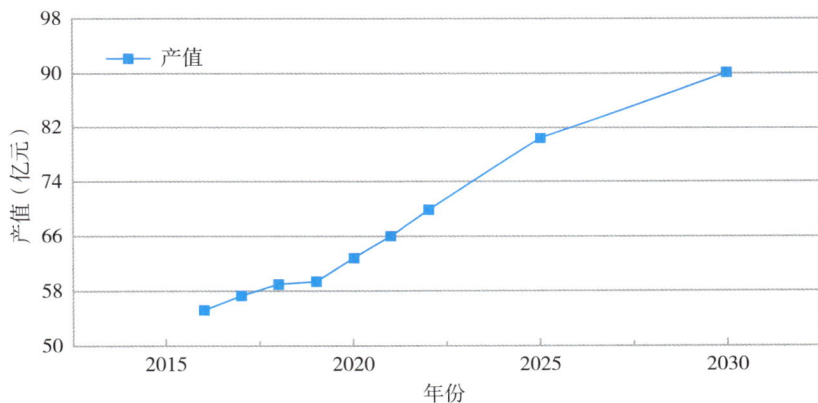

图 7-4　工业制冷领域年产值预期

（三）本节小结

　　根据企业和相关文献数据，近年来工业制冷领域设备销量和产值增长明显，2016 年至 2019 年压缩机机组国内销量年复合增长率为 1.6%，领域产值年复合增长率为 2.4%，2019 年至 2022 年压缩机机组国内销量年复合增长率为 6.5%，领域产值年复合增长率为 5.6%，预计"十四五"期间工业制冷领域设备销量和产值还将增长 15%，2025 年至 2030 年期间还将增长 12%。

二、制冷剂使用与排放现状

根据《蒙特利尔议定书》，中国作为第五方协约国，自 2013 年起冻结 HCFC 类制冷剂使用量与消费量，而 2015 年后逐步削减，至 2030 年完全停止使用；根据 2016 年《基加利修正案》，中国作为第一发展中国家，将于 2024 年冻结 HFC 类制冷剂的使用量与消费量，而 2029 年后逐步削减，至 2045 年削减 80%。

因此，目前中国正处于 HCFC 类制冷剂替代的进行时与 HFC 类制冷剂替代的预备时，而在工业制冷领域中，目前第二代（HCFC）、第三代（HFC）、第四代（HFOs）、自然制冷剂（HCs、NH_3、CO_2 等）均有应用，具体制冷剂及其 ODP、GWP 值如表 7-1 所示。其中，HC-1270 和 HC-290 为 A3 类可燃制冷剂，仅可用于化工工艺等具有高防燃防爆保护措施的环境中；R-717、R-744 制冷系统及其复叠制冷系统因其较好的低温制冷性能和低 GWP，在食品加工领域具有广泛的应用前景；HCFC-22 和 R-507A 作为该领域传统制冷剂，目前在多个细分方向中均有大量的应用；R-448A 和 R-404A 的应用较少，目前国内仅部分企业开始在工业制冷领域设备中应用该制冷剂，并未大范围推广。

表 7-1 工业制冷领域制冷剂汇总

制冷剂	制冷剂类型	ODP	GWP
HCFC-22	HCFC	0.055	1810
R-507A	HFC	0	3985
HFC-134a	HFC	0	1430
R-404A	HFC	0	3921.6
R-448A	HFC/HFO 共混物	0	1086
HC-1270	HC	0	5
HC-290	HC	0	3.3
R-744	自然制冷剂	0	1
R-717	自然制冷剂	0	0

针对上述工业制冷领域的制冷剂，本节将从 2019 年至 2022 年机组生产过程使用量、生产过程排放量、运行排放量、维修排放量、报废排放量及报废回收量分析其现状。

（一）制冷剂使用量

本节给出的制冷剂使用量是统计工业制冷领域设备生产过程的使用量，图 7-5 为 2020 年至 2022 年工业制冷领域设备制冷生产使用量，可以看出，目前使用量前四的制冷剂为 HCFC-22、R-507A、R-717、R-744，占该领域制冷剂总用量 87% 以上。

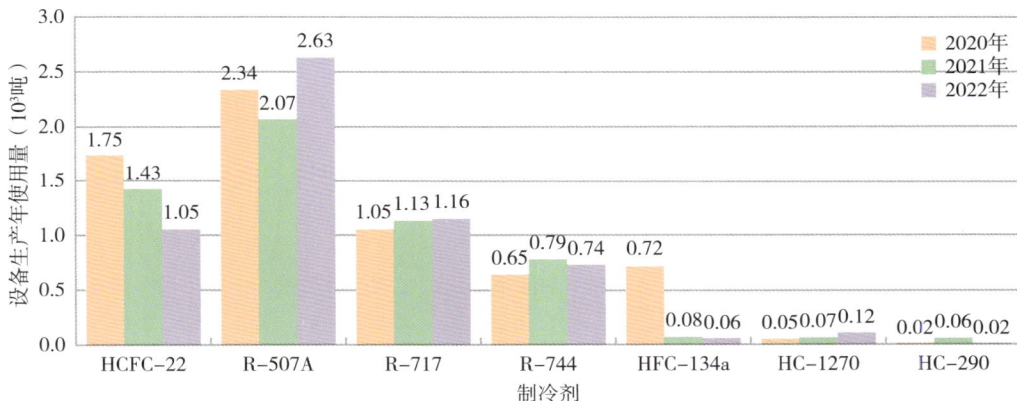

图 7-5　工业制冷领域设备生产的使用量

受《蒙特利尔议定书》及《基加利修正案》影响，2020 年至 2022 年期间 HCFC-22 及 HFC-134a 制冷剂使用量削减明显，HCFC-22 由 1750 吨 / 年下降至 1054 吨 / 年，HFC-134a 由 752 吨 / 年下降至 64 吨 / 年，分别削减 40% 及 91%；R-507A 是目前工业制冷领域使用量最大的制冷剂，且近三年其使用量呈现波动上升趋势；R-717 是一种可燃可爆制冷剂，近几年来随着制冷剂替代的趋势和相关安全技术的研究，R-717 相关政策限制逐步放松其使用量也逐年上升，2022 年相比 2020 年增长 10%；随着亚临界、跨临界、超临界和复叠制冷技术的发展，另一种自然工质制冷剂 R-744 的使用也呈现波动上升的趋势；HC-1270 和 HC-290 受限于其特殊的应用场景，其年使用量较小，R-448A 和 R-404A 仅在部分企业的设备中有所应用，充注量也很小，因此总使用量很小。

（二）制冷剂排放量

图 7-6 为工业制冷领域中机组生产过程的排放量，根据企业数据，生产过程中制冷剂泄漏率约为 1.5%，因此该数据与上述使用量成正比，泄漏量与排放量前四的制冷剂是 HCFC-22、R-507A、R-717、R-744。

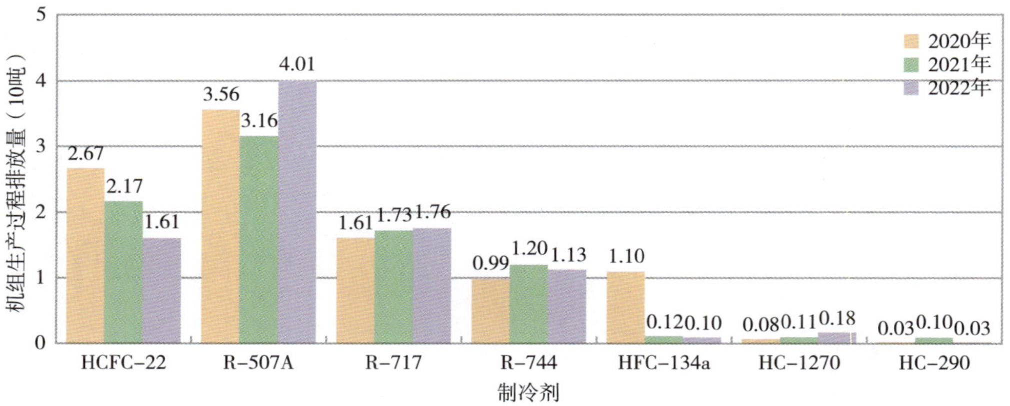

图 7-6　工业制冷领域设备生产过程的排放量

根据企业数据，工业制冷开启式双螺杆压缩机和开启式活塞压缩机寿命往往能达到 15 年以上，因此该领域中的机组保有量远大于上述年销售量，且其中大量机组采用的制冷工质为 HCFC-22、R-507A、HFC-134a，同时受其结构形式影响，开启式压缩机具有较大的年泄漏率。图 7-7 为这些机组运行环节中泄漏导致的排放量，可以看出，泄漏量与排放量最大的制冷剂为 HCFC-22，达 3000 吨/年以上，明显大于机组生产中的年使用量，其次为 R-507A、HFC-134a、R-717、R-744，均在 1500 吨/年以下，HC-1270、HC-290 年泄漏量较小，R-448A 和 R-404A 由于相应机组生产使用量极小，其泄漏量可以忽略不计。其中，随着 HCFC-22、HFC-134a 机组的逐步淘汰，其年泄漏量与排放量稳步下降，R-507A、R-717、R-744 的年泄漏量与排放量则稳步上升。

图 7-8 为工业制冷领域中机组维修环节中制冷剂直接排放导致的排放量。此外，由于机组维修后需要补充相应制冷剂以保证机组的正常运行，该部分排放量也会产生等量的使用量，因此本章在下文的总使用量中考虑了该部分使用量。该数据同样与该领域中的机组保有量密切相关，因此与上述运行泄漏与排放量相似，HCFC-22 的使用量最大，在 250 吨/年左右，其次为 R-507A、HFC-134a、R-717、R-744，HCFC-

22、HFC-134a 的年使用量与排放量稳步下降，R-507A、R-717、R-744 的年使用量与排放量则稳步上升，HC-1270、HC-290 的使用量与排放量较小，R-404A、R-448A 的使用量与排放量可忽略不计。

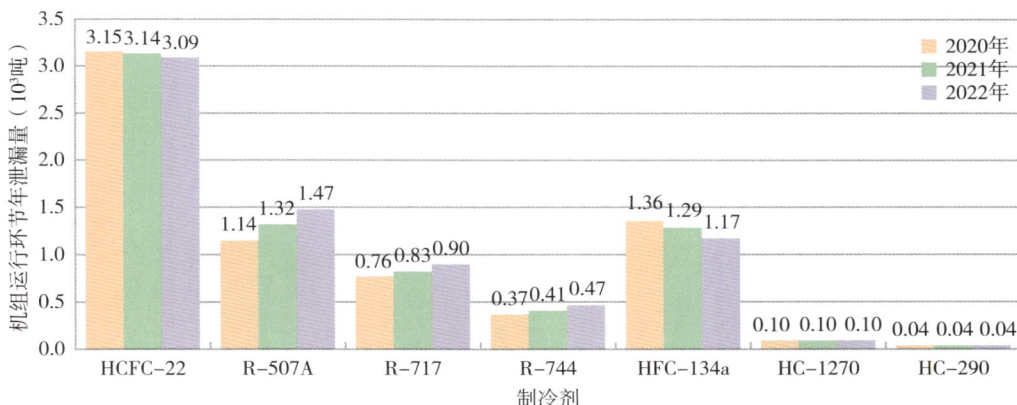

图 7-7　工业制冷领域设备运行环节的排放量

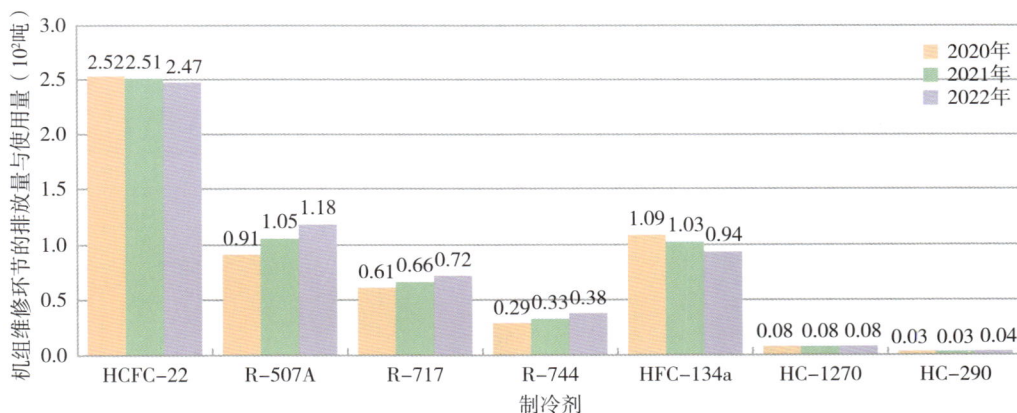

图 7-8　工业制冷领域设备维修环节的排放量

图 7-9 为工业制冷领域中机组报废环节的制冷剂排放量。随着大量采用 HCFC-22、HFC-134a 制冷剂机组的报废淘汰，由于制冷剂回收技术的不完善，约 20% 的制冷剂会在该过程中泄漏并排放至大气中，2020 年至 2022 年期间工业制冷领域报废机组的制冷剂主要为 HCFC-22，达 600 吨 / 年以上，其次为 HFC-134a 和 R-717，其中 HCFC-22 和 R-717 的报废泄漏量与排放量呈现逐年上升的趋势，HFC-134a 则呈现下降的趋势。

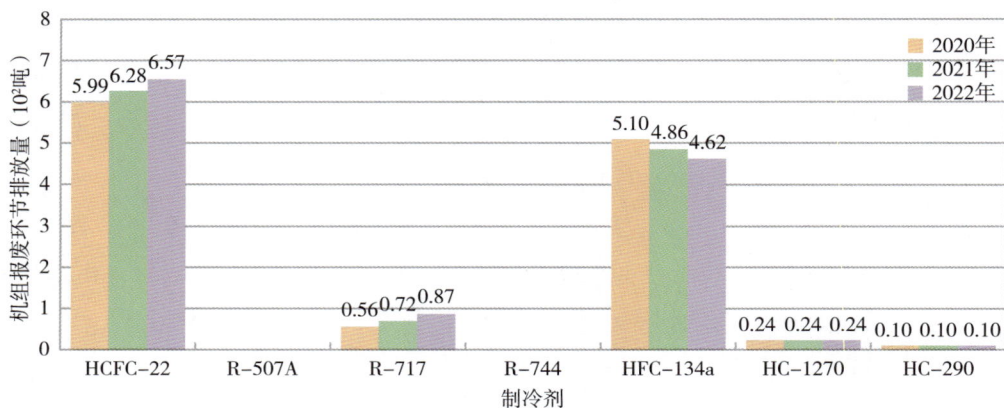

图 7-9　工业制冷领域设备报废环节的排放量

图 7-10 为 2022 年工业制冷领域中制冷剂总排放量，由于较大的保有量和泄漏率，目前各制冷剂的总排放量中占比最大的均为机组运行排放量，其次报废排放量和维修排放量，生产排放量占比很小。

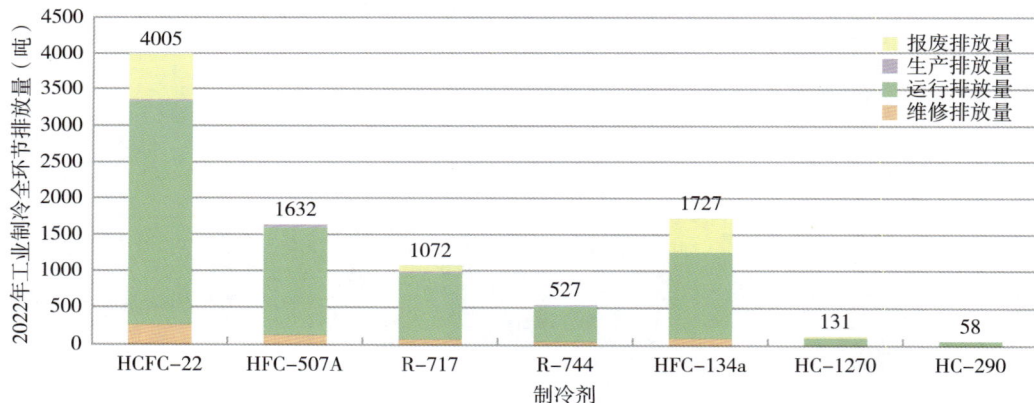

图 7-10　2022 年工业制冷领域设备制冷剂总排放量

（三）制冷剂回收量

图 7-11 为工业制冷领域机组淘汰报废的制冷剂回收量，与上述报废排放量相同，由于目前淘汰的主要为 HCFC-22、HFC-134a 机组，因此 2020 年至 2022 年期间该领域回收量最大的是 HCFC-22，在 1300 吨 / 年以上，其次是 HFC-134a，在 1000 吨 / 年以上，R-744、HC-1270、HC-290 回收量很小。

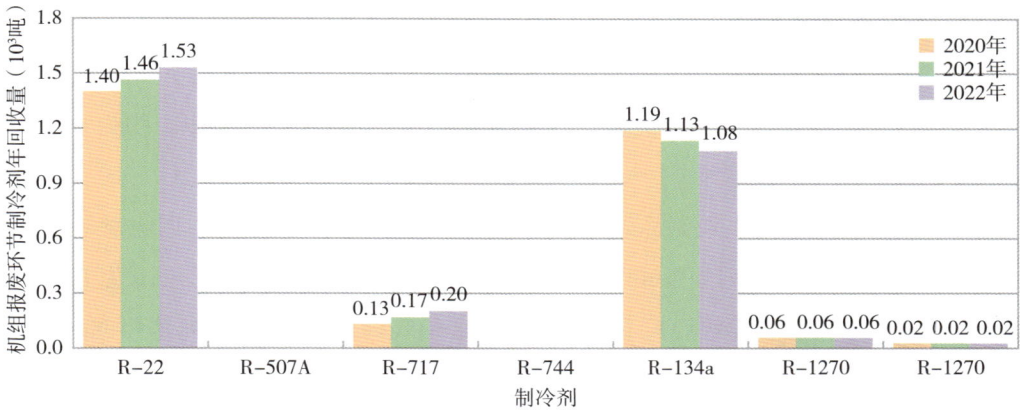

图 7-11　工业制冷领域设备报废环节的回收量

（四）制冷剂 CO_2 总当量

由于不同的制冷剂具有不同的 GWP 值，本小节根据制冷剂的 GWP 值将 2020 年至 2022 年制冷剂总使用量、排放量、回收量等效为 CO_2 当量进一步分析与比较。

图 7-12 为工业制冷领域制冷剂使用量、排放量、回收量等效 CO_2 当量，其中使用量包括了上文中的生产充注环节使用量和部分维修环节使用量，排放量包括了上文中四个环节排放量，回收量为报废环节的回收量。由于较大的制冷剂排放量和高GWP 值，排放量 CO_2 当量为 0.15 亿 ~ 0.16 亿吨 / 年，使用量 CO_2 当量为 0.12 亿 ~ 0.145 亿吨 / 年，远大于年回收量；随着工业制冷机组总保有量的逐年增加，近几年来年总排放量呈上升趋势，年使用量上，一方面工业制冷机组的销售量不断上升和高 GWP

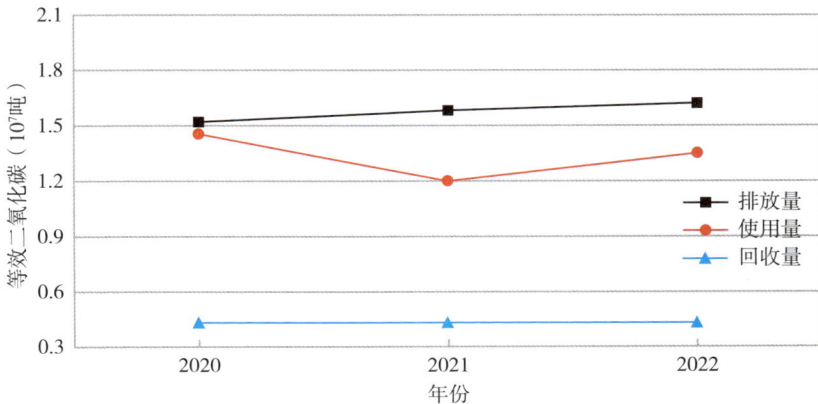

图 7-12　工业制冷领域设备制冷剂总使用量、排放量、回收量等效 CO_2 当量

工质 R-507A 的使用增加了其使用量，另一方面 HCFC-22 使用量减小和低 GWP 工质 R-717、R-744 的使用减小了其使用量，因此近几年总使用量呈现先下降后上升的波动状态；与上述两者相比，回收量的 CO_2 当量最小，且历年变化较小，约为 0.042 亿吨/年。

图 7-13 为 2022 年工业制冷领域各制冷剂在总使用量、排放量、回收量等效 CO_2 当量中的占比。由于 R-717 和 R-744 为自然制冷剂，HC-1270 和 HC-290 为 HC 类制冷剂，这四个制冷剂的等效 CO_2 当量远小于其他 HFC 和 HCFC 工质，基本可忽略不计，而 R-448A 和 R-404A 则因用量小同样可忽略不计，因此总使用量中等效 CO_2 当量占比最高的为 R-507A，其次是 HCFC-22 与 HFC-134a；而在排放量上，等效 CO_2 当量占比最高的则为 HCFC-22，其次为 HFC-134a 和 R-507A；在回收量上，等效 CO_2 当量占比最高的为 HCFC-22，其次为 HFC-134a，这两者占比之和就已经达到 99.9% 以上。

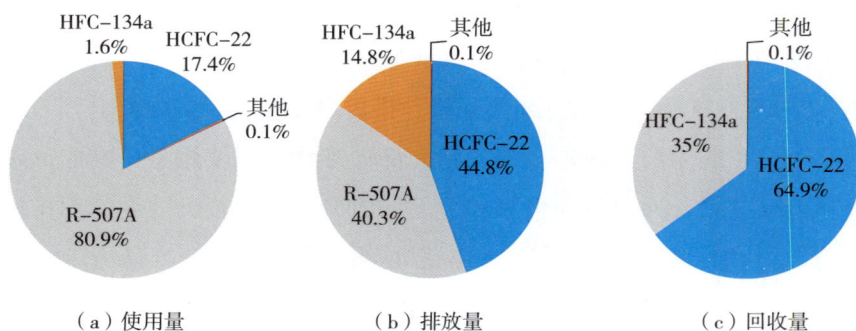

（a）使用量　　　（b）排放量　　　（c）回收量

图 7-13　2022 年工业制冷领域设备各制冷剂 CO_2 当量占比

（五）本节小结

在制冷剂使用方面，2020 年至 2022 年工业制冷领域使用的制冷剂主要为 HCFC-22、R-507A、R-717、R-744，占该领域制冷剂总用量 87% 以上，其间 HCFC-22 使用量削减 40%，R-717 和 R-744 使用量呈现上升趋势；在制冷剂排放方面，本节统计了 2020 年至 2022 年生产泄漏排放、运行泄漏排放、维修泄漏排放和报废泄漏排放，总体来看，工业制冷领域的排放主要来自运行泄漏排放，主要制冷剂为 HCFC-22、R-507A、R-717、R-744 和 HFC-134a，但由于目前正处于 HCFC 工质向 HFC 工质的过渡替代期，工业制冷领域中的新设备的和目前保有设备的各种制冷工质应用占比存在差异，上述四种泄漏排放的主要制冷剂和年变化趋势存在差异；在制冷剂回收方面，本节统计了 2020 年至 2022 年机组报废制冷剂回收，主要为 HCFC-22、HFC-134a 和 R-717。

工业领域制冷剂排放量的 CO_2 当量不断上升，已近 0.16 亿吨 / 年，使用量与回收量的 CO_2 当量较小。2020 年至 2022 年总使用量等效 CO_2 当量呈现波动变化趋势，在 0.12 亿 ~ 0.145 亿吨 / 年，与其他两者相比，回收量的等效 CO_2 当量最小，且历年变化较小，约 0.042 亿吨 / 年，且使用量、排放量、回收量的 CO_2 当量主要来自 HCFC-22、R-507A 与 HFC-134a，其他工业制冷制冷剂的占比总和小于 0.1%。

三、潜在替代物分析及评价

根据国内工业制冷领域制冷剂使用现状和国内外相关政策，本节将从需求制冷剂特征，潜在替代制冷剂选取、潜在替代制冷剂分析和评价、制冷剂替代关键技术对工该领域制冷剂替代路线进行分析。

（一）食品加工领域潜在替代制冷剂选取与分析评价

1. 大型设备：使用 R-717 亚临界循环、R-744 跨临界循环或 R-717/R-744 复叠循环

在安全性方面，由于 R-717 为 B2L 类制冷剂，具有微燃性和高慢性毒性，因此其制冷设备需要配备泄漏监测等安全保护措施，而 R-744 为 A1 类制冷剂，可以直接使用。

在高效性方面，图 7-14 对比了 R-717、R-744、R-717/R-744 复叠与适用于该温区的其他制冷剂的循环 COP，R-717 在该工况下具有最优的制冷 COP，比 HCFC-22 高 3.2% ~ 3.6%，比 R-507A 高 16.6% ~ 21.3%，而 R-744 跨临界循环的 COP 远低于 R-717，是 R-717 的 48.2% ~ 51.8%，采用带膨胀机（TC）/ 喷射器和两级压缩（SEC）的方案可以使 R-744 跨临界循环的制冷性能提高约 60%，R-717/R-744 复叠的循环性能与 R-507A 接近，随着蒸发温度的降低，复叠方案的性能更佳，-15℃蒸发温度工况下 R-717/R-744 复叠的循环性能比 R-507A 高 11.1%。表 7-2 对比了 -5℃蒸发温度工况下上述制冷剂的其他系统循环及热力参数，R-717 的气化潜热显著高于其他制冷剂，其循环量为 R-507A 的 9.7%，HCFC-22 的 14.6，容积流量也略低于 R-507A

与 HCFC-22，R-744 的循环量在 R-507A 与 HCFC-22 之间，但由于其压力密度较大，系统压缩机容积流量显著低于其他制冷剂，为 R-507A 的 26.7%。R-717、R-744 的内容比为 2.89 与 2.36，均低于 HCFC-22、R-507A 与其他制冷剂，但是其排气温度远高于其他制冷剂，不考虑油冷效果下可达 107℃ 以上；R-717 的蒸发换热系数是 HCFC-22 的 162%，冷凝对流换热系数是 HCFC-22 的 668%，因此其换热器尺寸更小，充注量远小于 HCFC-22 与 R-507A，在相同尺寸的系统管路中，其回气与供液压损也远小于其他制冷剂。R-744 的蒸发换热系数是 HCFC-22 的 351%，高温气体在气体冷却器中的对流换热系数是 HCFC-22 的 52.5%，因此其蒸发器尺寸更小，充注量略小于 HCFC-22 与 R-507A，在相同尺寸的系统管路中，其回气也远小于其他制冷剂，但高压供气的压损偏大。

在可获得性方面 R-717 和 R-744 均为常见的化工产品，充注成本很低。

在环保和替代长效性方面，R-717 和 R-744 均为自然制冷剂，前者 GWP 为 0，后者为 1，可作为该领域中的未来替代制冷剂且已在市场上广泛应用。综上该领域大型设备未来替代制冷剂属于"有缺陷替代品"。

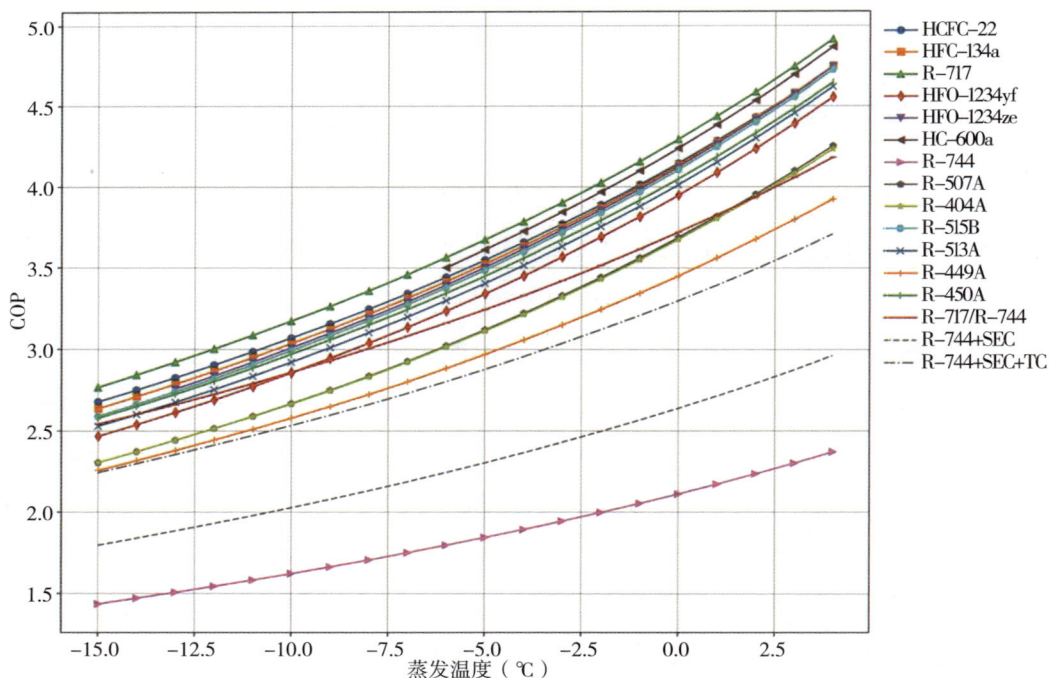

图 7-14　-15℃～5℃温区食品加工适用制冷剂循环 COP 对比图（冷凝温度 40℃）

2. 小型设备：HFOs 制冷剂（HFO-1234yf、HFO-1234ze）和 HFC/HFO 共混物
（R-515B、R-513A）

在安全性方面，HFO-1234yf、HFO-1234ze 为 A2L 类制冷剂，为低毒弱可燃性制冷剂，R-515B、R-513A 为 A1 类制冷剂。

在高效性方面，HFOs 制冷剂（HFO-1234yf、HFO-1234ze）和 HFC/HFO 共混物（R-515B、R-513A）的循环性能高于 R-507A，略低于 HCFC-22，R-513A、HFO-1234yf 比 HCFC-22 低 3%～7%，R-515B、HFO-1234ze 比 HCFC-22 低 1%～3%。在换热性能方面，上述制冷剂的蒸发换热系数均低于 HCFC-22 与 R-507A，冷凝换热系数低于 HCFC-22，高于 R-507A，因此所需换热器尺寸较大，且相同冷量下循环量、液相流量大，所需储液器体积较大，HFO-1234yf、HFO-1234ze、R-515B、R-513A 的充注量分别为 HCFC-22 的 132%、115%、119%、122%。此外，在相同冷量和相同管路尺寸下，上述制冷剂的回气管路损失明显高于其他制冷剂，所需管路尺寸较大。

在可获得性方面，目前 HFOs 制冷剂专利大部分被外国霍尼韦尔和杜邦垄断，国内企业的充注成本在 400～2000 元/kg，成本较大。

在环保和替代长效性方面，HFOs 制冷剂 GWP 在 1 左右，可作为未来替代制冷剂，R-515B 的 GWP 为 287，R-513A 的 GWP 为 387，目前来看可以作为替代制冷剂，若未来进一步限制制冷领域制冷剂 GWP 值，则需要进一步替代。综上，该领域小型设备未来替代制冷剂属于"可自主研发新型制冷剂"。

（二）化工领域潜在替代制冷剂选取与分析评价

化工领域包括石油化工、煤化工、气体液化、硅业、精细化工等多个细分领域，有着极宽的需求温度范围，下面从高温工况、中温工况、低温工况三种应用场景分别分析其潜在替代制冷剂。

1. 高温工况（蒸发温度 -15℃及以上）

优先采用 R-717 和 HC 制冷剂 HC-290、HC-600a、R600 作为未来替代制冷剂，特殊防燃爆需求下可以采用 HFOs 制冷剂（HFO-1234yf、HFO-1234ze）、HFC/HFO 共混物（R-515B、R-513A）。

在安全性方面，由于石油等化工产品本身易燃易爆，往往对加工环境的防燃防爆保护措施有着严格的要求，因此 A2L 类的 HFO-1234yf、HFO-1234ze、R-513A，A3 类制冷剂 HC-290 和 B2L 类制冷剂 R-717 可以使用。

表 7-2 不同制冷剂 30kW 制冷系统循环及热力参数对比（-5℃/40℃制冷工况）

	循环量（kg/h）	容积流量（m³/h）	内容积比	压比	排气温度（℃）	蒸发换热系数（W/m²·K¹）	冷凝换热系数（W/m²·K¹）	回气压损（W/m）	供液压损（W/m）	充注量（kg）
HCFC-22	687.5	39.0	2.99	3.64	78.7	5890.2	4299.4	2.40	0.018	59.32
HFC-134a	752.0	63.8	3.76	4.18	59.6	4454.9	4055.6	7.04	0.023	63.33
R-717	100.1	35.5	2.89	4.38	137.9	9555.5	28730.6	0.29	0.000	6.68
HFO-1234yf	984.9	67.7	3.72	3.83	48.9	4784.0	3117.9	10.35	0.063	78.73
HFO-1234ze	830.2	86.7	3.97	4.27	51.9	3755.5	3680.8	14.34	0.033	68.26
HC-600a	416.5	118.5	3.70	4.06	50.2	4941.8	3684.3	13.42	0.018	32.86
R-744	819.9	10.4	2.36	3.37	107.1	20668.8	2259.1	0.20	0.082	48.99
R-507A	1034.3	38.9	3.42	3.52	56.1	7265.0	2929.2	3.59	0.082	82.69
R-404A	1000.6	39.8	3.46	3.59	57.0	7125.6	2998.8	3.65	0.075	80.13
R-515B	860.6	87.9	4.00	4.28	50.9	3695.0	3623.5	15.28	0.035	70.58
R-513A	888.5	62.8	3.72	3.94	53.2	4803.3	3446.9	8.04	0.043	72.48
R-449A	770.8	41.7	3.79	4.28	71.4	6226.4	4057.9	3.07	0.030	61.94
R-450A	804.4	74.7	3.94	4.29	55.8	4096.5	3808.2	10.30	0.029	66.62
HC-290	399.0	45.9	3.07	3.37	59.0	9286.3	4010.8	1.93	0.020	29.91
HC-1270	391.3	37.8	2.91	3.29	64.9	10253.8	4570.5	1.28	0.018	28.48

　　在高效性方面，如图 7-15 所示，HC-600a 的制冷 COP 比 HCFC-22 高 1.6% ~ 3.0%，R-717 的制冷 COP 比 HCFC-22 高 3.2% ~ 3.6%，R600 的制冷 COP 比 HCFC-22 高 4.5% 以上，HC-290 的制冷 COP 与 HCFC-22 基本相当；结合表 7-2 中的数据，-5℃ /40℃ 制冷工况，相同制冷下 HC-290 的容积流量比 HCFC-22 高 17.7%，内容积比略大于 HCFC-22，HC-600a 比 HCFC-22 高 204%，内容积比 HCFC-22 大 23.7%，因此需要配备更大排量的压缩机，HC-600a 的排气温度为 50.2℃，低于 HCFC-22 和 R-507A，HC-290 的排气温度为 59.0℃，介于 HCFC-22 和 R-507A 之间，HC-600a 的蒸发换热系数低于 HCFC-22 和 R-507A，冷凝换热系数介于 HCFC-22 和 R-507A 之间，HC-290 的蒸发换热系数比 HCFC-22 高 27.7%，比 R-507A 高 27.8%，冷凝换热系数介于 HCFC-22 和 R-507A 之间，由于 HC-600a 和 HC-290 密度较小，两者的充注量均较小，分别为 32.86kg 和 29.91kg，同制冷量同类型机组 HCFC-22 和 R-507A 的充注量为 59.32kg 和 82.69kg。此外，相同冷量和相同管路尺寸下，HC-600a 的回气管路损失明显偏高，需要增加回气管路尺寸。R-717 在该温度的性能已在上文中分析，这里不再重复。

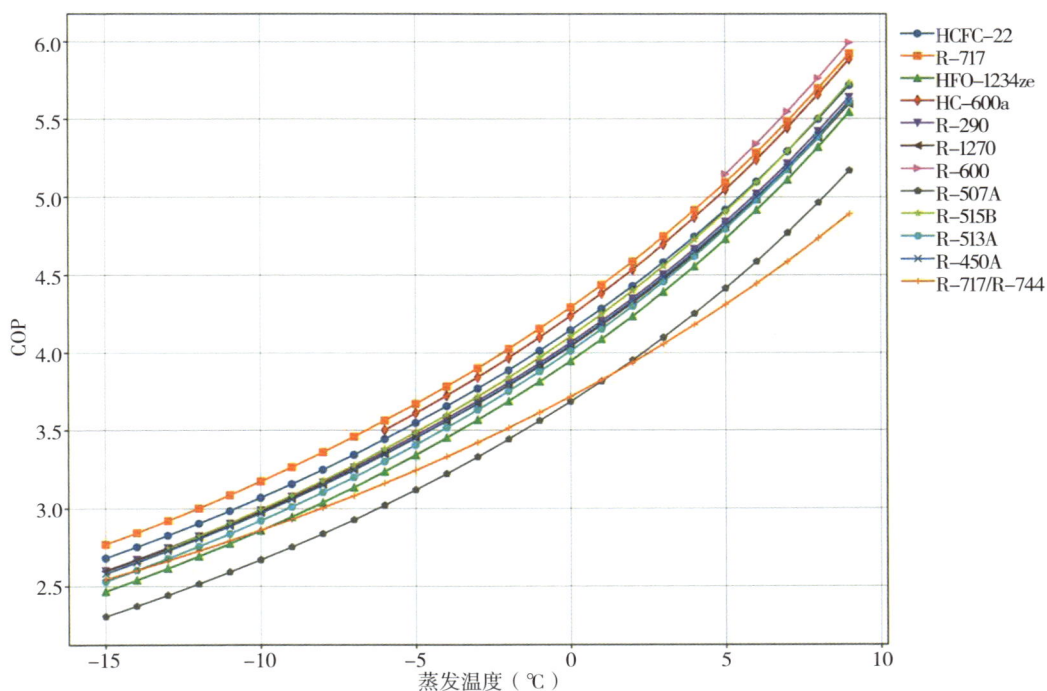

图 7-15　-15℃ ~ 5℃温区化工适用制冷剂循环 COP 对比图（冷凝温度 40℃）

在可获得性方面，HC-290、HC-600a、R600 为化工领域中常见副产物，可直接"就地取材"，R-717 在社会生产中广泛应用，获取成本同样很低，相比于同样可以应用在该工况的 HFOs 制冷剂（HFO-1234yf、HFO-1234ze）、HFC/HFO 共混物（R-515B、R-513A），这三种制冷剂的成本为 2%～10%，因此在无特殊要求的情况下，应优先使用前者。

在环保和替代长效性方面，HC-290、HC-600a、R600 均为 HC 类制冷剂，其 ODP 为 0，GWP 均为 3，自然工质 R-717 的 GWP 为 0，可作为该领域中的未来替代制冷剂，属于"成熟替代制冷剂"，HFOs 制冷剂（HFO-1234yf、HFO-1234ze）、而 HFC/HFO 共混物（R-513A）属于"可自主研发新型制冷剂"。

2. 中温工况（蒸发温度 -15～-40℃）

采用 HC-290、HC-1270、R-717/R-744 复叠作为未来替代制冷剂。

在安全性方面，由于石油等化工产品本身易燃易爆，往往对加工环境的防燃防爆保护措施有着严格的要求，因此 A3 类制冷剂 HC-290、HC-1270 和 B2L 类制冷剂 R-717 可以使用。

在高效性方面，图 7-16 对比了 HC-290、HC-1270、R-717/R-744 复叠与适用于该应用温区其他制冷剂的循环 COP，该温区下 HC-290 与 HC-1270 的 COP 基本相同，比 R-507A 高 12.9%～18.0%，比 HCFC-22 低 3.1%～6.5%，当蒸发温度低于 -22℃ 时，R-717/R-744 复叠的制冷性能优于 HC-290 和 HC-1270。表 7-3 对比了 -30℃ 蒸发温度工况下上述制冷剂的其他系统循环及热力参数，HC-290 的容积流量比 HCFC-22 和 R-507A 分别高 15.8% 和 8.9%，其内容积比最小，排气温度比 HCFC-22 低 35.1℃，HC-1270 的容积流量比 HCFC-22 和 R-507A 分别低 7.9% 和 8.7%，其内容积比介于 HCFC-22 与 R-507A 之间，排气温度比 HCFC-22 低 25.1℃。HC-290 和 HC-1270 的蒸发换热系数高于 HCFC-22 和 R-507A，冷凝换热系数介于 HCFC-22 和 R-507A 之间，而 HC-1270 的冷凝换热系数高于 HCFC-22 和 R-507A，同时由于两者密度小，其充注量比 HCFC-22 和 R-507A 小 50% 以上，此外 HC-290 和 HC-1270 的回气压损也较小。

在可获得性方面，HC-1270、HC-290 为化工领域中常见副产物，可直接"就地取材"，R-717、R-744 为常见的化工产品，国内工业制冷企业也拥有较多相关技术专利，因此是可以低成本获取并应用的。

表 7-3　不同制冷剂 30kW 制冷系统循环及热力参数对比（-30℃/40℃制冷工况）

	循环量（kg/h）	容积流量（m³/h）	内容积比	压比	排气温度（℃）	蒸发换热系数（W/m²·K¹）	冷凝换热系数（W/m²·K¹）	回气压损（W/m）	供液压损（W/m）	充注量（kg）
HCFC-22	738.6	102.6	6.49	9.36	106.9	3670.7	4299.4	17.84	0.022	57.43
HC-290	448.4	118.8	6.60	8.16	71.8	6092.9	4010.8	14.53	0.029	28.53
HC-1270	432.1	94.5	6.05	7.79	81.8	6750.2	4570.5	8.85	0.025	26.63
R-507A	1198.3	109.1	7.73	8.78	65.2	4446.8	2929.2	32.77	0.128	82.69

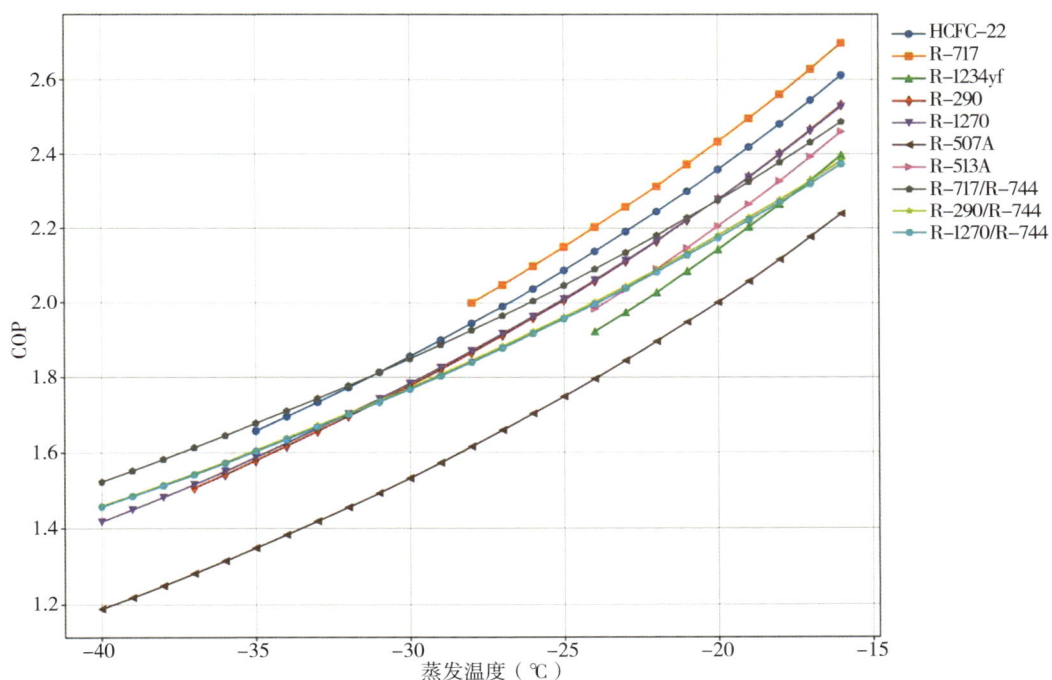

图 7-16　-40℃～-15℃温区化工适用制冷剂循环 COP 对比图（冷凝温度 40℃）

在环保和替代长效性方面，HC-290 和 HC-1270 均为 HC 类制冷剂，其 ODP 为 0，GWP 分别为 2 和 3，R-717、R-744 的 GWP 分别为 0 和 1，可作为该领域中的未来替代制冷剂。

目前在化工领域中采用 HC-290、HC-1270、R-717/R-744 复叠作为替代制冷剂已成为学者和企业之间的共识，并已广泛应用，属于"成熟替代制冷剂"。

3. 低温工况（蒸发温度 -40℃以下）

采用复叠制冷系统，在高温端选用 R-717、HC-290、HC-1270，在低温端选用 R-744、HC-1150 或 HC-170。

安全性方面，与 HC-290 类似，HC-170 与 HC-1150 同样是化工副产物，为 A3 类制冷剂，可以在化工这个特殊应用场景下使用。

高效性方面，图 7-17 给出上述复叠方案在 -100℃ ~ -40℃蒸发温度下的循环 COP。从图中可以得出 R-717/HC-170 的复叠方案最优，其次为 R-717/R-744 的复叠方案，采用 R-744 的复叠方案最低可以制冷到 -50℃左右，R-717 最低可以制冷到 -80℃左右，HC-1150 最低可以制冷到 -100℃左右。

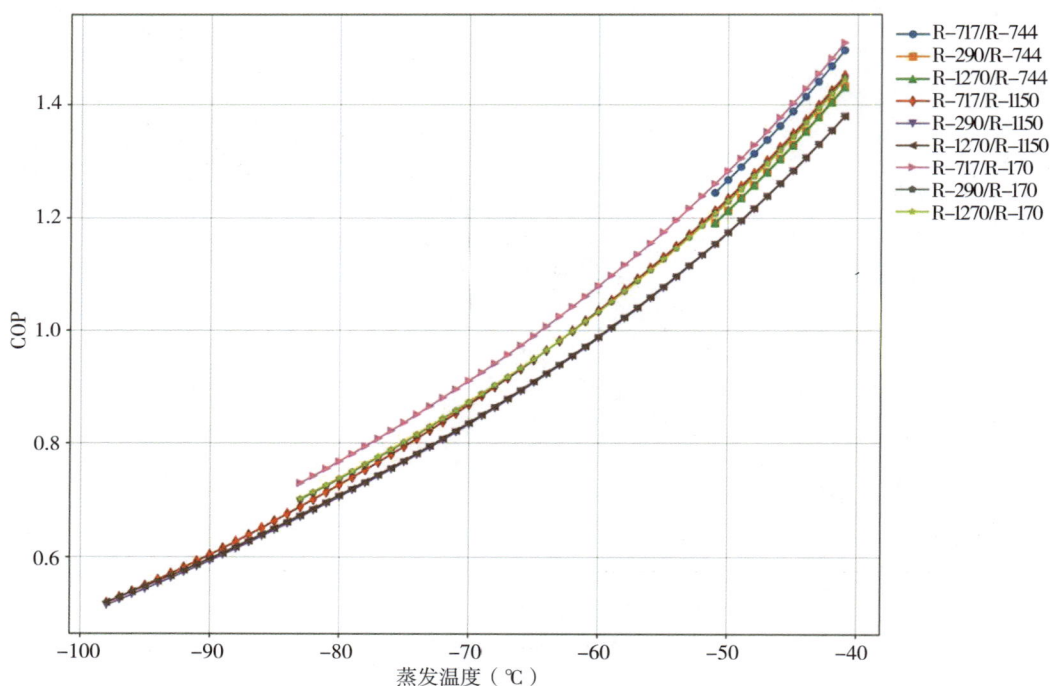

图 7-17　-100℃ ~ -40℃温区化工适用制冷剂循环 COP 对比图（冷凝温度 30℃）

在环保和替代长效性方面，与 R-717、HC-290、HC-1270、R-744 相似，HC-1150 和 HC-170 的 ODP 为 0，且 GWP 很低，HC-1150 和 HC-170 的 GWP 分别为 3.7 和 5.5，可作为该领域中的未来替代制冷剂。

在可获得性方面，HC-1150 和 HC-170 同样是化工的副产物，可直接"就地取材"。目前已经有企业开始或计划使用上述制冷剂及其复叠方案用于低温制冷。

综上，该领域低温工况未来替代制冷剂属于"成熟替代制冷剂"。

（三）船用制冷领域潜在替代制冷剂选取与分析评价

在船用制冷领域，2020 年下半年，HCFC-22 已经基本停用，制冷剂切换为 R-507A 和 R-404A，未来同样需要向 R-744、HFC/HFO 共混物（R-513A）进一步切换，其中 R-744 属于"成熟替代制冷剂"，HFC/HFO 共混物属于"可自主研发新型制冷剂"。

（四）本节小结

本节针对工业制冷中各领域制冷剂的需求特性对其未来潜在替代制冷剂进行了评估和选择：食品加工大型设备采用 R-717 或 R-717/R-744 复叠；小型设备未来可考虑使用 HFOs 制冷剂（HFO-1234yf、HFO-1234ze）、HFC/HFO 共混物（R-515B、R-513A）；工业制冷高温工况（蒸发温度 -15℃及以上）优先采用 HC 制冷剂 HC-290、R600、HC-600a、R-717 作为未来替代制冷剂，中温工况（蒸发温度 -15℃ ~ -40℃）采用 HC-290、HC-1270、R-717/R-744 复叠作为未来替代制冷剂。低温工况（蒸发温度 -40℃以下）采用复叠制冷系统，在高温端选用 R-717、HC-290、HC-1270，在低温端选用 R-744、HC-1150 或 HC-170，上述三种工况未来替代制冷剂均属于"成熟替代制冷剂"；船用制冷领域，未来同样需要向 R-744、HFC/HFO 共混物（R-515B、R-513A）进一步切换，其中 R-744 属于"成熟替代制冷剂"，HFC/HFO 共混物属于"可自主研发新型制冷剂"。

四、制冷剂替代路线分析

根据上文的分析，工业制冷领域的制冷剂使用、排放的 CO_2 当量的 99.9% 由 HCFC-22、R-507A、HFC-134a 产生，而这三种制冷剂均可用于工业制冷的各个领域，因此在计算替代效果时假设这三种制冷剂在各领域被上文中所述替代制冷剂替代。结合市场统计报告[3]，假设大型食品加工占比 30%，小型食品加工占比 30%，高温化工占比 15%，中温化工占比 20%，低温化工 5%，船用制冷部分忽略不计。

根据《蒙特利尔议定书》和《基加利修正案》中的规定规划各类工业制冷制冷剂剂的替代 / 被替代路线，结果如图 7-18 所示。

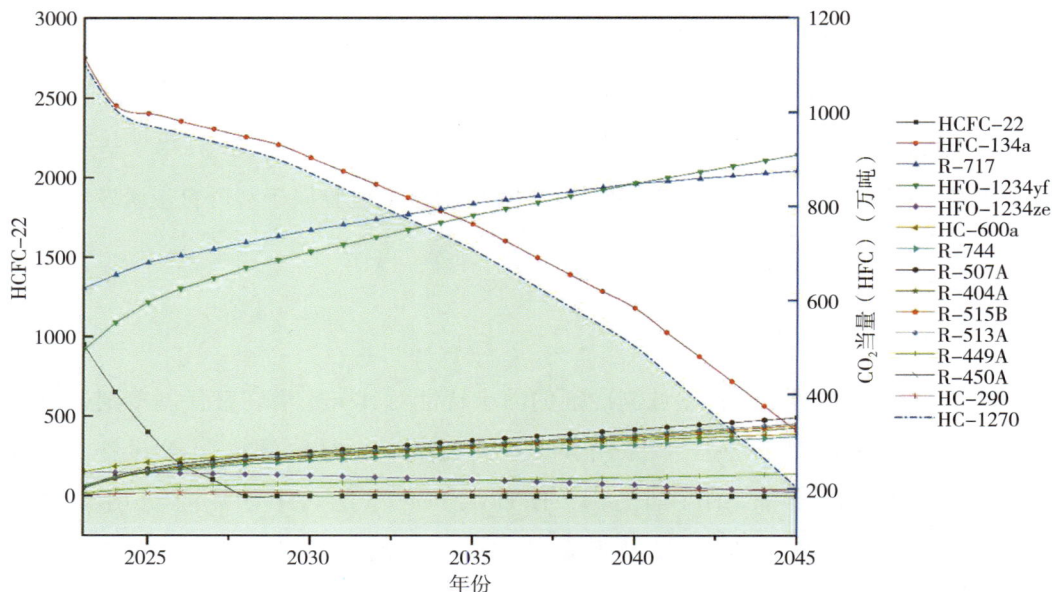

图 7-18　工业制冷制冷剂替代路线及 CO_2 当量（HFC）

根据近三年工业制冷领域 HCFC-22 削减趋势，HCFC-22 消费量将在 2028 年左右到达 0，相比于《蒙特利尔议定书》规定的时间 2030 年可提前两年；2023 年至 2029 年需每年削减 2% 制冷剂 CO_2 消费当量，其间 HCFC-22、R-507A、HFC-134a 消费量分别总计削减 100%、19.8%、13%，2029 年至 2035 年需每年削减 3.4% 制冷剂 CO_2 排放当量，其间 R-507A、HFC-134a 消费量总计削减 22.7%，2035 年至 2040 年需每年削减 4.1%CO_2 消费当量，其间 R-507A、HFC-134a 消费量总计削减 34.1%，2040 年至 2045 年需每年削减 6.3%CO_2 消费当量，其间 R-507A、HFC-134a 消费量总计削减 68.3%，从而实现《基加利修正案》中对发展中国家的 HFC 削减规定。图 7-19 给出了改削减路线下工业制冷制冷剂排放量 CO_2 当量变化趋势，随着机组保有量的增加，2020 年至 2030 年期间排放量 CO_2 当量仍将继续增加，直至 2030 年以后随着低 GWP 制冷剂的大量应用，排放量 CO_2 当量才开始下降，至 2045 年达 2020 年的 78%。

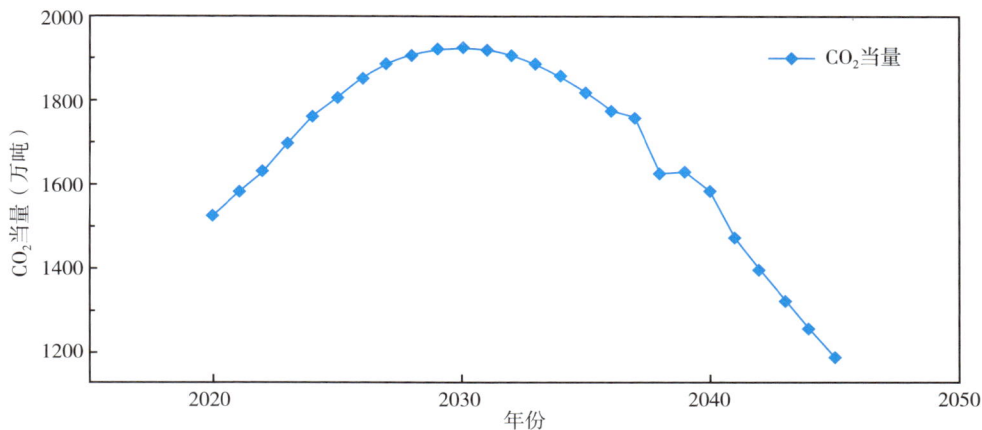

图 7-19　工业制冷制冷剂排放量 CO_2 当量变化图

五、制冷剂替代关键技术

（一）高阻抗润滑油选用与研发

聚醇油阻抗率低，在 $1.4 \times 10^8 \, \Omega \cdot cm$ 左右，远低于酯类油和矿物油，且部分聚醇油和聚醚酯具有吸水性，吸收水分后电阻率下降明显，因此在使用 HC-290、HC-170、HC-1150、HC-1270 等可燃性工质时需要确保其绝缘性能，需进行专用润滑研发以供上述制冷剂选用。

（二）系统防爆安全保护设计

HC-290、HC-170、HC-1150、HC-1270 等工质本身燃爆限值低，因此需增大接插部件绝缘距离以防止压缩机在真空或低压启动接插部件内爬电距离缩短而产生大电流甚至电火花，电气部件应做防雷设计，同时加强电动机的控制与保护，并提高电缆等电气部件的防护要求和安全阀的可靠性。

（三）高效可靠压缩机设计

R-744 临界温度为 31 ℃，对应临界压力为 7.38 MPa，在 0 ℃下饱和压力为 3.48MPa，低温高压比工况下，压缩机吸气侧低温、排气侧高温，且压缩机内部压力较高，机体受到极大的气体力和热应力，因此需要设计能够耐受上述极端环境的高强度、高温度稳定性压缩机。

HC-290、HC-170、HC-1150、HC-1270 为 A3 类制冷剂，R-717 为 B2L 类制冷剂，泄漏后易造成严重事故，R-744 运行压力较高，易发生泄漏，从而导致机组制冷剂欠充，性能下降，因此需要对压缩机中的密封材料、结构、方案进行优化设计，保证压缩机的可靠运行。

相同工况下 HC-290、HC-170、HC-1150、HC-1270、R-717、R-744 的工质黏性明显低于 R404、R-507A、HCFC-22、HFC-23，吸排气密度等物性参数和内容积比也差异明显，需要对排气和进气流道以及压缩机转子结构进行针对性优化，以提高压缩机绝热效率。

（四）系统管路、部件密封设计

除上述压缩机外，系统中阀门、换热器、其他容器均需满足高密封性要求，以防止 HC-290、HC-170、HC-1150、HC-1270、R-717、R-744 泄漏。因此需要对上述部件的密封材料、结构、方案进行优化选取和设计。

（五）系统回油方案优化

HC-290、HC-1270 应用于低温工况时有着低温衰减少和排气温度低的优势，但密度小，带油能力弱，高出油率易导致油在蒸发器中积聚，降低机组的换热效率，影响整机的性能和可靠性，需要优化压缩机回油结构或者系统中的油分装置，防止油在换热器中聚集。

（六）本节小结

本节从高阻抗润滑油选用与研发、系统防爆安全保护设计、高效可靠压缩机设计、系统管路与部件密封设计、系统回油方案优化五个方面对工业制冷领域制冷剂替代的关键技术进行了说明和分析。

六、建议及总结

近年来工业制冷领域设备销量和产值增长明显，2016 年至 2019 年压缩机机组销量年复合增长率为 1.6%，领域产值年复合增长率为 2.4%，2019 年至 2022 年压缩机机组销量年符合增长率为 6.5%，领域产值年复合增长率为 5.6%，预计十四五期间工业制冷领域设备销量和产值还将增长 15%，2025 年至 2030 年期间还将增长 12%。目前工业制冷领域的使用的制冷剂主要为 HCFC–22、R–507A、R–717、R–744，占该领域制冷剂总用量 87% 以上；制冷剂排放量主要来自运行泄漏排放，主要制冷剂为 HCFC–22、R–507A、R–717、R–744 和 HFC–134a；在制冷剂回收方面则主要为 HCFC–22、HFC–134a 和 R–717。2022 年排放量等效 CO_2 为 0.16 亿吨 / 年，制冷剂使用量等效 CO_2 为 0.14 亿吨 / 年，制冷剂回收量的等效 CO_2 最小，为 0.042 亿吨 / 年。

政策方面，2021 年至 2023 年期间，美国开始停用部分高 GWP 的 HFCs 制冷工质，HFC/HFO 共混物（R–448A 等）、HFO–1233zd（E）、HC–170 和 HC–290 正在进入该领域市场。欧盟在制冷剂替代上设定了更加明确且严格的目标：最终计划 2030 年 1 月 1 日之后在制冷领域禁止使用 GWP 大于 5 的制冷剂。日本也明确指出了工业制冷领域相关 HFCs 的 GWP 限值及目标时间，2025 年将冷凝机组和固定式制冷机组的制冷剂 GWP 限制为 1500，2019 年将中央制冷设备制冷剂 GWP 限制为 100。我国属于发展中国家，HCFCs 和 HFCs 削减时间有所延后。目前政府和行业机构均已发布多个文件，将逐步削减 HCFC–22、HFC–134a、R–507A、R–404A 等制冷剂，将 R–744、R–717、HFOs（如 1234ze）作为未来替代制冷剂。

化工领域中，采用 HC–290、HC–1270、R–717/R–744 复叠作为替代制冷剂已成为学者和企业之间的共识，对于低温工况，可以采用 HC–170 和 HC–1150 作为复叠系统的低温循环制冷，中温工况采用 HC–290、HC–1270 和 R–717/R–744 复叠作为未来替代制冷剂，高温工况优先采用 HC 制冷剂 HC–290、R600、HC–600a、R–717 作为未来替代制冷剂，均属于"成熟替代制冷剂"。食品加工领域大型设备趋向于使用 R–717 或 R–717/R–744 复叠，属于"有缺陷替代品"；其小型设备和船用制冷设备趋向于使用 HFOs 制冷剂（HFO–1234yf、HFO–1234ze）、HFC/HFO 共混物（R–515B、R–513A），属于"可自主研发新型制冷剂"。

本文根据上述替代方向，给出了各个时间段 HCFC–22、R–507A、HFC–134a 的保守削减计划，以满足国际相关政策要求，该工业制冷制冷剂削减进程下，2020 年至 2030 年期间工业制冷排放量 CO_2 当量仍将继续增加，直至 2030 年排放量 CO_2 当量才开始下降，至 2045 年达 2020 年的 78%。

在关键技术方面，本文从高阻抗润滑油选用与研发、系统防爆安全保护设计、高效可靠压缩机设计、系统管路与部件密封设计、系统回油方案优化五个方面对工业制冷领域制冷剂替代的关键技术进行了说明和分析。

参考文献

［1］王明乾，杨萍，韩景霖．"十三五"我国制冷行业发展概述与市场分析［J］. 冷藏技术，2021，44（02）：1-5.

［2］李玲珊，刘旸，初琦．2020年度中国压缩机市场发展分析［J］. 制冷技术，2021，41（S1）：9-37.

［3］高恩元，韩美顺．2020年度中国制冷剂产品市场分析［J］. 制冷技术，2021，41（S1）：51-59.

第八章

中温热泵

　　中温热泵是指出水温度介于 60 ~ 100℃之间的热泵机组，它通过从环境（如空气、水或地面）中吸收热量，并通过压缩和循环工质（如制冷剂）将热量传递到所需区域，提供稳定的中温热能。中温热泵广泛应用于需要中温热能的工业、商业和住宅领域，主要包括热泵热水器和热泵烘干机。

一、产业现状

（一）产业规模

近年来，由全球气候变暖引起的极端气候变化日益凸显，减少温室气体排放、降低温室效应已成为全球亟待解决的重要科学问题。《中国气候变化蓝皮书（2022）》显示：全球变暖趋势仍在持续，2021 年中国地表平均气温、沿海海平面、多年冻土活动层厚度等多项气候变化指标打破观测纪录。据能源基金会报告，中国 29 种的制冷空调产品年总用电量高达 13472 亿 kWh，约占全社会用电量的 18.6%，排放量约为 7.65 亿吨二氧化碳当量。制冷、空调和热泵行业的低碳应对成为降低温室效应的重要战场。

为此，世界各国签订并出台了多项公约和法案，加速新型环保制冷剂的替代进程。2020 年 12 月，美国颁布《新冠纾困法案》下的 HFCs 削减法案，要求 2036 年以后 HFCs 生产和消费水平不超过 2011 年至 2013 年平均水平的 15%；日本在 2021 年发布《氟碳化合物生命周期管理倡议》，从碳氟化合物的整个生命周期内解决其排放问题。我国"双碳"目标的提出，将"低碳"纳入经济社会发展和生态文明建设整体布局，其本质就是为了更高质量地可持续发展。

热泵技术是利用少量电能及其他能源，驱动热泵系统，实现空气热能、地热能等环境热能的高效利用，具有节能、环保、低碳的巨大优势。为实现《巴黎气候变化协定》提及的气候目标，减少温室气体排放，全球各国及各地区分别采用包括贷款偿还减免、能效经费支持计划在内的一系列手段，以促进空气源热泵产品的使用。同时，随着人们绿色环保意识的增强，消费者对热泵产品的偏好和需求也明显增加。图 8-1 给出了 2019 年至 2022 年国内热泵需求量（万台）及市场规模（亿元），从图中可以看出：2019 年国内热泵需求量为 158 万台，2020 年国内热泵需求量为 146 万台，相比 2019 年下降 7.6%；2021 年国内热泵需求量为 192 万台，相比 2020 年增加 31.5%；2022 年国内热泵需求量为 216.23 万台，同比增长 12.6%。

近年来，空气源热泵在我国整体热泵行业中的占比维持在 90% 以上，并且该比重仍呈现爬坡趋势。图 8-2 按照热泵的类型给出了 2017 年至 2022 年中国热泵行业市场规模趋势图，从图中可以看出：2017 年至 2022 年，中国热泵行业市场规模整体呈

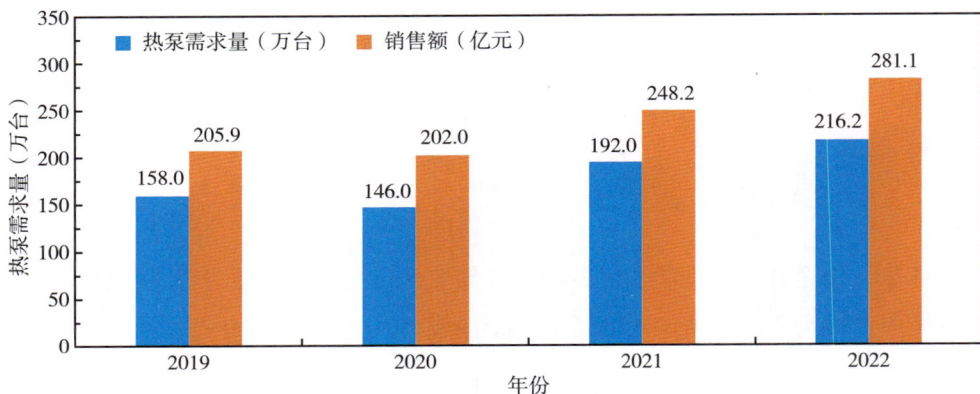

图 8-1　2019—2022 年国内热泵需求量（万台）及市场规模（亿元）

上涨趋势。2018 年，受"煤改电"政策放缓的影响，热泵销售规模略有下降，降至189.1 亿元，较 2017 年下滑 6.94%；随着国家推出新房精装修、房地产行业新楼盘加快推进配套政策，热泵市场规模逐步恢复，2020 年整年销售规模与 2019 年基本持平；2021 年，在"双碳"政策推动下我国热泵行业市场规模较 2020 年大幅上涨，达到248 亿元，同比增长 23%；由于建筑行业减碳要求的加速实施，2022 年我国热泵行业市场规模达 281.13 亿元。

图 8-2　2017—2022 年中国热泵行业市场规模趋势图

空气源热泵涉及的应用领域非常广泛，不仅用于家用和商用生活热水，还与地暖、散热器等结合用于建筑供暖，同时也在烘干、工业供热等工农业领域有大量应用。国内空气源热泵应用市场来看，主要有供暖、热水、烘干三类，2022 年供暖应用占比 50.12%，热水应用占比 37.82%，烘干应用占比为 11.16%，供暖应用继续占据最主要的份额，如图 8-3 所示。

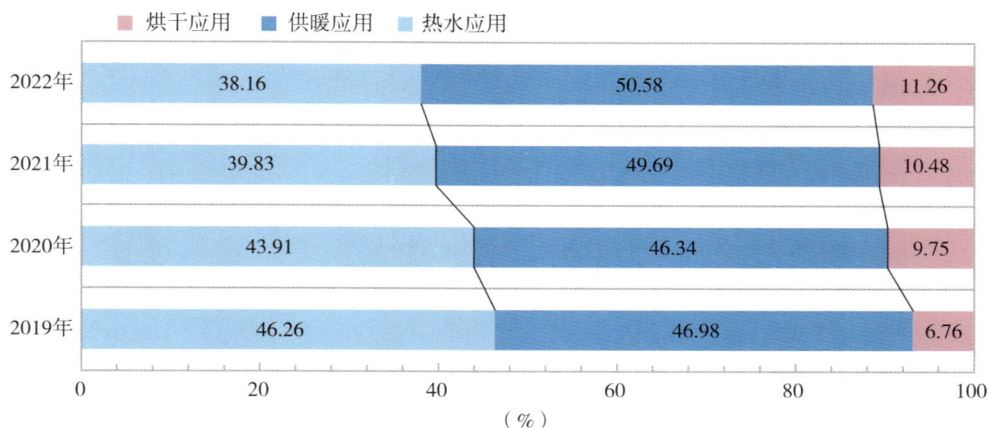

图 8-3　2019—2022 年空气源热泵供热产业国内细分应用占比（按内销额）

从一定程度上来看，空气源热泵的这三类产品中采暖产品最具发展潜力，特别是冷暖产品的应用使得其无论在制冷还是在制热市场都能获得一定的市场份额。而热水与烘干市场的发展动力并不如采暖强劲，仍需相应的政策引领支持。空气源热泵热水在热水器市场中如果能实现能效标准统一将会大大提升其市场份额，热泵烘干在区域市场的应用若有更多的普及推进政策，其市场也会在短期内迅速爆发。

1. 热泵热水器的产业规模

随着城镇化的发展，生活热水的供应已成为一种普遍需求。生活热水的生产主要有四种方式：燃气热水器、电热水器、太阳能热水器和热泵热水器。燃气热水器虽然使用清洁燃料，但仍然有碳排放，其被取代指日可待；而热泵热水器由于利用了环境热量，性能系数能达到 3 左右，在能量利用上的表现远优于电热水器，从而有效地减少了碳排放量。

图 8-4 和图 8-5 给出了 2019 年至 2022 年热泵热水器内销量、内销额以及增长率，2021 年家用热泵热水器的销量为 102.8 万台，相比于 2020 年增长率为 15.64%。主要是因为 2021 年 "双碳" 目标的提出，热泵热水器市场呈现明显反弹，增长表现良好。而 2022 年的内销量和内销额相比 2021 年略有下降。目前，全国制备生活热水大约造成全年 CO_2 排放 0.8 亿吨左右，接近全国碳排放总量的 1%。使用热泵技术能够有效降低生活热水制备的碳排放，因此在生活热水供应方面，热泵热水器具有很大的优势以及广阔的市场[1]。

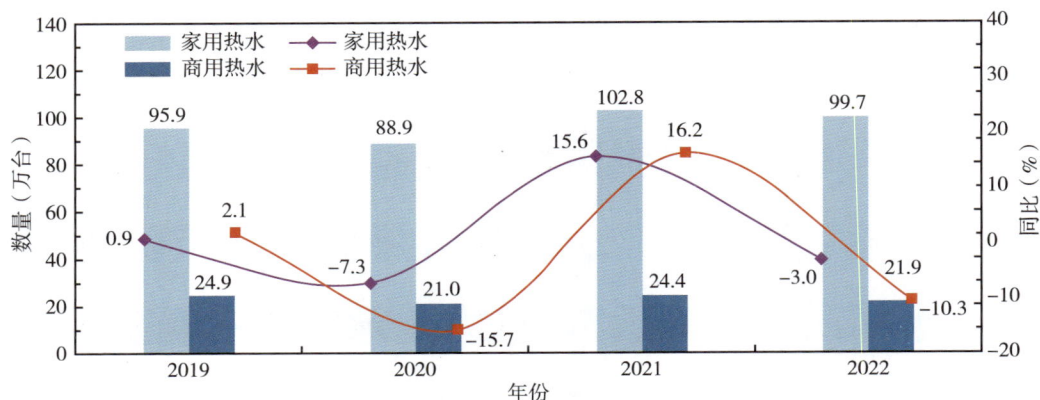

图 8-4　2019—2022 年中国热泵热水器的内销量（万台）及增长率（%）

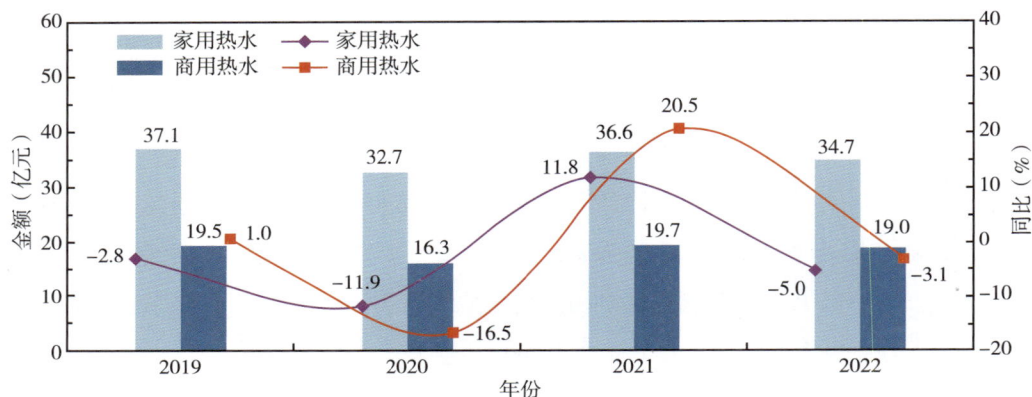

图 8-5　2019—2022 年中国热泵热水器的内销额（亿元）及增长率（%）

2. 热泵烘干机的市场规模

我国南方潮湿的环境使得衣服难以晾干，而北方的很多地区又受风沙、雾霾等天气的困扰，因此干衣机逐渐受到了人们的追捧。目前使用较多的是热风式干衣机、普通冷凝式干衣机和热泵干衣机。热风式干衣机的原理是用高温度气流流过需干燥衣服表面加热衣物，并带走蒸发的水分，使衣物快速干燥的。其常用的加热方式有电热丝加热、半导体加热。其烘干温度很高（100～120℃），容易对衣物造成较大的损伤，且能耗较高；普通冷凝式干衣机的原理是：空气经过加热器后被加热成干燥的热空气穿过衣物变成冷湿空气，冷湿的空气经过冷凝系统，变成干燥的冷空气，同时析出水分收集到储水盒中或由排水管直接排出。干燥的冷空气再次通过加热器变成干燥的热空气穿过衣物，如此循环不断将衣物的湿气排走，达到烘干衣物的目的。冷凝式干衣机的烘干温度一般在 60～70℃，减少了对衣物的损伤，但烘干时间长，比较费电；热泵式干衣机的工作原理是空气通过干衣机的冷凝器被加热产生干燥的热空气，热空气会被风机送入干衣桶，干燥的热空气穿过湿衣物，带走水分，变成温湿的空气，温湿的空气通过蒸发器表明凝露分离出水分，形成干燥的冷空气，干燥的冷空气进入冷凝器被加热产生干燥的热空气由风机吸入，如此循环，实现衣物的烘干。热泵式干衣机使用热泵回收了温湿空气凝露所放出的热量，从而在保持较低烘干温度的同时，用电量仅仅是一般冷凝式干衣机的 50%，不仅减少对衣物损伤，同时还节省了电量。

在农副产品生产、加工和储藏过程中，物料的含水率对产品质量、外观等都有重要的影响。物料水分是要严格控制的重要参数指标之一。干燥过程是去除水分的主要方式之一，是保证或提高产品质量的一个关键环节。物料干燥是一个耗能巨大的过程，在大多数发达国家，干燥过程所消耗的能量占全国总能耗的 7%～15%，而热效率仅为 25%～50%，据统计约占整个产品能耗 30%～70%。因此，在保证品质的前提下，降低农副产品干燥过程中的能耗，是农副产品加工过程中节能减排的重要环节之一。目前，国内生产热泵烘干机的企业有 400 多家，其中 60% 是年销售收入在 500 万元以下的厂商，35% 是年销售收入在 500～1000 万元的厂商。年销售额超过 1000 万元的企业仅占 5%。行业集中度低，企业规模普遍较小，发展潜力很大。我国烘干设备尚未形成出口规模，出口量还不及总量的 5%，且主要销往东南亚。但据权威预测，随着技术发展，未来几年内我国出口烘干机设备占总产量的比例将由 5% 提升至 10%，外销市场也将由东南亚拓展到欧美，国内大型烘干设备制造水平与国际水平存在较大差距的局面由此可望改善。

采用推算的方法来估计热泵烘干量，首先按照采暖、热水和烘干销售额来区分；计算单台热泵的平均价格；根据企业提供的数据，再按照单台热泵干燥机价格是热泵热水器的三倍来估算热泵烘干机的数量，推算结果如图 8-6 和图 8-7 所示。随着热泵技术日趋成熟以及国家政策的大力支持，2019 年至 2022 年之间热泵烘干系统的内销量及内销额均呈现上升的趋势，近几年的增长趋势较为明显。这样的增长主要源于以下几方面的原因。一是国家政策的大力推进，包括农机补贴、烟草电代煤的规划以及环保建设目标都从一定程度上促进了烘干行业发展。二是随着社会的发展，对于烘干产品品质的要求越来越高，热泵烘干需求与日俱增。三是企业的参与度逐渐增强，合力推进市场走向标准化，体系化。从空气源热泵烘干的细分应用角度看，粮食应用占据的比例较低。果蔬和烟草是其中最主流应用，其次为污泥。由于热泵烘干目前仍以定制为主，因此对于通过规模化实现增长的企业来说参与的热情并不高，而激烈的价格竞争，利润走低的现实环境也限制了一些企业在热泵烘干领域大规模的投入。

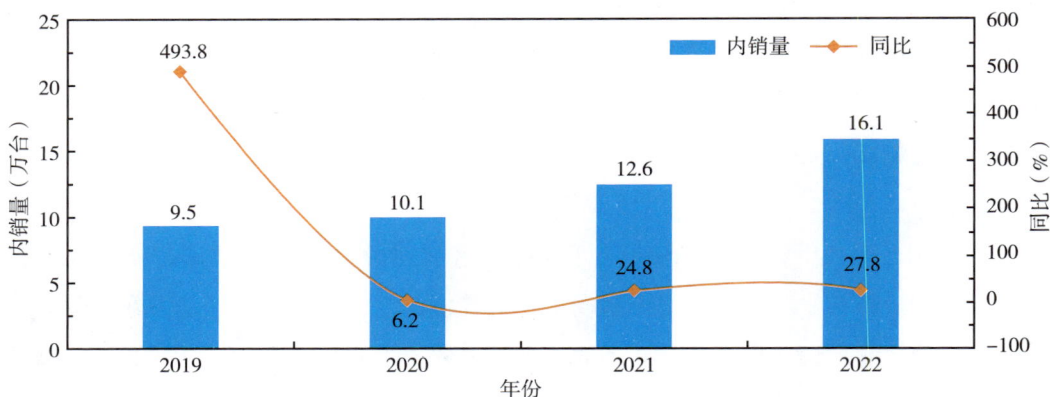

图 8-6　2019—2022 年中国热泵烘干机的内销量（万台）及增长率（%）

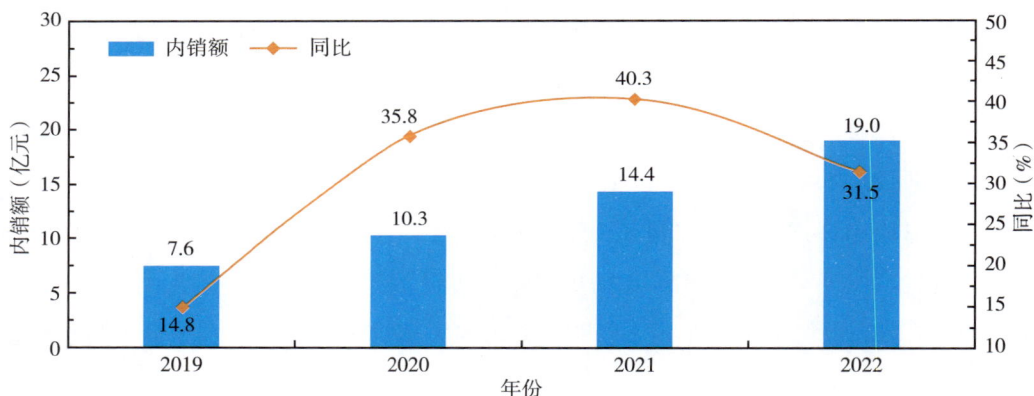

图 8-7　2019—2022 年中国热泵烘干机的内销额（亿元）及增长率（%）

（二）产业及制冷剂未来发展预期

2022 年，中温热泵的产量为 137.7 万台。其中，2022 年热泵热水器的产量为 121.6 万台，所使用的制冷剂 80% 左右是 HFCs，2022 年热泵烘干机的产量为 16.1 万台，所使用的制冷剂 86% 左右是 HFCs。按照现阶段的发展趋势测算，热泵热水器和热泵干衣机的产量将持续增加，HFCs 的消费量也随之将继续增长。面对日益严峻的环境形势，新一轮制冷剂的替代势在必行，新型环保制冷剂的研究与开发刻不容缓，见表 8-1。

表 8-1 2019—2022 年中温热泵规模以及制冷剂占比

年份	热泵热水器		热泵烘干机	
	数量（万台）	HFCs 占比（%）	数量（万台）	HFCs 占比（%）
2019	120.80	78.86	9.51	86.22
2020	109.91	79.57	10.10	86.18
2021	127.20	81.26	12.60	86.15
2022	121.60	80.87	16.10	86.17

　　制冷剂的替代是一个漫长的过程，发展中国家在履行国际义务的同时，面临着资金、法规与技术等方面的巨大压力和挑战。制冷剂广泛应用于家用空调、冰箱（柜）、汽车空调、商业制冷设备等行业，占总需求的92%，少量需求用在 PTFE 等含氟聚合物的原料，仅占总需求的8% 左右。近年来我国制冷剂需求逐年增长，2021 年我国制冷剂表观需求量为 70.9 万吨，预计到 2024 年增长至 77.3 万吨，见图 8-8。

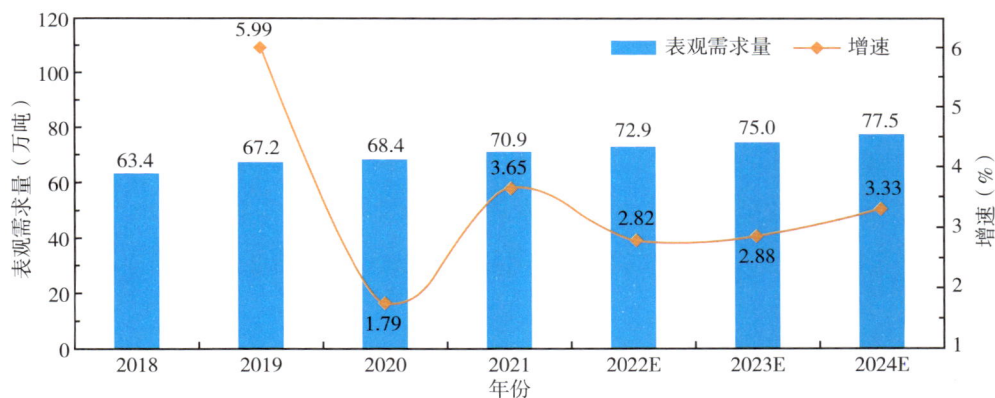

注：E 指的推算值

图 8-8 2018—2024 年制冷剂表观需求量及增速（数据来源：华经产业研究院）

二、制冷剂使用及排放现状

（一）整个行业的制冷剂使用量

　　目前，HCFC-22 制冷剂由于高 ODP 值已经无法长期使用，取而代之的是零 ODP

的 HFCs 制冷剂。在热泵热水器行业，目前 84% 的制冷剂和 85% 的发泡剂使用的是 HFCs，常用的制冷剂为 HFC-134a 和 R-410A（HFC-32/HFC-125），其 GWP 值分别为 1430 和 2087.5，常用的发泡剂为 HFC-245fa；而在热泵干衣机行业，20% 的制冷剂是使用的 HFCs，常用的 HFCs 制冷剂为 HFC-134a。然而，HFC-134a 以及 R-410A 的组元已经被列入受控物质范围，将逐渐被淘汰，不能够长期使用。

近年来，我国制冷剂需求量呈现逐年上升的趋势。据统计，2022 年中国制冷剂总内需量为 58.6 万吨，较 2021 年增长 2.25%。随着今年制冷剂配额的正式下发，各类制冷剂供应都将面临大幅缩减。根据生态环境部的《2024 年度氢氟碳化物生产、进口配额核发表》，2024 年各类 HFCs 的总生产配额为 74.6 万吨，HFC-32、HFC-125、HFC-134a 分别为 24.0、16.6 和 21.6 万吨，仅是各自产能的 47%、55% 和 59%。

我国目前正不断研制新的制冷剂，正处于第二代制冷剂朝着第三代制冷剂、第四代制冷剂替换的进程中，但制冷剂的替代是一个漫长复杂的进程，在替代过程中会面临着资金短缺和技术不够成熟等巨大的挑战。据生态环境部发布的含氢氯氟烃生产和使用配额表，以 HCFC-22 为代表（配额占第二代制冷剂总量的 80% 以上），我国 HCFC-22 生产配额总量由 2014 年的 31.29 万吨削减至 2023 年的 18.18 万吨；2024 年我国第二代制冷剂氢氯氟烃生产和使用量不超过基线值的 65%（2024 年暂不全部分配）。目前主流的第三代制冷剂对臭氧层无影响，但仍会引起较高温室效应，主要发达国家即将进入配额削减的第二步（-40%），发展中国家（第一组）将于 2024 年对氢氟烃（HFCs）进行生产和使用总量的冻结（不超基线年 2020 年至 2022 年均值），见图 8-9。

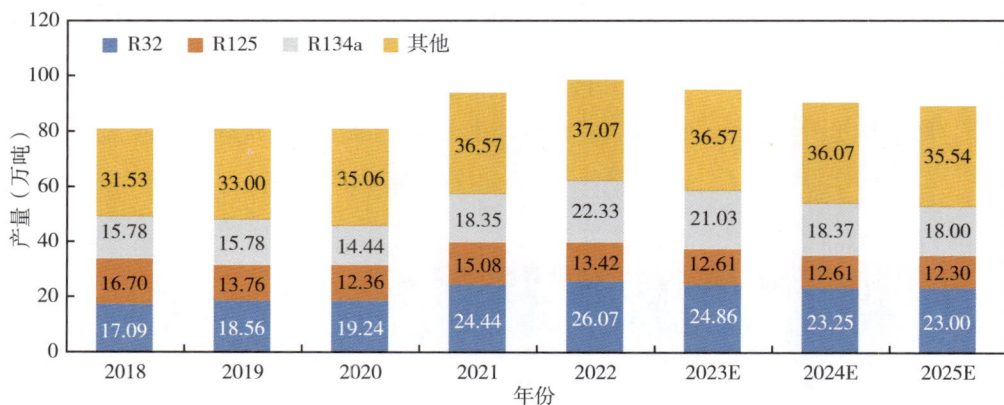

注：E 指的推算值

图 8-9　主要的第三代制冷剂产量

2022 年我国代表性的第三代制冷剂 HFC-32、HFC-134a、HFC-125 等产量增幅明显。第四代制冷剂具有较高的技术和设备壁垒，仍处研发和初生产阶段，尚未进入规模化应用，且设备置换成本高，因此国内第三代制冷剂依然有很长的需求期。

根据平安证券研究所推算，测算得 2022 年至 2025 年我国制冷剂总供需过剩量分别为 27.6 万、16.5 万、16.1 万、8.9 万吨，供给过剩值预期将出现较大幅度的收窄，见图 8-10。

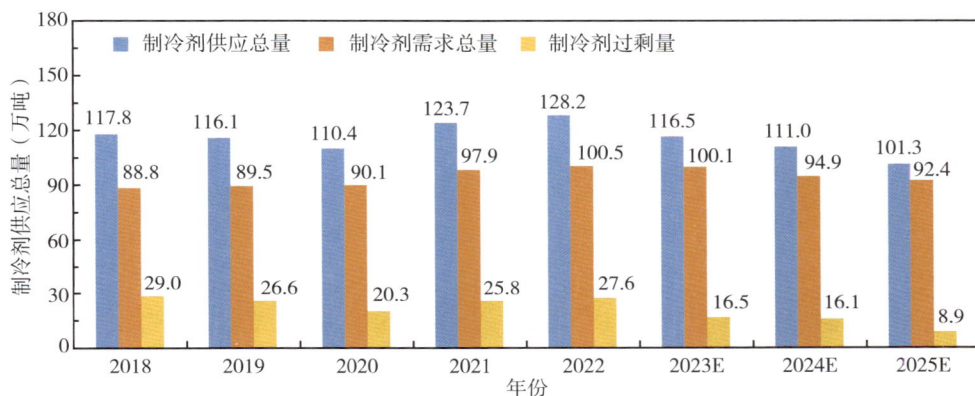

图 8-10　我国制冷剂供需预测

（二）中温热泵领域的制冷剂使用量

对于中温热泵领域，当前主要采用 HCFC-22、HFC-32、R-410A 和 HFC-134a，从制冷剂临界温度角度分析当前主力中温热泵制冷剂：HFC-32 的临界温度是 78.1℃，R-410A 的临界温度 72.6℃，适合 55℃以下的应用场景；HCFC-22、HFC-134a 的临界温度在 100℃附近，能够满足 75℃以下应用。此外，还有少量的中温热泵系统使用 HFC-245fa、R-717 和 R-744。

目前，由于 R-744、R-717、HFC-245fa 中温热泵的产量较少，和整个领域的制冷剂使用量相比可以忽略，因此后续在计算制冷剂以及直接排放量时忽略不计。根据制冷剂的充注强度和供热量，可以估算得到 2019 年至 2022 年国内中温热泵领域设备生产的制冷剂使用量（不计研发实验），如图 8-11 所示。

计算设备维修时的制冷剂使用量主要用于制冷剂补充，综合考虑到运行排放（慢漏引起）和维修排放（维修引起），根据企业提供的数据，此处的制冷剂补充率取充注量的 5.5%。可以估算得到中温热泵领域设备维修的制冷剂使用量，如图 8-12 所示。

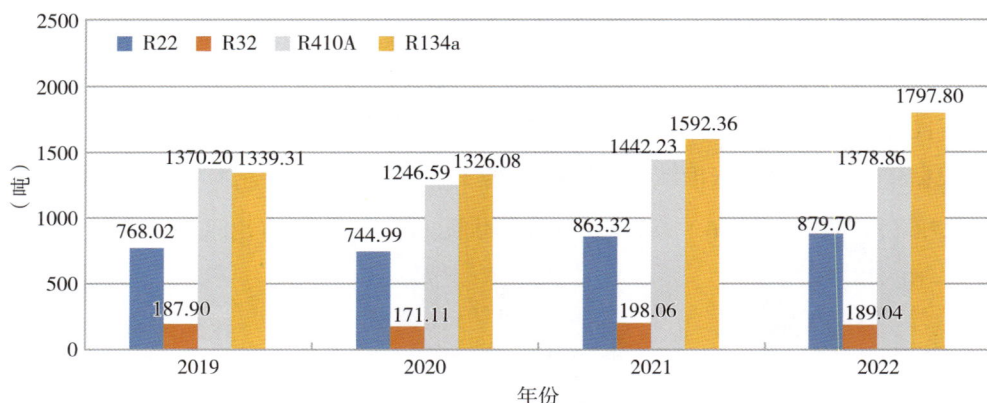

图 8-11　2019—2022 年国内中温热泵领域设备生产的制冷剂使用量

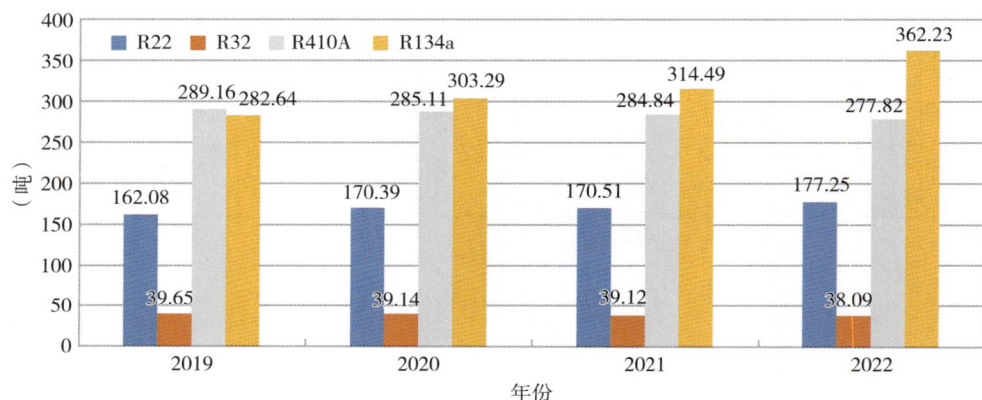

图 8-12　2019—2022 年中温热泵领域设备维修的制冷剂使用量

根据 2019—2022 年的中温热泵领域设备出口情况，可以计算设备出口的制冷剂使用量，如图 8-13 所示。

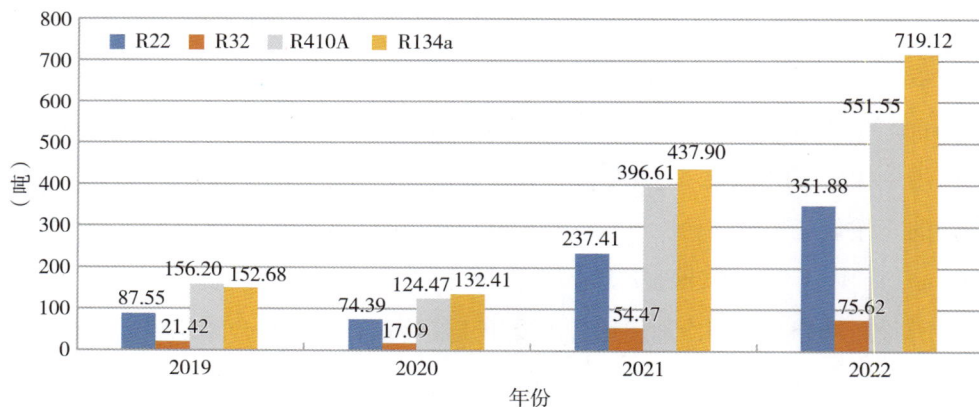

图 8-13　2019—2022 年中温热泵设备出口的制冷剂使用量

制冷剂的使用量可以表示为：$Q_{use,total} = Q_{use,new} + Q_{use,service} + Q_{use,export}$。由此可以计算中温热泵领域制冷剂年总使用量，如图 8-14 所示。

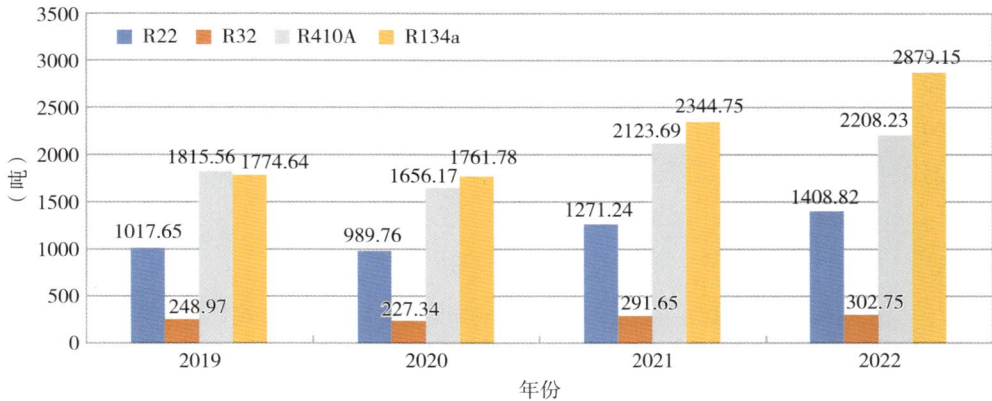

图 8-14　2019—2022 年中温热泵领域制冷剂年总使用量

（三）中温热泵领域的制冷剂排放量估算

根据 IPCC 第四次评估报告（AR4）、IPCC 第五次评估报告（AR5）以及 UNEP 公开报告[2-4]，新产品充注过程中制冷剂的泄漏率取 0.4%，以中温热泵的生产量为基数，可以估算中温热泵领域初始灌装过程中制冷剂泄漏量，计算结果如图 8-15。

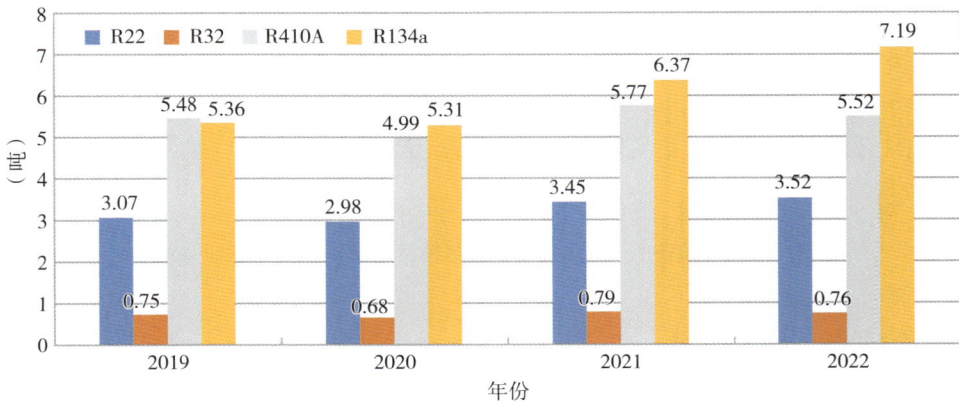

图 8-15　2019—2022 年中温热泵领域新产品充注过程中制冷剂泄漏量

根据 IPCC 第四次评估报告（AR4），运行过程中年泄漏率（仅考虑慢漏引起）为 4%[2]。以中温热泵的存量为基数，可以估算中温热泵领域在运行过程中年泄漏量，计算结果如图 8-16 所示。

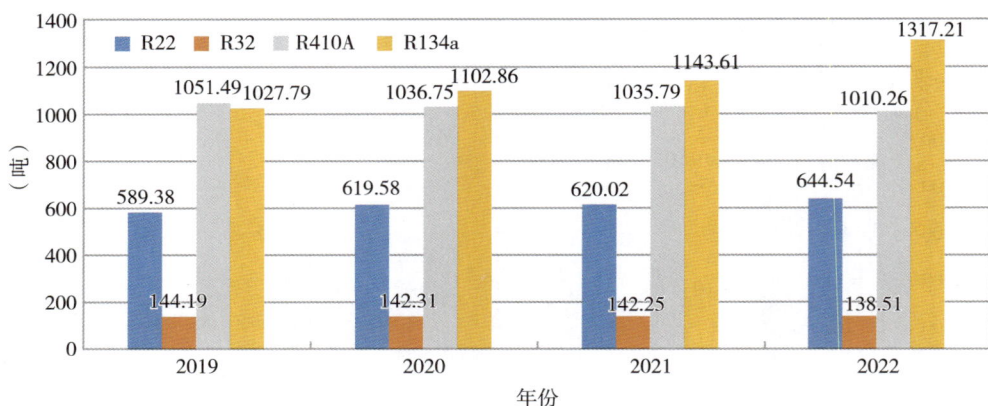

图 8-16　2019—2022 年中温热泵领域运行过程中制冷剂泄漏量

根据调研结果，中温热泵每年的报废率接近 5%。报废设备寿命终期时的制冷剂剩余率取 96%，制冷剂回收率取 84%。根据 $E_{t, disposal} = D_t \times m \times p \times (1-\eta)$ 可以计算报废设备的报废排放量，结果如图 8-17 所示。

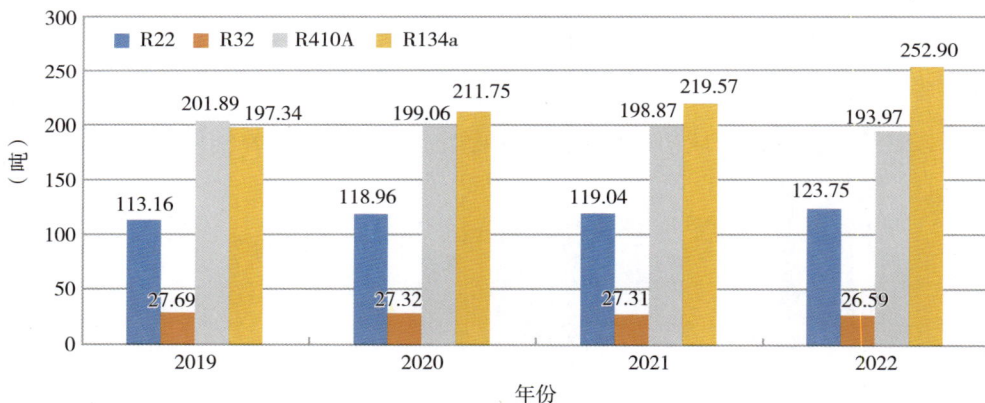

图 8-17　2019—2022 年中温热泵领域设备寿命终期的泄漏量

制冷剂的年直接排放量 = 初始灌装漏量 + 运行过程泄漏量 + 设备寿命终期泄漏量（泄漏率取 16%），计算结果如图 8-18。

根据各种制冷剂的 GWP 值，将制冷剂直接排放量转化为 CO_2 当量，根据 IPCC 第四次评估报告（AR4），HCFC-22、HFC-32、R-410A、HFC-134a 的 GWP_{100} 分别取 1810，675，2087.5，1430[2]。计算后的 CO_2 当量如图 8-19 所示。

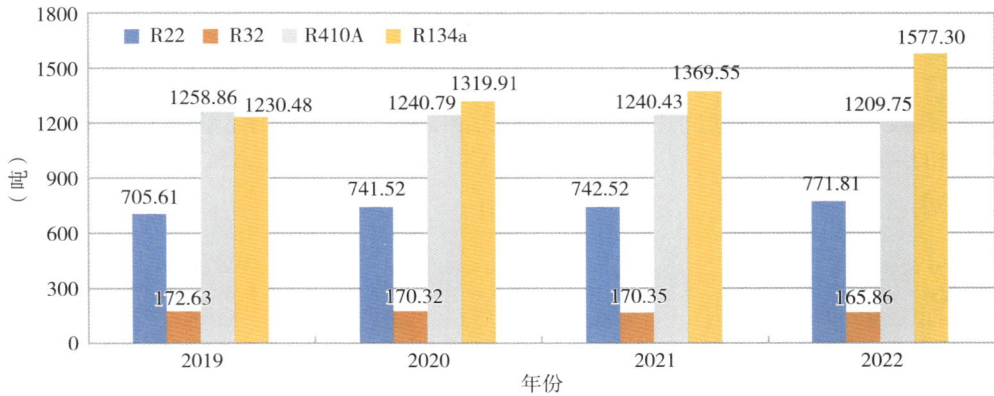

图 8-18　2019—2022 年国内中温热泵的制冷剂直接排放量

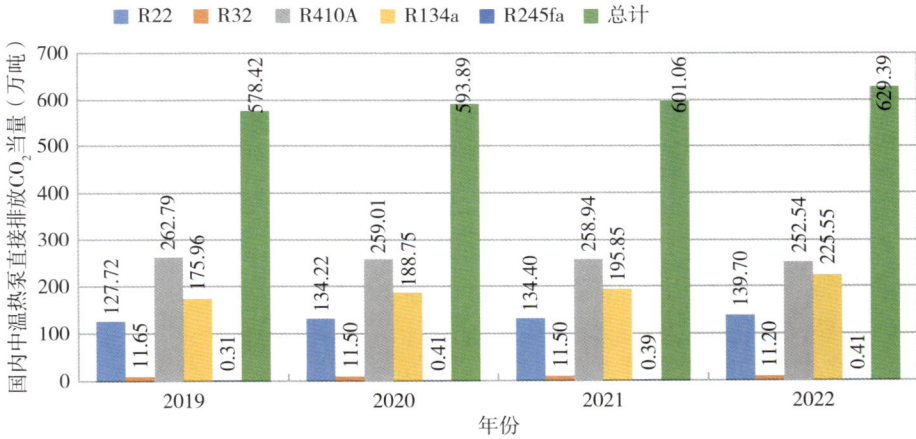

图 8-19　2019—2022 年中温热泵领域直接排放量

三、潜在替代物特性及评价

现阶段，在热泵热水器行业主要常用的制冷剂为 HFC-134a 和 R-410A，潜在替代物包括：自然制冷剂 HC-290、R-744 以及含 HFO 的混合制冷剂；热泵干衣机行业目前主流制冷剂以 HFCs 类 HFC-134a 为主，其全球变暖潜值（GWP）高达 1430，不能够长期使用。自然制冷剂 HC-290 属于 HCs 类制冷剂，GWP 小于 20，可以作为 HFC-134a 在热泵干衣机中的替代制冷剂。除此之外，还有 HFOs 及其构成的混合制冷剂。表 8-2 给出了中温热泵可能选择的纯质替代物。

表 8-2　热泵可能选择的纯质替代物

制冷剂	分子量	标准沸点（℃）	临界温度（℃）	临界压力（kPa）	安全分级	ODP	GWP
HFC-32	52	-51.7	78.1	5782	A2L	0	675
HFO-1234yf	114	-29.5	94.7	3382.2	A2L	0	< 1
HFO-1234ze（E）	114	-19	109.4	3634.9	A2L	0	< 1
HFO-1234ze（Z）	114	9.75	153.6	3970	A1	0	< 1
HCFO-1233zd（E）	130	18.1	165.6	3624	A1	≈ 0	7
HFO-1336mzz（E）	164	33.4	171.3	2900	A1	0	2
R-744	44	-78.5	31	7377.3	A1	0	1
R-717	17	-33.3	132.3	11333	B2L	0	< 1
HC-290	44	-42.1	96.7	4251.2	A3	0	3.3
R-718	18	99.9	374	22060	A1	0	0

　　除了纯制冷剂之外，还有一些低 GWP 的混合制冷剂，因具有优异的性质逐渐引起人们的重视，表 8-3 给出了常见的热泵混合制冷剂。

表 8-3　热泵可选择的混合替代物

制冷剂	泡点/露点（℃）	GWP 100-year in Montreal Protocol	安全等级
R-447A	-49.3/-44.2	582	A2L
R-450A	-23.4/-22.8	601	A1
R-452B	-51.0/-50.3	697	A2L
R-454B	-50.9/-50.0	465	A2L
R-454C	-46.0/-37.8	145	A2L
R-459A	-50.3/-48.6	459	A2L
R-466A	-51.7/-51.0	733	A1
R-475A	-28.8/-28.3	615	A1
R-513A	-29.2/-29.2	629	A1
R-516A	-29.4/-29.4	139	A2L

以常见的 HFC-134a 和 R-410A 中温热泵为例，目前在中温热泵系统中替代 HFC-134a 的制冷剂主要有 HFO-1234yf、HFO-1234ze（E）、R-450A 和 R-513A，图 8-20 给出了几种制冷剂的参数对比，HFO-1234yf 单位能力与 HFC-134a 接近，但是理论性能略有下降，与 R-513A 相当；HFO-1234ze（E）在给定工况下的单位容积制热能力约为 HFC-134a 的 75%，但是理论性能优势大，系统需要相应调整。两种制冷剂都属于 A2L 类范围，其充注量受到限制，会阻碍机组能力提升；若用于小型家用系统，充注量担忧则可规避。

以 GWP 为 750、150 作为分界，HFC-134a 的主流替换制冷剂主要为中短期的 R-450A 和 R-513A，通过理论计算进一步比较这两种制冷剂的单位容积制热量和 COP 可以发现：R-513A 的单位容积制热量与 HFC-134a 基本一致，但是 COP 略有下降；R-450A 的单位容积制热量相比于 HFC-134a 下降 12.1%，而 COP 略有增加。两者与 HFC-134a 相差幅度接近，因此厂家可以根据系统匹配结果、油品相容性等选择合适的制冷剂。

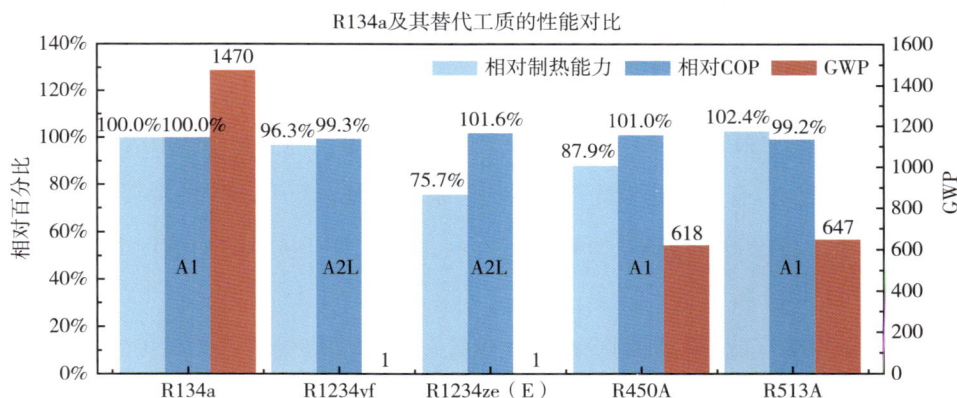

图 8-20　HFC-134a 及其替代制冷剂的性能对比

目前在中温热泵系统中替代 R-410A 的制冷剂主要有 HFC-32、R-452B、R-454B 和 R-454C。热泵热水器的运行模式为全年高水温运行，HFC-32 在同等情况下排气温度要比 R-410A 高出 15℃以上，因此不建议在不修改运行范围的情况下直接用 HFC-32 替换 R-410A 制冷剂。此外，IPCC 第六次评估报告（AR6）最新公布 HFC-32 的 GWP 为 771，只能作为短期内的替代物。图 8-21 中给出了 R-410A、HFC-32、R-452B、R-454B、R-454C 这几种制冷剂在给定工况（蒸发温度为 7.2℃、冷凝温度为 54.4℃、过冷度为 8.3℃、吸气温度为 18.3℃）下的性能对比。

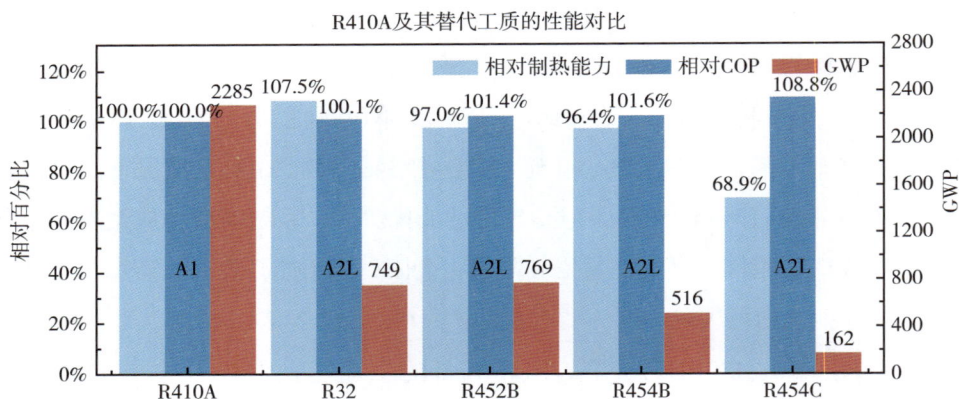

图 8-21　R-410A 及其替代制冷剂的性能对比

　　R-452B 的单位能力与 R-410A 最为接近，性能上也略优于 R-410A，两者在所选冷冻机油差别不大的情况下可以作为 R-410A 的"直接灌入"型替换制冷剂，但是具有一定的弱可燃性，充注量受到限制。R-454B 的 GWP 与 R-410A 相比下降 1/3，在 GWP 政策较为严格的欧洲市场，能有效减少企业向政府支付的碳税，有较大的经济优势；但能力略有下降，同样具有一定的弱可燃性，充注量受到限制。R-454C 的 GWP 约为 150，可以作为未来长期替换的制冷剂储备，其单位能力比 R-410A 降低 1/3，系统需要有较大调整；有 7℃温度滑移，不利于系统匹配；具有一定的弱可燃性。

　　除此之外，潜在的替代物还有自然制冷剂，例如 R-744、HC-290、R-717 等。

　　（1）R-744 制冷剂

　　R-744 作为空气能热水器制冷剂相比传统制冷剂优势更多：①与传统热泵热水器相比，制冷剂超临界放热有 80℃以上温度滑移，供水温度高，很适合家用生活热水一次性加热方式。②对寒冷地区的室外温度适应能力强、出水温度高；③黏度低，与润滑油共溶性良好，压降不大，能进一步减小部件尺寸和系统重量；但仍有一些关键技术需要解决：①要解决好工作压力高、压差大、压比小，运动部件间隙控制等问题；②生产线改造和零部件成本问题；③最优高压压力的控制，降低节流损失：膨胀机、喷射器、涡流管。

　　（2）HC-290 制冷剂

　　HC-290 制冷剂的 GWP 为 3.3，对环境友好，临界温度可达 96.7℃，本身单位容积制冷量和性能与 HCFC-22 接近，且同等工况下排气温度比 HCFC-22 要低 10℃以上，因此无论在普通热泵还是低温采暖，HC-290 都能满足高出水温度和低环境温度的使用需求，具有其特有的优势。

HC-290 用于空气源热泵热水器的性能系数和压缩比都比 HCFC-22 热泵热水器略有优势；在排气温度上更是降低 15℃左右，排气压力和吸气压力也相对比较低。在容积制冷量和制热量方面 HC-290 热泵热水器不具备优势，相同排气量的 HC-290 压缩机制热水能力仅能达到 HCFC-22 压缩机的 86.6% 左右。为弥补单位容积制热能力的不足，需要加大 HC-290 压缩机的排气量。

HC-290 属于 A3 类制冷剂，具有较强的可燃性，在实际应用过程中其充注量受到严格的限制，已经广泛用于充注量较小的热泵干衣系统中。截至 2020 年，热泵干衣机 HC-290 产品的市场规模近年来也快速上升，2020 年占比为 80%，产量达到 300 万台。

（3）R-717 制冷剂

氨（R-717）作为一种天然制冷剂，环保性能优异，具有高临界温度 132.3℃、高汽化潜热，广泛应用于各种冷库系统中。然而，氨具有毒性和弱可燃性，一旦发生大量泄漏，后果非常严重。当空气中氨的浓度达到 5000ppm 时就会使人失去知觉，造成窒息死亡；浓度到 150000 至 270000ppm（15%~27%）时，就会发生剧烈爆炸。因此，为了预防人身伤害及爆炸事故的发生，保障中温热泵系统的运行安全，凡采用氨为制冷剂的氨制冷机房内均应设置氨气泄漏探测报警系统。此外，人员较多房间的空调系统严禁采用氨直接蒸发制冷系统。

四、制冷剂替代路线分析

LCCP 是一种系统在其整个生命周期中对全球变暖影响的方法，即包括从设备开始生产制造到最终设备报销所造成的所有直接和间接的 CO_2 排放量之和。表 8-4 给出了《LCCP 算法指南 2016 版》所要求的五种制冷工况，得到不同制冷剂给定工况下的制冷量和能耗[5, 6]。

表 8-4　标准中给出的五种计算工况

条件	室外干球温度（℃）	室外湿球温度（℃）	室内干球温度（℃）	室内湿球温度（℃）
A	35	23.9	26.7	19.4
B	27.8	18.3	26.7	19.4

条件	室外干球温度（℃）	室外湿球温度（℃）	室内干球温度（℃）	室内湿球温度（℃）
H1	8.33	6.11	21.1	15.6
H2	1.67	0.56	21.1	15.6
H3	−8.33	−9.44	21.1	15.6

关于不同制冷剂的计算差别：主要是循环性能上的差距，本研究中采取马里兰大学研发的仿真软件 VapCyc3.7 计算得到。由于 HFC-134a 热泵系统与 R-410A 热泵系统的热物性存在很大差异，因此分两种不同容量进行讨论。

（一）R-410A、HFC-134a 及其替代制冷剂的排放量分析（单个系统）

对于同类制冷空调热泵产品，由于使用场景的大致相同，产品基本结构基本相同，可以建立或查找相应的产品使用场景标准，利用温度仓法，或软件模拟获取相应的运行能耗。对于 R-410A 系统而言，替代制冷剂 HFC-32 和 R-454B 的 LCCP 低于 R-410A；HC-290 由于其极低的 GWP 值和优异的热力学性能，在减少 CO_2 排放量上具有明显的优势。采用 R-454B 和 HC-290 作为 R-410A 的替代制冷剂能明显少 CO_2 排放量。对于 HFC-134a 系统而言，采用 HFO-1234yf 和 R-450A 来替代 HFC-134a 可以明显减少 CO_2 排放量，见图 8-22、图 8-23。

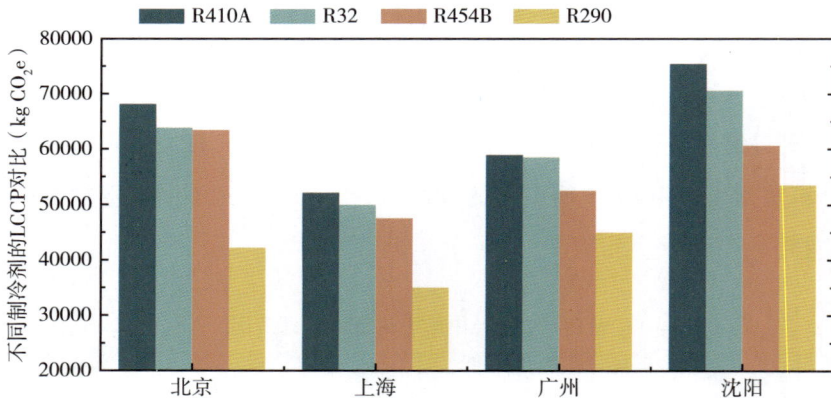

图 8-22　R-410A 及其替代制冷剂的 LCCP 对比

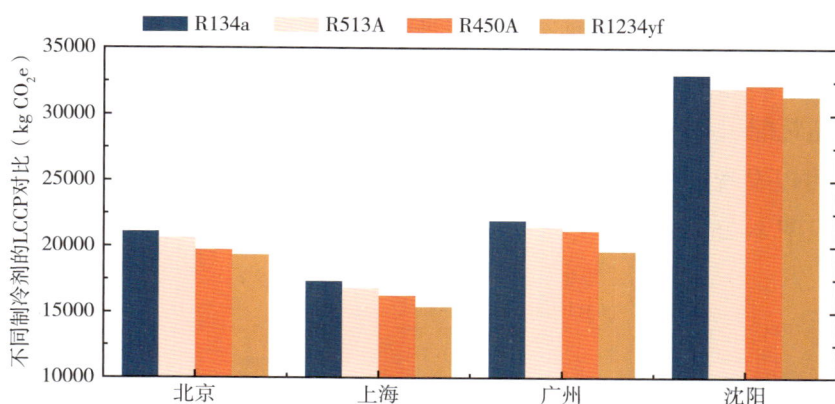

图 8-23　HFC-134a 及其替代制冷剂的 LCCP 对比

（二）R-410A、HFC-134a 及其替代制冷剂的排放量分析（整个行业）

假设现有的 R-410A 热泵系统或 HFC-134a 系统全部更换为新的替代制冷剂，根据中温热泵领域的系统产量来计算整个领域的 LCCP 减排量。从图 8-24 中可以看出，采用 HC-290 来替代 R-410A 热泵系统可以明显减少系统全生命周期排放量，HFC-32 和 R-454B 也具有一定的优势。

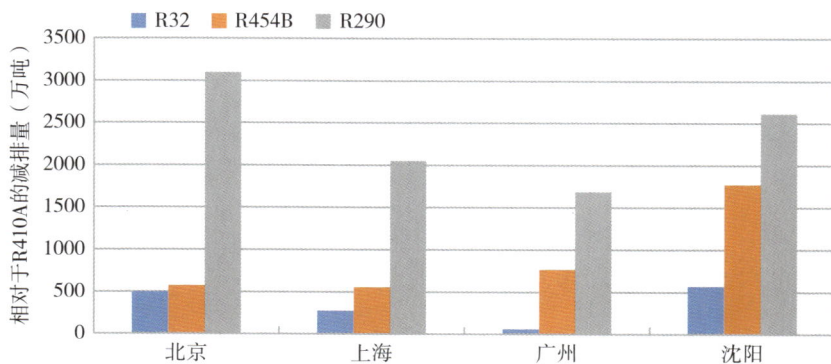

图 8-24　替代制冷剂相对于 R-410A 的减排量

对于 HFC-134a 热泵系统，采用 HFO-1234yf 来替代 R-410A 热泵系统可以明显减少系统全生命周期排放量，R-513A 和 R-450A 也具有一定的优势。

此外，不同制冷剂在不同地区的热泵耗能间接排放量占整个 LCCP 的主要部分，故在相同的能力下，提高热泵的能效可以显著的降低 LCCP，减少碳排放量。对于

GWP 较高的制冷剂，制冷剂泄漏造成的直接排放量占第二位，故选择 GWP 较低的制冷剂也能较为显著的降低 LCCP，减少碳排放量；由设备材料制造、回收处理和制冷剂制造耗能引起的间接排放之和只占 LCCP 的极小部分，影响很小。通过 LCCP 对比分析可以发现，在相同的能效水平前提下，采用低 GWP 制冷剂可以明显降低排放量，见图 8-25。

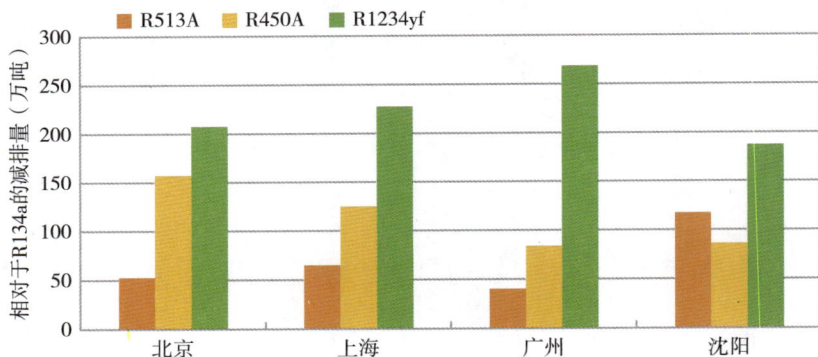

图 8-25　替代制冷剂相对于 HFC-134a 的减排量

五、替代需攻克的技术难点

在新一代环保制冷剂中，并不存在完美的制冷剂，需综合考虑其环保特性、基本热物性、可燃性、毒性、热稳定性、能源效率、系统复杂性、经济效益、应用前景等特点。

（一）制冷剂替代路线分类

全球范围内尚没有找到一种完全理想的零 ODP、低 GWP、安全、高性能的制冷剂。国际上在各个产品领域采用何种替代技术路线仍存在诸多争议，但是天然制冷剂最大限度的拓展使用，更低 GWP 的制冷剂在全球范围内的应用推广将是必然的趋势。绝大部分低 GWP 替代制冷剂存在着可燃、高压力或容积效率低等缺点。通过对不同制冷剂存在的问题进行"缺陷管理"的模式加以分类并处理，确保这些替代品在规定条件下的安全使用，将是长期需要面临的情景，潜在替代制冷剂的分类如图 8-26 所示。

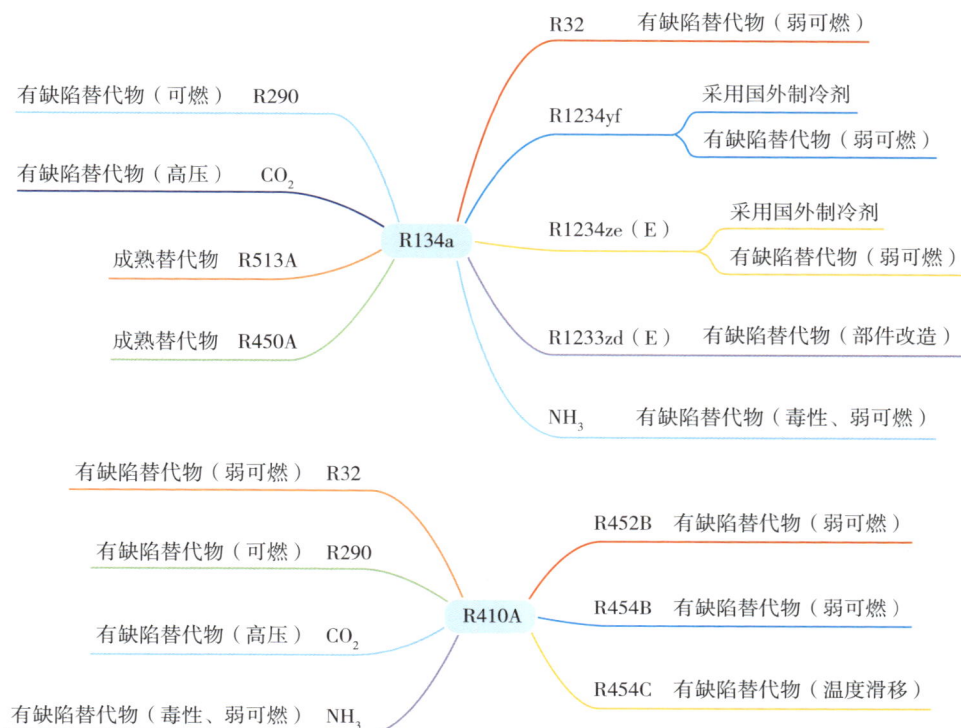

图 8-26　潜在替代制冷剂的分类

（二）替代制冷剂关键技术

对于 HC-290、HFC-32、HFO-1234yf、R-717 等具有可燃性或者毒性的替代制冷剂，应采取相应的制冷剂缺陷制冷剂应用管理技术，提升缺陷制冷剂的可用性。①不断突破充注量限制的技术，研发更加高效的换热器、更加安全可靠的专用压缩机；②对可燃制冷剂的燃爆特性进行深入研究，探索制冷剂燃爆特性和抑制机理；③在系统潜在泄漏点设置气体传感器等检测装置，第一时间发现故障并及时处理；④建立健全政策标准及安全规范，完善制冷剂全生命周期的应对策略，全面考虑制冷剂生产、运输、零部件制造、运行、维修等每个环节，见图 8-27。

1. HC-290 制冷剂替代关键技术

HC-290 属于 A3 类制冷剂，其可燃性使生产和应用过程中必须考虑充注量的问题，导致 HC-290 在热泵热水器上的应用存在一定局限性。各国对于其大规模市场化使用一直在持续探索中，随着针对 HC-290 系统的安全措施不断升级完善，2019 年

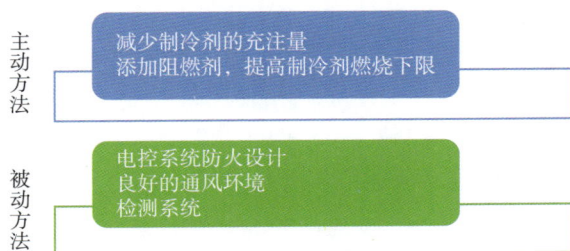

图 8-27　针对制冷剂可燃性或毒性的措施

5 月 9 日，IEC 宣布正式批准将标准 IEC60335-2-89 下自携式商用制冷陈列柜的 A3 类制冷剂充注量限制从 150g 提升到 500g。2022 年 5 月 2 日，提高家用空调、热泵和除湿机中丙烷（HC-290）和其他易燃制冷剂的充注量限定值，已在国际电工委员会（IEC）标准中获得一致通过，这表明 IEC 从技术措施到安全性，对于可燃制冷剂的认识正在逐步提升[7,8]。目前，业内比较认可的观点是 HC-290 适用于小功率热泵热水器，而在大型商用热泵热水机上的应用受到限制。

对于 HC-290，应当不断对充注量标准进行优化，使 HC-290 制冷剂的充注量更加的科学合理。在各方的积极推动下，随着 HC-290 充注量在越来越多的领域放开，以及系统安全措施的不断升级，HC-290 或许将成为热泵行业长期使用的制冷剂之一，见表 8-5。

表 8-5　浙江三花微通道换热器

微通道换蒸发器		冷凝器	
	中进中出式微通道蒸发器		扁管折弯式微通道冷凝器
制冷剂流量分配均匀；流程较短，制冷剂流阻小；制冷剂充注量少		减少集流管个数，缩小换热器内容积，降低制冷剂充注量；减少扁管和集流管间的焊接点，提高耐压能力	
两器内容积比原机管翅式换热器均减少 50%			

微通道换热器可以减少 HC-290 制冷剂的充注量，同时采用微通道管路具有更大的表面积与体积比，换热系数高；此外还具有温度响应快、紧凑型高等优点。但是

HC-290 匹配冷冻机油仍存在问题，主要由于 HC-290 与冷冻机油过度溶解，需要开发一种溶解度小，其他特性（如材料兼容性、黏度）也满足要求的专用的 HC-290 润滑油。

除此之外，应当开发专用的 HC-290 压缩机，美芝研究了一种小型化、少油量的 HC-290 专用压缩机，如图 8-28 所示。压缩机小型化，减小压缩机内部空间，同时可减少油量需求；在减少润滑油量时保证供油润滑效果，确保性能和可靠性的同时尽量降低油面高度。采用创新结构，优化压缩机结构参数。通过以上措施的实施，留存于压缩机内的 HC-290 制冷剂量可减少约 30%。

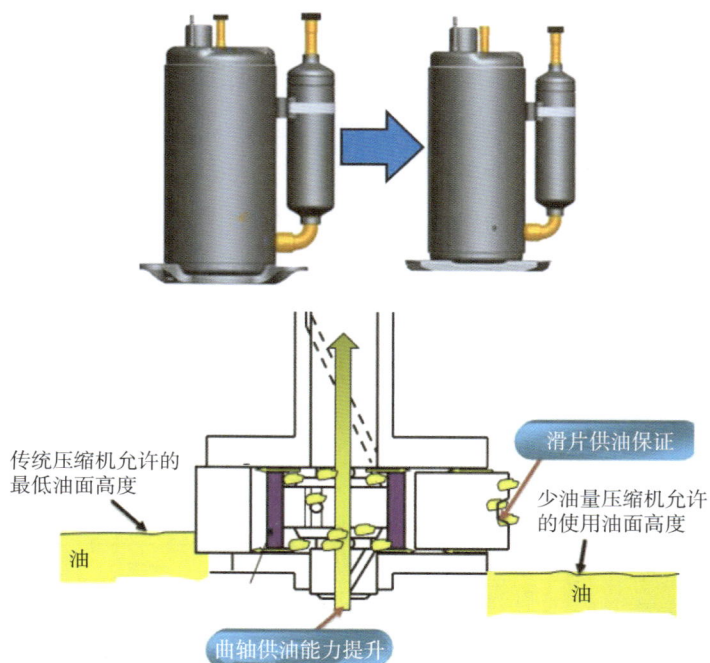

图 8-28 美芝 HC-290 专用压缩机

2. R-744 制冷剂替代关键技术

R-744 制冷剂在热泵热水器系统中的压力要比 R-410A 系统高很多，系统在这样的高压下运行，必须考虑系统承受高压的性能、高压保护、压缩机的选择、润滑油的选择等一系列问题。与使用普通制冷剂的压缩机相比，R-744 跨临界循环压缩机具有工作压力高、压差大、压比小，此外其还有运动部件间隙难以控制、润滑较困难等特点。R-744 压缩机与现有其他制冷剂压缩机相比，无论在生产线改造还是零部件统一上都存在较大困难。对于 R-744 具有较高工作压力的特性，需要对原系统进行重新设计，见图 8-29。

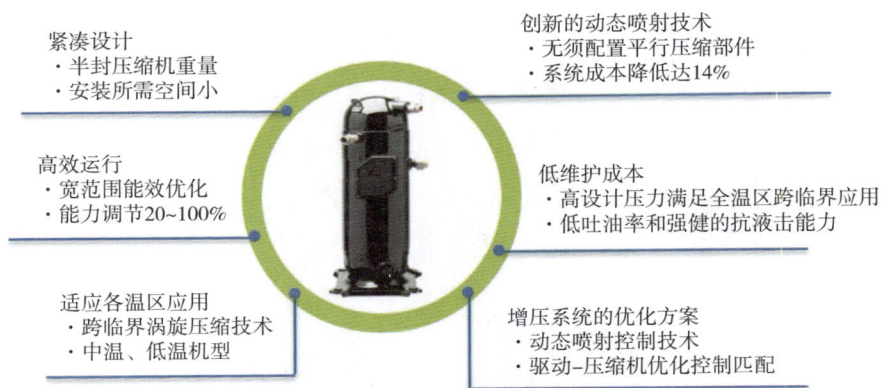

图 8-29　艾默生谷轮跨临界二氧化碳 ZTI/ZTW 系列涡旋压缩机

　　R-744 制冷热泵系统开发的压缩机也都已问世并形成产品，如：亚临界涡旋式、跨临界活塞式和半封闭的螺杆式压缩机。高性能膨胀机、降膜式冷凝器和气体冷却器的研发也使得 R-744 系统的性能得到了提升。关于 R-744 热泵的测试标准，各国尚不统一。在研制出口产品时，需针对出口国的要求进行测试。当前，R-744 热泵热水器的主要问题是产品本身价格太高，是普通热泵热水器的三倍，这也是无法成功实现商业化的重要原因，见图 8-30。

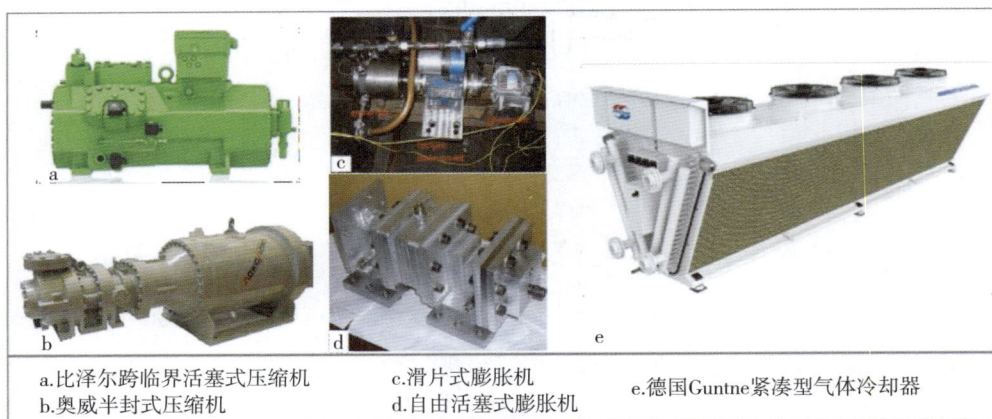

a.比泽尔跨临界活塞式压缩机　　c.滑片式膨胀机
b.奥威半封式压缩机　　　　　　d.自由活塞式膨胀机　　　e.德国Guntne紧凑型气体冷却器

图 8-30　R-744 制冷剂替代关键技术

3. HFC-32 制冷剂替代关键技术

HFC-32 制冷剂属于 A2L 类，具有弱可燃性；在实际应用中的充注量受到限制；除此之外，其排气温度、排气压力高的缺点带来了压缩机的可靠性和润滑油的稳定性问题。对此，一些企业对 HFC-32 压缩机进行了改进。艾默生研发了一种 HFC-32 涡旋压缩机，降低制冷剂在压缩机内部的热传导和对流，通过涡旋双柔性自适应结构、优化润滑油、吸气冷却电机等方式来提高压缩机可靠性，见图 8-31。

图 8-31 艾默生 HFC-32 涡旋压缩机

江森自控针对 HFC-32 的高排气温度问题研发了一种带有喷射结构的压缩机，喷射结构有效控制排气温度，提高系统能力及能效，实现快速制冷、快速制热，见图 8-32。

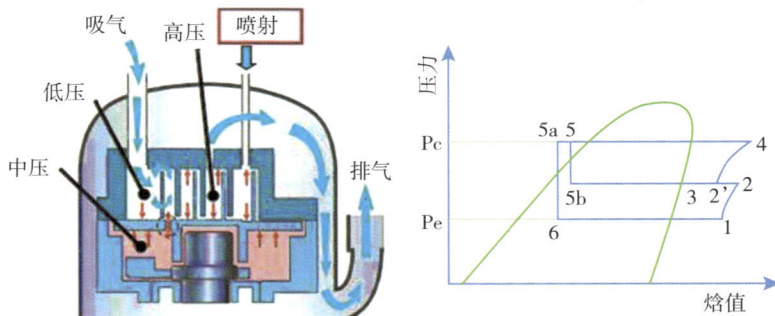

图 8-32 江森自控日立 HFC-32 涡旋变频压缩机

4. R-717 制冷剂替代关键技术

氨（R-717）具有优良的环境性能和热力学性能，其标准沸点（-33℃）低，在蒸发器和冷凝器中的压力适中，单位容积制冷量大，蒸发潜热大。主要用于蒸发温度在 -65℃以上的大、中型单级和双级制冷机中。随温度的升高，氨的压力较高，虽低于 R-744 系统，也需对压缩机进行重新设计。

目前针对氨系统已开发出专用的电子膨胀阀、板式换热器、微通道换热器和高压螺杆压缩机等；在氨小型机组中，常用的润滑油不溶于 R-717，因此需要复杂的油与制冷剂分离技术，而较高的汽化潜热使得质量流量较小，供液量难以控制，因此系统推广的主要障碍是小型化较高的初始成本和政策限制。

氨制冷剂应用于中温热泵的较少，大多用于高温热泵机组（图 8-33 和图 8-34），但由于其具有优异的热力学性能和环保性能，在中温热泵系统中应用也具有较大的潜力。江森自控有限公司开发的 HPS 螺杆式热泵机组，采用江森自控新一代高效、高压双螺杆压缩机，全范围 VSD 容量控制，可满足单热应用、冷热两用和冷热联用三种应用场景，可回收用户工业废热和冷冻机组的冷凝热，高效节能、绿色环保、生命周期长，可作为传统锅炉的理想替代。

图 8-33　福建雪人股份开启式螺杆氨热泵机组

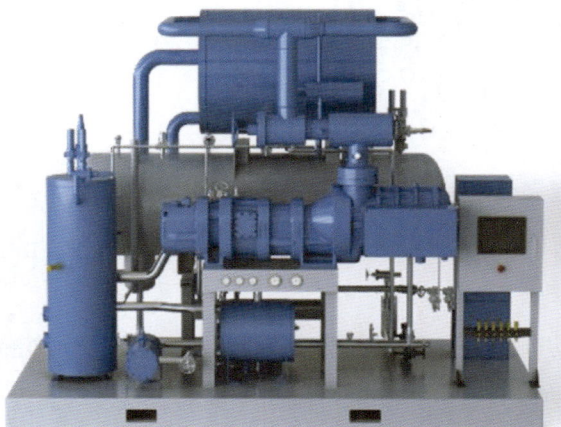

图 8-34　江森约克 HPS 螺杆式热泵机组

5. HFO-1234yf 和 HFO-1234ze（E）制冷剂替代关键技术

以 HFO-1234yf 和 HFO-1234ze（E）为代表的不饱和烯烃 HFOs 制冷剂在近年来饱受关注。由于分子内双键的存在使得碳原子对氢原子的束缚力较弱，容易发生断裂，因此大气寿命较短，具有一定的环保性能。与 HFC-134a 相比，HFO-1234yf 的系统性能较差，在冰箱、房间空调器和热泵系统中应用时效果并不理想，具有弱可燃性，充注量受到限制，成本较高。

在新一代低 GWP 值制冷剂的研发方面，中国企业远落后于国外跨国公司。核心专利基本被国外公司掌握，已对我国下一代制冷剂的开发和应用带来严重的制约。目前全球的 HFO 专利数量多，同族专利数量更多，然而中国企业的 HFO 专利数量少（13.7%），掌握核心专利数量更少（1.7%）。大多数制备和应用技术的核心专利掌握在外国企业手中。

HFO-1234yf 的技术专利大多被美国、日本和法国所控制，外企更是在我国大量进行专利布局，尤其是被霍尼韦尔、阿科玛、科慕所垄断，构建了严密的专利壁垒，给我国 HFO-1234yf 制备和应用技术的开发带来了巨大障碍。国内已有企业采用 Honeywell 公司技术以乙烯、四氯化碳、氯气为原料生成四氯丙烯，四氯丙烯再经 HF 氟化生成四氟丙烯的工艺路线生产 HFO-1234yf。我国 HFO-1234yf 实现工业化生产的装置共有四套，均是国外企业如科慕公司、霍尼韦尔公司授权代工生产以及阿科玛自主建厂。

目前全球仅有霍尼韦尔公司在美国建设 HFO-1234ze 生产装置，其产品主要用作聚氨酯材料发泡剂。我国目前未实现 HFO-1234ze 工业化生产。HFO-1234ze 产品具有前瞻性，但是技术壁垒较高，并非一般企业所能进入。

然而，大多数美国和欧洲专利局授权的 HFO-1234yf 专利正在被挑战或已经被宣告无效，剩余少数美国和欧洲授权的专利也在 2023 年或者 2024 年到期。国内中化蓝天集团有限公司、巨化集团公司等氟化工企业，都在加大研发力度，以期实现具有自主知识产权的第四代制冷剂的产能建设。目前，国内多项 HFO-1234yf 的专利已获得授权，比如浙江环新氟材料股份有限公司采用以 2- 氯 -3，3，3- 三氟丙烯（HCFO-1233xf）为原料氟氯交换法生产 HFO-1234yf，浙江省化工院以氟氯甲烷为原料生产 HFO-1234yf（CN101979364B）。中化蓝天集团有限公司和中化近代环保化工（西安）有限公司以五氯环丙烷和无水氟化氢为原料制备 HFO-1234yf（CN103896725B）。HFO-1234yf 技术门槛较高，如可以有效使用成熟技术，可以考虑此产品的生产。

我国授权的专利中，除了 HFO-1234yf 的制备路线之外，还有很多含有 HFO-1234yf 的混合制冷剂可以用于热泵领域。天津大学与珠海格力电器股份有限公司申请的 CN109810674B 涵盖了一种包含 HFO-1234yf、HFC-161 和 HFC-134a 的三元混合物，该混合物用于替代 HFC-134a，尚未发现该专利有法律挑战。江西天宇化工有限公司提出了一种由 HFC-134a、HFO-1234yf 和 HFO-1234ze（E）组成的三元共沸或近共沸混合制冷剂，可以在热泵系统中用作制冷剂，代替这些系统中常用的 HFC-134a、HCFC-22 和 R-410A 等制冷剂，该专利将于 2038 年 4 月到期。

在中国，受到挑战的 HFO-1234yf 专利相对较少，如果可以通过法律挑战、授予免费许可或其他方式来消除法律障碍，从而降低 HFO-1234yf 的使用成本，中国和世界都将受益于此，更快地向气候友好型制冷剂过渡。

6. HCFO-1233zd（E）制冷剂替代关键技术

HCFO-1233zd（E）的物性与 HFC-245fa 接近，作为 HFC-245fa 的替代制冷剂，可应用于双级变频离心式冷水机组、低温热回收系统和热泵热水器。在实际应用过程中有一定的局限：①管路压降的优化——压降"威胁"性能；②蒸发器——低压制冷剂的挑战；③抽气装置设计——低压制冷剂特性使空气向机组内泄漏，需要设计单独的排气装置将不凝性气体排出机组外。

六、总结及建议

随着人们绿色环保意识的增强，消费者对热泵产品的偏好和需求也明显增加。2021 年家用热泵热水器的销量为 102.8 万台，相比于 2020 年增长率为 15.64%。主要是因为 2021 年"双碳"目标的提出，热泵热水器市场呈现明显反弹，增长表现良好，而 2022 年的内销量和内销额相比 2021 年略有下降。2022 年，家用热泵热水器的内销量为 99.7 万台，内销售额为 34.7 亿元；商用热泵热水器的内销量为 21.9 万台，内销售额为 19.0 亿万元。2019 年至 2022 年之间热泵烘干系统的内销量及内销额均呈现上升的趋势，近几年的增长趋势较为明显。2022 年，热泵烘干机的内销量为 16.1 万台，内销售额为 19 亿元。

2022 年的供热量为 1335.44 万 kW，每千瓦制热量对应的全年运转 CO_2 排放量为 160.55kgCO_2/kW，2022 年由于设备能耗对应的 CO_2 排放量为 214.405 万吨。对于中温热泵领域，当前主要采用 HCFC-22、HFC-32、R-410A 和 HFC-134a，从制冷剂临界温度角度分析当前主力中温热泵制冷剂：HFC-32 的临界温度是 78.1℃，R-410A 的临界温度 72.6℃，适合 55℃ 以下的应用场景；HCFC-22、HFC-134a 的临界温度在 100℃ 附近，能够满足 75℃ 以下应用。此外，还有少量的中温热泵系统使用 HFC-245fa、R-717 和 R-744。据推算，2022 年中温热泵系统中主流制冷剂 HCFC-22、HFC-32、R-410A 和 HFC-134a 的充注量分别为 760.76、189.04、1378.86、1753.01 吨。

从制冷剂替代技术发展的现状来看，国际社会还没有形成一致而且清晰的适应全球制冷剂替代的技术路线以及各地区均可操作的技术方案，替代制冷剂选择与技术开发交织在一起，相互矛盾又相互促进。对于我国来说，开发适应于我国国情又能在国际竞争中处于优势的全新低 GWP 制冷剂（包括天然制冷剂）中温热泵产品，有助于实现热泵行业的转型升级和可持续发展。在我国"双碳"目标的前提下，需要进一步探索全链条的制冷剂减排技术方案，挖掘新制冷剂碳减排路径、破局候选替代制冷剂自主研发难题，从多维度解决制冷剂的碳减排问题。

在我国"双碳"目标下，未来需要解决的和制冷剂直接有关的问题总结如下。

第一，目前，在中温热泵领域采用何种替代技术路线仍存在诸多争议，但是天然制冷剂最大限度的拓展使用，更低 GWP 的制冷剂在中温热泵领域的应用推广将是必然的趋势。绝大部分低 GWP 替代制冷剂存在着可燃、高压力或容积效率低等缺陷。通过对不同制冷剂存在的问题进行缺陷管理的模式加以处理，确保这些替代品在中温热泵领域的安全使用，将是长期需要面临的情景。

第二，低 GWP 替代制冷剂及其混合物的物性、燃爆特性、其匹配的冷冻机油与材料相容性，还需要深入研究，应全面考虑制冷剂生产、运输、零部件制造、运行、维修等每个环节。针对中温热泵领域潜在替代制冷剂 HC-290、HFC-32、R-452B、R-454B 等具有可燃性的制冷剂，应当探索制冷剂燃爆特性和预警防护机理，建立健全政策标准及安全规范。

第三，针对中温热泵领域潜在替代制冷剂 HFO-1234yf、HFO-1234ze（E）等面临技术壁垒的制冷剂，需要从国家层面上组织实施，联合上下游企业开展产、学、研、用联合攻关，建立制冷剂开发与应用关键共性技术研究流程与方法。建议鼓励研发具有自主知识产权的低 GWP 制冷剂及替代配套应用技术，提高国际话语权，在自主知识产权低碳制冷剂新产品给予投入和激励政策，促进低 GWP 制冷剂产品在中温热泵市场竞争中占据有利地位。

参考文献

［1］张建国. "碳中和"目标下，热泵供热技术前景展望［J］. 中国能源，2021，43（07）：12-18.

［2］IPCC. Climate Change 2007：Synthesis Report. Contribution of Working Groups Ⅰ，Ⅱ and Ⅲ to the Fourth Assessment Report of the Intergovernmental Panel on Climate Change ［R］. IPCC，Geneva，Switzerland，2007：104.

［3］IPCC. Climate Change 2013：The Physical Science Basis. Contribution of Working Group I to the Fifth Assessment Report of the Intergovernmental Panel on Climate Change ［R］. Cambridge University Press，2013：1535.

［4］UNEP. Refrigeration，Air Conditioning and Heat Pumps Technical Options Committee ［R］. IPCC，UNEP Nairobi，Kenya，2022：306.

［5］谢郦卿，李爱国，黄之敏. 低 GWP 制冷剂在热泵行业的应用分析［J］. 家电科技，2021，0（1）：76-81.

［6］IIR. Guideline for Life Cycle Climate Performance ［R］. International Institute of Refrigeration，Life Cycle Climate Performance Working Group，2016.

［7］IEC. Household and similar electrical appliances-Safety-Part 2-89：Particular requirements for commercial refrigerating appliances and ice-makers with an incorporated or remote refrigerant unit or motor-compressor ［R］. 2019，60335-2-89.

［8］IEC. Household and similar electrical appliances-Safety-Part 2-40：Particular requirements for electrical heat pumps，air-conditioners and dehumidifiers ［R］. 2022，60335-2-40.

第九章

高温热泵

　　高温热泵指出水温度超过 100℃的热泵系统。高温热泵是一种将工业企业排放、浪费的中低温度的废水、废气中的热量进行收集，并通过高温热能热泵转换成高温水或蒸汽的设备。其转换后的温度一般可达到 85℃以上，甚至可直接产出 150℃的蒸汽，用于工业工艺或供暖使用。高温热泵不仅环保，还能有效替代传统燃煤锅炉，是实现工业节能、降耗提效的重要选择。近年来热泵技术正向应用范围更广的高温和超高温热泵方向发展，因此，选择适宜的制冷剂一直是高温热泵技术应用和发展的关键。为使高温热泵系统达到设定的工况要求，制冷剂需要对其冷凝压力、蒸发压力都有一定的要求，还需要有较高的系统 COP。除此之外，高温热泵制冷剂还需要满足环境友好型，对臭氧层无破坏、能降低温室效应，具有良好的安全性能，无毒，不可燃或弱可燃，化学性质稳定等要求。

一、产业现状

（一）产业规模

在蒸气压缩式热泵系统中，各种类型的热泵压缩机是决定系统供热能力的关键部件，对系统的运行性能、噪声、振动、维护和使用寿命等有着直接的影响。相比较民用建筑舒适性调节用热泵，工业热泵的热源温度与供热温度范围宽广，热泵系统所采用的制冷剂物性也存在很大的差异，这就决定了适用不同工作温度与不同制冷剂的热泵压缩机有着各自特点。高温热泵常用的压缩机形式包括：往复压缩机、涡旋压缩机、罗茨压缩机、单螺杆压缩机、双螺杆压缩机、离心压缩机等。

针对本领域的主要设备类型、年销售量（台数或/及冷量）、存量规模（国内在用的各类设备系统的数量）和制冷剂的选择，对以下公司进行了尽调，得出相关的数据如表 9-1 所示。

表 9-1　2020 年至 2022 年三年产业规模

压缩机厂家	制冷剂	压缩机台数		
		2020 年	2021 年	2022 年
艾默生（ZW650）	HFC-245fa	56	110	300
汉钟精机（RC2-710G）	HFC-245fa	80	98	130
冰轮环境（LSR6HRB）	HFC-245fa	1	2	5
格力电器（CVPH710）	HCFO-1233zd（E）	0	1	3
为山之（WW/M-TFD）	HFC-245fa	0	3	6

如表 9-2 所示，160℃以上的高温供热以水制冷剂为主，多通过高温热泵辅助机械蒸汽再压缩（mechanical vapor recompression，MVR）达到，压缩机类型以大压比的螺杆、往复式压缩机为主；120～160℃供热区间已经有环保制冷剂 H（C）FOs 产品的出现，此温区的大容量热泵机组以离心压缩机为主要型式；120℃以下的供热区间制冷剂以 HFC-245fa、HFC-134a 为主，也有很多产品以天然制冷剂 NH_3、CO_2 作为制冷剂。

表 9-2　国内外工业高温热泵产品总结

（黑色字为螺杆机，红色字为活塞机，蓝色字为离心机）

	100kW-1MW	1MW-10MW
60～100℃	Ochsner IWHS ER3（HFC-245fa） Combitherm HWW（HFC-245fa） 苏净（R744） Friotherm Unitop 22（R1234zd（E））	Star Neat pump（R717） GEA Grasso FXP（R717） 福建雪人 Powerbox-SRM（R717） Johnson Controls Tian OM（HFC-134a） Friotherm Unitop 50（HFC-134a） 格力电器（HFC-134a）
100～120℃	Mayekawa Europe（HS Comp）（HC-600） Ochsner IWDS 330 ER3 Kobelco SGH120（HFC-245fa） Durr thermae thermeco2 Hybrid Energy AS（R717，R718） Skala Fabrikk（R290，HC-600）	Combitherm（HCFO-1233zd（E）） Hybrid Energy（R717，R718） Fenagy（R744） Johnson Controls（R717，HC-600）
120～160℃	冰轮环境（R718、HFO） Ochsner IWWDS（HFC-134a、HFC-245fa） Ecop Mitsubishi Heavy Industries（HFC-134a）	GEA（R744） Rank（HFC-245fa，HFOs） Ohmia Industry（R717，R718） Epcon（R718） MAN Energy Solution（R744） Siemens Energy（HCFO-1233zd（E）， R1234ze（E））
160～200℃	Hanbell（R718） SGH165（HFC-245fa，R718） Kobelco MSRC160L（R718）	SRM（R718） Sutainable Process Heat（HFOs） Olvondo（R704） Heaten（HFOs） Spilling（R718） Piller（R718）

（二）产业未来发展预期

中国产业未来发展趋势良好，为了推动碳中和的实现，中高温热泵将在更多领域发挥更大作用，见图 9-1。

二、制冷剂使用现状

工业热泵是一种极具吸引力的工业用能量转换技术。根据应用要求，使用各种热源，不同制冷剂和热泵的输出温度也不同。根据工业应用的温度要求和热泵的进一步

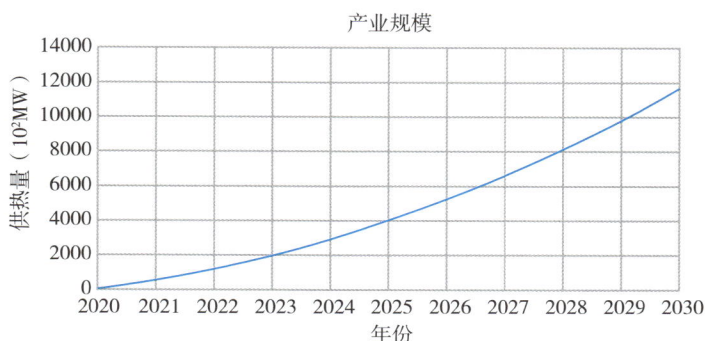

图 9-1　中国产业未来发展预期趋势

发展，将热泵分为四种不同的类型：低温热泵、中温热泵、高温热泵和超高温热泵。如图 9-2 所示。

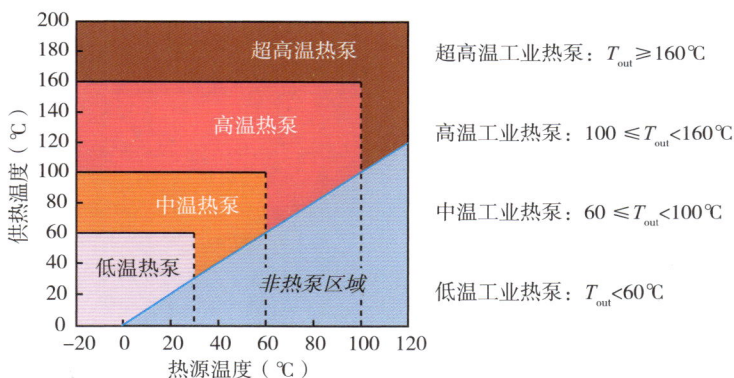

图 9-2　工业热泵根据供热温度的分类

　　高温循环制冷剂是压缩式高温热泵的"血液"，蒸汽压缩循环的关键工况点的设计与热泵制冷剂的选型直接相关，而压缩机的选型与设计也需要首先确定热泵制冷剂。热泵制冷剂往往从制冷剂中选取，而制冷剂到目前为止已经经历了近 200 年的发展，在过去的 200 年中，由于需求的不同，对制冷剂的选型要求也一直变化。

　　表 9-3 中总结的高温热泵案例中三分之二以上的机组使用了 HFC-245fa 和 HFC-134a 等传统高 GWP 制冷剂作为制冷剂，其余机组采用天然制冷剂，如 NH_3 和 HC，H（C）FOs 制冷剂的高温热泵应用仍在推广中。

表 9-3 高温热泵

行业	使用	配置	热源温度 （进口/出口）（℃）	热沉 （进口/出口）（℃）
	蒸汽	DS	—	120～160（steam）
直接供热	加热	DS	40/2	45/88
			15/7	65/90
石油行业	原油加热	SS	55～65	85～95
食品行业	酿酒	Cascade	5～35（ambient）	120（steam）
	面条烘干	ACHP	99	144.5（steam）
	家禽处理加热	Cascade	20～30	62～90
		SS	83	125
	乳制品	Cascade	20/12	95/115
印染	纺织印染	ss	74/64	94.4/973
干燥领域	烘干	DS+IHX	55/50	70/130
	木板	SS+DS	43～60	60～95
	喷雾干燥	ACHP	75/55	85/111（air）
	电子产品线圈	—	55/50	70/130
	矿物质	Parallel SS+IHX	88/84	96/121
	污水处理	DS	93	160
医药行业	生物乙醇	SS+IHX	65/60	20/120
	再冷却设备	HP+MVR	36/34	178/183
化工行业	—	SS+MNR	58	118（steam）

工业应用案例总结

热容量 * 数量（kW）	制冷剂	压缩机	COP	参考文献	出版年
380 ~ 660*1	R245fa	单螺杆	2.5 ~ 3.2	Kobe Steel	2011［11］
18，113*5	CFCs/HCs	离心	3 ~ 3.3	Finland	2006［12］
15500	—		2.7	Italy	2008［13］
675 ~ 893*2	R245fa	双螺杆	3.5 ~ 4.4	He, et al.	2015［14］
150*1	R410A/R245fa	双螺杆	19.5（Th=14℃）	Yat, et al.	2020［15］
432*1	NH_3–H_2O	—	5.3	Li, et al.	2019［10］
270*5	NH_3	活塞式	4.18	Jiang, et al.	2019［17］
750*1	Water	双螺杆			
300	R290/R600	活塞式	2.5	SkaleUP	2021［10］
108*1	R245fa	双螺杆	2.4	Wu, et al.	2016［18］
627*1	R134a	涡旋	3	Umeza, et al.	2011［19］
143*1	R245fa	—	1.42	Zhang, et al.	2013［20］
206*1	NH_3–H_2O	—	3.5 ~ 4.0*	Jensen, et al.	2015［21］
627	R134a	活塞式	3	Mayekawa	2012［10］
300	R1336mz（Z）	活塞式	5	AMT/AIT	2020［10］
700	Water	双螺杆	2.9	Kobelco	2016［10］
1900	R245fa	双螺杆	3.5	Kobelco	2019［22］
1500	R704	活塞式	1.7	Olvondo	2017［10］
348*1	R245fa	—	3.05	Lee, et al.	2017［23］

根据 2022 年热泵参数，将制冷剂累计充注量类别和总量整理如表 9-4 所示。

表 9-4　2021 年至 2022 年设备制冷剂累计充注量类别及总量

2021～2022 年设备制冷剂使用类别	HFC-134a	HFC-245fa	HCFO-1233zd（E）	总量
2021～2022 年设备制冷剂充注量（kg）	400	10775	10000	21175

三、潜在替代制冷剂特性及评价

制冷剂替代的核心思想是制冷剂的物性及其与热泵系统的匹配，以环境性能和安全性能为约束条件，以热泵系统中的循环性能指标为主，经济成本为辅。早期的替代制冷剂选择是首先建立制冷剂库，以环境性能和安全性能进行初筛，再以制冷剂的热物性参数进行二次筛选，保留下的制冷剂再针对热泵系统形式建立具体的理论循环模型，求解相应工况下的循环性能指标，优中选优后得到需要的热泵制冷剂。近年来，随着计算机和多目标优化算法的发展，多目标优化的算法被引入热泵制冷剂的选择中来。常见的选择方法有 TOPSIS 算法、田口算法与灰色关联分析组合等多目标优化算法。另外，㶲分析、热－经济分析、热环境分析也是经常用到的热泵制冷剂选择方法。潜在替代物的评价指标分析目前主要集中在环境（environment）、能量（energy）和技术经济（economic）三个方面（简称 3E 模型）。

其中环境评价方面主要以 GWP 和 ODP 为主要评价指标，兼以直接排放和间接排放，并在全寿命周期内计算制冷剂的综合排放指标。国际制冷协会（IIR）给出的 LCCP 评价模型如式 9-1 所示：

$$LCCP = GWP\,(L \times ALR + EOL) + L \times AEC \times ER + MM \times m + RM \times mr$$
$$+ RFM \times C + L \times ALR \times RFM + RFD\,(C\text{-}EOL) \qquad \text{式 9-1}$$

式中，L 为设备平均使用寿命（a）；

ALR 为制冷制冷剂平均年泄漏率（kg/a）；

EOL 为设备报废后制冷剂的排放（kg）；

AEC 为年平均能源消耗（kWh）；

ER 为单位电力温室气体排放（$kgCO_{2e}$/kWh）；

MM 为材料的温室气体排放率（$kgCO_{2e}$/kg）；

m 为设备质量（kg）；

RM 为回收材料温室气体排放（$kgCO_{2e}$/kg）；

mr 为回收材料质量（kg）；

C 为制冷剂充注量（kg）；

RFM 为制冷剂生产温室气体排放（$kgCO_{2e}$/kg）；

RFD 为制冷剂回收产生的温室气体排放（$kgCO_{2e}$/kg）

从 LCCP 评价方法中可以看出，该方法考虑了制冷产品在生产、使用、维护、回收等各环节的温室气体排放，是最全面的评价方法，但也是最复杂的计算模型。计算中需要国家平均电力 CO_2 排放量、材料消耗 CO_2 排放量等统计数据作基础，同时还需要制冷设备使用年限、年泄漏率、制冷剂回收率等大量行业数据作支撑。

热泵型号如表 9-5 所示，其中空气源热泵性能按照 GB/T 21362—2023 商业或工业用及类似用途的热泵热水机中规定的制冷与制热年负载模型计算，机组数量按照当量热量 100kW/ 台折算统计。所用制冷剂及其充注量均在表 9-5 中。设备寿命假定为 15 年，年泄漏率为 10%，报废后的制冷剂回收率为 80%。根据 GB/T 21362—2008 商业和工业用及类似用途的热泵热水机计算。

表 9-5　热泵制冷剂相关数据

序号	型号	制热量（kW）	制冷剂品种	制冷剂总充注量（kg）	压缩机种类	用途	单台重量（kg）	制冷剂单台充注量（kg）
1	艾默生（ZW650）	65	HFC-245fa	2330	涡旋	热水	800	5
2	CYK	100	HFC-134a	19382	离心	热水	1500	19.5
3	YKU HP	100	HFC-134a	13992	离心	热水	1500	18.2
4	YEWS HP	100	HFC-134a	2280	螺杆	热水	1500	4.3
5	YGWE HP	100	HFC-134a	5320	螺杆	热水	1500	13.1
6	汉钟精机（RC2-710G）	710	HFC-245fa	40000	螺杆	热水	5000	129.9
7	冰轮环境（LSR6HRB）	10000	HFC-245fa	5000	离心	热水	12000	625
8	格力电器（CVPH710）	10000	HCFO-1233zd（E）	20000	离心	热水	12000	5000

我们建立了热泵系统的 excel 工具。该工具包含三种制冷剂：HFC–134a、HFC–245fa 和 R1233zd（E）。材料制造可以设置为原始材料或回收材料和原始材料的混合。我们使用的材料制造为原始材料。该工具采用 AHRI 210/240 标准进行能耗计算。该工具以表格和图形的形式显示了不同 LCCP 组件的细分。

LCCP 方法给出的是某一类型和容量的机组在某运行条件下的具体排放数据，然而对于决策者来说，更需要的是对于当前制冷剂释放出的二氧化碳量进行评判。因此，在进行 LCCP 比较分析时，只需要考虑主要的贡献量，通过一定的合理转化简化，可以将复杂的计算模型变得具有可操作性。所以，我们提出以下假设：①制冷制冷剂生产排放、设备加工排放等由于所占比例较小，评价中作为微小量忽略考虑；②评价对比中，忽略设备非制冷制冷剂的关联因素。见表 9-6 至表 9-8。

表 9-6　三种制冷剂的 GWP 取值

制冷剂	GWP	
HFC–245fa	1030	
HFC–134a	1430	
HCFO–1233zd（E）	1	

表 9-7　原材料能耗系数 MM

材料	MM	
铝	12.6	
铜	3.0	
塑料	2.8	
钢铁	1.8	
合计	20.2	

表 9-8　ER 取值

时间	ER	
2020	623	
2021	581	
2022	570.3	

注：由于中国产品全生命周期温室气体排放系数库数据不充分，2020 年的 ER 值根据 2021 年、2022 年的数据估算而来。

制冷剂使用量和直接排放的计算方法如下。

（1）制冷剂使用量

$$Quse, \text{total} = Quse, \text{new} + Quse, \text{service} + Quse, \text{export}$$

其中：

$Quse, \text{total}$ 为高温热泵领域制冷剂年总使用量，kg/ 年；

$Quse, \text{new}$ 为高温热泵领域设备生产的制冷剂使用量，主要为新产品的充注量和研发实验的制冷剂使用量两部分，kg/ 年；

$Quse, \text{service}$ 为高温热泵领域设备维修的制冷剂使用量，主要为设备维修时的使用量或补充量，kg/ 年；

$Quse, \text{export}$ 为高温热泵领域设备出口的制冷剂使用量，kg/ 年。

（2）制冷剂直接排放（按照 IPCC 排放指南）

$$Et, \text{total} = (Et, \text{production} + Et, \text{use} + Et, \text{disposal}) \times \text{GWP}$$

其中：

Et, total 为 t 年高温热泵领域制冷剂总直接排放量，CO_2-eq；

$Et, \text{production}$ 为在 t 年新生产设备的初始灌装排放量，kg；其算法如下：

$$Et, \text{production} = Mt, \text{new} \times k$$

Mt, new 为 t 年高温热泵领域向所有新设备充注的制冷剂总量，kg；

k 为灌装过程制冷剂泄漏率，为新产品充注过程泄漏率，%。

Et, use 为 t 年在用设备运行排放量，kg；其算法如下：

$$Et, \text{use} = St \times m \times x$$

St 为截至 t 年在用高温热泵的存量，台；

m 为高温热泵平均单台制冷剂充注量，kg/ 台；

x 为高温热泵寿命期内平均年泄漏率，包括慢漏泄漏和维修过程泄漏，%/ 年。

$Et, \text{disposal}$ 为 t 年报废设备的报废排放量，kg；其算法如下：

$$Et, \text{disposal} = Dt \times m \times p \times (1-\eta)$$

Dt 为 t 年高温热泵的报废量，台；

m 为高温热泵平均单台制冷剂充注量，kg/ 台；

p 为报废设备寿命终期时的制冷剂剩余率，%；

η 为制冷剂回收率，%。

不同类型的制冷设备和制冷剂，其供热碳排放因子会有所不同。例如，空调系统、冷冻机组、制冷柜等设备的碳排放因子会根据设备功率、使用效率、制冷剂选择等因素而有所差异。这些设备在制冷过程中会消耗能源并产生碳排放，而制冷剂回收过程中的碳排放则与回收技术和效率密切相关。至于制冷剂回收的碳排放因子，主要取决于回收过程的技术水平和回收效率。如果回收过程采用先进的技术，回收效率高，那么碳排放因子就会相对较低。反之，如果回收过程技术水平低、回收效率低，那么碳排放因子就会相对较高。

关于艾默生、CYK、YKU HP、YEWSHP、YGWE HP、汉中精机、冰轮环境和格力电器这八种型号的设备制冷剂使用量和直接排放量，见图9-3、图9-4、图9-5。

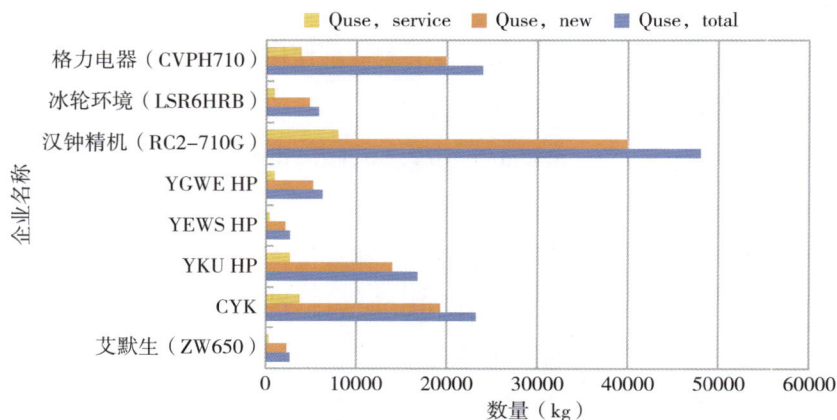

图9-3　截至 2022 年艾默生、CYK、YKU HP、YEWSHP、YGWE HP、汉中精机、冰轮环境和格力电器设备制冷剂使用量和直接排放量

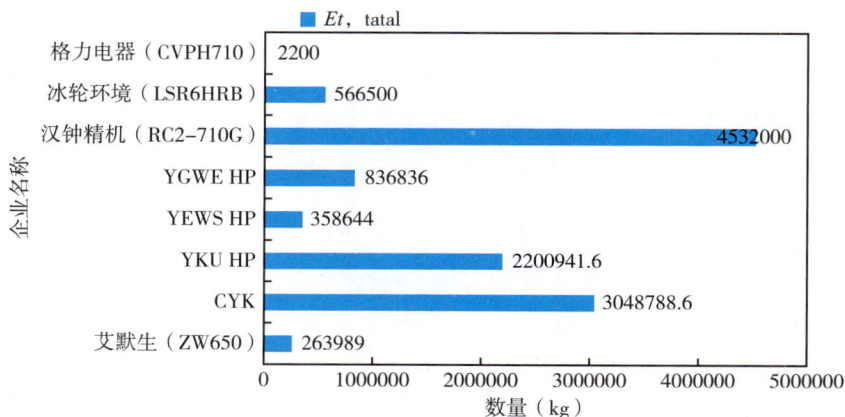

图9-4　截至 2022 年艾默生、CYK、YKU HP、YEWSHP、YGWE HP、汉中精机、冰轮环境和格力电器高温热泵领域制冷剂总直接排放量

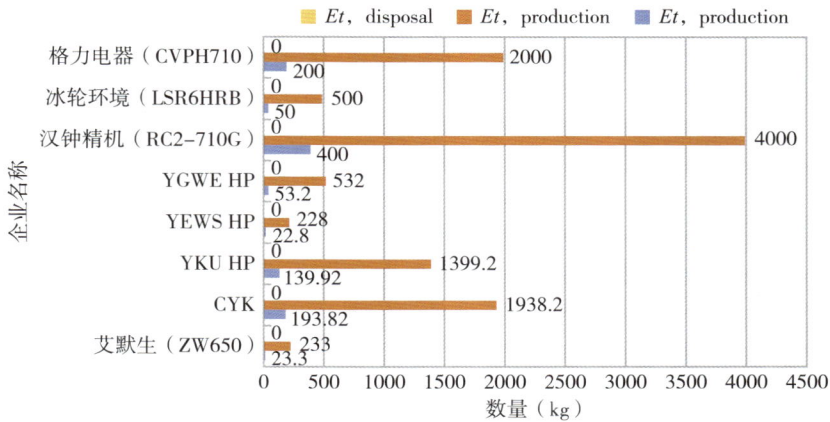

图 9-5　截至 2022 年艾默生、CYK、YKU HP、YEWSHP、YGWE HP、汉中精机、
冰轮环境和格力电器高温热泵领域制冷剂新生产设备的初始灌装排放量

为了降低制冷剂回收的碳排放因子，可以采取以下措施：①选择高效能、节能的
制冷设备，降低供冷过程中的能源消耗和碳排放；②使用环保的制冷剂，如氢氟碳化
物（HFC）的替代品，这些制冷剂具有较低的全球变暖潜势（GWP），可以减少温室
气体排放；③提高制冷剂回收的技术水平和回收效率，采用先进的回收工艺和设备，
减少回收过程中的能源消耗和碳排放。

需要注意的是，以上措施只能在一定程度上降低制冷剂回收的碳排放因子，但无
法完全消除碳排放。因此，在制冷剂使用和回收过程中，需要综合考虑各种因素，采
取综合措施来减少碳排放，
保护环境。

如图 9-6 为 HFC-134a、
HFC-245fa、R1233zd（E）
三种制冷剂在 15 年内产生的
LCCP 预估值，LCCP 模型虽
然全面考虑了制冷剂全生命
周期的碳排放量，但由于计
算过程复杂，且涉及实际的
系统和设备运行数据，在制
冷剂筛选初期难以得到全面
的有效的统计数据而无法准

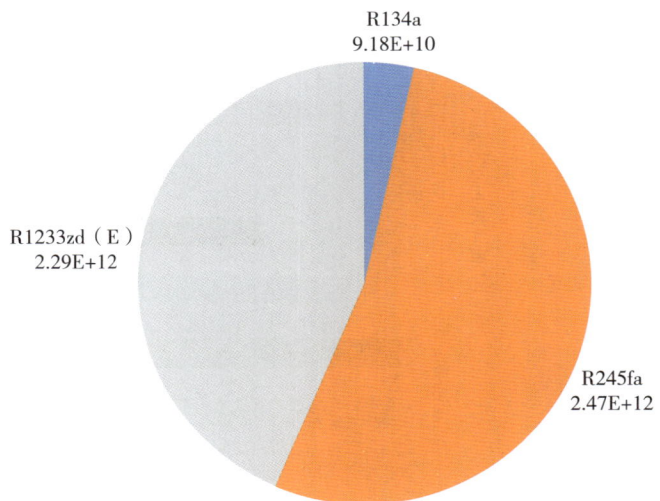

图 9-6　不同制冷剂在 15 年内产生的 LCCP

确计算。故目前替代制冷剂选择方面还主要是以 GWP 和 ODP 两个评价指标为主。

热泵制冷剂替代的核心思想不变，制冷剂选择的过程也在不断更新。Frutiger 等人提出了一种基于采样的逆向工程新方法，用于确定适合的单一制冷剂。逆向工程法是以具体的热泵循环需求出发，找出适宜于该循环的热泵制冷剂特性，根据这些制冷剂特性再去寻找适合的制冷剂。具体的流程为：首先采用蒙特卡罗抽样生成不同属性的虚拟流体参数组合，随后在热泵过程模型中对其进行评估。计算真实属性和虚拟流体之间的距离和不确定性，以找到最接近的虚拟流体，然后将其带入下一轮评估。该方法考虑了真实流体性质的不确定性，避免了求解复杂的制冷剂分子问题。天津大学提出了一种基于实际热力循环的主动式制冷剂筛排及优选方法。通过实际需求（热源温度、冷源温度、COP 等）可自动判断制冷剂库中所有制冷剂并进行筛选或组合，以环境评价指标（GWP 和 ODP）和安全性指标为约束条件，并考虑实际过程的影响，对蒸发器、冷凝器侧换热温差、过热度、过冷度和等熵效率采用自行确定的方式，使获得制冷剂的各项参数更加接近实际。

临界温度接近或高于 150℃，且环境性能优良的制冷剂如表 9-9 所示，包含了天然制冷剂、HCs、HFCs、HFOs、HCFOs 等，各制冷剂对应的冷热源温度及其 COP。典型高温制冷剂适用的热源温度和输出的温度及对应的 COP 见图 9-7。HC-600a，HC-600，HFO-1234ze（Z），HC-601，HCFO-1224yd（Z），HCFO-1233zd（E）和

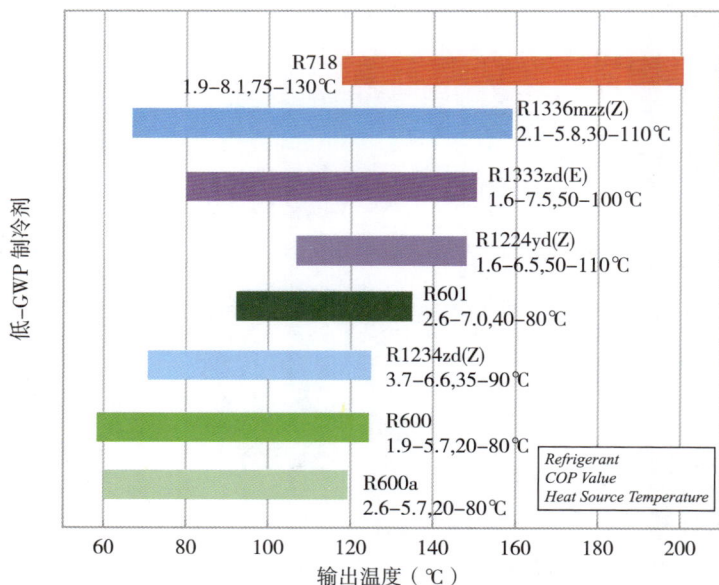

图 9-7　典型高温制冷剂适用的热源温度和输出的温度及对应的 COP

表 9-9　几种具有代表性的低 GWP 值制冷剂的性能

制冷剂		名称	化学式	T_{crit}（℃）	P_{crit}（bar）	ODP	GWP_{100}	SG	NBP（℃）	MW（g·mol⁻¹）
天然制冷剂										
	R717	氨	NH_3	132.3	113.3	0	0	B B2L	-33.3	17.0
	R718	水	H_2O	373.9	220.6	0	0	A1	100.0	18.0
HC$_s$										
	R600	正丁烷	$CH_3CH_2CH_2CH_3$	152.0	38.0	0	4	A3	-0.5	58.1
	R600a	异丁烷	$CH（CH_3）$	134.7	36.3	0	4	A3	-11.8	58.1
	R601	正戊烷	$CH_3CH_2CH_2CH_2CH_3$	196.6	45.6	0	5	A3	36.1	72.2
HFC$_s$										
	R245fa	五氟丙烷	$CF_3CH_2CHF_2$	154	36.5	0	1030	B1	15.14	134
HFO$_s$										
	R1234ze（Z）	顺式 -1，3，3，3- 四氟丙烯	$CHF=CHCF_3$（Z）	150.1	35.3	0	< 1	A2L	9.8	114.0
	R1336mzz（E）	反式 -1，1，1，4，4，4- 六氟 -2 丁烯	$CF_3CH=CHCF_3$（E）	137.7	31.5	0	18	A1	7.5	164.1
	R1336mzz（Z）	顺式 -1，1，1，4，4，4- 六氟 -2 丁烯	$CF_3CH=CHCF_3$（Z）	171.3	29.0	0	2	A1	33.4	164.1
HCFO$_s$										
	R1233zd（E）	反式 -1- 氯 -3，3，3- 三氟丙烯	$CF_3CH=CHCl$（E）	166.5	36.2	0.00034	< 1	A1	18.0	130.5
	R1224yd（Z）	顺式 -1- 氯 -2，3，3，3- 四氟丙烯	$CF_3CF=CHCl$（Z）	155.5	33.3	0.00012	< 1	A1	14.0	148.5

HFO-1336mzz（Z）是高温热泵当前的较优先选择，输出温度范围从100℃到160℃。R718能够提供最高的输出温度，适用于超高温热泵。天然制冷剂（R717、R718）和HCs都可提供低于200℃的工业应用温度。新型HFOs和HCFOs是热泵应用和研究中非常重要的低GWP值制冷剂，虽然目前只有五种HFO制冷剂，但它们提供的温度范围为30℃到160℃。

（1）氨

天然制冷剂R717（NH_3）已有一百多年的应用历史，很容易获得，且价格便宜。它最大的优点是具有较大的容积制冷能力，这使得在给定的加热和冷却能力下，理论压缩机排量小。因此，R717已广泛用于大容量系统加热和冷却中。

在实际应用中，R717热泵的热源温度为0~45℃，可用于提供温度为45~90℃的热水，对应的温升为25~65℃，COP值为6~3。受R717的高绝热指数和高温高压限制，R717压缩系统热侧的最高供热温度约为90℃。为克服这一限制，可以通过将R717与其他高效制冷剂组合应用于耦合式热泵系统中。提高R717压缩机的性能对R717热泵整体性能的优化具有重要意义。活塞、单螺杆和双螺杆压缩机是R717压缩热泵系统中最常用的压缩机，在最近的工程应用中，螺杆压缩机是大容量供暖系统中最常用的压缩机类型。

（2）水

R718（H_2O）是一种寿命长、稳定性好、蒸发潜热高、无毒、不可燃、最便宜、最安全的天然制冷剂。高临界温度（374.15℃）和低临界压力（22.13MPa）使R718非常适用于高温热泵和超高温热泵。R718作为制冷剂也面临许多挑战。R718的高绝热指数，蒸汽时的高比体积和低分子量，导致R718制冷系统的高排气温度，高比热容，大压比等一系列问题。此外，R718在标准大气压下的沸点温度是100℃。如果热源温度低于100℃，系统将处于负压状态。在冷凝温度超过100℃时，R718热泵具有非常好的热力学性能。特别是输出温度超过150℃时，R718的循环性能最佳。

尽管R718是一种很常见的制冷剂，但还没有任何关于R718蒸汽压缩热泵系统的实际工业应用报告。但R718热泵样机已经问世。2014年，Chamoun等人介绍了一种R718蒸汽压缩热泵样机，见图9-8（a），它是在Renardieres的EDFR&D-EPI部门实验室的试验台上设计和制造的。2019年，Wu等开发了R718蒸汽压缩热泵系统样机，见图9-8（b）。该样机是由上海交通大学和汉钟联合研究中心实验室设计和测试的。

（a）　　　　　　　　　　　（b）

图 9-8　R718 蒸汽压缩热泵样机

R718 对于某些特定热泵应用场景，特别是需要高输出温度的热泵应用，它是一种很有前途的制冷剂。螺杆和离心压缩机是最常研究的机型。随着蒸发温度从 75℃升高到 90℃，R718 热泵可提供的输出温度为 110℃到 150℃，COP 值在 1.9 到 8.1 之间。

（3）HCs 制冷剂

HCs 制冷剂是很重要的一类天然制冷剂，因其环境性能友好（ODP 为 0，GWP 小于 10）和良好的热力学性能而被推荐为热泵系统的替代制冷剂。在相同的工况条件下，HCs 制冷剂热泵系统的效率高于一些人工合成制冷剂如 R22 和 HFC-134a 的热泵系统。碳分子数越大的 HCs，其临界温度越高，例如 HC-600、HC-601 的临界温度分别为 152.0℃、196.6℃。这种属性使得碳分子数越高的 HCs 制冷剂作为高温应用的工作流体越有利。然而，HCs 制冷剂在热泵中的应用面临的主要挑战是可燃性，其安全等级为 A3 级。

尽管可燃性风险极大地限制了 HCs 制冷剂在热泵系统中的应用，但在 2019 年，IEC 将 HCs 制冷剂的最大充注量从 150g 提高到 500g，这使得在中小型容量系统中使用 HCs 制冷剂成为可能。因此，HCs 制冷剂压缩机热泵在商业应用上有很大的发展潜力。HC-600，HC-600a 和 HC-601，具有高分子量和高临界温度，可以提供的输出温度高达 135℃，COP 值介于 1.9 至 7.0。因此，HCs 制冷剂复叠系统也可用于 115℃以上的高温应用中。

对于 HC-601 在热泵应用中需要注意以下几点。① HC-601 在温-熵图上的饱和气相边界表现为向饱和液相线方向偏斜，压缩过程中有可能发生湿压缩。实际应用中，HC-601 热泵系统应通过增加压缩机的吸气过热度来避免湿压缩。② HC-601 具有较低的自燃温度260℃，在高温热泵中使用时需校核压缩机排气温度。③ HC-601与碳钢不兼容，需要使用不锈钢构件。

适用于HCs制冷剂的制冷压缩机有转子式、活塞和涡旋压缩机，未来如果能够设计出防爆专用的HCs制冷剂的压缩机，更好地解决并管理HCs制冷剂的可燃性，这可能会使得HCs制冷剂的热泵产品更加稳健。

（4）HFCs

HFC-245fa在标准大气压力下的沸点为15.14℃，临界温度为154.01℃，且具有较高的临界压力，是目前工业高温热泵中应用较为广泛的制冷剂。

HFC-245fa属于干式流体，不用考虑制冷剂在膨胀做功过程中，由于制冷剂液化对膨胀器件造成的影响。HFC-245fa不可燃，也没有腐蚀性，在实际应用过程中安全性较高。HFC-245fa具有较高的气化潜热，有助于提高换热效率。HFC-245fa臭氧层破坏潜能值（ODP）为0，温室效应潜能值（GWP）相对较低，因此HFC-245fa是一种环保性相对较高的有机制冷剂。但是，HFC-245fa轻微致癌，在应用过程应保证系统的密封性。

（5）HFOs

在目前热泵系统中，HFOs是最重要的人工合成制冷剂。由于它们的低GWP值（小于20）和良好的热力学性质，被推荐作为高GWP值的HFCs制冷剂的替代品，甚至一些HFOs制冷剂无须对系统进行重大更改，可以实现直接灌注式替代。在HFOs中，四氟丙烯系列（R1234yf、HFO-1234ze（Z）、R1234ze（E）三种同分异构体）和六氟丁烯系列（HFO-1336mzz（Z）、HFO-1336mzz（E）两种同分异构体）是最受欢迎的热泵制冷剂，它们的系统性能甚至优于HFCs制冷剂。HFO-1336mzz（Z）和HFO-1336mzz（E）属于A1类制冷剂，而R1234yf、HFO-1234ze（Z）和R1234ze（E）的可燃性较低，属于A2L类。需要注意的是，HFO-1336mzz（Z）在温-熵图上的饱和气相边界表现为向饱和液相线方向偏斜，压缩过程中有可能发生湿压缩。这种"湿压缩"会对压缩机造成广泛的机械损伤，降低效率。因此，HFO-1336mzz（Z）热泵系统应通过增加压缩机的吸气过热度来避免这种现象。但最近的研究表明，HFOs分解时会产生三氟乙酸，有可能危害环境、海洋生物和人类。R1234ze（E）的输出温度高于90℃，COP值为3.10～3.51，而HFO-1336mzz（Z）的输出温度高达150℃，COP值为2.1～4.7。这些制冷剂使用的压缩机类型为活塞或透平压缩机。未来，可能会有更多的HFO热泵产品被引入市场，并用于工业应用中。

（6）HP-1 制冷剂

HP-1 制冷剂为浙江省化工研究院研发的新型环保制冷剂（ODP 为 0，GWP 为 1），其属于 HFOs 类制冷剂，化学式为 C3F4H2，分子量为 114.04kg/kmol，临界温度为 150.12℃，临界压力为 3.533MPa，标准沸点为 9.57℃，安全等级为 A2L。HP-1 的饱和压力与 HFC-245fa 相当，在冷凝温度 120℃和蒸发温度 50℃下，HP-1、HFC-245fa、R365mfc 和 R245ca 四种制冷剂中制冷剂 HP-1 的压比是最小的。这四种制冷剂，HP-1 制冷剂的临界温度最低，在 120℃时的冷凝压力最高，蒸发温度 50℃下的饱和液体动力黏性系数最小，蒸发温度 50℃附近压力变化 0.1MPa 对应饱和温度变化也是最小的。HP-1 制冷剂 ODP 为 0 且 GWP 为 1，绿色环保特性是其优势所在，在黏性及压降方面参数优越，在超高温热泵应用中具有较好的发展前景。

（7）HCFOs

HCFO-1233zd（E）和 HCFO-1224yd（Z）是一种新的人工合成 HCFOs 制冷剂。它们都具有很高的临界温度，不易燃且无毒。虽然 HCFO-1233zd（E）和 HCFO-1224yd（Z）的分子式中都含有一个氯原子，但其 ODP 值分别为 0.00034 和 0.00012，并且它们在大气中的存留的时间很短，它们的泄漏对大气臭氧的影响可能可以忽略不计。因此，HCFO-1233zd（E）和 HCFO-1224yd（Z）被认为是 HFC-245fa 和 HFC-134a 等高 GWP 值制冷剂的潜在替代品，在热泵系统中具有良好的应用潜力。

HCFO-1233zd（E）和 HCFO-1224yd（Z）的输出温度在 100℃以上，设置达到 150℃，温升 30~100℃、COP 值为 1.4~7.5。随着对 HCFO 热泵的进一步研究，有可能将更先进的热泵产品引入市场，并用于工业应用。

（8）混合制冷剂

混合制冷剂的开发是高温热泵制冷剂研究的一个主要方向，对于制热温度为 80~110℃的中高温混合制冷剂，采用实验探究的方法已较普遍，但对于 120~130℃温区的混合制冷剂研究还较少，且大多处于理论分析阶段。只有很少的学者通过实验验证高温制冷剂在制热温度 120℃以上的系统性能，Bobelin 等在工业高温热泵使用为 ECO3TM 的新混合制冷剂可以稳定地将水加热到 125℃。Deng Na 等研发了北洋系列高温混合制冷剂，其中混合制冷剂 BY-5 在制热温度为 130℃时 COP 可以达到 2.54，新型混合制冷剂 NBY-1 在相同工况下可以将 COP 提升至 2.74。Zühlsdorf 等人评估了由丙烷、异丁烷、正丁烷和异戊烷组成的七种各向异性混合物在冷凝温度为 130℃的高温热泵中的应用。源和汇的温度滑移分别为 25℃和 55℃。结果表明丙烷、异戊烷（50、50 wt%）的性能系数（COP）最高为 3.08。Bamigbetan 等人比较了由丙烷、正丁烷、正戊烷和氨组成的各向异性混合物在三种不同热泵配置中的性能。热源入口温度为 40℃，冷凝器出口温度在 90℃和 150℃之间变化。冷凝器和热源的温度滑移分别为 10℃和 30℃。结果发现，使用正丁烷、正戊烷（40、60 wt%）的复叠系统的 COP 最高。Zhang 等人研究了几种由 HFO 组成的近似各向异性的混合物来替代高温热泵中的 R–134a 和 R–114。固定蒸发温度为 45℃、冷凝温度在 70～110℃范围内可调，与 R–134a 相比，使用 R1234zf、丙烷（60、40 wt%）可使 COP 提高 1.5%，高温热泵可在较低的压缩机排气温度和较低的压缩比下运行。Guo 等人研究了含碳氢化合物各向异性混合物，以将水从 15℃加热到 99℃，结果表明正己烷、丙烯的混合物的最佳摩尔分数为 0.140、0.860，可获得最高的 COP。Xu 等人比较了名为 HG–1 的二元混合物与含有 HFC–245fa 的三种二元混合物以及纯 HFC–245fa 在高温热泵中的性能，源温度范围为 80～100℃，温度提升为 40℃。与其他工作液体相比，HG–1 的耗能最低，COP 最高。Ma 等人提出了一种成分未知的近各向异性混合物 BY–3，用于在高温阶段使用 R–245fa 的两级串联的低温阶段。实验证明，这种制冷剂对可以产生 142℃的热水，温度提升可以达到 100℃。

四、分温区制冷剂替代路线

如图 9–9 所示，在超高温热泵中，R718 是唯一适用于输出温度高于 160℃的低 GWP 值制冷剂，R718 的合理输出温度范围为 120℃到 200℃。R718 系统采用单级热泵和喷水来降低排气过热度。R718 热泵可采用双级和复叠系统提高系统性能和输出温度。当热源温度低于 100℃的低温循环中需要注意防止负压蒸发。

在高温中，如果热源温度在 100℃到 160℃之间，HC–601、HFO–1336mzz（Z）、HFO–1336mzz（E）、HCFO–1233zd（E）和 HCFO–1224yd（Z）可提供的输出温度范围为 100～160℃。可采用双级或复叠系统提高系统性能和输出温度。还可采用经济器、闪发蒸气分离器或回热器提高系统性能。特别是在 HC–601 和 HFO–1336mzz（Z）的热泵系统中，需要使用回热器增加吸气过热度，避免压缩过程中出现两相状态。

当热源温度为 40～80℃，输出温度为 80～120℃时，涵盖了中温热泵和高温热泵，此时 HC–600、HC–600a 和 HFO–1234ze（Z）是热泵应用中最合适的制冷剂。单级、多级、三级混联和复叠系统都适用于这些制冷剂的热泵系统。

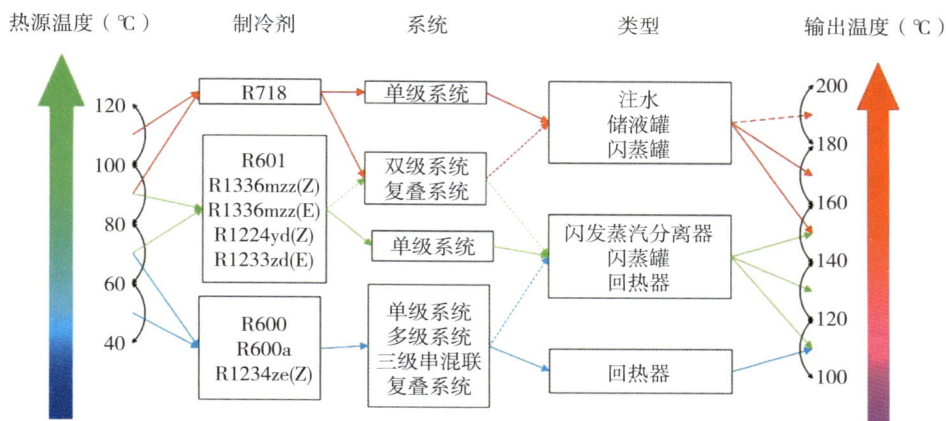

实线：相关的制冷剂、系统、类型和输出温度已经在研究中体现
虚线：相关的制冷剂、系统、类型可能在未来被研究以及可能达到的输出温度

图 9-9　相应输出温度的适当的制冷剂和系统

在这些制冷剂中，HCs 和 HFOs 是最重要的制冷剂，它们的热源温度和输出温度范围较为广泛。出于消防安全考虑，在热泵应用中，特别是在大容量热泵中，HFOs 具有极好的系统性能，比 HCs 具有更好的应用潜力。随着 HFOs 的不断开发，越来越多具有优异性能的 HFOs 可能会被开发出来，并用作热泵系统的制冷剂。

当使用这些指导方针时，优先考虑工况条件，包括热源温度和输出温度。根据工况条件和指南，逐步选择制冷剂、热泵系统和辅助设备。例如，考虑工业热源温度 80℃、热需求温度 120℃时，根据图 9-9，可以从 HC-601、HFO-1336mzz（Z）、HFO-1336mzz（E）、HCFO-1233zd（E）或 HCFO-1224yd（Z）这五种不同的制冷剂中选择一种，并与单级、双级或复叠系统一起使用。辅助设备，如经济器、闪蒸罐、或回热器，可用于提高系统性能。此外，如果只给出热源温度，指南允许用户选择具有相应输出温度的适当的制冷剂和系统。

五、替代需攻克的技术难点

（一）制冷剂替代路线分类

在国家"双碳"政策推动下，燃煤锅炉等传统提供高温蒸汽的动力装置将逐步淘汰，基于逆卡诺循环的热泵系统具有高能效的优势，符合国家"双碳"的绿色能源要求，因此利用热泵系统代替燃煤锅炉系统具有广阔的市场前景。传统的热泵主要应用于空调系统和热水系统，因此有必要对现有的高温热泵技术总体框架和小型高温热泵的研究进行整理和总结。

1. 技术发展现状

不同工业领域热能需求的温度范围如图 9-10 所示。

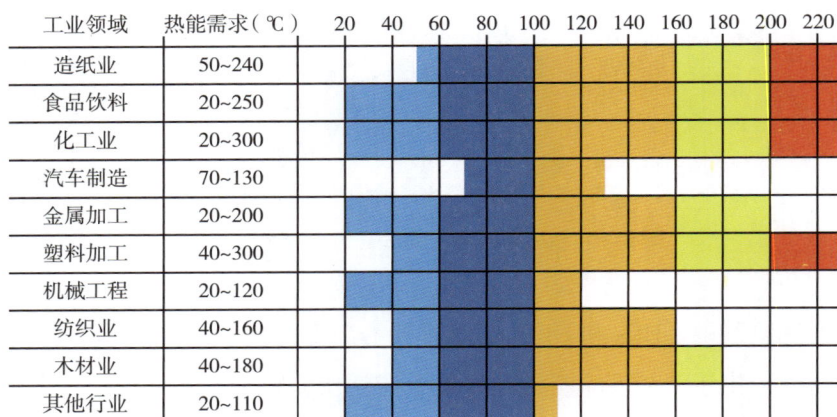

图 9-10　热泵技术的发展现状

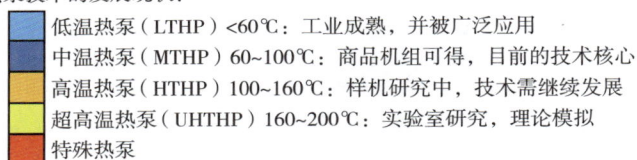

由图 9-10 可知，低温热泵在工业上的技术已十分成熟，并被广泛应用；中温热泵的商业样机已研制成功，但仍需技术核实；高温和超高温热泵仍处于研究之中。

热泵可根据不同的标准进行分类，可分别根据热泵的运行原理、供热温度和热源介质类型进行分类。按照热泵系统的运行原理，热泵系统可分为电力驱动的机械蒸汽压缩式热泵、热能驱动的吸收式热泵和热能驱动的吸附式热泵。

按照热泵系统的热源介质类型，可分为取热自空气（-15～35℃）的空气源热泵、取热自地表水、地下水、海水等（0～30℃）的水源热泵、取热自太阳（10～80℃）的太阳能热泵、取热自土壤（0～12℃）的地源热泵和取热自工业生活的余热（10～100℃）的余热源热泵。

2. 高温热泵的热力循环

高温热泵的热力循环主要包括单级压缩、两级压缩和复叠热泵循环，循环系统中配置回热器或者经济器以提高系统能效。不同配置的蒸汽压缩式热泵系统的性能，研究者理论上评估了在不同供热温度（110 ℃、130 ℃和 150 ℃）下使用低 GWP 制冷剂的蒸汽压缩热泵系统配置的性能，如图 9-11 所示。结果指出，当提升温度为 40 ℃时，带有内部换热器的单级热泵相对于其他系统有更好的性能，随着提升温度提高，带有内部换热器的两级循环系统性能更优。供热温度从 150 ℃提升至 156 ℃，相比于传统的热泵系统，在提升温度为 47 ℃时，带有 IHX 的系统的 COP 可以被提升 4% ~ 47%。带有闪蒸罐的系统相比于其他的系统具有更高的 COP 和㶲效率，有更短的投资回收期。

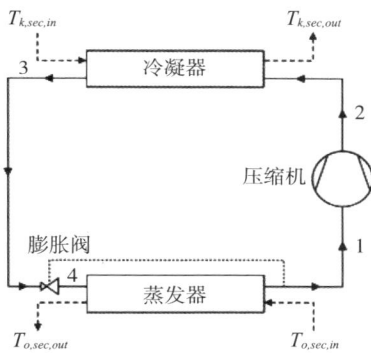

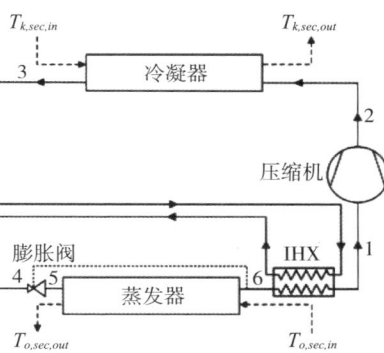

（a）单级循环   （b）带有IHX的单级循环

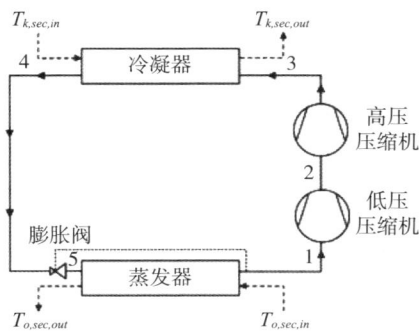

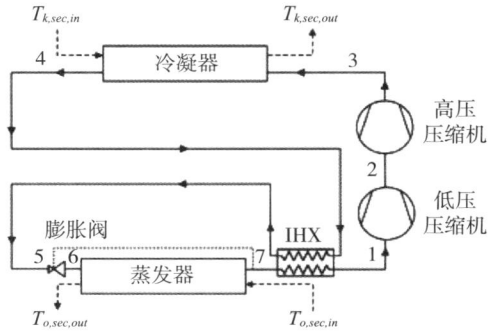

（c）两级循环   （d）带有IHX的两级循环

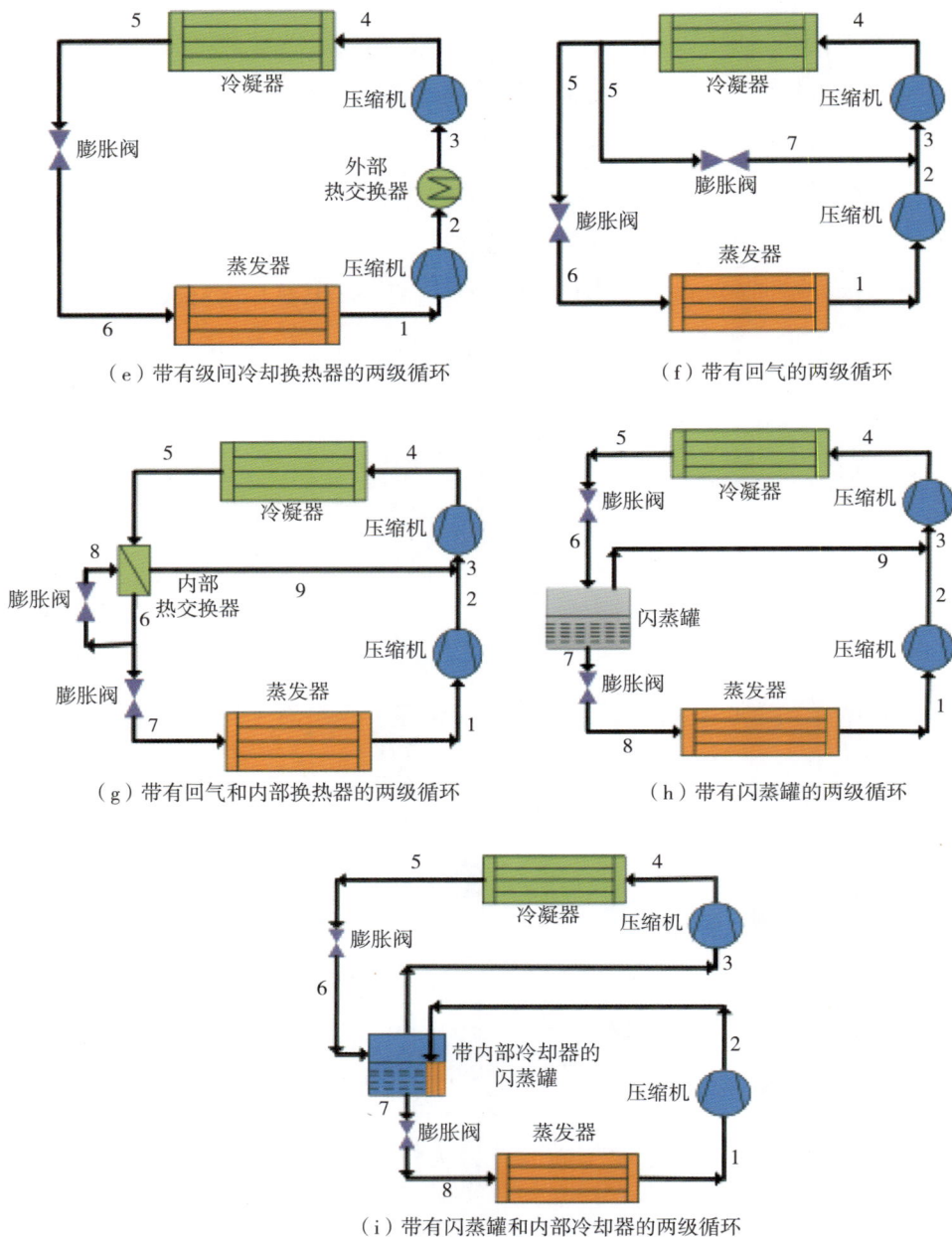

（e）带有级间冷却换热器的两级循环

（f）带有回气的两级循环

（g）带有回气和内部换热器的两级循环

（h）带有闪蒸罐的两级循环

（i）带有闪蒸罐和内部冷却器的两级循环

图 9-11　不同类型的循环系统（部分）

两级压缩高温热泵系统，见图 9-12。

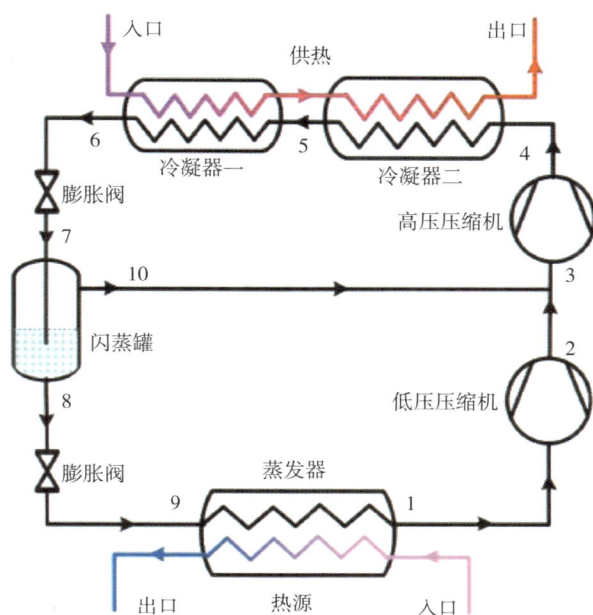

图 9-12 两级压缩高温热泵系统

复叠压缩高温热泵系统，见图 9-13。

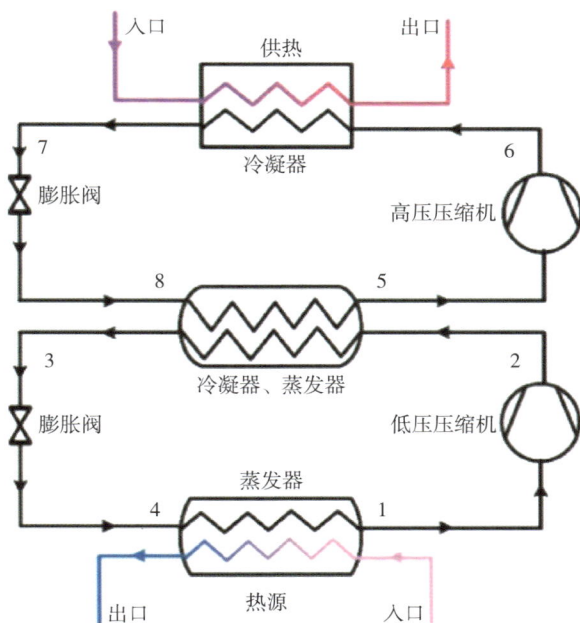

图 9-13 复叠压缩高温热泵系统

根据国内团队的研究成果，可根据高温热泵供热温度和热源温度之差选择合适的热力循环，见图 9-14。

（二）制冷剂替代关键设备及系统

蒸汽压缩热泵是一种能够将低温热能转换为高温热能的装置，主要包括压缩机、换热器、冷凝器和膨胀阀四大件。其系统原理就是从低温热源中吸收热能，将其压缩升温，然后释放给高温的热源，这样就实现了对低温热能的利用和高温热能的提供，热泵的吸排气温度决定了制冷剂的选择。

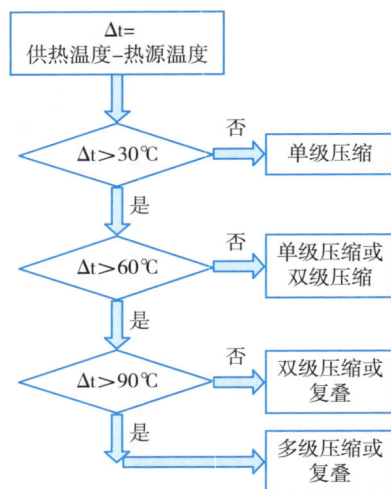

图 9-14 高温热泵供热温度和热源温度之差的热力循环

1. 制冷剂替代关键设备

（1）压缩机

在蒸汽压缩式高温热泵的研究中，压缩机是实现能源品位提升的关键设备。对于压缩机来讲，其分类见图 9-15。不同容量各种型式的压缩机适用场景较多，如民用、工业、农业等领域。

受自然制冷剂特殊的热力学性质所限，基于自然制冷剂的热泵系统在装置及系统设计上与传统热泵有较大不同，其核心部件压缩机的优劣对整个系统影响巨大。

在水蒸气压缩机领域，欧美占有较大市场份额，我国沈鼓、陕鼓、三一重工等企业虽也占据一定市场份额，但仍存在零部件防腐防锈、密封、耐高温等问题。对关键部件采用抗腐蚀和抗生锈的特殊材料进行加工制造，或对普通材料的表面进行特殊化处理是一项简易可行的措施。另外，蒸汽容易侵入压缩机内润滑油或润滑脂工作的地方，这将对其安全运行非常不利。因此，隔离油脂和水的高效密封方式成为压缩机压缩水蒸气时需要突破的关键技术难点之一。近年来业内新开发的无油润滑和水润滑技术或许将为解决该问题指出一个方向。当前市面上对于水蒸气压缩机研究主要集中在离心式水蒸气压缩机、螺杆式水蒸气压缩机以及罗茨式水蒸气压缩机，见图 9-16。

排气温度高于 160℃ 时，制冷剂的选择非常有限，热泵产品中可供选择的制冷剂及特性见表 9-10。

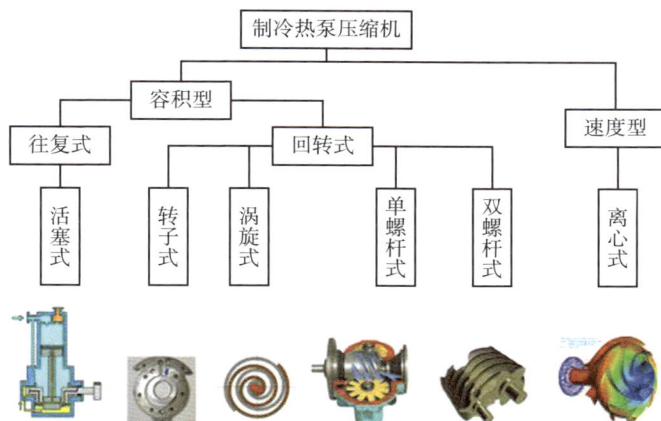

图 9-15 压缩机分类

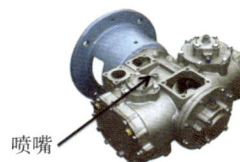

图 9-16 水蒸气单螺杆压缩机

表 9-10 热泵产品中可供选择的制冷剂及特性

制冷剂		临界温度 ℃	临界压力 bar	安全等级	GWP$_{100a}$（AR4）	ODP	可用润滑油	出水温度
R513A		94.9	36.5	A1	631	0	POE	~75/80℃
R134a		101.1	40.7	A1	1430	0	POE	~75/80℃
R515B		108.9	35.9	A1	293	0	POE	~85/90℃
R1234ze（E）	临界温度递增	109.4	36.4	A2L	7	0	POE	~85/90℃
R1336mzz（E）		137.7	31.5	A1	18	0	POE	~145/150℃
R1234ze（Z）		150.1	35.3	A2L	＜1	0	POE	~120/125℃
R245fa		153.9	36.5	B1	1030	0	POE	~130/135℃
R1224yd（Z）		155.5	33.3	A1	＜1	0.00012	POE PAG	~130/135℃
R1233zd（E）		166.5	36.2	A1	5	0.00034	POE（或其他）	~120/125℃
R1336mzz（Z）		171.3	29.0	A1	9	0	POE（或其他）	~155/160℃

R513A 与 R515B 由于该制冷剂在高温下可能会分解产生酸性物质，对金属材料和油产生腐蚀，需要设计人员全面考量。虽然 HFC-134a 具有较低的 GWP 值和 ODP 值，并且具有良好的热力学性能和制冷效率，但在热泵制热方面，其能效比相对较低，制热量较低。R1336mzz 具有较低的 GWP 值，但其热力学性能和制冷效率相对较低，导致制热量较低。拥有较高能效比与制热量的几种制冷剂分别是 R1234ze（E）、HCFO-1224yd（Z）、HFO-1234ze（Z）、HFC-245fa、HCFO-1233zd（E）。其中 HFC-245fa 的 GWP 值较高，考虑到环保因素故不采用。

综合比较以上几种制冷剂在热泵制热方面的性能，其中 R1234ze（E）、HFO-1234ze（Z）、HCFO-1224yd（Z）和 HCFO-1233zd（E）具有较高的能效比和良好的环保性能（较低的 GWP 值和 ODP 值），因此可能较为适合用于热泵制热。

根据 Cordin 等人的研究的总结，各国公司典型的高温热泵产品如表 9-11 所示，由表可知基本都是单级压缩制冷循环，带回热器或闪蒸器或者经济器。制冷剂主要是 HFC-134a、R717（氨）、R744（二氧化碳）、HFC-245fa、R1234ze（E），热源主要为工业余热。

表 9-11 各国公司典型的高温热泵产品

制造商	产品	制冷剂	最大供热温度	热容量	压缩机类型
日本神户制钢（Kobe Steel）	SGH 165	HFC-134a/HFC-245fa	165℃	70～660kW	双螺杆压缩机
	SGH 120	HFC-245fa	120℃	70～370kW	
	HEM-HR90，-90A	HFC-134a/HFC-245fa	90℃	70～230kW	
丹麦（Vicking Heating Engines AS）	HeatBooster S4	HFO-1336mzz（Z）	150℃	28～188kW	活塞式压缩机
		HFC-245fa			
欧适能（Ochsner）	IWWDSS R2R3b	HFC-134a	130℃	170～750kW	单螺杆压缩机
	IWWDS ER3b	HFC-245fa	130℃	170～750kW	
	IWWHS ER3b	HFC-245fa	95℃	60～850kW	
Hybrid Energy	Hybrid Heat Pump	R717（NH3）/R718（H20）	120℃	0.25～2.5MW	活塞式压缩机
前川制作所（Mayekawa）	Eco Sirocco	R744（CO_2）	120℃	65～90kW	单螺杆压缩机
	Eco Cute Unimo	R744（CO_2）	90℃	45～110kW	

续表

制造商	产品	制冷剂	最大供热温度	热容量	压缩机类型
Combitherm	HWW 245fa	HFC–245fa	120℃	62～252kW	活塞式压缩机
	HWW R1234ze	R1234ze（E）	95℃	85～1301kW	
德国（Dürr thermea）	thermeco2	R744（CO_2）	110℃	51～2200kW	活塞式压缩机
瑞士（Friotherm）	Unitop 22	R1234ze（E）	95℃	0.6～3.6MW	两级涡轮增压器
	Unitop 50	HFC–134a	90℃	9～20MW	
艾默生手册内（Star Refrigeration）	Neatpump	R717（NH_3）	90℃	0.35～15MW	单螺杆压缩机
德国基伊埃集团（GEA Refrigeration）	GEA Grasso FX P 63 bar	R717（NH_3）	90℃	2～4.5MW	双螺杆压缩机
江森自控（Johnson Controls）	HeatPAC HPX	R717（NH_3）	90℃	326～1342kW	活塞式压缩机
	HeatPAC Screw	R717（NH_3）	90℃	230～1315kW	单螺杆压缩机
	Titan OM	HFC–134a	90℃	5～20MW	涡轮增压器
三菱（Mitsubishi）	ETW–L	HFC–134a	90℃	340～600kW	双螺杆压缩机
德国菲斯曼集团（Viessmann）	Vitocal 350–HT Pro	R1234ze（E）	90℃	148～390kW	活塞式压缩机

各国研究机构典型的高温热泵研究如表 9-12 所示，由表可知基本都是单级压缩制冷循环，带回热器或闪蒸器或者经济器。制冷剂主要是 HFO-1336mzz（Z）、R718、HFC-245fa、HFO-1234ze（Z）、HC-600 和 HC-601。

现有代表性企业和研究中的高温热泵系统使用得最多的是螺杆式压缩机和活塞式压缩机，少量使用透平，还有极少量研究中使用涡旋压缩机和转子式压缩机。

（2）换热器

在高温热泵研究中，蒸发器的蒸发过程和冷凝器（气冷器）的冷却过程是非常复杂的热力变化过程。流体在蒸发器或冷凝器（气冷器）中的热力过程随温度多数情况下呈现非线性变化，往往会出现两相换热过程，在两相区内换热出现温度滑移，而且沿着换热器长度方向，温度变化是非线性的，见图 9-17。

表 9-12　各国研究机构典型的高温热泵研究

研究机构	国家	热源温度（℃）	供热温度（℃）	热泵循环	压缩机	制冷剂	热容量（kW）
奥地利科技学院	奥地利	50~110	75~160	带回热器单级压缩	活塞式压缩机	HFO-1336mzz（Z）	12
奥地利科技学院	奥地利	30~90	75~150	单级压缩	活塞式压缩机	HFO-1336mzz（Z）	12
里昂大学	法国	75~95	120~145	闪蒸器	双螺杆压缩机	R718	300
空气与制冷研究所（德累斯顿）	德国	55~95	110~140	单级压缩	活塞式压缩机	HT 125	12
埃尔朗根-纽伦堡大学	德国	40~90	70~140	带回热器单级压缩	活塞式压缩机	LG6	10
法国电力集团公司	法国	35~60	85~140	带回热器和过冷器单级压缩	双涡旋压缩机	HFC-245fa	5~200
东京电力公司	日本	40~90	95~135	带回热器单级压缩	螺杆压缩机	HC-601	150~400
奥地利科技学院	奥地利	45~60	80~130	带经济器单级压缩	螺杆压缩机	HFC-245fa	250~400
天津大学	中国	70~80	110~130	单级压缩	涡旋压缩机	BY-5	16~19
九州大学	日本	45~90	75~125	单级压缩	双转子压缩机	HFO-1234ze（Z）	1.8
Smurfit Kappa	荷兰	60~75	80~125	带回热器和过冷器单级压缩	活塞式压缩机	HC-600	160
韩国能源研究所	韩国	55~60	115~125	带蒸汽喷射单级压缩	活塞式压缩机	HFC-245fa/R718	20~40
格力电器	中国	30~50	70~120	带回热器单级压缩	涡旋压缩机	HFC-245fa	6~12
挪威科技大学	挪威	20~80	95~115	复叠	活塞式压缩机	HC-600/R290	20~30
格拉茨技术大学	奥地利	50~80	90~110	带回热器单级压缩	活塞式压缩机	HC-600	20~40
天津大学	中国	50~70	75~110	单级压缩	双涡旋压缩机	BY-4	44~141
江森自控	美国	20~65	65~105	带回热器和经济器单级压缩	双螺杆压缩机、涡轮增压器	HFC-245fa	300~500 900~1200
海尔空调电子	中国	20~30	100~120	热回收梯级加热	涡旋压缩机	HFC-245fa	160

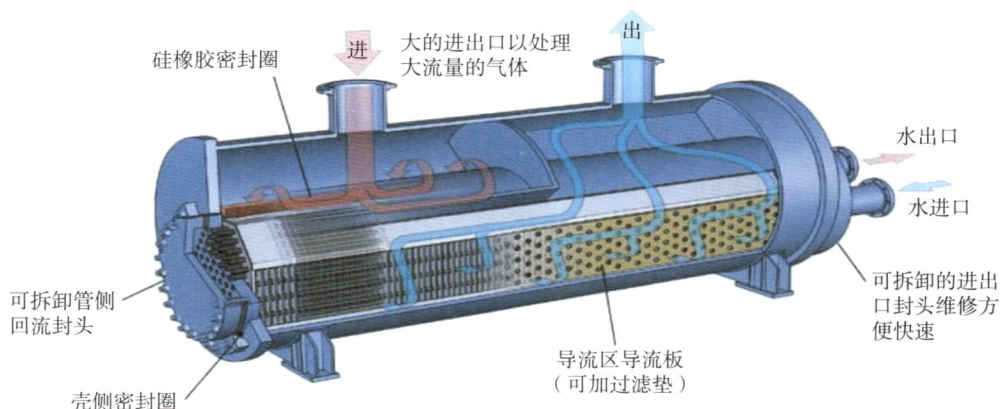

图 9-17　换热器示意图

　　高温热泵技术的进一步发展离不开部件的进一步研究，大容量的管壳式换热器是合适的换热器类型，制冷剂在壳侧完成蒸发、冷凝等过程。管壳式蒸发器以满液式和降膜式两种为主，降膜式蒸发器通过布液管上方喷淋，在换热管表面蒸发，该方法在合理的布液情况下运行效率高于满液式，但它的调节性能差，如果面对工况波动的情况，布液调节不合理容易出现烧干现象，对换热管造成损害。因此工程应用上多采用满液式蒸发器，由于蒸发器内存储了大量制冷剂液体，具有更好的变工况缓冲作用。关于满液式蒸发器的研究，以池沸腾换热的机理研究为主，通过改变换热管表面的粗糙度，增加气化核心，以此强化沸腾。

　　（3）电子膨胀阀

　　电子膨胀阀，见图 9-18，是一种可按预设程序调节进入装置的制冷剂流量的节流元件。它由步进电机、阀芯、阀体、进出液管等主要部件组成，通过电动机转子的转动，使阀芯下端的锥体部分在阀孔中上下移动，以此改变阀孔的流通面积，起到调节制冷剂流量的作用。在一些负荷变化较剧烈或运行工况范围较宽的场合，传统的节流元件（如毛细管、热力膨胀阀等）已不能满足舒适性

图 9-18　电子膨胀阀产品示意图

及节能方面的要求，电子膨胀阀结合压缩机变容量技术已得到越来越广泛的应用。

电子膨胀阀的主要功能为流体的节流与流量控制。电子膨胀阀通过控制步进电机的运转，从而改变阀口的流通面积，实现制冷系统流量调节。当前，在热泵与制冷系统中普遍使用的节流设备主要包含热力膨胀阀、电子膨胀阀和毛细管等。相对于毛细管和热力膨胀阀，电子膨胀阀的流量调控范围更广，反应敏锐，响应迅速，调节精细。目前，空调领域国内电子膨胀阀生产厂家较多，但是，针对高温工况研发的膨胀阀仍处于起步阶段。随着高温热泵的发展，相关的膨胀设备研究工作也将日益受到关注。

随着热泵行业的快速发展，对于耐高温阀件的需求也日益增长。为了促进阀件企业针对热泵行业进行耐高温阀件的研发，增加相关的耐高温方面的要求是非常有必要的。

第一，材料要求。

耐高温材料选择：阀件应采用能够在高温环境下长期稳定运行的材料，如耐高温合金、陶瓷等。

耐氧化性能：材料应具有良好的耐氧化性能，以抵抗高温下的氧化腐蚀。

第二，性能要求。

高温密封性能：阀件在高温下应保持良好的密封性能，防止介质泄漏。

高温操作稳定性：阀件在高温环境下应能正常操作，动作灵活可靠，不出现卡滞或失效现象。

热膨胀控制：阀件应设计合理的热膨胀系数，避免在高温下因热膨胀导致结构变形或失效。

第三，安全性能要求。

防爆性能：阀件在高温高压下应具有良好的防爆性能，确保运行安全。

防火性能：阀件材料应具有一定的防火性能，降低火灾风险。

第四，耐久性与可靠性要求。

长寿命：阀件应具有较长的使用寿命，在高温环境下能够稳定运行，减少更换频率。

高可靠性：阀件在高温、高压等复杂环境下应具有较高的可靠性，降低故障率。

第五，环境适应性要求。

耐腐蚀性：阀件应具有良好的耐腐蚀性能，以应对热泵系统中可能存在的腐蚀性介质。

抗振性能：阀件应具备一定的抗振性能，以适应热泵系统在运行过程中可能产生的振动。

为了促进阀件企业针对热泵用耐高温阀件进行研发，这些要求应明确写入相关标准或规范中，并成为行业内的共识。同时，政府、行业协会等应提供政策支持和技术指导，鼓励企业加大研发投入，推动耐高温阀件技术的不断创新和进步。

作为常规制冷剂的成熟工作模式切换工具，四通阀同时起到了至关重要的作用。四通阀的工作模式包括制热模式、切换过程、制冷或化霜模式，四通阀的使用可以简化系统管路，降低因复杂管路设计及多个焊点带来的泄漏风险，提升了系统可靠性。

2. 制冷剂替代系统

（1）系统优化

在高温热泵系统运行过程中，为了将制冷剂的最优性能充分释放出来，对系统进行改造和优化是非常必要的。为了提高系统的性能，许多辅助设备被应用到热泵系统中，如内部换热器、喷射器、过冷器、经济器以及喷油式压缩机等。多级压缩机多用于超高温热泵系统；喷射式系统多用来改进系统提高传统热泵的热力学性能；带有气体分离冷却器的热泵系统多用于高温供热和热水供应。

（2）控制系统

控制系统是热泵系统的关键系统之一。控制系统需要能够实时监测和控制制冷系统中的各种参数和设备，以确保制冷系统的正常运行和性能稳定。控制系统需要针对高温制冷剂进行调整和优化，以满足其特定的操作要求，见图9-19。

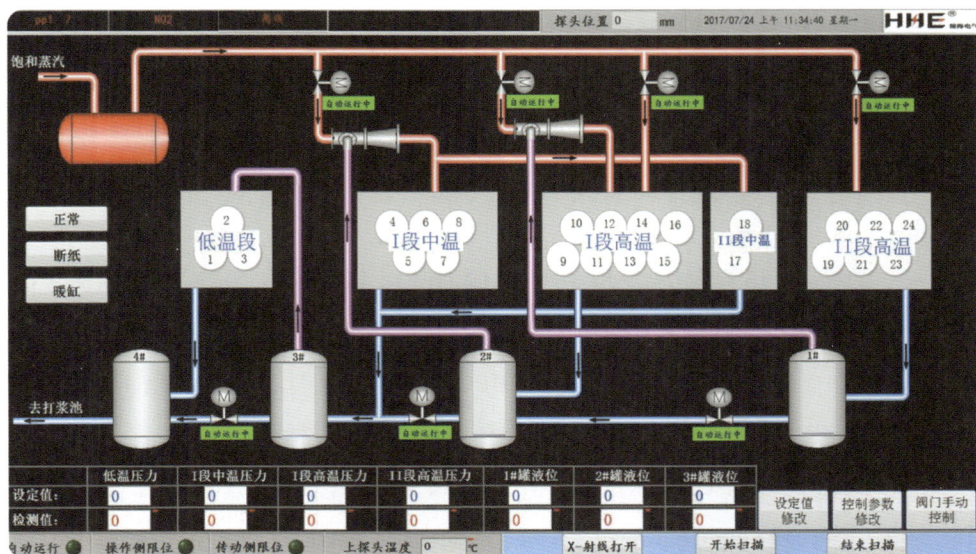

图 9-19　热泵控制系统

（3）高温热泵的能效

高温热泵系统的能效和温升的关系如图 9-20 所示，温升越高则热泵系统 COP 越低。且当温升从 20K 提高至 60K 时，热泵系统 COP 迅速降低，由 6 降低至 3；当温升从 60K 提高至 130K，热泵系统 COP 缓慢降低，由 3 降低至 1.6。水源热泵水侧热源温度约为 10~40 ℃，对于供热温度高于 100℃的高温热泵，COP 将低于 3。余热源热泵热源温度约为 40~100 ℃，对于供热温度高于 100℃的高温热泵，COP 将低于 6。

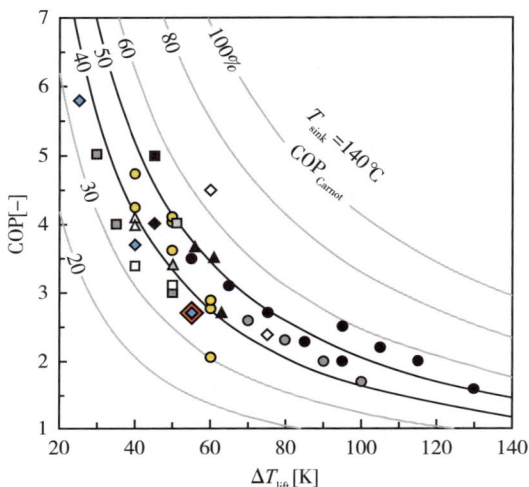

图 9-20　高温热泵系统的能效和温升的关系

六、总结及建议

（一）总结与结论

第一，在高温热泵领域，2020 年使用 HFC-245fa 制冷剂的压缩机有 137 台；2021 年使用 HFC-245fa 制冷剂的压缩机有 213 台，使用 HCFO-1233zd（E）制冷剂的压缩机只有一台；截至 2022 年，使用 HFC-245fa 制冷剂的压缩机有 441 台，使用 HCFO-1233zd（E）制冷剂的压缩机提升至三台。

第二，截至 2022 年已统计数据，在高温热泵领域，使用的制冷剂主要是 HFC-245fa、HFC-134a 和 HCFO-1233zd（E），其使用总量分别为 47330kg、26982kg 和 20000kg。

第三，制冷剂选择原则优先考虑其温室效应潜能值（GWP）和臭氧消耗潜能（ODP），首选 ODP 值为零和 GWP 小于 150 的制冷剂。

第四，潜在替代制冷剂有氨、水、HCs、HFCs、HFOs、HCFOs 类六种。在超高温热泵中，R718 是唯一适用于输出温度高于 160℃的低 GWP 值制冷剂，R718 的合理输出温度范围为 120～200℃。在高温中，热源温度在 100℃到 160℃之间，HC-601，HFO-1336mzz（Z），HFO-1336mzz（E），HCFO-1233zd（E）提供的输出温度范围为 100℃～160℃。当热源温度为 40℃～80℃，输出温度为 80℃～120℃时，此时 HC-600，HC-600a 和 HFO-1234ze（Z）是热泵应用中最合适的制冷剂。

第五，现有研究和工程中使用最多的制冷剂是 HFC-245fa，最有潜力的是 R718（水）、HC-601、HC-600、HFO-1336mzz（Z）、HFO-1234ze（Z）和 HCFO-1233zd（E）。为了将制冷剂的最优性能充分释放出来，同时需要对系统进行改造和优化。

（二）建议与展望

"双碳"目标下，制冷空调行业温室气体排放控制是重要内容。目前缺乏我国自持高可靠性的相关基础排放数据，在排放计算方法方面的国际参与度低和缺乏话语权，制冷剂减排路径缺乏研究，替代路线不明确，不同部门观点冲突。工业热泵技术的全面推广对于碳达峰与碳中和具有重大意义，而工业热泵技术的快速发展离不开政府、企业、科研机构的相互协作与共同努力。

第一，加强工业热泵替代制冷剂及应用技术的自主研发。

当前人工合成的制冷剂均是国外企业专利产品，具有自主知识产权的环保型制冷剂开发与应用，尚属于"卡脖子"技术，需加强政策引导与技术支持。积极联合制冷剂研发生产企业、工业热泵技术开发机构及工业热泵应用单位，联合开展工业热泵替代制冷剂的研发、生产与应用；及时总结工业热泵技术相关先进经验和做法，提高自主研发能力与水平。

第二，大力开发采用低 GWP 制冷剂的热泵技术。

推广低 GWP 制冷剂的使用，开发相关部件、系统、控制策略等，提高系统能效，降低成本。形成低 GWP 制冷剂在生产、应用、销毁的全生命周期内完善的产业链。突出工业热泵在"双碳"目标达成过程中的作用。加快低 GWP 制冷剂及相关技术研发，积极推广包括自然制冷剂在内的环境友好型制冷剂；综合考虑工程所在地气候、经济及工程自身的技术及未来规划等因素，选择适宜的工业热泵产品和供热方案，发挥工业热泵技术的应有优势。

第三，完善被淘汰制冷剂销毁技术、规范。

加快替代制冷剂进程的同时，要妥善处理被淘汰的制冷剂，相关处理技术和行业规范均不完善。加强工业热泵企业技术创新与管理创新。健全适应未来大规模发展的工业热泵相关制造、应用、运行维护和测评相关标准体系；研发大容量、高效率、大温差及长寿命的工业热泵装置。

第四，提高对工业热泵应用的支持力度。

目前工业热泵的研发与应用尚处起步阶段，为促进推广应用，助力降碳减排，需加强政策引导与电力部门支持。积极推出支持工业热泵技术应用的资金扶持政策，健全财政补贴机制，创新经营管理模式，提高管理效率，降低工业热泵技术应用成本；由政府牵头电力部门为工业热泵企业用户提供绿色电价，并采取切实有效措施来缓解工业热泵对企业用户电网增容带来的压力。

参考文献

［1］Jiang J T，Hu B，Wang R Z，et al. A review and perspective on industry high-temperature heat pumps［J］. Renewable and Sustainable Energy Reviews，2022：161.

［2］Arpagaus C，Bertsch S S. Experimental results of HFO/HCFO refrigerants in a laboratory scale HTHP with up to 150℃ supply temperature［C］. 2nd Conference on High Temperature HeatPumps. 2019.

［3］IEA. HPT Annex 58 about high-temperature heat pump［EB/OL］. https://heatpumpingtechnologies.org/annex58/task1/.

［4］Yamazaki T，K. Y. Development of a high-temperature heat pump［C］. IEA Heat Pump Centre Newsletter，1985，3（4）：18-21.

［5］Deng N，Jing X Y，Cai R C，et al. Molecular simulation and experimental investigation for thermodynamic properties of new refrigerant NBY-1 for high temperature heat pump［J］. Energy Conversion and Management，2019，179（1）：339-348.

［6］Wu D，Jiang J T，Hu B，et al. Experimental investigation on the performance of a very high temperature heat pump with water refrigerant［J］. Energy，2020，190：116427.

［7］Madsboell H，Weel M，Kolstrup A. DEVELOPMENT OF A WATER VAPOR

COMPRESSOR FOR HIGH TEMPERATURE HEAT PUMP APPLICATIONS [C]. IIR Gustav Lorentzen conference on natural refrigeration; International Institute of Refrigeration.

[8] Fleckl T, H. M., Helminger F, et al. Performance testing of a lab–scale high temperature heat pump with HFO–1336mzz–Z as the working fluid [C]. European Heat Pump Summit, Nuremberg, 2015: 1–25.

[9] Huang M, L. X., Zhuang R. Experimental investigate on the performance of high temperature heat pump using scroll compressor [C]. 12th IEA Heat Pump Conference, Rotterdam, 2017: 1–8.

[10] Damien B and Ali B. Experimental Results of a Newly Developed Very High Temperature Industrial Heat Pump (140℃)Equipped With Scroll Compressors and Working With a New Blend Refrigerant [C]. INTERNATIONAL REFRIGERATION AND AIR CONDITIONING CONFERENCE, Purdue, 2012.

[11] 桑宪辉，徐树伍，于志强. NH_3螺杆式全热回收高温热泵系统研究 [J]. 制冷与空调，2016，16（01）.

[12] Zhu Y H, Huang Y L, Li C H, et al. Experimental investigation on the performance of transcritical CO_2 ejector‐expansion heat pump water heater system [J]. Energy Conversion and Management，2018，167（7）：147–155.

[13] Wang J J, Qv D H, Ni L, et al. Experimental study on an injection–assisted air source heat pump with a novel two–stage variable–speed scroll compressor [J]. Applied thermal engineering: Design, processes, equipment, economics, 2020, 176（1）.

[14] Lee S J, Shon B H, Jung C W, et al. A novel type solar assisted heat pump using a low GWP refrigerant（R–1233zd（E））with the flexible solar collector [J]. Energy, 2018, 149（4）：386–396.

[15] Yan H Z, Hu B, Wang R Z. Air‐Source Heat Pump for Distributed Steam Generation：A New and Sustainable Solution to Replace Coal‐Fired Boilers in China [J]. Advanced Sustainable Systems, 2020, 4（11）：2000118.

[16] Li X, Ma Y F, Deng X L, et al. Performance analysis of high–temperature water source cascade heat pump using BY3B/BY6 as refrigerants [J]. Applied thermal engineering: Design, processes, equipment, economics, 2019, 159.

[17] Calm J M. The next generation of refrigerants‐Historical review, considerations,

and outlook [J]. International Journal of Refrigeration, 2008, 31（7）: 1123–1133.

[18] Eyerer S, Wieland C, Vandersickel A, et al. Experimental study of an ORC（Organic Rankine Cycle）and analysis of R1233zd–E as a drop–in replacement for HFC–245fa for low temperature 120 [J]. Energy, 2016, 103（12）: 660–671.

[19] Alhamid M I, Aisyah N, Nasruddin N, et al. Thermodynamic and Environmental Analysis of a High–temperature Heat Pump using HCFO–1224yd（Z）and HCFO–1233zd（E）[J]. International Journal of Technology, 2019, 10（8）: 1585.

[20] Mateu-Royo C, Mota-Babiloni A, and Navarro-Esbr J. Semi–empirical and environmental assessment of the low GWP refrigerant HCFO–1224yd（Z）to replace HFC–245fa in high temperature heat pumps [J]. International Journal of Refrigeration, 2021, 127.

[21] Arpagaus C, Kuster R, Prinzing M, et al. High temperature heat pump using HFO and HCFO refrigerants–System design and experimental results [C]. 25th IIR International Congress of Refrigeration（ICR 2019）, 2019.

[22] Arpagaus C and Bertsch S S. Experimental Comparison of HCFO and HFO HCFO–1224yd（Z）, HCFO–1233zd（E）, HFO–1336mzz（Z）, and HFC HFC–245fa in a High Temperature Heat Pump up to 150 ℃ Supply Temperature [C]. 18th International Refrigeration and Air Conditioning Conference, Purdue, USA, 2021.

[23] UNEP. Handbook for the Montreal protocol on substances that deplete the ozone layer [R]. 2017: 1–793.

[24] Myhre G, Shindell D, Br′eon FM, et al. Anthropogenic and natural radiative forcing [M]//Climate change 2013: the physical science basis. Cambridge University Press, 2013: 659–740.

[25] Zhang Y, Zhang YF, Yu XH, et al. Analysis of a high temperature heat pump using BY–5 as refrigerant [J]. Applied Thermal Engineering, 2017, 127: 1461–1468.

[26] Deng N, Jing XY, Cai RC, et al. Molecular simulation and experimental investigation for thermodynamic properties of new refrigerant NBY–1 for high temperature heat pump [J]. Energy Conversion and Management, 2019, 179: 339–348.

[27] B Zühlsdorf, F Bühler, R Mancini, et al. High Temperature Heat Pump Integration using Zeotropic Working Fluids for Spray Drying Facilities [C]//12th IEA Heat Pump Conference, 2017.

［28］O Bamigbetan，T Eikevik，P Nekså，et al. Evaluation of natural working fluids for the development of high temperature heat pumps［C］. 12th Gustav Lorentzen Natural Working Fluids Conference，2016.

［29］S Zhang，H Wang，T Guo. Evaluation of non-azeotropic mixtures containing HFOs as potential refrigerants in refrigeration and high-temperature heat pump systems［J］. Sci China Technol Sci，2010（53）：1855-1861.

［30］H Guo，M Gong，X Qin. Performance analysis of a modified subcritical zeotropic mixture recuperative high-temperature heat pump［J］. Appl Energy，2019（237）：338-352.

［31］C Xu，H Yang，X Yu，et al. Performance analysis for binary mixtures based on HFC-245fa using in high temperature heat pumps［J］. Energy Conversion and Management：2021（12）：100123.

［32］X Ma，Y Zhang，L Fang，et al. Performance analysis of a cascade high temperature heat pump using HFC-245fa and BY-3 as working fluid［J］. Appl Therm Eng，2018（140）：466-475.

［33］Wu D，Hu B，Wang R Z. Vapor compression heat pumps with pure Low-GWP refrigerants［J］. Renewable and Sustainable Energy Reviews，2021，138：110571.

［34］Carlos M R，Joaquin N E，Adrian M B，et al. Theoretical evaluation of different high-temperature heat pump configurations for low-grade waste heat recovery［J］. International Journal of Refrigeration，2018，90：229-237.

［35］Nillsson M，Risla H N，Kontomaris K. Performance testing of a lab-scale high tempe rature heat pump with HFO-1336mzz-Z as the working fluid［C］. 12th IEA Heat Pump Conference，Rotterdam，2017.

［36］Helminger F，Hartl M，Fleckl T，et al. Hochtemperatur Warmepumpen Messergebnisse einer Laboranlage mit HFO-1336MZZ-Z bis 160 ℃ Kondensationstemperatur［J/OL］. Symposium Energieinnovation，TU Graz，2016：1-20.

［37］Cao X Q，Yang W W，Zhou F，et al. Performance analysis of different high-temperatur e heat pump systems for low-grade waste heat recovery［J］. Applied thermal engineering，2014，71（1）：291-300.

［38］Jiang J，Hu B，Ge T，et al. Comprehensive selection and assessment methodology of compression heat pump system［J］. Energy，2022，241：122831.

［39］Ma F，Zhang P. Investigation on the performance of a high-temperature packed bed latent heat thermal energy storage system using Al-Si alloy［J］. Energy Conversion & Management，2017，150：500-514.

［40］Huang M，Liang X，Zhuang R. Experimental investigate on the performance of high temperature heat pump using scroll compressor［C］. 12th IEA Heat Pump Conference，2017：14-17.

［41］Zhenneng L，Yulie G，Yuan Y，et al. Development of a high temperature heat pump system for steam generation using medium-low temperature geothermal water［J］. Energy Procedia，2019：158.

［42］刘炳伸，龚宇烈，陆振能，等. 用于高温热泵蒸汽系统的几种制冷剂的循环性能［J］. 可再生能源，2015，33（12）：1755-1761.

［43］杨兴林，李自强，赵海波，等. 基于适定工质的准二级压缩循环在高温工况下的特性研究［J］. 流体机械，2019，47（09）：40-46+11

［44］Ma X，Zhang Y F，Li X Q，et al. Experimental study for a high efficiency cascade heat pump water heater system using a new near-zeotropic refrigerant mixture［J］. Applied Thermal Engineering，2018，138：783-794.

［45］马学莲. 复叠式高温热泵系统性能研究［D］. 天津大学，2019.

［46］Huiming Z，Xuan L，Mingsheng T，et al. Temperature stage matching and experimental investigation of high-temperature cascade heat pump with vapor injection［J］. Energy，2020：212.

［47］李观铭. 大温升复叠式工业热泵实验研究及基于㶲分析的优化理论［D］. 天津：天津商业大学，2021.

［48］Cordin A，Frederic B，Michael U，et al. High temperature heat pumps：Market overview，state of the art，research status，refrigerants，and application potentials［J］. Energy，2018：152.

［49］Han Yan，Ding Li，Sheng Bowen，et al. Performance prediction of HFC，HC，HFO and HCFO working fluids for high temperature water source heat pumps［J］. Applied Thermal Engineering，2020，185（1）：116324.

［50］何永宁，夏源，金磊，等. 制冷剂 R1234ze 在高温热泵中应用的对比研究

［J］. 流体机械，2014（3）：62-66.

［51］GUIDO F F，LORENZO F，UMBERTO D. Analysis of suitability ranges of high temperature heat pump working fluids ［J］. Applied Thermal Engineering，2019，150：628-640.

［52］KONTOMARIS K，KONSTANTINOS M. Use of E-1，1，1，4，4，4-hexafluoro-2-butene in heat pumps：AU2013296453［P］. 2015-01-29［2022-05-10］.

［53］KONDOU C，KOYAMA S. Thermodynamic assessment of high-temperature heat pumps using low-GWP HFO refrigerants for heat recovery ［J］. International Journal of Refrigeration-Revue Internationale Du Froid，2015，53（5）：126-141.

［54］LONGO G A，MANCIN S，RIGHETTI G，et al. Assessment of the low-GWP refrigerants HC-600a HFO-1234ze（Z）and HFO-1233zd（E）for heat pump and organic Rankine cycle applications ［J］. Applied Thermal Engineering，2020，167（25）：114804.

［55］Mateu-Royo C，Mota-Babiloni A，Navarro-Esbrí J. Semi-empirical and environmental assessment of the low GWP refrigerant HCFO-1224yd（Z）to replace HFC-245fa in high temperature heat pumps ［J］. International Journal of Refrigeration，2021，127：120-127.

［56］Jiang J T，Hu B，Wang R Z，et al. Theoretical performance assessment of low-GWP refrigerant HCFO-1233zd（E）applied in high temperature heat pump system ［J］. International Journal of Refrigeration，2021，131：897-908.

［57］Wu D，Hu B，Wang R Z. Performance simulation and exergy analysis of a hybrid source heat pump system with low GWP refrigerants ［J］. Renewable Energy，2018，116：775-785.

［58］O Bamigbetan，T M Eikevik，P Neksa，et al. The development of a hydrocarbon high temperature heat pump for waste heat recovery ［J］. Energy，2019，173（3）：1141-1153.

［59］Bamigbetan O，Eikevik TM，Neksi P. Extending hydrocarbon heat pumps to higher temperatures：Predictions from simulation ［A］. International Workshop on High Temperature Heat Pumps，Copenhagen，2017：197-211.

［60］Wemmers AK，Van Haasteren AWMB Kremers. Test results HC-600 pilot heat pump［A］. 12th EEA Heat Pump Conference［C］. Rotterdam，2017：1–9.

［61］Bamigbetan O，Eikevik T，Nekså P，et al. Extending ammonia high temperature heat pump using butane in a cascade system［C］. Proceedings of the 7th Conference on Ammonia and CO_2 Refrigeration Technology，Ohrid，2017.

［62］吴曦，徐士鸣，刘嘉威，等. 适用于复叠式中高温热泵的混合制冷剂分析［J］. 制冷学报，2018，39（05）：53–58.

［63］Li X Q，Zhang Y F，Ma X L，et al. Performance analysis of high–temperature water source cascade heat pump using BY3B/BY6 as refrigerants［J］. Applied Thermal Engineering，2019，159：113895.

［64］李晓琼. 工业热泵能质提升理论与应用技术的研究［D］. 天津大学，2020.

［65］张燕. 170℃复叠式高温热泵性能及检测实验研究［D］. 天津大学，2018.

［66］Xiaohui Y，Yufeng Z，Na D，et al. Experimental performance of high temperature heat pump with near–azeotropic refrigerant mixture［J］，Energy and buildings，2014，78：43–49.

［67］于晓慧. 高温热泵系统性能及性能预测研究［D］. 天津大学，2014.

［68］Zhang Y，Zhang Y，Yu X，et al. Analysis of a high temperature heat pump using BY–5 as refrigerant［J］. Applied thermal engineering，2017，127：1461–1468.

［69］Yu Xiaohui，Zhang Yufeng，Zhang Yan，et al. Intelligent prediction on performance of high temperature heat pump systems using different refrigerants［J］. Journal of Central South University，2018，25（11）：2754–2765.

［70］马利敏，王怀信，王继霄. 一种高温热泵工质的理论与试验性能［J］. 机械工程学报，20 10，46（12）：142–147.

［71］马利敏. 中高温热泵工质的理论与实验研究［D］. 天津大学，2006.

［72］王怀信. 二元混合工质 MB85 中高温热泵的性能［J］. 天津大学学报，2011，44（12）：1106–1110.

［73］Lisheng Pan，Huaixin Wang，Qingying Chen，et al. Theoretical and experimental study on several refrigerants of moderately high temperature heat pump［J］. Applied Thermal Engineering，2011，31（11）：1886–1893.

［74］Yang W W，Cao X Q，He Y L，et al. Theoretical study of a high–temperature heat pump system composed of a CO_2 transcritical heat pump cycle and a R152a subcritical heat pump cycle［J］．Applied Thermal Engineering，2017，120：228–238.

［75］Dai B，Liu C，Liu S，et al．Life cycle techno–enviro–economic assessment of dual–temperature evaporation transcritical CO_2 high–temperature heat pump systems for industrial waste heat recovery［J］．Applied Thermal Engineering，2023，219：119570.

［76］Wu D，Hu B，Wang R Z，et al．The performance comparison of high temperature heat pump among R718 and other refrigerants［J］．Renewable Energy，2020，154：715–722.

［77］WU D，HU B，Yan H，et al．Modeling and simulation on a Water Vapor High Temperature Heat Pump system［J］．Energy，2019，168：1063–1072.

［78］吴迪，胡斌，王如竹，等．水制冷剂及水蒸气压缩机研究现状和展望［J］．化工学报，2017，68（8）：2959–2968.

［79］吴迪，胡斌，王如竹，等．采用自然工质水的高温热泵系统性能分析［J］．化工学报，2018，69（z2）：95–100.

［80］Wu D，Jiang J T，Hu B，et al．Experimental investigation on the performance of a very high temperature heat pump with water refrigerant［J］．Energy，2020，190：116427.

［81］胡斌，吴迪，姜佳彤，等．水蒸气超高温热泵系统的实验研究［J］．工程热物理学报，2021，42（04）：833–840.

［82］Chamoun M，Rulliere R，Haberschill P，et al．Dynamic model of an industrial heat pump using water as refrigerant［J］．International Journal of Refrigeration，2012，35（4）：1080–1091.

［83］Chamoun M，Rulliere R，Haberschill P，et al．Experimental and numerical investigations of a new high temperature heat pump for industrial heat recovery using water a srefrigerant［J］．International Journal of Refrigeration，2014，44：177–188.

［84］Chamoun M，Rulliere R，Haberschill P．Experimental investigation of a new high temperature heat pump using water as refrigerant for industrial heat recovery［A］．International Refrigeration and Air Conditioning Conference，Purdue，2012：479–489.

［85］沈九兵，何志龙，邢子文．采用喷水螺杆式水蒸气压缩机的高温热泵设计及性能分析［J］．制冷与空调（北京），2014，14（2）：95–98.

［86］Zou H M，Li X，Tang M S，et al．Temperature stage matching and experimental investigation of high-temperature cascade heat pump with vapor injection [J]. Energy, 2020, 212: 118734.

[87] Arpagaus C, Bless F, Uhlmann M, et al. High temperature heat pumps: Market overview, state of the art, research status, refrigerants, and application potentials [J]. Energy, 2018, 152: 985-1010.

[88] Arpagaus C, Bless F, Uhlmann M, et al. High temperature heat pumps: Market overview, state of the art, research status, refrigerants, and application potentials [J]. Energy, 2018, 152: 985-1010.

[89] Huang M, Liang X, Zhuang R. Experimental investigate on the performance of high temperature heat pump using scroll compressor [C]. 12th IEA Heat Pump Conference, 2017: 14-17.

[90] Fukuda S, Kondou C, Takata N, et al. Low GWP refrigerants R1234ze (E) and R1234ze (Z) for high temperature heat pumps [J]. International journal of Refrigeration, 2014, 40: 161-173.

[91] Zhang Y, Zhang Y, Yu X, et al. Analysis of a high temperature heat pump using BY-5 as refrigerant [J]. Applied Thermal Engineering, 2017, 127: 1461-1468.

第十章

含氟制冷剂的使用及排放

含氟制冷剂在各行业中的使用广泛，本章汇总第二至九章的相关数据，研究了相关领域含氟制冷剂的生产、消费情况，并分析了其排放现状。

一、含氟制冷剂使用情况

1. 分行业各年度含氟制冷剂生产端消费量情况

用作制冷剂的 HCFCs 和 HFCs 主要包括 HCFC-123、HCFC-22、HFC-134a、HFC-125、HFC-32 和 HFC-143a。图 10-1 展示了我国 2012 年至 2022 年相关 HFCs 的计算消费量（生产量减去出口量加上进口量）。

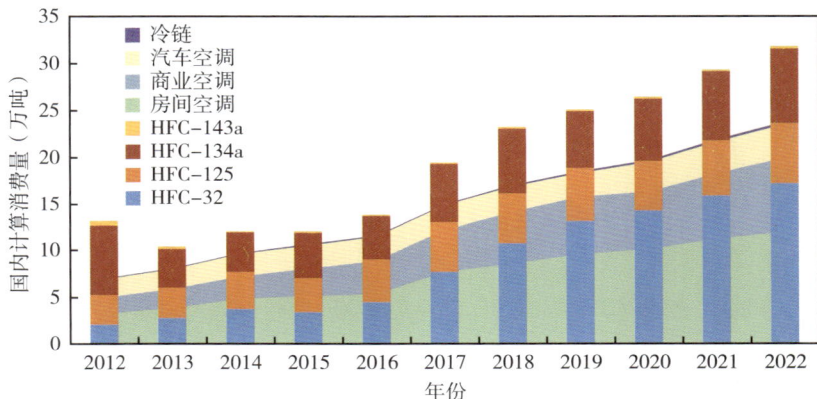

图 10-1　2012—2022 年用作制冷用途的 HFCs 计算消费量[1]

图 10-1 中的柱状图展示了 2012 年至 2022 年各类 HFC 所有行业消费量情况，四类 HFCs（HFC-143、HFC-134a、HFC-125 和 HFC-32）主要用作制冷空调行业，其中 HFC-32 的消费量逐年上涨；根据国家方案分类结果，约有 1 千吨左右 HFC-134a 用作气雾剂和发泡剂行业。图 10-1 中面积图展示了 HFC 用作不同制冷空调行业的情况，房间空调和商业空调是制冷剂消费的主要行业，在 2022 年消费占比分别约为 50% 和 30%。柱状图与堆积面积图的差值为其他消费内容，包括本研究分类不在冷链、汽车空调、商业空调以及房间空调器的其他行业以及制冷剂维修行业。

表 10-1 展示了各子行业 HFCs 逐年的消费数据。

图 10-2 展示了制冷空调行业的消费情况（不含制冷维修），根据制冷剂 GWP_{100} 计算后的结果，家用空调制冷剂消费占比最大。

图 10-3 展示了 HCFC-22 的国内消费量，每年 80% 以上的 HCFC-22 用于制冷空调行业，其中制冷维修占比最大。

表10-1 2012—2022年中国制冷空调各子行业HFCs消费数据（单位：万吨）[1]

年份	汽车空调	房间空调		商业空调				冷链		其他			
	HFC-134a	R-410A	HFC-32	HFC-32	HFC-134a	R-407C	R-410A	R-404A	R-507A	HFC-32	HFC-125	HFC-134a	HFC-143a
2012	1.86	3.34	0.00	0.00	0.66	0.04	0.98	0.09	0.02	0.01	0.97	4.79	0.55
2013	2.11	3.89	0.09	0.00	0.75	0.05	1.13	0.10	0.03	0.26	0.71	1.17	0.15
2014	2.27	4.78	0.22	0.00	0.88	0.06	1.42	0.12	0.03	0.58	0.77	0.94	(0.04)
2015	2.34	4.71	0.48	0.00	1.13	0.05	1.78	0.18	0.03	(0.19)	0.25	1.29	(0.06)
2016	2.56	4.73	0.69	0.00	1.36	0.05	2.13	0.07	0.04	0.44	1.03	0.79	0.00
2017	2.65	6.30	1.43	0.13	1.77	0.04	2.62	0.08	0.04	1.76	0.84	1.73	0.00
2018	2.60	6.82	1.76	0.33	2.20	0.06	3.12	0.15	0.11	3.73	0.30	1.93	0.06
2019	2.50	6.97	2.65	0.41	2.39	0.06	3.42	0.17	0.10	4.93	0.42	0.96	0.02
2020	3.03	6.03	4.15	0.41	2.39	0.06	3.42	0.19	0.11	5.08	0.43	0.98	0.02
2021	3.28	6.64	4.54	0.48	2.74	0.07	3.93	0.21	0.12	5.64	0.48	1.09	0.02
2022	3.48	7.18	4.87	0.53	3.02	0.08	4.33	0.23	0.13	6.10	0.52	1.18	0.02

■ 汽车空调　▨ 家用空调　□ 工商制冷

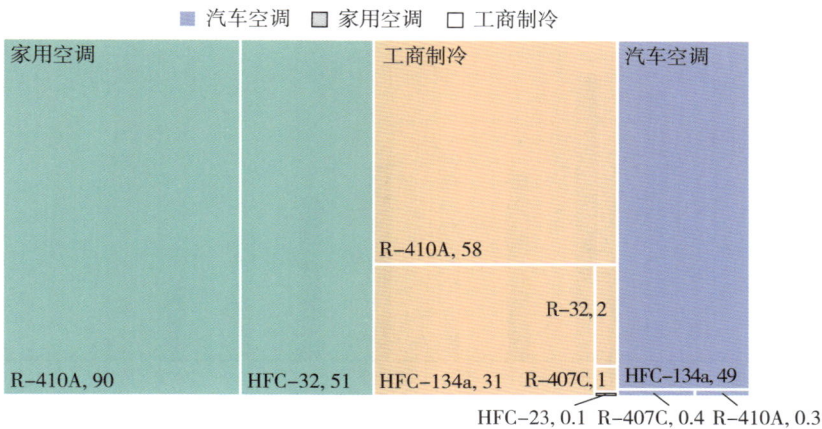

图 10-2　2020 年中国制冷空调行业 HFC 消费量（CO$_2$ 当量数据）[1]

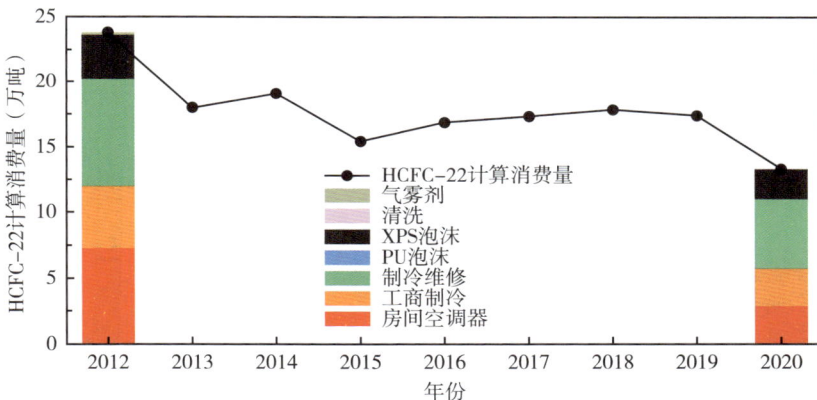

图 10-3　2012—2020 年 HCFC-22 消费情况[1]

图 10-4 展示了工作组家用空调器子课题调研的 HCFC-22 使用量数据，与图 10-3 对比来看，2012 年调研数据略高于图 10-3 中的 HCFC-22 消费量数据，但 2020 年二者数据较接近，为 2.5 万吨。

2. 分行业各年度含氟制冷剂使用端现状情况

将前文第二至九章的调研数据汇总整理，得到如图 10-5 所示的 HFCs 使用数据。其中，2012 年至 2016 年的 HFCs 使用量调研数据仅包含家用空调器、多联机和单元机及轻商制冷；2017 年和 2018 年增加冷热水机组 HFCs 使用量；2019 年起增加中温热泵 HFCs 使用量；2020 年起增加工业制冷 HFCs 使用量，目前 2020 年数据相对齐全，包含汽车空调、家用空调器、商用空调、轻商制冷、工业制冷、中温热泵等大部分制

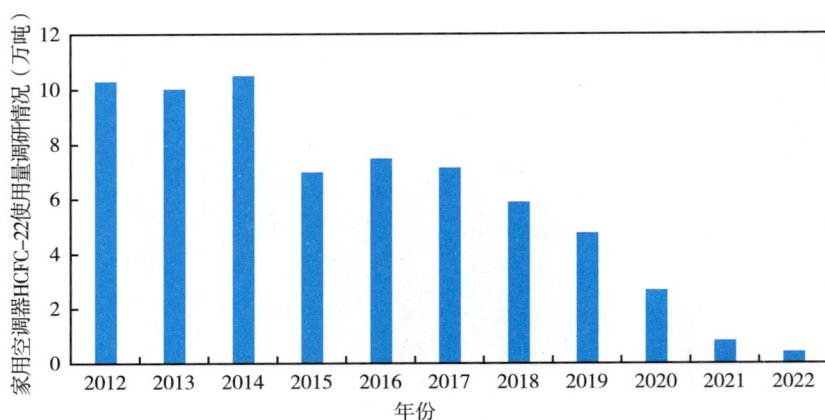

图 10-4　家用空调器子课题调研的 HCFC-22 使用量数据

冷空调行业的 HFCs 使用量数据；2021 年起缺失汽车空调数据；2022 年增加了高温热泵和冷冻冷藏的制冷剂使用量数据。冷加工和冷藏运输历史使用量相对较小，汇总中忽略不计。

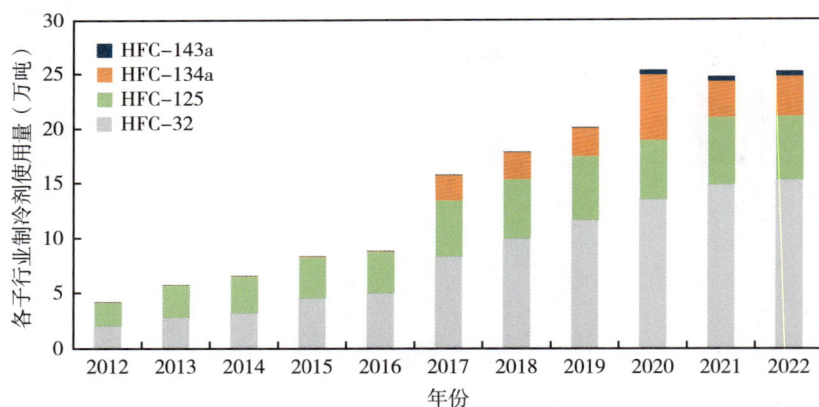

图 10-5　工作组 HFCs 使用量调研数据汇总

　　图 10-6 为各年分领域制冷剂使用量，其中汽车空调仅有 2020 年数据，高温热泵仅有 2022 年数据。可见家用空调器的制冷剂使用量占比最大，多联机单元机、汽车空调和冷热水机组的制冷剂使用量次之，其余行业的制冷剂使用量相对较小。

　　还需要说明的是，图 10-5 和图 10-6 中家用空调器、轻商制冷、冷冻冷藏和高温热泵的制冷剂使用量大多为从设备生产厂家调研的实际制冷剂使用量数据，不包含设备维修的制冷剂使用量，而其他子课题所调研的制冷剂使用量主要包含设备生产和设备维修的使用量，多联机、单元机使用量除此之外还包含设备安装使用量。由于高温热泵的产量较小，其维修使用量可忽略不计。参考先前对家用空调和商业空调的排放研究及文献，估算家用空调的维修使用量后，汇总的制冷空调热泵行业的 HFCs 使用量如图 10-7 所示。

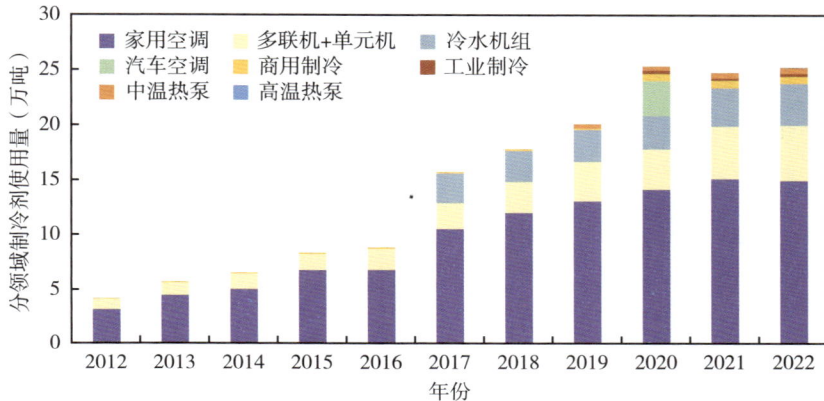

图 10-6　工作组分领域制冷剂使用量调研数据汇总

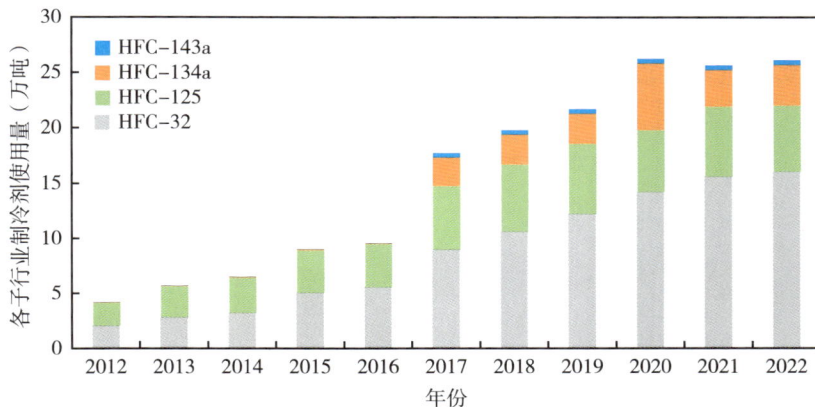

图 10-7　调研及推算 HFCs 使用量数据汇总

图 10-7 各年 HFCs 使用量的领域来源与图 10-5 一致，由于家用空调和冷热水机组使用的制冷剂大多为 HFC-134a、HFC-32 和 R-410A，因此相应的 HFC-134a、HFC-32 和 HFC-125 的使用量也相应增加。根据上述分析，2020 年 HFCs 使用量数

据相对齐全，可以作为与生产端消费量对比的主要依据。同样地，若加上家用空调器的维修使用量，则各领域的制冷剂使用量分布如图 10-8 所示，制冷剂分布规律与图 10-6 相似。

图 10-8　调研及推算分领域制冷剂使用量数据汇总

3. 两者的对比分析

如前所述，从调研的十年 HFCs 使用量数据来看，2020 年的数据相对齐全，可以作为主要的比较对象，数据显示，2020 年生产端和使用端的消费量数据都将近 27 万吨，这二者数据比较接近，调研结果具有较好的准确度，见图 10-9。

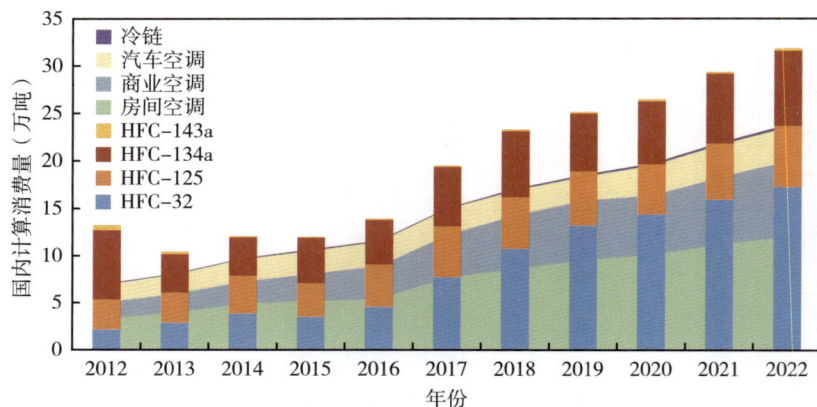

（a）从生产端计算的HFCs消费量数据[1]

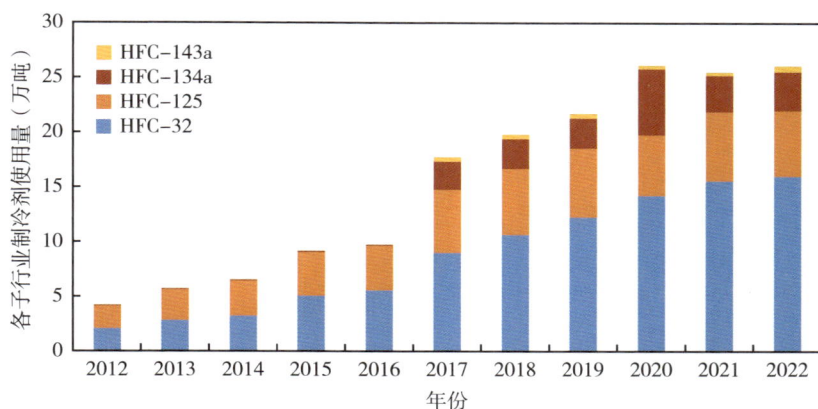

（b）从使用端调研的 HFCs 消费量数据

图 10-9　HFCs 消费数据对比

二、制冷剂排放现状

　　表 10-2 展示了各子行业排放情况，此排放数据包括了子行业的全生命周期排放（初始消费加制冷维修消费）。E. σ 表示排放的不确定度。

　　图 10-10 为工作组各领域 HFCs 调研和推算的直接排放结果汇总，其中家用空调器数据一方面结合工作组调研情况；另一方面基于工作组已有研究[2]，基于家用空调器产量、销量和存量等产业情况及各环节制冷剂泄漏情况，推算家用空调器领域生产、使用、维修和报废四个环节的直接排放，其他领域数据主要以工作组的调查研究情况为主，获得各领域的全生命周期直接排放（包含生产、使用、维修和报废四个环节的直接排放），但冷链相关的冷加工、冷冻冷藏、冷藏运输和轻商制冷领域的直接排放数据仅代表设备使用过程中的泄漏引起的直接排放。此外，图 10-10 中每年 HFCs 直接排放数据来源于不同领域，其中 2012 年至 2016 年数据仅包含家用空调器、多联机、单元机和汽车空调领域的直接排放数据，2017 年和 2018 年数据包含家用空调器、多联机、单元机、冷热水机组和汽车空调领域数据，2019 年起在原有行业的基础上包含了中温热泵，2020 年起又增加了工业制冷领域数据，2022 年增加了冷加工、冷冻冷藏、冷藏运输和轻商制冷领域的商业制冷领域数据。

　　为了与表 10-2 所示的中国制冷空调各子行业 HFCs 排放数据进行对比，将表 10-2 的各行业排放数据汇总如图 10-11 所示。

表10-2 2012—2022年中国制冷空调各子行业HFCs排放数据（单位：Mt CO₂-eq）[1]

年份	汽车空调 HFC-134a		房间空调 R-410A		房间空调 HFC-32		商业空调 HFC-32		商业空调 HFC-134a		商业空调 R-407C		商业空调 R-410A		冷链 R-404A		冷链 R-507A	
	E	E.σ	E	E.σ	E	E.σ	E	E.σ	E	E.σ	E	E.σ	E	E.σ	E	E.σ	E	E.σ
2012	19.28	1.44	9.25	0.72	0	0	0	0	3.83	0.32	0.3	0.03	8.4	0.7	1.56	0.13	0.42	0.04
2013	21.69	1.62	13.26	1.01	0.03	0	0	0	4.73	0.39	0.38	0.03	10.37	0.86	1.93	0.16	0.53	0.04
2014	24.1	1.79	18.51	1.39	0.08	0.01	0	0	5.75	0.47	0.46	0.04	12.95	1.06	2.37	0.19	0.64	0.05
2015	26.28	1.95	23.67	1.74	0.22	0.02	0	0	7.17	0.58	0.51	0.04	16.23	1.32	3.25	0.26	0.77	0.06
2016	28.46	2.11	28.38	2.04	0.42	0.03	0	0	8.85	0.72	0.55	0.04	20.1	1.63	3.17	0.25	0.9	0.07
2017	30.56	2.26	35.11	2.49	0.91	0.07	0.14	0.01	11.19	0.91	0.57	0.04	24.92	2.02	3.24	0.24	0.99	0.08
2018	32.31	2.38	42.21	2.96	1.49	0.12	0.46	0.04	14.11	1.14	0.65	0.05	30.61	2.47	3.81	0.29	1.68	0.14
2019	33.69	2.48	49.11	3.4	2.36	0.18	0.79	0.07	17.04	1.37	0.74	0.06	36.59	2.94	4.37	0.33	2.07	0.17
2020	36.22	2.66	54.85	3.74	3.66	0.28	1.06	0.09	19.66	1.57	0.83	0.06	41.98	3.35	5.02	0.38	2.48	0.2
2021	38.92	2.86	60.94	4.11	5.07	0.38	1.33	0.11	22.64	1.8	0.94	0.07	48.17	3.82	5.7	0.43	2.92	0.23
2022	41.62	3.06	66.96	4.49	6.65	0.49	1.6	0.13	25.73	2.03	1.05	0.08	54.62	4.3	6.39	0.49	3.34	0.26

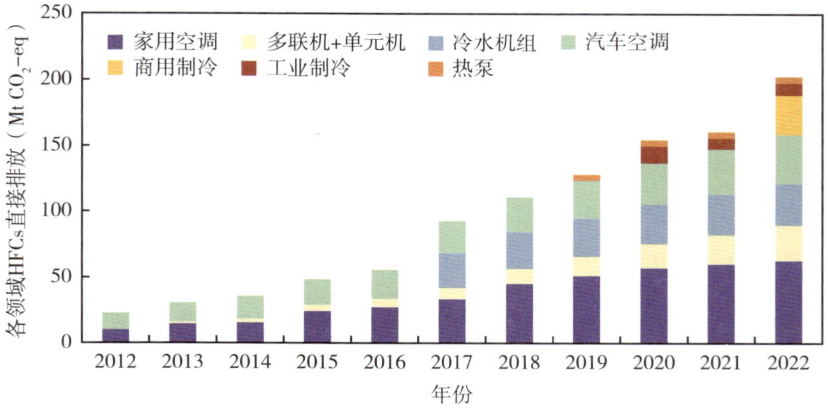

图 10-10 推算各领域 HFCs 直接排放结果

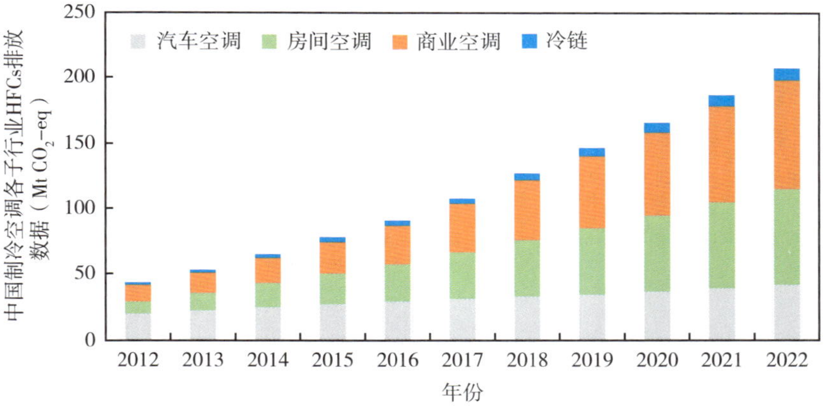

图 10-11 中国制冷空调各子行业 HFCs 排放数据

　　图 10-10 中，2020 年至 2022 年的制冷剂直接排放数据相对全面，涵盖了房间空调器、多联机、单元机、冷热水机组、汽车空调等重点领域，因此以该数据作为 HFCs 直接排放的对比基础。对比图 10-10 和图 10-11 的数据可见，2020 年制冷空调热泵领域的 HFCs 制冷剂直接排放数据，二者皆在 160 Mt CO_2-eq 左右；2021 年二者 HFCs 制冷剂直接排放数据皆在 160~180 Mt CO_2-eq 范围内。2022 年的 HFCs 制冷剂直接排放数据两者间有 10 Mt CO_2-eq 左右的差距。总体而言，调研的 HFCs 制冷剂直接排放数据与已有研究结果相符。

参考文献

［1］Fuli Bai，Minde An，Jing Wu，et al. Pathway and Cost-Benefit Analysis to Achieve China's Zero Hydrofluorocarbon Emissions［J］. Environmental Science & Technology，2023，57（16）：6474-6484.

［2］Shan Hu，Ziyi Yang，Da Yan，et al. Emissions of F-gases from room air conditioners in China and scenarios to 2060［J］. Energy and Buildings，2023，299：113561.

附录一 制冷系统排放计算方法

制冷系统的温室气体排放包括制冷剂及制冷设备生产导致的隐含碳排放，制冷剂泄漏到大气导致的直接排放以及制冷设备运行耗能导致的间接排放。就全生命期而言，隐含碳排放相对小于其他两项，因此在很多研究中忽略不计。本附录给出不同排放的计算方法。

一、直接排放

1. 制冷设备生产过程直接排放

生产过程的排放包括向拟出售产品充注制冷剂过程的泄漏量和研发测试产品过程泄漏制冷剂导致的排放量。生产过程直接排放可以通过式附 1-1 计算：

$$E_1 = G_1 \times \alpha \qquad \text{式附 1-1}$$

式中：E_1——生产过程直接排放，kg；

$\quad G_1$——制冷设备制冷剂充注量，kg；

$\quad \alpha$——生产过程泄漏率，%。

2. 安装过程直接排放

安装过程直接排放主要指需要现场安装制冷设备并充注制冷剂过程产生的直接排放。例如，多联机、单元机室外机经产品生产厂家生产完成后，需要在建筑现场安装并配装与室内机相对应的制冷剂配管，且配管长度由室内机、室外机的布置位置决定，待配管安装完成后，需现场给配管充注制冷剂。

$$E_2 = G_1 \times \beta \qquad \text{式附 1-2}$$

式中：E_2——安装过程直接排放，kg；

$\quad G_1$——制冷设备制冷剂充注量，kg；

β——安装过程泄漏率，%。

3. 使用过程直接排放

依据 IPCC 报告[1, 2]，将产品使用过程制冷剂缓慢泄漏造成的排放与产品维修过程制冷剂的排放均包含于使用过程直接排放。则使用过程直接排放计算方法如式附1-3、附1-4 所示：

$$E_3 = G_3 \times \gamma \qquad \qquad 式附\ 1\text{-}3$$

$$G_3 = Q_u \times m_a \qquad \qquad 式附\ 1\text{-}4$$

式中：E_3——在用产品使用过程的直接排放，kg；

$\quad$ G_3——在用产品中制冷剂的存量，kg；

$\quad$ γ——在用产品使用过程泄漏率，%/ 年；

$\quad$ m_a——新产品单位冷量或单台的制冷剂平均充注量，kg/kW 或 kg/ 台；

$\quad$ Q_u——全国在用产品的总冷量或总台数，kW 或台。

4. 寿命终期直接排放

寿命终期直接排放与产品回收率及产品中剩余制冷剂的量有关，根据 IPCC 推荐算法，寿命终期直接排放计算方法如式附1-5 所示。

$$E_3 = Q_b \times m_a \times \varphi \times (1 - \theta) \qquad \qquad 式附\ 1\text{-}5$$

式中：E_3——寿命终期的直接排放，kg；

$\quad$ Q_b——报废产品的总冷量或总台数，kW 或台；

$\quad$ m_a——报废产品制冷剂平均充注量，kg/kW 或 kg/ 台；

$\quad$ φ——报废产品寿命终期时的制冷剂剩余率，%；

$\quad$ θ——制冷剂回收率，%/ 年。

二、间接排放

间接排放主要指制冷产品运行耗能引起的碳排放，与设备运行耗电量及电力碳排放因子有关，计算方法如式附1-6 所示。

$$E_4 = P \times EF \qquad \qquad 式附\ 1\text{-}6$$

式中：E_4——产品运行耗电引起的间接碳排放，kg CO_2-eq；

$\quad$ P——产品运行年耗电量，kWh；

$\quad$ EF——电力碳排放因子，kg CO_2-eq/kWh。

三、总等效温室效应（TEWI）

全球温室效应可以用不同的方法确定和表达，总等效温室效应（Total Equivalent Warming Impact，TEWI）是一种评估不同制冷剂对温室效应的影响的方法[3, 4]。TEWI 是某一设备在其使用寿命期间内直接排放和间接排放的总和，单位是 CO_2-eq。TEWI 按式附 1-7 计算。

$$TEWI = GWP \cdot L \cdot n + GWP \cdot m \cdot (1 - \alpha) + n \cdot E \cdot \beta \qquad 式附 1-7$$

其中，GWP 指制冷剂的全球变暖潜力（CO_2 等效值），kg CO_2-eq/kg 制冷剂；L 指系统运行过程中每年的制冷剂泄漏量，kg/ 年；n 指设备使用年限，年；m 指设备维修和报废时系统中所剩余的制冷剂充注量，kg；α 指制冷剂回收率，%；E 指设备每年的耗电量，kWh；β 指排放因子，kg CO_2/kWh。

四、全寿命期气候性能（LCCP）

全寿命期气候性能 LCCP 指标是在总当量变暖效应（TEWI）的基础上补充了制冷剂生产过程中的能耗引起的温室效应影响。目前，该评价方法仍然在不断发展，常用模型中不仅包括制冷剂生产能耗，还包括制冷剂降解产物所产生的温室效应以及制冷设备材料生产及制冷剂回收产生的温室气体排放等。LCCP 是一种系统在其整个生命周期中对全球变暖影响的方法，即包括从设备开始生产制造到最终设备报销所造成的所有直接和间接的 CO_2 排放量之和，其组成如图附 1-1 所示。

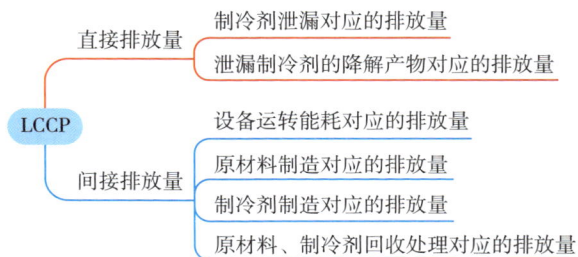

图附 1-1　LCCP 直接排放和间接排放图解

直接排放量指与制冷剂本身直接相关的碳排放量，是设备在其整个生命周期以及寿命终时后排放到大气中的制冷剂对气候的影响对应的 CO_2 排放量；间接排放量指除与制冷剂直接相关以外的所有资源耗费对应的排放量。

LCCP 计算公式如下[5]：

$$LCCP = 直接排放量 + 间接排放量$$

$$直接排放量 = C \times (L \times ALR + EOL) \times (GWP + Adp.\ GWP)$$

$$间接排放量 = L \times AEC \times EM + \Sigma(m \times MM) + \Sigma(mr \times RM)$$
$$+ C \times (1 + L \times ALR) \times RFM + C \times (1 - EOL) \times RFD$$

式中：　　C——制冷剂充注量 /kg；

L——设备平均寿命 / 年；

ALR——制冷剂年泄漏率（制冷剂充注量的百分比）；

EOL——寿命终期制冷剂泄漏率（制冷剂充注量的百分比）；

GWP——全球变暖潜能值 /kg CO_2/kg；

$Adp.\ GWP$——制冷剂降解对应的 GWP/kg CO_2/kg；

AEC——年能耗 /kWh；

EM——能耗系数 /kg CO_2/kWh；

m——各原材料的质量 /kg；

MM——原材料能耗系数 /kg CO_2/kg；

mr——可循环回收材料的质量 /kg；

RM——回收材料时能耗系数 /kg CO_2/kg；

RFM——生产制冷剂能耗系数 /kg CO_2/kg；

RFD——处理制冷剂能耗系数 /kg CO_2/kg。

参考文献

[1] 2006 IPCC Guidelines for National Greenhouse Gas Inventories，Volume 3，Chapter 7：Emissions of Fluorinated Substitutes for Ozone Depleting Substances [R]. 2006.

[2] 2019 Refinement to the 2006 IPCC Guidelines for National Greenhouse Gas Inventories，Volume 3，Chapter 7：Emissions of Fluorinated Substitutes for Ozone Depleting Substances [R]. 2019.

[3] Reinaldo Maykot，Gustavo C Weber，Ricard A Maciel. Using the TEWI

Methodology to Evaluate Alternative Refrigeration Technologies [C]. Using the TEWI Methodology to Evaluate Alternative Refrigeration Technologies，2004.

[4] 马一太，杨昭，蒯大秋. 温室效应和 TEWI 值 [J]. 工程热物理学报，1998（03）：271-274.

[5] 黄小龙，周易，张利. LCCP 在中国家用空调中的应用研究 [C]// 中国家用电器协会. 2018 年中国家用电器技术大会论文集 [未刊稿]. 2018：7.

附录二 2023年中国消耗臭氧层物质替代品推荐名录

序号	用途类型	替代品名称	消耗臭氧潜能值（ODP）	100年全球升温潜能值（GWP）	主要应用领域（产品）	被替代的消耗臭氧层物质名称
1	制冷剂	丙烷（R290）	0	< 1[3]	房间空调器、家用热泵热水器、商业用独立式制冷系统、工业用制冷系统	一氯二氟甲烷（HCFC-22）
2	制冷剂	异丁烷（R600a）	0	< 1[3]	商业用独立式制冷系统	一氯二氟甲烷（HCFC-22）
3	制冷剂	二氧化碳（R744）	0	1[3]	家用热泵热水器、工业或商业用热泵热水机、工业或商业用制冷系统、冷库	一氯二氟甲烷（HCFC-22）
4	制冷剂	氨（R717）	0	0[5]	工业用制冷系统、冷库、压缩冷凝机组	一氯二氟甲烷（HCFC-22）
5	制冷剂	二氟甲烷（HFC-32）	0	675[2]	单元式空调机、冷水（热泵）机组、工业或商业用热泵热水机	一氯二氟甲烷（HCFC-22）
6	制冷剂	氟乙烷（HFC-161）	0	5[3]	房间空调器	一氯二氟甲烷（HCFC-22）
7	制冷剂	丙烷和异丁烷混合物（R436C，R290/R600a，质量分数95/5）	0	1[4]	房间空调器	一氯二氟甲烷（HCFC-22）

附录三 房间空调制冷剂领域现有标准汇总

序号	标准名称	主要内容	归口单位	牵头单位	发布日期
1	ISO 5149：2014《制冷系统和热泵 安全与环境要求》	将标准分为以下四个部分： 第一部分：定义、分类和选择标准； 第二部分：设计、施工、测试、标记和文件； 第三部分：安装现场； 第四部分：操作、维护、维修和恢复	国际标准化组织（ISO）	国际标准化组织（ISO）	2022年11月22日
2	IEC 60335-2-40 2022《家用和类似用途电器的安全：热泵、空调器和除湿机的特殊要求》	本标准主要从术语和定义、标志和说明、机械强度、结构、元件等内容对可燃制冷剂产品的安全性能进行规定	国际电工委员会（IEC）	国际电工委员会（IEC）	2022年5月25日
3	IEC 60335-2-104 2021《从空调和制冷装置中回收/再生制冷剂的器具的特殊要求》	该标准规定了从空调和制冷设备中回收和/或再循环制冷剂的电气回收和/或再循环设备的安全性	国际电工委员会（IEC）	国际电工委员会（IEC）	2021年5月7日
4	ISO 817：2014《制冷剂 命名和安全分类》	该标准规定了制冷剂的命名和构成符号方法，制冷剂的安全分类方法	国际标准化组织（ISO）	国际标准化组织（ISO）	2014年5月
5	GB/T 9237—2017《制冷系统及热泵安全与环境要求》	该标准采用ISO5149.1—4：2014《制冷系统及热泵 安全与环境要求》四个部分，结合中国实际情况在结构和技术性方面进行了相应调整	全国冷冻空调设备标准化技术委员会（SAC/TC 238）	合肥通用机械研究院	2017年12月29日

续表

序号	标准名称	主要内容	归口单位	牵头单位	发布日期
6	GB 4706.32 2012《家用和类似用途电器的安全 热泵、空调器和除湿机的特殊要求》	此标准为目前现行的房间空调器产品强制性安全标准，该标准部分规定了家用和类似用途热泵、空调器和除湿机的安全	全国家用电器标准化技术委员会（SAC/TC 46）归口	中国家用电器研究院	2012年6月29日
7	GB/T 26205—2010《制冷空调设备和系统 减少卤代制冷剂排放规范》	该标准规定了固定安装的制冷、空调及热泵设备和系统在生产、安装、检测、运行、维护、维修和报废处理的过程中，减少卤代制冷剂排放的方法和要求	全国制冷标准化技术委员会	珠海G公司电器股份有限公司	2011年1月14日
8	GB/T 38099.2—2019《废弃电器电子产品处理要求 第2部分：含制冷剂的电器》	该标准中规定了处理含制冷剂的废弃电器电子产品中不同种类制冷剂的流程及要求	全国电工电子产品与系统的环境标准化技术委员会（SAC/TC 297）	中国质量认证中心	2019年10月18日
9	GB/T 7778—2017《制冷剂编号方法和安全性分类》	该标准针对制冷剂规定了编号表示方法、根据毒性和可燃性数据对制冷剂进行安全分类的方法，以及确定制冷剂浓度极限的方法	全国冷冻空调设备标准化技术委员会（SAC/TC 238）	合肥通用机电产品检测院有限公司	2017年5月12日
10	GB/T 38100—2019《混合制冷剂R407系列》	该标准规定了混合制冷剂R407系列的分类和命名、技术要求、试验方法、检验规则、标志、包装、运输、贮存和安全	全国化学标准化委员会（SAC TC63）	浙江省化工研究院有限公司	2019年10月18日
11	SB/T 10345—2012《制冷系统和热泵安全和环境要求》	本标准分为四个部分：第一部分：基本要求、定义和分类；第二部分：设计、建造、试验、标记和编制；第三部分：安装地点和人身保护；第四部分：操作、维护、检修和回收。该标准内容涉及制冷系统和热泵对人身和财产有关的安全运行、环境保护，特别是防止制冷剂扩散给大气臭氧层的破坏和全球温室效应的影响列出了严格的条款要求	全国制冷标准化技术委员会	中国制冷学会	2012年8月1日

续表

序号	标准名称	主要内容	归口单位	牵头单位	发布日期
12	HJ 2535—2013《环境标志产品技术要求　房间空气调节器》	该标准规定了房间空气调节器环境标志产品的术语和定义、基本要求、技术内容和检验方法。对房间空调器的环境设计、生产过程、产品能耗、噪声、有毒有害物质限量、回收与再利用等提出了要求	环境保护部	环境保护部环境发展中心	2014年1月13日
13	QB/T 4975—2016《使用可燃性制冷剂生产家用和类似用途房间空调器安全技术规范》	该标准规定了使用可燃性制冷剂生产家用和类似用途房间空调器的安全技术要求、操作程序、安全管理。包括在房间空调器生产过程中对通风系统、气体检测和报警程序、接地系统、制冷剂存储、灌注及封口、制冷剂泄漏检测、产品运行测试、返修、成品储存、厂房、安全管理等方面进行了详细的要求	全国家用电器标准化技术委员会（SAC/TC46）	中国家用电器协会	2016年10月22日
14	QB/T 4976—2016《使用可燃性制冷剂房间空调器产品运输的特殊要求》	该标准规定了使用可燃性制冷剂的房间空调器出厂后，在陆路运输时所涉及的安全要求	全国家用电器标准化技术委员会（SAC/TC46）	中国家用电器协会	2016年10月22日
15	QB/T 4835—2015《使用可燃性制冷剂房间空调器安装、维修和运输技术要求》	该标准规定了采用可燃性制冷剂的房间空调器产品出厂后，在安装、维修、移机、报废和运输（特指安装和维修过程中的运输）时所设计的安全要求	全国家用电器标准化技术委员会（SAC/TC46）	中国家用电器协会	2015年7月14日
16	JB/T 12844—2016《制冷剂回收循环处理设备》	该标准规定了制冷剂回收循环处理设备的术语和定义、型式和基本参数、要求、试验、检验规则、标志、包装、运输和贮存	全国冷冻空调设备标准化技术委员会（SAC/TC 238）	合肥通用机械研究院	2016年4月5日
17	HG/T 5162—2017《混合制冷剂 R410 系列》	该标准规定了混合制冷剂 R410 系列的要求、试验方法、检验规则、标志、包装、运输和贮存以及安全	全国化学标准化技术委员会制冷剂分技术委员会（SAC/TC63/SC9）	浙江省化工研究院有限公司	2017年7月7日

序号	标准名称	主要内容	归口单位	牵头单位	发布日期
18	HG/T 4632—2014《制冷剂用丙烷（HC-290）》	该标准规定了制冷剂用丙烷的要求、试验方法、检验规则、标志、包装、运输、贮存和安全	全国化学标准化技术委员会制冷剂分技术委员会（SAC/TC63/SC9）	浙江省化工研究院有限公司	2014年5月12日
19	T/CPQS E0010—2020《使用易燃制冷剂房间空气调节器密封组件技术规范》	标准规定了使用安全分类为A2和A3的易燃制冷剂房间空气调节器密封组件的技术规范	中国消费品质量安全促进会	广东M公司制冷设备有限公司	2020年12月29日
20	T/CRAAS 1009—2022《制冷空调设备及系统制冷剂管理规范》	该团标规定了制冷空调设备及系统在设计、开发和测试、制造、安装、维修、运行、保养、报废过程中制冷剂管理的相关要求	中国制冷空调工业协会	中国制冷空调工业协会制冷空调工程工作委员会	2022年12月5日
21	T/CAEE 007—2022《房间空气调节器生态设计要求》	该标准规定了房间空调器生态设计的基本要求、供应链管理要求、产品结构设计要求、原材料选取要求、生产过程要求等	中国电子装备技术开发协会	中国制冷空调工业协会制冷空调工程工作委员会	2022年4月28日
22	T/CAGP 0001—2016 T/CAB 0001—2016《绿色设计产品评价技术规范 房间空气调节器》	该标准规定了房间空调器绿色设计产品的评价要求、生命周期评价报告编制方法和评价方法	全国工业绿色产品推进联盟、中国产学研合作促进会联合归口	中国标准化研究院	2016年8月18日
23	T/CACE 023—2020《废弃电器电子产品制冷剂回收技术规范》	该标准规定了废弃电器电子产品中所含制冷剂的回收工艺、回收设备、制冷剂的利用和处置要求及回收指标要求	中国循环经济协会	南京春木制冷机电设备科技有限公司	2020年12月25日